U0945256

农业伦理学进展

（第二辑）

ADVANCES IN AGRICULTURAL ETHICS（Volume 2）

王思明　主　编

李建军　林慧龙　副主编

中国农业科学技术出版社

图书在版编目（CIP）数据

农业伦理学进展. 第二辑 / 王思明主编. —北京：中国农业科学技术出版社，2019. 12

ISBN 978-7-5116-4456-5

Ⅰ. ①农… Ⅱ. ①王… Ⅲ. ①农学-伦理学-文集 Ⅳ. ①S3-05

中国版本图书馆 CIP 数据核字（2019）第 230752 号

责任编辑 朱 绯
责任校对 李向荣

出 版 者 中国农业科学技术出版社
北京市中关村南大街 12 号 邮编：100081
电　　话 (010)82106626(编辑室) (010)82109702(发行部)
(010)82109709(读者服务部)
传　　真 (010)82106626
网　　址 http://www.castp.cn
经 销 者 各地新华书店
印 刷 者 北京科信印刷有限公司
开　　本 710mm×1 000mm 1/16
印　　张 28
字　　数 488 千字
版　　次 2019 年 12 月第 1 版 2019 年 12 月第 1 次印刷
定　　价 148. 00 元

《农业伦理学进展（第二辑）》

编　委　会

肖显静（华南师范大学教授）
陈　坚（山东大学教授）
林　坚（中国人民大学教授）
姜　萍（南京农业大学教授）
贺金瑞（中央民族大学教授）
徐旺生（中国农业博物馆研究员）
曹孟勤（南京师范大学教授）
董世魁（北京师范大学教授）
曾雄生（中国科学院自然科学史研究所研究员）
樊志民（西北农林科技大学教授）
Peter A. Coclanis（美国北卡罗来纳大学教授）
R. Douglas Hurt（美国普渡大学教授）
Franck L. B. Meijboom（荷兰乌德勒支大学教授）

序　言

改革开放以来，中国农业发展迅速，但也面临一系列重大挑战，如粮食与食物安全保障、农业技术风险防控、农业环境污染治理、生态系统修复保护、城乡二元社会结构破解等。这些问题的产生有诸多历史背景，其解决之道也不能单纯依靠管理和技术手段，需要从思想观念和农业发展伦理上进行反思和改变。

中国自古以农立国，有着深厚的农耕文化积累，传统社会主导下中国经济发展一直是传统“农耕文明”的伦理观。这种观念与小农经济相伴生长，影响深远，直至今日。1949 年以来，中国经历了两次重大的农业结构性变革。第一次是从 20 世纪 20 年代到 80 年代，历时约 30 年，将小农经济变革为大型计划经济。这次农业变革带来了一些灾难性后果。第二次是 20 世纪 90 年代到现在，将计划经济转变为市场经济，作为对加入 WTO 的回应，中国农业从封闭到融入世界。我们在这次变革中获益不少，但也付出了沉重代价。之所以出现这样的问题，与我们缺乏伦理观的自觉应对有着密不可分的关系。目前中国面临第三次农业结构的大变革，如何未雨绸缪，在思想观念上有效应对经济社会和科技的这一重大变革是我们必须认真思考的课题。

有鉴于此，十多年前，我们就尝试探究我国“三农”问题之历史根源，撰写了《中国农业系统发展史》，探讨中国农业系统发展变化的社会背景、历史进程以及“三农”问题的历史成因。中国农业的问题绝非单纯的技术和管理问题，从根本上说是农业哲学和农业伦理观念上衍生的问题。然而，以往的农业历史研究大多关注重农思想和农业技术发展，对农业伦理学原理原则的论述很少，因此，几年前中国工程院院士、兰州大学教授任继周先生的学术团体开始系统搜集和梳理古代农业伦理学的历史资料，编纂了中国第一本

《中国农业伦理学史料汇编》，尝试使我们从“是”与“非”、“真”与“伪”的农业生态系统向更深层的“对”与“错”、“善”与“恶”的农业伦理学进行深入探讨。从2014年起，任继周先生与关心中国农业伦理学的部分学者率先在兰州大学开设了农业伦理学课程；2015年在安徽九华山组织召开了首届中国农业伦理学研讨会；2017年又在中国草学会下筹建了“农业伦理学研究会”，中国的农业伦理学研究有了一个良好的开端。然而，仅仅依靠这些努力是不够的，与欧美发达国家相比，我们在农业伦理学教学、研究和实践工作方面仍然存在相当大的差距：我们的农业伦理学研究力量还比较薄弱；我国的农业伦理学学科体系尚未形成；农业伦理学教育教学制度仍待建立；适合中国国情的农业伦理学学科规范和研究方法还在摸索之中。为推动农业伦理学的学科发展和理论探讨，尤其需要有一些农业伦理学的专门学术刊物。

令人欣慰的是，在兰州大学草地农业科技学院和南京农业大学中华农业文明研究院的支持下，中国农业伦理学的诸多专家学者共同努力，已编辑完成《农业伦理学进展（第二辑）》，即将付梓。该文集汇集了众多专家学者的智慧和学术积累，从哲学、伦理学、历史学、民族学、生态学、农学等不同角度，结合古今中外的思想资源，对农业伦理展开跨学科、多维度的分析研究。文集涵盖五个栏目，即“农业伦理学思想和农耕哲学”“农业农村现代化的相关伦理问题”“食品伦理学和动物伦理学”“农业文明史与文化遗产”和“学术动态、会议综述和书评”。从多角度、多层次对农业伦理学及相关内容展开论述，并对传统农学与农业伦理思想的关系展开挖掘和探讨。然后结合生态文明建设分析生态农业的趋势、挑战与对策，探究农业可持续发展理念与路径，探讨了新型农业发展与乡村建设的伦理观念与发展模式。还通过建立食品系统观、关注食品伦理教育、聚焦动物福利等多个层面深入探讨食品伦理学和动物伦理学。通过研究农业文明与伦理学容量、农业生产与宗教禁忌、文化遗产与农业伦理思想等主题展现了农业文明史与文化遗产的多重维度的交叉与融合。并增加了学术发展动态、综述和相关图书的书评等内容。文集紧扣时代发展、国家需要以及十九大提出的“乡村振兴计划”的大背景，对中国农业伦理学思想、体系和面临的现实问题进行系统研究，具有重要的现实意义。

作为中国农业伦理学研究的倡导者和研究者，我们希望这本以梳理农业伦理学进展状况为主要内容的文集，能起到抛砖引玉的作用，极大地促进我国农业伦理学研究工作的进一步发展，期望《农业伦理学进展（第二辑）》的出版，让中国众多的教学单位、科研机构和广大的科研工作者积极投入农业伦理学教学和研究中来，让中国的农业伦理学发展更上一层楼。

王思明

2019 年 6 月于南京

目　　录

农业伦理学思想和农耕哲学

农业农村现代化的相关伦理问题

从农业生态系统科学到农业伦理学的心路历程

——为唤醒我国农业伦理学意识而呼吁

任继周

我治农业生态系统科学逾40年。其中前20年，我一直认为农业生态系统科学就是农业的哲学。农业生态系统探讨了农业的结构、功能、生存条件、运行规律和外在关联以及由此衍生的科学后果。我想，研究农业生态系统已经追究到农业系统认知的终极。因为生态系统有比较确定的界说，其物质流程和通量都是可以计量的，能查明其漏卮，优化其结构，这些都有明确的是与非、真与伪的界限。但后来发现生态系统的“是”与“非”、“真”与“伪”的判定，没有解除我作为一个草地农业学者的困惑。

自然生态系统农业化以后，农业品格为它增加了众多变数，这是单靠生态系统科学难以理解的。农学是以农业生产为目的人为干预自然生态系统的学科。正确的农业行为应该遵循自然生态系统的基本原则，通过农业措施来取得产品。但农产品一旦且必然进入社会，新问题就来了。这涉及农业生产过程中众多环节的分割与份额权重的确认；投入与产出的贡献与权益；社会习俗的干预等因素制约。我们立即受到“应该”与“不应该”，亦即“正义”与“非正义”或“善”与“恶”的考问。这就令我不得不向人文学科求教。首先我遇到了以道德为语境的伦理学。自从有了人类社会，就有人与人的关系，即道德准则，这是人类进入哲学思维的伦理学范畴的起点。

伦理学有多重涵义。首先，是“人与人之间的道德关系的科学”[1]。最浅白的解释如休谟所说，伦理学“讨论人的举止行为的对与错”[2]，即“人性科

作者简介：任继周，兰州大学草地农业科技学院教授，中国工程院院士。

学”[3]2，他甚至更简化到伦理原则只是日常感受到的“某种快乐或不快乐”[4]512。这应该是最本初的人类社会的思维境界，然后从这里进一步发展为繁缛的社会意识形态。

农业伦理学属应用伦理学，既有人与人的道德关联，也有人与自然生态系统的道德关联。实际就是农业行为和自然生态系统与社会生态系统这两类生态系统的关联。这里存在三重关联：涉及自然科学、社会科学以及两者之间的耦合。因此，传统的道德概念，在农业这一特定领域不得不再进行思考。这需从道德的理性动因和道德的情感动因双重推动力[5]加以理解。

道德的理性动因，在农业生态系统基础上建立的农业，给农业以理性诠释，判定相关农业行为的是与非，以科学理论为依据给出判定，也就是休谟说的“理性的作用在于发现真或伪”[4]494。这是农业之所以成为一种行业的道德基石。离开是非、真伪这一道德基石，农业及其相偕共存的农民和农村将难以为继，更谈不上健康、完美的农业。一部农业系统发展史都表达了这个道理，农业系统科学的追究到此为止。

而道德的情感动因则复杂得多。情感是道德原初胚芽，其基础为人类共同的本初对善（好）与恶（不好）的感受，即不待论证而自明的公理认知。但这种善与恶的感受为社会发展阶段所扭曲，因而具有时代特征，即所谓道德的社会规范。道德一旦具有社会规范，其本初的善恶认知就发生了公理以外的强制作用。理论上道德本身虽不具有强制性，它只是个人和社会之间关系的行为准则和规范，但一旦成为社会的风俗和舆论，就有了对人的精神压力。对于长期群居乡村的农民群体，在某些历史时期，所承受社会压力之强甚至超过法律。尤其对于超稳定的中国传统农耕文化来说，道德被异化为特定社会结构中的礼。礼是道德凝固的载体。孔子说：“道之以政，齐之以刑，民免而无耻；道之以德，齐之以礼，有耻且格”[6]。他显然把道德异化的礼的内涵大为扩张。这一语境下的道德在其本初人性的善与恶质感之外，进而外铄为独立于人的感受而自为的礼，它以独特的强制力作用于当时社会处境中的人，而不仅是人性的映射。这种自为的礼主要出自社会上层之手，体现了礼的制定者社会上层的利益和意志，具有悖论社会公理的社会倾向性。如孔子不但将体现社会上层利益的礼固化为社会的“格”，还把礼置于刑罚之上，承担刑所难以穷尽的社会责任。这样的礼自然是社会上层的宠物，自然发生礼与刑的分工，即所谓“礼不下庶人，刑不上大夫”[7]，也即伦理系统因人的社会地位的差异而断裂，出现了身居农村的“庶人”和身居城邑的“大夫”之间的强加给农村和农民，其道德压力之强大而严密，往往比刑罚还要严峻。诚如任继愈所说，封建道德“杀人如草不闻声”，在这里就是鲁迅所说的“吃人”的礼教[8]。无论中国或外国，城乡差别总是难免的，但发达国家不存在因居民的城乡差别而发生伦理地位的不等值。中国独特的城乡二元结构的鸿沟衍生了笼罩农村和农民的伦理巨网，导致中国农民道德话语权的缺失。农民在这面巨网之下辗转挣扎无法摆脱。“乡村的农民为社会需求做出全部奉献，承受全部风险，但得不到足够的伦理关怀”[9]。正如梁漱溟所说：“工人在九天之上，农民在九地之下。”（《毛泽东选集》第五卷）这里说的工人实际代表城市居民。我国的城乡二元结构使农民和市民划然而立。近 30 年来，尽管政府做了许多努力，发表多次以农业为主题的“一号文件”，启动多项支农措施，力图缩减城乡差距，但城乡居民收入差距仍显著存在。当然这涉及多方面因素，但社会对农业伦理学认知的缺失和农业伦理政策观扭曲导向不容忽视。笔者多年来行走于农村牧区，常为此戚戚然难以释怀。

世界工业革命以后，使人们忘记了作为生态系统组分之一的人生存在一定社会生态系统之中，而社会系统又衍生于自然生态系统之中。人不是，也不可能处于系统之外，更不是凌驾于生态系统之上。然而人们以生态系统霸主自居，自然而自觉地凌虐自然，甚至提出征服自然的口号。我们在迎接工业革命光辉的同时，农业伦理学却被隐藏于工业革命光辉的阴影之中。失落了伦理学引领的农业，不得不为“农业工业化”大潮所裹挟。毋庸置疑，社会的工业化和资本化给农业现代化带来新机遇和新手段，使农业取得了长足发展。但遗憾的是我们在农业工业化的同时，淡化了、甚至丢弃了农业本身的规律。科学、技术与资本三个维度占据了农业，非常重要的农业的伦理维度被淡化，甚至被全然遗忘。作为现代农业特征的石化农业，以诸多现代化工业手段，生产各类农产品。大量使用农药、化肥、激素、抗生素等化学物质以及强大的农业机械，大幅度降低了生产成本，缩短了农产品从农场到餐桌之间的距离。近来更趋于极致，把“农业现代化”简化为“农业工业化”，实际上是意图全然废掉农业的原本属性，变农业为工业。与此同时以常规农业生态系统为内涵的农业式样渐趋隐退，简单的工业化农业的结果，出现了许多始料未及的问题。蕾切尔·卡森（Rachel Carson，1907—1964），于1962年发表的《寂静的春天》（*Silent Spring*），发出来自旷野的沉重呼声，揭示了以石化资源为特征的新农业系统对环境严重破坏的图景。森林、草原、河流、湖泊及广大水土资源等被严重损害，引起社会关注。生态失衡的同时，水土资源不胜负荷，造成水体污染、土壤污染和食物污染等严重后果。甚至出现大气污染导致的全球气候变化，祸及生物圈整体，人们的幸福指数急剧下降。农业领域充满了脱离伦理规范的科学技术的堆砌物。满载自然生态系统之美的农业和恬静美好的乡村生活与人们渐行渐远。应该明确，科学技术是无罪的，罪在缺失了伦理认知的人。人一旦缺少了伦理意识，就只会在贪婪的潜意识蛊惑下狂奔，对自然界为所欲为，能做什么就做什么，能虏获多少就虏获多少，而不去想想我们不能做什么、不应做什么。笔者为此更戚戚然难以释怀。

面对这样大的问题，我们遍查了我国46所农业大学和涉农的有关高等学校，竟没有一所学校开设农业伦理学课程。原来我国颁布的农业教学计划里“漏”了农业伦理学这门课。而农业伦理学正是我们农业和农业工作者立身处世的道德基础。特别令人难堪的是，医学院校、工科院校、生命科学等院校都早已开设了各自的专业伦理学，而唯独农业院校没有农业伦理学课程。不要忘记，我们一向以几千年的农业文明古国自诩，我们积累了丰富农业伦理素材，无论是正面的还是负面的，都是宝贵的伦理资源。我们切不可对此视而不见，任其荒弃，坐视违反农业伦理的行为如洪水泛滥无际。这正是我国“三农”问题长期不得解决的症结之一。数千年来缺乏社会关注的农业伦理问题，至今仍处中国农业教育的空白之中，令人怵然心惊。这不得不使我再三为之戚戚然而难以释怀。

我虽已年届90，不揣窳陋，毅然将我的余生投身农业伦理学。我为此进行了一些力所能及的准备工作。10多年前在历史学者的帮助下，做了一些有关农史的研究工作，探讨我国“三农问题”之所由来，与历史专家合作，编著了一本《中国农业系统发展史》[10]，来探讨我国农业发展成为今天这样面貌的历史背景，增加对农业的宏观认识。然后，我作为一个农业伦理学的初学者，收集了有关我国农业伦理学的历史资料，编纂了《中国农业伦理学史料汇编》[11]，加深一些中国农业伦理的基础知识，力求使我从“是”与“非”

"真"与"伪"的农业生态系统向更深层"对"与"错"、"善"与"恶"的农业伦理学前进一步。我勉力从事农业伦理科学毕竟只是临危赴难的应急措施。农业伦理学的发展，还要靠后来人的努力和大声疾呼，把我国农业伦理学意识从沉睡中醒来，建设一个含有正确农业伦理观的后工业化时代的农业系统。

参考文献（略）（原文刊载于《草业科学》2016 年第 8 期）

论农业界面的伦理学涵义

任继周　方锡良　侯扶江

【摘要】“界面”既是促进农业系统生存与发展不可或缺的基本条件，也是中国农业现代化不容忽视的伦理学基本要素，农业伦理学应对“界面”有清晰而明确的认识与理解。农业生态系统界面具有特异性、系统性、确限性与开放性并存等几大伦理特征；由于不同系统之间共同的“序参量”而引发的系统耦合，界面为农业生态系统的发展提供了伦理学依据；而伴随着生态系统的层级进化，界面还具有提升管理分级水平与能力的伦理学涵义；尤其是借助于界面的催化潜势、位差潜势、稳定潜势和管理潜势四大潜势，界面具有解放生产潜势的深刻伦理意涵。界面作为一把双刃剑，它也存在着系统耦合与系统相悖之间的伦理关联，当前农业伦理学的任务就是通过协调系统相悖扩大农业系统耦合，使其多层次、广覆盖，促进农业系统的健康可持续发展，为促进社会和谐发展、建立人类命运共同体做贡献。

【关键词】界面；农业伦理学；系统耦合；系统相悖；生产潜势解放

导　言

大千世界，万象纷纭杂陈，至小无内，至大无外，重叠交织，令人莫知所从。但在农业系统中仍然可以界面为原点，追溯农业系统发生与发展的全过程，进而探讨其伦理学关联。界面（interface）是物质系统和非物质系统的

作者简介：任继周，兰州大学草地农业科技学院教授、中国工程院院士；方锡良，兰州大学哲学社会学院副教授；侯扶江，兰州大学草地农业科技学院院长、教授，草地农业生态系统国家重点实验室副主任。

必要属性，任何物质的或非物质的系统，都是由界面所包围而呈现其特殊内涵和样式。界面不仅呈现为物质的外形，也是农业系统生存和进化不可或缺的要素。对界面的理解是农业伦理学基础之一。判断某一行为的对与错、善与恶，不能离开这一行为所处的界面范畴。

中国农业伦理观在《管子·地员》对土地类型的描述中，有较为明确的界面认知。但总体来看，对界面一词的理解和认知较欠深刻。对界面的清晰认知与模糊概念之间的差别不容忽视。清晰认知是知识，含有界面的分级层次，有可操作性；模糊概念是印象，不能明确其分级，止于概念判断，较少操作性。传统中国农业对界面本身尚不曾发现明确的记载。作为现实事物的基本属性，界面可以说是事物存在的基本条件之一。人们平时所见之物，如房舍器物或动植物，都映射着界面。从物理学角度来看，界面就是相与相之间的接触区域[1]，如固体与固体之间、气体与液体之间的界面，这是有形的界面，在物质世界研究中被广泛使用。以上所说的都是宏观界面，另外还有微观界面，是不能用肉眼直接看到的，如分子之间的界面等。每一种界面都有其特殊规律[2]。非物质世界的界面，为非具象的，例如某些学科的界面，某些操作、管理系统的界面，实际上只是分散的具象或抽象界面经过思维构建的虚拟系统的界面。

农业伦理学中对界面的涵义应有明确的认知。斯佩丁（C.R.W.Spedding）在《草地生态学》（*Grassland Ecology*）①（1971）中率先提出，界面规定了生态系统的边界，一旦越界，生态系统就会失效，不再是生态系统本体。对界面的明确认知至关重要。它不仅说明不同系统的界面有不同的性质，也表明不同性质的界面也有不同的处理方式。想用一种简单的方式解决多个界面的问题，甚至想解决所有界面的问题是徒劳的。例如过去我们所常听到的“阶级斗争一抓就灵”，将所有界面特征混为一谈，用一种方法去解决所有问题，曾经引发巨大灾难性后果。

现代化农业的界面如何界定？遍查文献，讨论界面功能的甚多，但都没有给界面以确切的定义。这显然不是一种疏忽，而是回避了当时还难以界定的问题。现在我们讨论界面问题，对界面的界定是绕不开的，我们尝试明确

① 草地农业系统为农业系统的一个分支，而且有可能逐渐发展为中国农业的主体。这里所说的草地农业系统的界面，同于农业系统界面。

界定农业界面的涵义：农业系统由界面和非界面两部分构成，其中非界面由包含在界面之中的各类内涵物所组成。因而农业生态系统的界面就是农业系统本身结构的组成部分，是农业生态系统本体活动的边界。它一方面制约着农业生态系统的本质活动，另一方面也可以控制能量、元素和信息等的输送与交换。界面还能积极敏锐地回应系统内外压力，具有沟通内外联系与协调内外压力的丰富功能。

一、农业系统界面伦理观

不同事物的界面各有自己的特征。农业生态系统（以下简称农业系统）的界面具有以下几个方面的伦理学特征。

（一）农业系统界面的特异性伦理观

与其他生态系统类似，农业系统也是一个有机的生命整体，它的界面规约着它的系统特征和本体活动。以林业系统、工商系统、金融系统或其他任何系统的理论和手段处理农业问题，将有悖于农业伦理法则。农业结构中所含各个子系统之间的界面，具有区分其子系统的异质性和相互关联的伦理学特征。如农业结构中的植物生产系统与动物生产系统之间的界面、农作物与地境之间的界面、农产品加工系统之间界面、农产品流通系统之间的界面等不同的界面，都各有其系统之间互为分隔和关联的特殊方式。这类分隔与关联的方式具有科学的内涵和处理方式，或可称为专业化手段，彼此不能混淆。否则就是无视农业专业分工的实质，必将造成农业系统的专业化倒退，妨碍农业发展。[①] 我国农业工作中这类倒行逆驰的错误常有发生。

（二）农业系统界面的系统性伦理观

农业系统的界面一如其他生态系统，其界面既区分了生态系统（Biotic system）与非生态系统（Abiotic system，非生物的周围环境），也区分了不同的生态系统。就后一种情况而言，与其关联的生态系统，也构成了本体生态系统之“环境”的一部分，当然，这种“环境”应与一般性的非生物环境相区分，不同生态系统之间的界面彼此有感知、传导和反馈的功能。界面既可将生态系统与非生物环境分开，也可将生态系统内部的各个子系统分开。因

① 系统内能的关系为：$F=E-T\cdot S$，其中，F 是自由能，E 是总能，T 是绝对温度，S 是熵。

此，农业系统的界面是一个有纵深的相矩阵，其中存在极为复杂的结构关联。社会文明越发展，其界面系统越复杂。这是现在人类还难以穷尽的界面系统。人类农业活动无不涉及几个或多个界面的处理。但人们应清醒地认识到，我们现在所能做到的只是很局部的界面处理，不能以简单的模型来解读或构建我们尚未认知的界面。美国耗费大量人力和资金，制造了“人造生物圈计划”1号、2号实验基地，想完整模拟自然生物圈的规律，都以失败告终。这就提醒我们对界面认知的有限性和真理的无限性。这是我们任何时候都要对自然之道不敢自大、保持虔敬的原因。

（三）界面确限性及开放性的双重性伦理观

界面保持了生态系统边界的清晰性，使我们清晰地认知某一事物。它告诉我们，这个农业系统存在的时空和它所规范的范围。在这个范围以内，其系统的运行机制是有效的，越出系统的界面即不再有效。因为任何生态系统，特别是人为干预较多的小农农业系统，它的技术系统较为简单，适应范围较为狭小，所谓“五里不同风，十里不同俗”。在狭小的生产环境内，人们所面对的地境特征单纯，采取措施不多，生产的产品和产业层次也较为单纯。尤其重要的是它的管理系统比较简单，与现代化农业多层管理差距很大。这就决定了小农经济的农业系统不宜过分扩大。如果将某一小农系统扩大到不适宜的程度，越出其应有界面范畴，致使原有的小农经营规范失灵。由于对小农经济界面的确限性认识不足，我们曾经发生过不少失误。例如我们曾把“以粮为纲”视为国策，企图把全国不同生态经济地带，纳入生产粮食为主的耕地农业系统，而导致水土资源流失，劳力、物力浪费，农业生产凋敝。又如把家庭管理水平的小农经济突然扩大到计划经济的集体大农业，从土地规划、种植结构、技术措施到经营管理，发生巨大断裂，导致系统混乱而效益下降。因此，农业伦理学中界面的适度原则不应忽视。

要实现农业现代化就必须打破小农经济的局限性，这就要依靠界面的开放性，扩大农业经营的层次和规模。首先，农业系统的界面的开放功能，赋予农业系统以旺盛生机。农业生态系统在自己的界面内，依靠其结构和功能特征，完成其能量流程、通量密度、信息传递和建构与解构机制。农业系统在构建自身体组织的同时，经常产生一些冗余能量，我们称之为自由能。这些自由能积累过量时，将反馈生态系统本身，抑制其生物量产生，从而降低生态系统的生产力，这就是所谓生态系统的顶级状态。这当然违反农业追求提高生产力的基本原则。

如何释放这些冗余自由能？这就需要保持界面的交换渠道畅通，把自由能通过界面输出系统以外，实现与外界交流，其中部分输出物质可作为产品收获，这是农业活动的基本要求之一。而我国曾经因袭封闭的小农经济系统，坚持地方自给自足，对不同地区间的农产品交换加以不必要的管制，严重阻滞了农业生态系统多重界面的开放功能，违背农业伦理的发展原则。以地方自给自足为前提而追求农业现代化，无异于缘木求鱼，徒劳无益。但离开界面适度原则，人为的过度榨取式开放，如植物生产中过分频繁的收割，动物生产中强迫多胎多产，必将耗竭系统生机，祸不旋踵，为农业伦理原则所不取。

二、界面是农业生态系统发展的伦理学依据

农业系统与一般生态系统相同，禀赋了系统的生存权和发展权。界面的开放功能支撑了系统生存权的同时，还有不可取代的生态系统发展的功能。其具体方式就是通过界面引发的系统耦合。界面是农业系统中最活跃、最敏感、功能最密集的区域。生态系统借助于界面拓展其范围，并与异质生态系统发生耦合，促进自身的进化与发展。在此具有不同生态系统之间系统耦合所需的链接“键”。前面我们说到界面的不均质性，生态系统就在界面适宜的位点，发生便于同另一生态系统耦合的“键”。当两个或两个以上生态系统相遇时，借助于这些链接“键”，“彼此有缘”的生态系统之间能发生系统耦合和系统进化，从而实现系统的发展功能。

我们说系统耦合要在“彼此有缘”的生态系统之间才能发生。无缘的生态系统彼此相遇并不能发生系统耦合。例如我们所常用的桌、椅、电脑等物品，就不能互相耦合，因它们之间无缘。缘为何物？缘就是不同生态系统之间含有的共同“序参量”。序参量（order parameter）是不同系统借助于其构成要素的相互协同配合而形成的参数，对相关子系统的活动起着支配作用，主导着系统的有序化过程和自组织行为。系统在从无序向有序转变的过程中，序参量从零值逐渐增大，其有序度逐渐提高，当有序度“接近临界点时，序参量急剧增大，最终在临界域突变到最大值，导致系统不稳定而发生突变。序参量的突变意味着宏观新结构的出现”[3]，即通过系统耦合而达到系统进化。

我们在这里结合农业生态系统的特征尝试将序参量通俗解读。不同生态系统本来都是互为异质的，否则就不会有不同的生态系统。“但它们之间必有同质因素才能发生系统耦合。这种同质因素我们称为序参量”[4]。在农业系统中，我们不妨将其理解为不同的生态系统之间相同物质的冗余与短缺的量的互补，也可能是不同物质的互通有无。这类可以互补或交换的物质在农业系统中即为序参量。由此可见在农业系统中序参量并非某种特定事物，而是不同生态系统所共有的“公质”，它可以引发不同系统的系统耦合。而农业系统中“系统耦合所采取的序参量多为能（energy）或能的异化物，如某些农产品采取以货易货方式而形成的茶马市场，甚至进一步异化为货币”[5]。在丰富多彩的各种农业系统（或非农业系统）中，正是通过序参量使不同的系统发生耦合而连缀起来，使农业系统得以不断扩充发展，直到实现农业经济全球化（图1）。

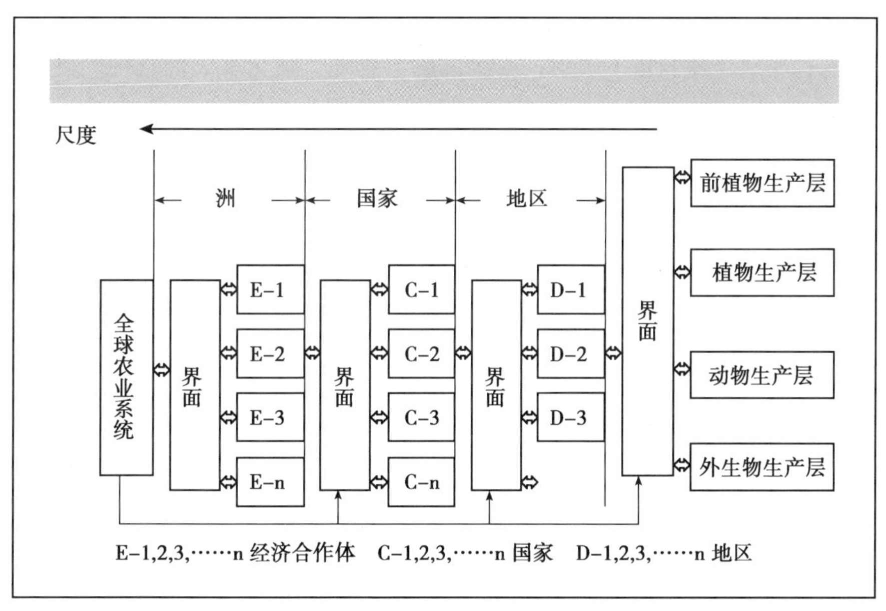

图1　农业系统的系统耦合导致系统发展示意图（侯扶江 制图）

序参量为系统耦合的必要媒介，而且具有系统耦合的特异功能。即不同类型的系统耦合，有其特殊的序参量。农业系统发展的唯一途径是通过序参量发生系统耦合。农业系统的发展必须通过系统耦合而不能采取其他强力方式。这就要尊重序参量和界面的伦理学意义。系统耦合各参与方的边界可能比较整齐明确，也可能犬牙交错，不甚明晰。但无论如何，在系统耦合过程中，各个界面的边界必须得到遵守。当两个生态系统相遇而发生耦合时，相对强势一方不可超越序参量的规范侵入弱势一方，把自己一方的结构和功能强加给弱势一方，有意无意间将弱势一方加以覆盖或吞并。这不仅是非正义的，而且有害于社会发展。这样的事例历史上屡见不鲜。例如1840年鸦片战争就是英国对中国施行强力交换的非正义行为，因而不可能发生正常的系统耦合而导致系统进化。

三、农业界面对管理分级的伦理学含义

界面是系统耦合的反应灶，在这里发生系统进化，从而产生高一级生态系统。生态系统由低一级发展为高一级、新的生态系统，完成系统进化，从而使系统不断升级，产生界面的等级系统。生产系统每升高一级，就需要与之相适应的管理手段，亦即新的管理级别。为了更好地提升管理级别，我们可以有选择地合理弱化下级生产系统的细节管理，强化本级的管理内涵。这就要改变管理手段，因而逐级提高了管理水平和生产效率。随着系统耦合而来的系统进化不断发展，管理级别不断提高，管理手段逐步强化和高效，这些可解放生态系统的巨大潜力。

农业生态系统的正常运行过程中，自由能的产生是不可避免的。自由能的存在既然是常态的，系统耦合的内在动力就用之不竭，系统耦合将不断发生。因而促成了一个逐级升高的生产系统进化的序列以及不同级别的界面序列。这就是界面叠加为管理分级的动因。系统每进化一级，就解放一定量的生产潜力，因而通过界面引发的系统生产潜势也是不断递增的。我们所常说的农业产品从低端产品到高端产品的蜕变而增值，其实质就在这里。显而易见，过去常见的无视界面特质，“一竿子插到底”、武断的管理方式显然违反了分级管理的伦理原则。

四、界面解放生产潜势的伦理学涵义

随着农业生产系统产业链的延伸，农业生产潜势将不断提高。而农业生产潜势发生的基本动力在于界面导致系统耦合而使系统升级和系统发展，即系统的时间延续和空间延伸。系统发展过程中，界面释放系统的生产潜势。这类生产潜势可归纳为四个方面。

（一）界面的催化潜势及其势能解放的伦理学依据

催化作用从最初的化学领域逐渐拓展应用到系统研究，效果显著，为复杂结构存在奠定基础。类似于化学反应，系统耦合过程也同时存在着正向与逆向两个方向，如果进行合理的催化，就可以不断削弱逆向循环的势能，从而加快正向反应速度，增加自由能的通量密度[6]。复杂的、含有多个界面的农业系统，随着科技进步，将不断延长其产业链，当然也增加了界面数量，加快了系统的升级，这为我们通过农艺措施来提高产业效率提供了机遇。

正向催化的效果显著，但也蕴含了风险。农业生态系统中常用的催化手段是投入各类生产行为或生产资料作为催化剂，以提高产量，如耕作、灌溉、施肥、农药、资金、机具、动力等，这都属正向催化剂。正向催化的作用，在于充分发挥农业生态系统本身的流程通量。但我们要注意，催化潜势是充分发挥生态系统本身物质的通量，此为自然生发之道，而不是把催化剂当作系统通量本身的物质使用，这种以人为投入物来取代系统本身的通量内涵，拔苗助长，违反自然规律，流弊甚多，其主要后果为毒化产品和污染环境。这源于后人对李比希的农业化学理论的误用，以为土壤肥力的减退原因只是植物消耗了土壤中原有的营养元素，只要补充这些短缺元素，就可以恢复土壤肥力。同样，增加这些元素将增加土壤肥力。这在一定限度以内是有效的，但当使用矿物质元素超过催化的作用，企图把催化剂的化肥当作生态系统本身的通量物质过量施用时，施肥作用就大为缩减，甚至毒害土壤，变利为弊。“大跃进”时期以冲破自然规律为豪迈，悖反农业伦理的基本原则，提出“人有多大胆，地有多大产”① 的口号。不乏深耕 5 尺（1 尺约为 33.3 厘米，下同），每平方米施肥以吨计，期望得到高产的荒诞事例。不仅未能收到预期效果，反而投入越多，损失越大，所谓“高产穷队”比比皆是。直到 20 世纪 90 年代以前，当中国由小农经济进入计划经济的大规模农业时期，这类不当的

① 1958 年 8 月 27 日《人民日报》刊发“人有多大胆，地有多大产”的文章，并配发编者按：这是中央办公厅派赴山东寿张县了解情况的同志写回来的信。其中生动反映了那里“大跃进”的形势，提出了一些令人思考的问题：“这次寿张之行，是思想再一次的大解放。今年寿张的粮食单位产量，县委的口号是‘确保双千斤，力争三千斤’。但实际在搞全县范围的亩产万斤粮的高额丰产运动。一亩地要产五万斤、十万斤以至几十万斤红薯，一亩地要产一两万斤玉米、谷子，这样高的指标，当地干部和群众，讲起来像很平常，一点也不神秘。一般的社也是八千斤、七千斤，提五千斤指标的已经很少。至于亩产一两千斤，根本没人提了。这里给人的印象首先是气魄大”。

农业行为曾如洪水泛滥，不可遏制，造成历史上仅见的全国性大灾荒，这是“大跃进”违反自然法则导致严重后果的总映射。

20世纪90年代以来，中国从计划经济过渡到市场经济，这本是我国农业结构重建、走向现代化的良好机遇，但对前一时期遗留的伦理观误区并没有彻底破除，仍然陷入与前一时期大体相似的伦理陷阱。人们企图以大肥、大水、大农药，加上日益富裕的社会经济，配合金融支撑和丰富多样的现代化科技手段，肆意提高投入量，不顾序参量的约束，在背离农业伦理学的道路上没有停步。农业生态系统严重脱离生态系统的自然大道而扭曲变形，导致中国农产品生产成本远高于进口产品的到岸价，还使得水体、土地健康受损。全国土壤和水资源普遍被污染。这类污染必然传递给农产品，危及人的健康和社会安全。

负向催化是在正向催化以外的、现代农业普遍采取的另一重大手段。农业负向催化的原理就是适时提前收获农业生物产品，在农业生物达到市场需求而还没有“完熟”以前加以收获，保持其成熟前的生长阶段，从而提高其旺盛的生机，避免生态系统自由能的积累过多、过久。不论个体生物还是生态系统整体，在其成熟以前生机旺盛，生物量增加迅速，投入产出比较高。反之，如生物个体或生态系统接近成熟阶段，即所谓顶极阶段时，其生物量增加缓慢，甚至呈现负增长。这在农业生态系统中体现为生产能力下降，这是任何农业经营者所不愿看到的。农业伦理学原则规定，在生态系统成熟前，达到可用产品标准时适时收获，将其冗余自由能及时转化为产品，在收获产品的同时，保持系统非成熟状态以维持其旺盛生机和再生能力，提高系统的生物量转化为农业产品，而不伤害系统的升级，可使生态与生产两利。简而言之，负向催化的原理是保持农业生态系统中能量、元素有序而畅通地定向流动，这是“不违农时”和“取予有度”的重要传统伦理观之一。

为了达到“不违农时”和“取予有度”的目的，在农业生产系统中的后生物生产层可提供众多措施，如适时加工、运输、销售。这促使众多的界面系统流畅运行。负向催化是全球一体化趋势下农业生产势能解放的必要因素，也是农业现代化科学技术和管理理念的主要体现。诸如设置市场准入障碍，采取贸易保护主义，强化关税壁垒等措施，都有悖于农业理论原则。

农业生产系统的界面活动，兼具正向催化和负向催化两种功能，合理使用界面的催化作用，可显著提升农业生产力。催化功能的关键在掌握适度原则，例如多年生牧草或一年生蔬菜，适时刈割；果树的适当修剪蔬果；畜群的适时合理淘汰整群等，都有利于减少冗余自由能积累，刺激其再生机能，提高产量。但如草地、蔬菜刈割过分频繁，果树修建过度或畜群淘汰过多，则有损其生机，生态与生产皆受其害。

（二）界面的位差潜势及其势能解放的伦理学依据

位差潜势产生于两个不同系统所积累的自由能量的差异，这种势能位差尽管有正负差异，但其潜势强度效应没有差异。不同生态系统之间，自由能积累之间的平衡状态是相对、暂时的，而在农业生态系统中，势能位差尤为显明。从系统发生学角度来看，系统之间的亲缘关系的疏远会加大位差潜势，农业生产可以充分利用这一原理来促进农业增产增收。我们熟知的杂种优势就是一例。但位差潜势的应用远不止此。例如美国通过易地育肥养牛的方式，实现西部放牧带与中西部玉米带的系统耦合，大幅度提升生产力水平至原来的 6 倍。我们在张掖地区的临泽县的实验，将山地牧业—绿洲农业—北山荒漠复合系统之间三者系统耦合，其生产水平可提高 3 倍多[7]。我国东南部农耕区与西北畜牧区的交汇地带，曾孕育出“大理、西昌、临夏、榆林”等系列“茶马市场”，在历史上曾闪耀一时而影响深远。这主要源于农耕系统与畜牧系统之间的势能位差，这一位差在农产品商品化的过程中衍化为产品市场价格差异，促进了商贸流通与经济发展。中国历史上内地农耕地区与草原畜牧区之间的贸易活动，就是著名的茶马市场，虽曾经屡次为当时的政权部门所禁闭，但都难以彻底断绝，可见位差潜势对生态系统有不可遏制的生命力。

现代的位差潜势则体现于海陆界面。中国东部沿海的陆地与海洋界面，有多种不同生态系统的界面多重聚合，其位差产能得到充分流通，表现为我国东部沿海经济开发区的繁荣景象。这符合位差潜势的基本规律，这是无可置换的。我们经常看到企图缩小东西部差距的报道，缩小两者之间的差距的设想是正确的。但不应强求把两者拉平，除非将来中国西部交通发达，也发生与东部相似的界面群聚，否则两者的差距将继续存在。目前在经济全球一体化的大潮下，这类位差潜势更为常见。过去我们称为“行商”的行业，现在称贸易公司，以及与之相关的金融、交通、运输、旅游等行业，就是把不同生态系统间的位差潜势转化为资源的增效手段，我们统称为第三产业的某些样式而存在，这已经成为农业系统中不可缺少，而且越来越强大的支柱。

（三）界面的稳定潜势及其势能解放的伦理学依据

我们都知道复杂的农业系统比简单的农业系统总体功能更为稳定。这是因为农业系统由多次界面活动导致的系统进化，使农业生产的转化阶[8]相应增加，即产业链延长并相应复杂，形成网式产业结构而增加了抗逆弹性。其中多个子系统包含的界面系统，在系统耦合和升级过程中，发挥输入和输出的调节功能，使有关众多子系统的自由能适时发生许多小幅涨落，从而削弱系统生产过程中的震荡，保持系统适度稳定与自由能量总量均衡，促进农业稳定生产，农业系统生产水平的稳定趋势，是农业生产的安全阀。农业生产水平避免大幅度涨落，有利于市场占领和产业稳定，其经济效益是显而易见的。

我们常说的生物多样化原则，在农业系统中体现为系统的界面群聚扩张，导致农业系统的多样化，较单一系统更为法乎自然。我们考察“以粮为纲”的单一粮食生产的农业系统，其抗灾和稳产的能力远比复合农业系统为差。而通过众多的界面组合，逐步趋向全球经济一体化，将全球生态系统连接为一个整体，其抗灾弹性将达到空前的强度。这也是我们期望全世界走向共同繁荣的命运共同体伦理学依据之一。

（四）界面的管理潜势及其势能解放的伦理学依据

农业生态系统，本质上是在人为调控之下的自然—社会生态系统，其中以自然系统为元发点，以社会系统为归宿。社会系统实际就是农业生态功能的验收者，对农业系统有最终决断权。社会生态系统中的人的农艺活动，是农业的主要推动力。社会生态系统的农业特点在于将产业链拉长、繁复化，发生更多的系统耦合界面。这就增加了产业的管理级别，以提高其生产水平。农业生产水平越高，管理所做的贡献也越大。在农业伦理学中，它兼具等级结构与功能双重特性，高层级系统可以合理忽略下级系统的细节管理，以加强本级处理事项的强度，这是分级管理的必然结果。这种合理化的层级管理，可以简化管理工作而提升管理力度，如通过合理的区域管理与行业管理等，可促进生产力的解放。过去我们所常见的分管理系统“扁平化”的尝试，对那些因人设事、叠床架屋的官僚化机构，加以精简是必要的，因为它们与产业系统耦合和系统进化导致的产业分级毫无共同之处。但忽视系统发生学的界面伦理观，缺乏对系统耦合和界面分级的原则理解，则将损害产业的发展。

现在让我们来概括地论述系统进化过程中的界面功能。不同生态系统通过序参量，在界面发生系统耦合而生成新的高一级系统，发生系统进化。新的生态系统又进一步与序参量相同的生态系统再次发生系统耦合，从而不断通过界面过程发生系统耦合，解放生产力。如此通过序参量的中介作用，引发系统耦合，逐级使不同生态系统互相连缀而扩大，生产效益也相应逐步放大，利于社会发展，提升人民生计，合乎自然生发之道。这一趋势将随着交通、通讯和金融系统的不断完善，走向全球一体化，有不可遏制之势，表现为时代潮流。

面对这一时代潮流，农业伦理学者需冷静关注“序参量”这只隐形的手。在现代后工业化社会中，各种“序参量”都可异化为货币。货币几乎可使各类系统无限制地发生系统耦合，因而各类生态系统的产品可通过序参量异化为货币而通行全球，大大提高了社会生产力，这是有益于社会发展的一面。但我们还需注意另一面，即货币为系统耦合创造广泛通路的同时，也带来“序参量泛化”流弊，即序参量为货币所取代而发生的非理性交易。世间种种非正义交易行为层出不穷，甚至发展为掠夺式经营。这些非正义交易可概括为社会流行的简约语言：“有钱能使鬼推磨”。这句话深刻勾勒了非正常系统耦合的非正义怪胎无所不在。其根源是在系统耦合过程中，在某些环节忽略了系统耦合序参量这个公约数的合理性，或者根本就不存在序参量的“伪系统耦合”和“伪系统进化”。例如利用权力强迫发生的非正常交易，利用地区的灾害处境，高价倒卖生活必需品，或为了排他目的实施贸易关税壁垒，或施行骗术进行的伪交易等，都是置序参量于不顾的人为扭曲交易。农业伦理学者应对序参量予以密切道德关怀。

依赖序参量实现系统耦合，如前面我们说过的，体现界面的筛选功能。被筛选所淘汰的这一部分物质，潴留于系统之内成为多余（冗余）物质，或称为本系统的“废弃物”，如得不到适当而及时地处理，将成为生态系统发展的负值。当两个系统的界面发生系统耦合时，这一部分负值就成为系统进化的阻力，我们称为系统相悖。系统相悖的生产意义在于阻碍系统耦合所取得的正能量的顺利解放。说到这里，我们遇到新的挑战，即界面在构成系统耦合发生正能量的同时，也留下系统相悖造成的负能量的隐患。

五、界面的系统耦合与系统相悖的伦理关联

我们不应忽略界面导致系统耦合带来效益的同时，必然有系统相悖伴随发生。系统耦合与系统相悖是界面作用矛盾的两面。界面是一把双刃剑。系统相悖的实质就是当界面引发两个或两个以上的生态系统耦合的同时，也必然发生某些生态系统之间不相协调的系统性的矛盾。例如草地与草食家畜两个系统之间，通过界面耦合为草地—家畜系统时，就发生系统性不协调的系统相悖[9]（图 2）。

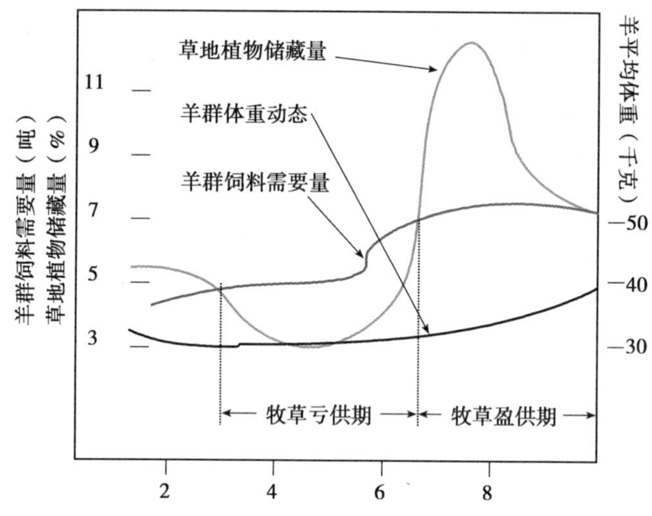

图 2　高山草原放牧绵羊群与草地发育时间的系统相悖

生长旺季的牧草家畜吃不完，营养源浪费。而枯草季节家畜营养源不足，导致营养不良，这就是系统相悖的一种表现，我们称为时间相悖；又如在荒漠草地上适宜饲养山羊和骆驼，如果放牧绵羊和奶牛，就会降低其生产水平，这种品种的不适应性我们称为种间相悖；又如将适宜生存于温暖潮湿地境的半细毛羊，引入干旱地带或半荒漠地带饲养，就会水土不服，甚至遭受灭顶之灾，这就是空间性相悖。一个较为简单的草地与家畜的系统耦合，就会发生时间相悖、种间相悖和空间相悖。可见多种生态系统通过界面功能，实施更为复杂、广泛的系统耦合时，其系统相悖现象有多么复杂，有时甚至为现代科学所难以解读。

由于生态系统的多样性，构成界面组合的多重性和普遍性，这类系统相

悖的事例就会层出不穷。这就为人类社会提出一个永恒的话题，即部分系统耦合的主要受益者，维护界面的开放作用；另一部分系统相悖的非主要受益者或受害者，则抵制界面的某些开放功能，力图限制其系统耦合进程。因而社会中产生了趋于开放的前进势力与反对前进的保守势力之争。他们可能是某些资本集团，也可能是某些地域集团或国家集团。因而酿成大大小小的诸多纷争。今天我们天天遇到的贸易开放与贸易保护的争论，乃至规模大小战争绵延不绝的根源应与此有关。但我们不应忘记，任何生态系统的生存和发展是不容怀疑的公理，因而系统耦合应为历史发展的主流。农业伦理学面临的任务是充分发挥界面的系统耦合的开放功能，克服系统相悖的保守阻力，推进社会发展，顺应不可违抗的时代潮流。因此我们力求在通过界面的系统耦合取得产业升级的同时，不能不对农业的时宜、地宜以及际会等农业理论之法存有敬畏之心，尽可能减少系统相悖所引发的社会进步的阻力。

这里为我们提出两点重要启示：其一，不同社会的或自然的系统之间相互耦合而使自身更加健康壮大的趋势，是“道法自然”规律的体现，任何企图阻滞这一发生过程的意图和行为，都是有悖于伦理原则的；其二，在自然规律的系统耦合过程中，必然存在系统相悖[10]，因而系统相悖也是“道法自然”之必然，否定或无视系统相悖的后果也是非正义的。因此，我们应对系统相悖的非主要得益方，甚至受害方的处境和生存权给予充分考虑，适当尊重，以取得社会的和谐运行，这应是农业伦理学的必要内涵。

结　语

界面在生态系统中的卓越功能与它所引发的问题，已经深深融入农业科学和农业生产的伦理观全过程中。其中既包含了产业的发展，也包含了系统相悖而孕育、衍生出的众多社会问题。界面是任何系统的边界。对于具象事物，界面表现为事物的具象。如各类动植物、各类用品、房舍等纷纭杂陈的物体，都是通过界面而显现。界面对于非具象事物，如科学系统的建立，企业管理网络的组建，生态系统的认知和模拟，等等，无不以实在的界面为基石加以思维建构，或加以解构而揭示事物的本质，是为虚拟界面，虚拟界面并非虚构界面，也是实在之物。离开界面，我们将无以认知物质世界或精神世界。

界面既是事物的分界线，也是事物对外开放的门户。界面的这种双重性，构建了纷纭多彩的大千世界。作为事物的分界线，生态系统的不均匀性，在适当的位点发生为对另一个或另外几个生态系统的耦合键，与其他生态系统耦合键相接，发生系统耦合，产生新的高一级的生态系统，引发生态系统的进化升级，从而解放系统生产潜力。“系统耦合使系统内部的催化潜势、位差潜势、稳定潜势和管理潜势得以发挥，显著提升系统的生产水平”[6]。

世界上纷纭杂陈的多个生态系统，因生产力潜势解放而驱动系统不断连缀、扩大，直至形成世界的一体化，为我们带来世界命运共同体的远景。对于我们农业工作者来说，要特别关注农业科学的三个主要界面，即植物—地境界面的系统耦合（界面 A），系统进化为草地或农田；草地或农田—草食动物耦合（界面 B），系统进化为草地—N（草地—畜、草地—粮、草地—蔬，等等）系统；草地 N 系统与社会系统耦合（界面 C），系统进化为完整的农业系统。

界面 A，表达农用植物与其所处地境的土壤中的营养资源和大气中的水、热资源的耦合机制，亦即研究植物和地境两者界面过程和结果。例如在“春雨贵如油”的中国华北、西北一带，全年降水量只有 30%~40%分布在夏收以前，而我国耕作习惯却过多地把小麦这类夏收谷类作物主要种植在华北、西北一带。在作物生长季，尤其籽粒成熟时节需要充足灌溉以保持稳产，需大量抽取地下水来保证作物丰收。因地下水开采过度，地下水位急速下降，引发地面下沉①，这已不是个别现象。而草类植物不以籽粒收获为主要目的，其经济产品是植物营养体，即富于草食动物营养需要的植物茎叶。草类植物可利用全年降水量，尤其是华北地区全年降水量 60%~70%在秋季，可被草类植物充分利用。而且草类植物生长季比谷类作物长一个多月，可生产数倍于籽实作物的食物当量②，有效节约了水热资源、化肥和农药的用量，减少面源污染。此外，地境—草丛界面存在植物系统与土壤系统之间营养耦合与营养相悖。所谓营养耦合，即草类植物用生物学功能，分解土壤中某些矿物元素而

① 《北京晨报》2002 年 11 月 19 日载，自 1959 年至今，天津市区地面沉降最厉害的地方已超过 2 米，现在市区仍以每年 10 余毫米的速率继续下沉。

② 食物当量（FEU），以粳稻为植物产品的标准食物，以它的热量值（H）和蛋白质值（P）两者的校正系数之和作为单位食物当量，然后依此为标准，估算出每种食物的粮食当量。

获取营养源；所谓营养相悖即草类植物与土壤之间某些养分的排斥、稀释与富集等不利于植物生产的作用，以提高土壤肥力；界面 B，草地农田系统—动物系统界面间存在时间相悖、空间相悖、种间相悖和营养相悖；界面 C，草畜系统与社会生产活动界面存在供需相悖、质价相悖、分配失衡等诸多系统相悖因素。只有当现代农业系统耦合在中国圆满实现时，我们才可将传统的作物系统、林业生态系统与草业系统组成持续发展的、高效的大农业系统。这是农业伦理观的基础，也昭示了农业发展的前途。

界面引发的系统耦合的有利因素与系统相悖的不利因素总是相伴发生，界面是一把双刃剑。当前农业伦理学的任务就是通过协调系统耦合与系统相悖。建立和发展农业系统耦合，使其多层次、广覆盖，直至全球农业系统一体化，为促进社会和谐发展、建立人类命运共同体做贡献。

参考文献（略）　　　　（原文刊载于《自然辩证法通讯》2018 年第 6 期）

农业层积之法的农业伦理学诠释

任继周　林慧龙　侯扶江

【摘要】现代农业借助于农业多层结构和各层之间的系统耦合所引发的系统进化，积极构建多层厚重的现代化农业结构，发挥农业多层叠加效益，推进农业现代化。农业的耦合层越丰富，界面的开放功能越发达，生产效益就越高，农业伦理学的容量也越大，是为农业层积之法。农业层积之法是农业系统生存与发展的伦理学要素。可从如下四个层面进行阐发：前植物生产层重视农业系统的生态价值，乃是农业之最基础伦理观；植物生产层应合理安排籽实类型与营养体类型两大生产类型的关系与结构，尤应重视植物营养体生产与动物生产层发展的结合；动物生产层，应根据家畜的生态位，优化草地与家畜的合理组合，顺应自然伦理之道，提高管理水平，提升其产出效益；后生物生产层进一步延伸到农产品的后期加工、流通以及与之相关的市场和金融领域，随着科学技术的进步和现代管理手段的应用，其产值将呈指数式倍增，这乃是农业现代化的标志。

【关键词】农业层积之法；农业伦理学；农业四个生产层；系统耦合；农业现代化

农业层积之法，是在农业多层结构的基础上，发挥农业多层叠加效益，这是现代农业的必要特征。现代农业的特征在于农业多层结构和各层之间的系统耦合引发的系统进化，构建多层厚重的现代化农业结构，从而发生爆炸

作者简介：任继周，兰州大学草地农业科技学院教授、中国工程院院士；林慧龙，兰州大学草地农业科技学院教授；侯扶江，兰州大学草地农业科技学院院长、教授，草地农业生态系统国家重点实验室副主任。

式的效益增值。农业层积之法是农业系统生存与发展的伦理学要素。

农业现代化是我国农业科学的历史使命。但人们对作为农业伦理学要素的“农业层积之法”不仅认识不足，反而长期与之背道而驰。相对于现代农业的多层立体结构，我们在传统农业“以粮为纲”的扁平农业结构领域内徘徊不前。甚至由于过分追求高产而付出沉重的生态、经济代价，不仅造成农产品成本高于进口产品的到岸价，还引发水土、食物污染，危及粮食、社会安全。为此，我们有必要重新认识“农业层积之法”的伦理学价值。

“人法地，地法天，天法道，道法自然”[1]，老子这几句话，为我们提供了农业伦理观多层结构的简洁表述。“人法地”，把人定位于地，以地之道作为农业行为的原点和归宿。“人法地”的现代解读，就是以地球生物圈的母体作为人类生存与发展的立地环境。

生物圈是全球巨型自然生态系统。农业就是在这个巨型自然生态系统之中，对局部自然生态系统加以农业干预，形成的具有社会产业意义的农业生态系统。它既然是社会系统中的农业子系统，正如农业不能脱离自然系统一样，它也不能脱离社会系统。农业需接受自然系统和社会系统的双重规范。

在自然生态系统中，农业所直接利用的植物生产层，是植物利用日光能把水和矿物营养元素变成有机物质，因此被称为初级生产，也被称为第一性生产。动物以植物为营养源而生存，被称为次级生产，也被称为第二性生产。以动物为营养源的动物，即肉食动物，被称为第三性生产，以此类推，可能发展到多层。但中华农业文明主要衍发于初级生产和次级生产这两个生产层。随着社会文明的发展，人们的需求日益复杂多样，在自然生态系统的植物生产层以前，开辟了前植物生产层，即不以获取植物和动物产品为主要目的农业活动，主要利用其原始生态系统的生产价值。

上述三个生产层，都是与生物有关的生态系统的农业式样。但人类农业活动并没有到此为止，它延伸到生物产品以后的加工、流通以及与之相关的市场和金融领域，这是原来自然生态系统没有涉及的全新领域，我们称为后生物生产层。随着科学技术的进步，其产业意义越来越大，其产值甚至超越前几个生产层的总和。这个生产层被认为是农业现代化的标志。

如上所述，现代农业共由四个生产层组成。其结构如图 1 所示，它们的产业发生层次是自上而下的：前植物生产层—植物生产层—动物生产层—后生物生产层。

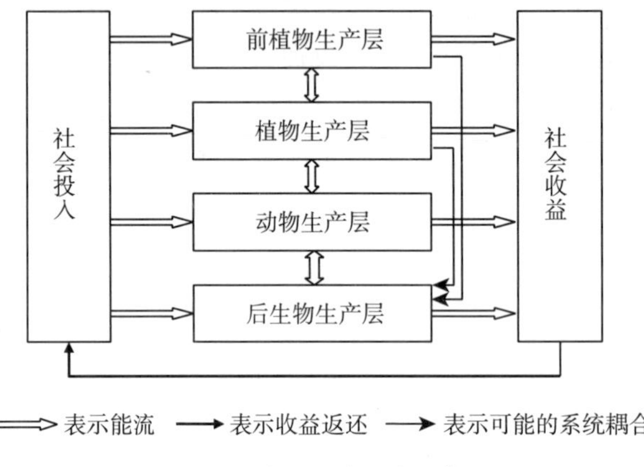

图 1　农业四个生产层①

上述四个生产层都是开放的，既可接受社会投入，也向社会输出产品。既可独立运营，也可耦合增殖。这是对农业结构的总图解。

在农业生产实践中，它们可依据产业性质，利用各个生产层的开放功能，分别接受社会的多项投入，如物质的矿物元素、农艺的各类设施、信息的传导、科学技术的处理和资本的运作，等等。与此同时，它们也可以向社会输出各自的产品，成为社会收益。不仅如此，各个层次之间也可能发生系统耦合，产生新的产业效益，甚至形成新的产业。如植物生产层的草地与动物生产层的牛群相耦合，形成草地养牛业，使牛群得到繁殖。养牛业与后生物生产层耦合，形成肉牛产业或奶牛产业，等等。生产如此繁衍分支，实施耦合的系统界面也大量增加，形成了界面矩阵。农业的耦合层越丰富，界面的开放功能越发达，农业的效益也越高。本文就农业的四个主要生产层的农业伦理学关系加以论述。

一、前植物生产层的伦理学含义

前植物生产层（pre－plant production level）或称景观层（landscape

---

① 图 1 说明："社会投入"分别给予四个生产层，各生产层的产出效益分别输送到"社会收益"，"社会收益"又返回"社会投入"。各个生产层之间可能发生双向或多向联系，形成农业系统内部的系统耦合。其中每一生产层都可以独立向社会输出，也可以接受社会的投入。它们可以并列构成复合生态系统；这四个生产层之间也可以发生系统耦合，构成高一级的新系统。

level)。它不以植物产品和动物产品为主要生产目标，而是以自然景观作为社会产品，向社会提供效益，即以景观整体为产品向社会输出。前植物生产层的产品包括风景、水源涵养、自然保护区、旅游地等。它的农业意义在于以生态效益为社会产品。在中国传统伦理观中景观被视为“风水”之地，属中国传统的堪舆学范畴，关乎当地的吉、凶、善、恶。良好的自然生态系统成为一方吉庆平安的守护神地。随着社会文明的进步，其社会意义越来越大，被认为是人类社会生存与发展的本底资源，是保持人类文明持续发展的前提。

前植物生产层的生产特点是尽量减少人为干预，利用其自然特色取得社会效益。在土地资源形成的三个因素[2]中，生产劳动因素的投入减少到最低限度，以维持生态现状的持续发展，但它所创造的价值有时并不比初级生产和次级生产效益差。随着社会生产、生活和文化水平的提高，环境效益迅速增长，创造的经济效益也日益提高。前植物生产层功能向社会延伸，可形成景观农业。这个全新的行业，已逐步引起人们重视。这种投入少，看来似乎不管理的管理，近于“无为而治”，实际是更高境界的管理，需要更高科学理论和技术的支持。社会对前植物生产的投入，除了通常监测及少量服务性设施（如简易道路及观赏设备等）以外，关键措施是保持景观的相对稳定。因为生态系统是有生命的，不断向有益或无益方向发展。要保持一定的景观格局，使它在某一发展水平上相对稳定，不再明显前进也不明显后退，这需要高深的调控理论和技术。前植物生产层基本属适应性利用。其非生物因素与生物因素各起什么作用，因地、因时而异。对于以日照充足、风和日丽见长的生态系统，则大气因素居主要地位（如埃塞俄比亚以“阳光城”为特色，展示其自然风光）。某一地区因山势嵯峨、草木茂盛见长，则土地因素中的地貌与生物因素中的植物居主要地位。如果以欣赏某种稀有动物（如熊猫）或候鸟为主，则生物因素中的动物栖居地居主要地位。调控其他因素，使之满足主导因素的需要，并非易事。这类“不管理的管理”，其精妙之处往往未能引起关注，甚至被全然忽略，把前植物生产层看作自在永恒的固定状态，因而疏于管理，将宜于发展景观农业的土地资源交给旅游部门开发经营，以追求短期效益，甚至妄造人为景观，破坏自然景观，往往造成不可挽回的损失。

在自然景观的基础上，伴随人类文明和生活需求的发展，人为强烈干预的草坪农艺流行于世界各地，如运动场草坪、园林草坪等，它们在前植物生产层中，独树一帜，产生了人文景观。人文景观的制作与维持，需要专业理论、技能、工艺和资本投入。随着人类文明的发展，草坪业日益扩大其农业份额，成为不容忽视的现代农业的巨大产业链。

我们审视自然界的主体，无论多么繁复多变，存在多少自然和人为的干扰，还是不能脱离三类因素互相关联的自然地带性这一基本规律。老子给予高度伦理学概括："人法地，地法天，天法道，道法自然"。维护自然健康，是农业生产的前提和归宿。老子首次把"道"这个规律的总皈依称为"自然"，功不可没。"自然"一词是否源于老子，有待文字学专家考订，但把自然置于伦理观的顶层，无疑是中华民族对人类文明的伟大贡献。中共十八大报告中明确提出："加大自然生态系统和环境保护力度""保护生物多样性"。中国的草地面积位居陆地生态系统第一位，自应予以充分关注。因此前植物生产层，在农业行为中具有无上崇高的地位。农业不可须臾脱离"敬畏自然"这一最高伦理观。

二、植物生产层的伦理学含义

中国是农耕古国，对植物层的生产经验丰富，经典文籍不可胜数。但植物生产作为生态系统整体的一个层次，似乎还未见清晰论述，这就难免对农业整体的伦理学认知有所不足。

植性生产是植物利用日光能将无机盐类和水通过光合作用组成有机物质。人类收获其有用部分作为产品，例如牧草、作物、蔬菜、瓜果、林木等，这是传统农业的内涵。在生态系统中，它是从无机世界进入有机世界，为生态系统以后各营养级的第一步，也称初级生产（plant production level），是一切生态系统的基础。植物生产层可以有多种不同的生产系统，如果树系统、蔬菜系统、谷物系统、油料系统、纤维系统、饲料系统等。它们可以建立单独生产系统，但更多的是综合植物生产系统。因为对于土地和大气资源的利用，综合利用比单一利用效益更高。正确组建综合植物生产系统，需要优化设计。

众多的植物生产系统可概括为两大类型，即籽实生产类型与营养体生产类型。粮食作物的籽粒、纤维作物的棉花、油料作物的菜籽等都以收获籽实为主要产品，属于籽实生产系统。牧草、林木、麻类、草坪、花卉、块根、块茎作物和放牧地等都是收获营养体，它们不以籽实为产品，而以营养体整体为主要产品，属营养体生产类型。

中国是农业文明古国，由于耕战思想的影响，形成以籽实农业为主体的农业系统长达数千年[3]。大量典籍都集中关注植物生产与动物生产两个层次。《管子·牧民》篇最有代表性，他说："错国于不倾之地者，授有德也；积于不涸之仓者，务五谷也；藏于不竭之府者，养桑麻、育六畜也。"[4]他在这里对治国之道说了几件大事，首先要道德高尚的人掌握治国大权。然后就是农业结构要健全，包括五谷、桑麻、六畜三大项，其主要目的是获取为食物提供保障的谷物和为衣着提供保障的桑麻，还有为农业提供动力兼积粪肥田以及提供肉食的六畜。它们分属植物生产和动物生产两个生产层。传统农业特别着重于植物生产，说这是"衣食之本"。

营养体农用植物再转化为农业生产的方式有多种，如放牧、采摘和割贮。采摘不但包括地上部分的枝叶、花序、种子、果实等，还包括地下部分，如块根、块茎及药用植物的地下部分等。植物可通过割贮、青贮和加工变成植物性产品，如青草、干草、青贮饲料、干草粉等，成为农业生产的重要组分。中国长期以来在"以粮为纲"的思想指导下，植物营养体的牧（饲）草产品很少直接进入流通领域。但就其营养物质总产量看，营养体类型植物往往高于籽实类型植物，尤其多品种间作套种，效益可大幅度提高（表1）①。

表1　南方暖季水稻/冷季一年生牧草耦合系统与标准农田的产出比较[5]

生产周期（1年）	总代谢能（兆焦/公顷）	农田当量 ALEU
一年一熟种植水稻	7.23	1
1—5月 黑麦草；5—8月中旬 玉米；8月中旬—10月 休耕；10—12月 黑麦草	32.0	3.99
1—5月 黑麦草；5—10月高丹草；10—12月 黑麦草	27.0	3.36
1—3月 小黑麦；3—10月 玉米；10—12月 小黑麦	36.3	4.53
1—3月 小黑麦；3—10月高丹草；10—12月 小黑麦	36.7	4.58

① 表1说明：土地生产力以一年水稻收货量为1，黑麦草+玉米+休耕+黑麦草为3.99，黑麦草+高丹草+黑麦草为3.36，小黑麦+玉米+小黑麦为4.53，小黑麦+高丹草+小黑麦为4.58，即营养体农艺比水稻单作可提高近4~5倍。

但随着社会生产、生活水平的不断提高，尤其近40年来，中国国民食物结构发生本质性转变，动物性食物大幅度提升，谷类食物显著下降。如以食物当量计算，人耗与畜耗之比为1∶2.5，即家畜营养需要量是人们营养需要量的2.5倍。农业结构依旧采取“以粮为纲”的措施，强调谷物生产，不惜投入大水、大肥、大农药，以换取粮食丰产，以致我国的粮食成本高于进口粮食的到岸价，而且产量超过市场需求，粮食大量库存积压而饲料严重不足。水、肥、农药的过量使用，导致大面积面源污染，殃及土、水及各类农产品，危及社会食物安全，而对产业效益巨大的营养体农艺措施未能引起足够重视。发达国家早已把栽培草地和草地放牧利用作为现代农业的利器，如2009年美国出版新书——《草地：促进美国新农业的稳定和强大》①。而我国对此却视而不见，反而把草地作为农业发展的阻力。更加费解的是草原禁牧令竟然风行一时。这种做法既无视农业系统基本规律，又违反农业生产应与社会发展阶段相适应的农业伦理学原则，农业生产与社会需求之间严重错位，造成巨大损失。

我国以耕战论为基础的农业伦理观既引发了农耕地区的片面籽实农业，又干扰了草地畜牧业的发展。在全国范围内造成农区与牧区的历史障隔，在农耕区内部又造成植物生产与动物生产两个生产层的障隔，使农业整体偏离生态系统发展的正道，不但使农业产业长期处于低水平状态，也严重危害国家对国土资源的合理利用和综合治理。

三、动物生产层的伦理学含义

大气、植物和土地都给动物提供了必要的生活条件。草食动物既是初级产品消费者，又是次级生产者。它的生物量又被下一级肉食动物所消耗，肉食动物又可再被肉食动物捕食，从而出现二级或三级消费者。在自然生态系统中动物的食物源与动物所产生的生物量，大约为10∶1，即动物可将食物提供的营养的1/10转化为动物有机体，我们简称为1/10法则[6]。野生动物，不论草食动物还是肉食动物，它们作为不同级别的消费者对保持生态系统的平衡有重要意义，都是生态系统必不可少的组分。

农业系统中的动物生产层（animal production level），主要指家畜而非野生

① Wedin, W. F. and Fales, S. L. *Grassland: Quietness and strength for a new American agriculture*. New York: d American Society of Agronomy, 2009.

动物。家畜食物转化效率远比自然环境中的野生动物为高。其转化率在1∶2（如变温动物的鱼类等）~1∶9（一般草食动物）。但草食动物与草地之间，因家畜对牧草的嗜食性与牧草对家畜的适口性的差异，以及家畜对牧草采食率的高低不同，从草地牧草到家畜产品，转化效率相差悬殊。所谓嗜食性，就是家畜对牧草喜欢吃的程度，而适口性就是牧草被家畜喜欢吃的程度，两者名异而实同，不过前者以草食家畜为主体而言，后者以牧草为主体而言。

自然之道，各类家畜各有其相对应的适宜牧草，被称为该种家畜的食性生态位，即家畜食谱在整体植被中所占的位置。生态位互不重叠的家畜利用同一草地，因为他们的嗜食性不同，草地牧草可较均匀地被家畜采食，不仅提高了草地承载量，还有利于草地健康和草业生产效益。反之，则不利于草地健康。人们可以根据草地的实际状况，顺应自然伦理之道，优化草地与家畜的合理组合，其管理水平和生产效益可显著提高。因管理水平的高低差异，生产效益相差可达数倍到上百倍。中国传统耕地农业，过分忽视动物生产层，养猪为了积肥，养牛为了耕田，动物生产失去其产业属性，也是根本上否定了生物多样性的农学含义。我们曾经倡导“农业八字宪法”①，追求中国农业现代化，但“八字宪法”只限于耕地农业的粮食作物，只覆盖了农业的一角，以此为法，纵然倾全国之力追求农业现代，也无异得之滴水，失之沧海。导致我国农业步履维艰，长期不能自拔，至今农业整体仍然为“三农问题”② 所困扰，实为时代的遗憾。

近40年来，随着城镇化和现代化的发展，我国国民食物结构已经发生了质的变化。尽管我国食物结构中动物性食物是否应该提高这一问题长期争论不休，但动物性食物消费量却悄然上升，而谷类食物持续下降。没有人再坚守“七十者可以食肉矣”[7]的律令。目前肉食所消耗的食物当量已经达到口粮的2.5倍（图2）。但动物性食物需求仍感不足，曾经惊动世界的奶粉问题，就反映了中国农业伦理观对动物生产层的认识的严重不足。因为农业的四个生产层是环环相扣、互相依存的农业生态系统，缺少一个环节，或某一个环节显著薄弱，农业生态系统整体就不可能强大。“耕地农业”的农业结构规定了中国只能是一个农业大国，但绝难成为农业强国。

---

① 毛泽东提出“农业八字宪法”：即土、肥、水、种、密、保、管、工。

② 中共十六大明确提出“三农问题”是指农业、农村、农民这三个问题。

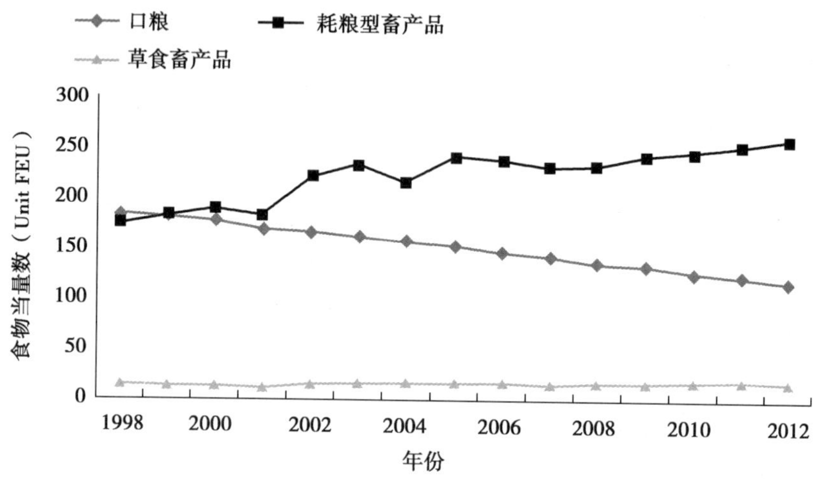

图 2　中国食物结构发展动态

在“猪—粮”型耕地农业结构的基础上，肉食需求增加，但主要依靠耗粮型的猪、鸡一类畜禽，而非草食动物的牛羊[8]。

关注动物生产层的建设，发展草食畜禽，尤其要发展转化效率高的奶牛业，是我国农业现代化的必由之路。只有健康的农业系统，才有与之相适应的健康国民。或可更简明地说，只有健康的食物结构，才有健康的国民。我国现在食品结构中，动物性食品比重只相当于韩国 20 世纪 80 年代、日本 60 年代的水平，已经出现肥胖病、心血管病的威胁。这与传统的“猪—粮”型“耕地农业”系统有关。当然不良的生活习惯也不容忽视。所以我们的农业结构改革，不仅要关注四个生产层的建设，还要关注动物生产层内部的改造，加大草食畜禽的比重。

目前大力发展草地农业中的动物生产层，尤其在草地资源丰富、畜牧业传统历史悠久的广大中西部地区，因地制宜发展草地农业，可以合理调整我国农业生产的基本结构，充分发掘草地农业的多层次、长产业链社会综合效益，既可促进“三农问题”的有效解决，还可缓解我国耕地超负荷与粮食安全的巨大压力，保障我国农业的健康可持续发展。

四、后生物生产层的伦理学含义

后生物生产层（post-animal production level）是指对草畜产品的加工、流通和分配的全过程。它是农业生态系统物畅其流的伦理学根本大法，也是上述各个生产层进入社会市场行为的综合表现。

生物学效率在生态系统中表现为逐级缩小的金字塔模式，而在现代农业生态系统中则呈现相反的趋向，即社会投入把农业初级产品的经济效益通过产业链的延长、产品系列的丰富和流通网络的逐步扩展而不断扩大，最终使农业系统的恢恢巨网将农业从粗产品到市场末端全部覆盖，其经济效益将呈指数式放大，其社会效益形成倒金字塔模式，可使产业增殖几十倍到上百倍，其核心就是农业四个生产层的结构完善和现代化的经营管理。在这里我们可以举出一个最简单的动物生产层通过现代管理手段，使草地生产力放大的事例（表2）。

表2　草原生态系统的生产能力的放大①

项目	改良方法	每一措施的增产状况	生产水平累积量（倍）
牧草产量	改良天然草地及人工种草	1~3倍	2~4
牧草营养物质	适当利用及保存	50%	3~6
草地利用	划区轮牧	20%	3.6~7.2
家　　畜	家畜改良	30%~50%	4.68~10.8
	家畜品种组合优化	40%~150%	6.55~27
周　　转	季节畜牧业	300~1 100%	26.2~297

这个事例说明草地生产能力在转化为商品的过程中，通过6个转化阶而逐级提高，实质上也就是农业伦理学层积效应的积累，构成倒金字塔模式。这个模式显示，仅放牧系统的科学管理，就可能提高其生产水平26~297倍。如

① 表2说明：假若通过栽培草地的建设和天然草原的改良，在现有牧草产量（设为1）的基础上提高1~3倍（据估计到21世纪末我国草原初级生产能力可提高2.4倍），牧草营养物质通过适当利用及保存可以增加50%，那么这两者的增产效应就可达到现有生产能力的3~6倍（2×1.5~4×1.5）。通过划区轮牧，又可提高生产能力20%，使生产水平达到3.6~7.2倍（3×1.2~6×1.2）。家畜改良可以使生产水平提高1/3~1/2，使生产水平提高到4.68~10.8倍（3.6×1.3~7.2×1.5）。不同家畜品种组合优化处理，公认可提高生产水平40%~150%，这就有可能达到6.55~27倍（4.68×1.4~10.8×2.5）。最后，通过施行季节畜牧业，即用生长季内牧草的生产优势，转化为畜产品，并使其尽快输出，成为产品，又可提高生产水平3~10倍，也就是最终达到初始生产水平的26.2~297倍（6.55×4~27×11）。

以此道应用于整体农业生产的全部四个生产层，其产业效益将逐层扩大，形成倒金字塔模式（图3），其增产效益将发生爆炸式剧增。

现代农业中，农业结构的层积作用对农业现代化做出了无可取代的决定性贡献。

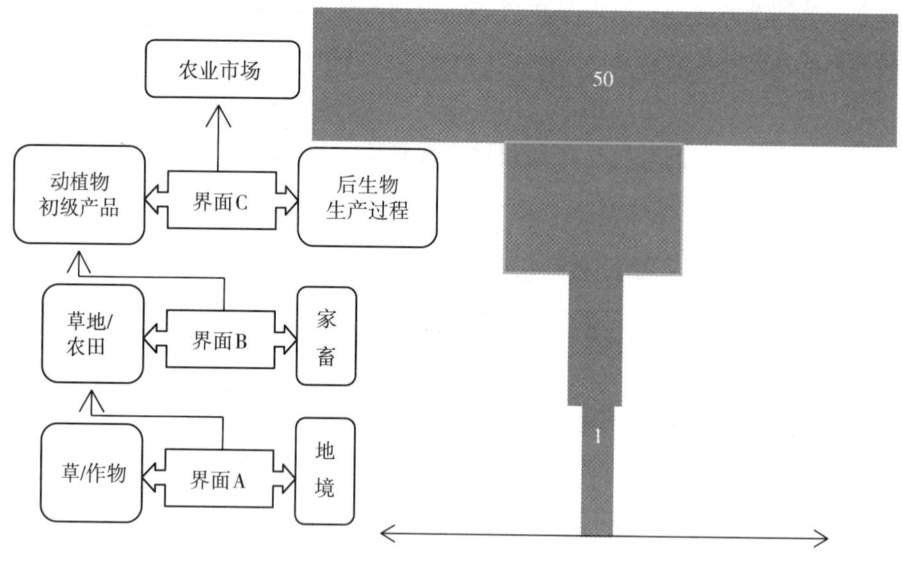

图3　农业层积效益从草地到市场，效益放大50倍为例的示意图

（侯扶江 供稿）

结　语

中国传统农业结构，从秦汉以来的“辟土殖谷曰农”到近现代的“以粮为纲”，三千年来处于一个结构扁平、阈限狭窄的耕地农业的生存空间，这违反了农业伦理学层积之法的基本原则，偏离了农业伦理学生存与发展的正确途径和目标。我国多年来以粮食高产为目的来追求农业现代化，无异缘木求鱼，只能留下历史遗憾。我们说农业层积之法是中国传统农业的短板，应该引起足够的警惕。

其一，就农业总体而言，农业伦理观将自然生态系统和社会生态系统两者通过农业化，形成四个生产层的结构。这个结构不但充分利用自然资源，也充分发挥社会资源的有益功能，共同构建了全新的现代农业。而我国传统农业聚焦于植物生产层中的粮食生产，对其他生产层全然忽略或浅尝即止，远未发挥农业的整体效益。

其二，现代农业的分层结构的伦理关联，充分发挥了农业内涵的各个子系统之间的系统耦合效益。系统耦合可发生指数式效益倍增。这符合伦理学的自然生发之道。而我国传统农业，对系统耦合的效益认识不足，甚至有一个时期强调地方自给，切断了不同系统之间的商贸联系，取消了系统耦合效应。

其三，随着科学的不断发展，系统耦合和系统进化将由连锁式发展到网络化，将呈现多元化指数式增长。这样复杂的现代化农业系统必将产生农业的分层管理矩阵网络系统和与之相应发展的信息系统，这是提高生产效益重大而普适的手段，也是现代社会信息化的基础。而分层管理矩阵网络系统就是现代农业伦理观的具体式样。我国传统农业由于科技手段等局限，不可能构建现代网络系统。

其四，中国传统农业的扁平“农耕结构”与现代农业以四个生产层构建的立体化农业系统相比，其层积化效应相差甚远。其整体效益相差可达数倍到百倍以上。

从社会的伦理学容量来看，多层的立体农业结构比传统扁平“农耕结构”大得多，可给不同的生态系统提供足够的生存与发展空间，诸多子系统纳于共同发展的巨型伦理系统之内，为建立人类命运共同体创造了条件。而传统农业的扁平“农耕结构”将难以承担我国农业伦理学这一历史重任。

参考文献（略）

（原文刊载于《兰州大学学报（社会科学版）》2018 年第 4 期）

农业伦理之“时”的传播初探

韩凝玉　张　哲　王思明

【摘要】 农业伦理是人与自然宇宙和谐互动的基础，农业伦理之“时”是诠释农业伦理的哲学起点，并且内涵丰赡深奥值得钻研。以农业伦理之“时”为切入点从两个维度探析其传播经纬：在农业伦理的“时”之传播维度阐释“时”之符号“时序”“时宜”和“际会”，三者耦合呈现“和而不同”尊重自然宇宙之“时”的传播规律，以达“道”之大境界；在农业伦理“时”的传播仪式维度，以世界非物质文化遗产二十四节气为传播媒介阐述其记忆表征，将固定的时空节点应用传播仪式化扩散其所汇聚和承载的对“时”的文明记忆，两个层面融合互动共筑农业伦理之“时”的传播结构脉络，以期不断完善结构丰厚的多层级现代农业伦理观。

【关键词】 农业伦理；时；传播；仪式；二十四节气

一、引　言

农业伦理是建立人与自然和谐共生耦合关系和道德的基础[1]。中国工程院任继周院士将哲学、伦理学、环境科学、农业科学融合进农业系统科学理论与实践，并建构中国传统农耕社会的农业伦理观，从“时”“地”“度”“法”四个维度搭建中国农业伦理体系。农业伦理是农业本体内部的必然，是农业活动本体所有而非外铄[2]，是“从心所欲不逾矩”“万物一体”达到

作者简介：韩凝玉（1977— ），女，南京农业大学园艺学院，副教授，东南大学建筑学院博士，日本千叶大学访问学者（2017—2018），主要研究领域：农业文化遗产与传播；张哲（1972—），男，南京林业大学风景园林学院，副教授，东南大学建筑学院博士，主要研究领域：农业景观规划与实践；王思明（1961— ），男，南京农业大学中华农业文明研究院院长，教授，博士生导师。

“天人合一”“天地与我并生，万物与我为一”[3]的动态平衡之大自在境界。

任继周院士认为，农业伦理中的“时”不仅指时间，还蕴含规律，更有丰富的伦理内涵，是诠释农业伦理的起点，“时”之内涵丰赡深奥值得探究[4]。中华古代文明认知天的客观存在并依据客观规律对天进行适应性阐述。管子说：“如天如地，何私何亲”（《管子·牧民》）“天不变其常，地不易其则，春秋冬夏不更其节”（《管子·形势》）[5]。老子认为“天、地、人、道”这“四大”是契合农事活动的内在联系，是农业生产系统与发展依归于自然之大道[6]。

与此同时，农业伦理之“时”的共性源于农业时序的趋同性，表现为农业时序节律，农民习惯遵循节律的社会活动，体现为具有农业伦理中蕴含的节气文化。节气文化系列构成了中华历法时序量纲的巨大之网。对“顺天时”的最佳表征[2]是被联合国教科文组织列为《人类非物质文化遗产代表作名录》并被誉为“中国的第五大发明”的中国的二十四节气（2016），它是中国继中医针灸、珠算后第三项“有关自然界和宇宙知识和实践”的典型代表[7]。不仅作为时间量纲构建分散农户的农业生产和生活秩序，还提供认知农事际会的时间坐标，节气连贯诸多际会，有助于推行政令、关联生产、组织社会活动，推动以农立国有序运行[2]。同时保护弘扬华夏文明也具有重要的现实意义和理论价值。

农业伦理之“时”的传播是为了记忆自然和宇宙规律，存储时序进而更好传承其伦理精神。传播是一个承载着土地与人类互动关系的记忆容器。正如语言学家萨丕尔所认为的，文化与传播是同构的，文化即传播，传播即文化[8]。美国传播学者詹姆斯·W. 凯瑞认为，文化的传播分为传递观和传播仪式观[9]。传递观将天地万象传递给人，仪式观是人们对天象规律和节点记忆的文化共享与传承表征。因而，从农业伦理的“时”之传播与“时”之仪式表征具体探析农业伦理之“时”的传播脉络。

二、农业伦理的“时”之传播

“时”是中国农业伦理观之首要元素，有丰富的农业伦理学内涵。农作物生长、发育地境的吉凶顺逆，时至而生，时过则竭，农业各组成部分之间依时而做，适时而动[5]，兴衰消长无不与“时”息息相关[4]。

“时”也是人类感知事物存在和变化的方式之一。但“时”无象无位、无法辨认。人们把“时”的延续过程加以刻画作为符号，这个符号是“间”。“间”是“时”的分割的时序段落，是时的刻度。“时”在人的参与下构成“适时”“违时”是人与自然互动行为的善与恶、正义与非正义的判断，这其中蕴含着伦理[2]。

“不违农时”是农事不可须臾之法，更是中华民族对农业伦理的本初认知[10]。其基本原理是生态系统内部各组成部分都以其物候节律而动[2]。中国传统农耕遵循的“顺天时”的基本原则就是农业伦理学的时间维度有序有度的最佳诠释，不仅阐释了东方耕作技术还充分体现了农业之德性伦理[5]。正如美国农业部土地管理局局长富兰克林·金（Franklin King）（1990 年）在考察中国及东亚农业数千年不衰的经验并写出论著《四千年农夫：中国、朝鲜和日本的永续农业》（Farmers of Forty Centuries：Permanent Agriculture in China，Korea and Japan）认为中国传统农业长盛不衰的秘密在于中国农民的勤劳、智慧和节俭，善于利用时间和空间提高土地利用率[11]。

“时”的农业伦理观在农业伦理系统中演绎为关键的时序、时宜和际会等符号。具体而言，“时序”由农业生产过程中以时段的相对间隔和延续构成，是人类对农业生态系统事物认知的经验积累，对“时序”进行安排做出相应适宜的农业生产决策和设计[2]。换言之，“时序”是人们在序这个领域能做的对“时”的最高经验模型。任何生态系统都是有序进行的，一旦失序、无序则趋于崩溃。

“时宜”是农事时间的适当契合点，是人尊重、顺应自然前提下前改造自然行为的“时”机与事物自身规律的“时”是否吻合，是农事活动对自然生态“时机”是否是最大程度尊重的体现[2]。敬畏天时以应时宜，是对天时的遵循敬畏之情[12]。“时宜”所指的时间尺度的刻度、节点与关键位置是不同时序的节点[4]。农事活动的“时宜”是保持时序运行的必要措施。春生夏长，秋收冬藏，月省时考，岁终献功就是按照生命的时序规律安排活动。（《周易·系辞下》）“日新之谓盛德，生生之谓易”，把具有鲜明“时宜”语境的阐述表述为“日新”更替，由“日新”更替之德行和“生生”不息的序列动态过程延展为宇宙的脉动之象[13]。天父地母各得其位时，万事万物就“保和太和，乃利贞”（《乾坤·彖传》）达到宇宙和谐的至善境界[4]。

“际会”是人发挥主观能动性准确认知和捕捉最佳“时宜”的节点，表达事物从发生至消亡的过程与周围事物的相对坐标。各类农事预期相关事务在彼此相关有多种“际会”，其是时间、空间和事件三者结构链接的枢纽和主轴，是综合“三维耦合体”更是三者协调的合之状态，是农业生态系统中“和而不同”协同进化的完美时宜表达，是农业系统伦理要素的时宜升华。换言之，三者耦合是亘古不变的铁律，即农业所得必须遵循在适当时间、适当地点做适当的事情。其导致溢出效应，扩大某一件事情的影响，即“风云际会”是农业伦理智慧的体用所在[2]。农事活动与“时宜”“地利”达到和谐契合的时候，就是农业生产完美“际会”“时宜”共同搭建农业伦理时间维度的结构脉络[4]。

可见,“时序”体现一定时段内农业而获得的“际会”组合并与天地同在，与宇宙共存，是中国以期的农业行为的伦理观的总归。其包含不同时段尺度。对其短期尺度《礼记·月令》记载，年分四季，季含三个月；半月为一节气，年有二十四节气。节分三候，五日一候，年有七十二候[14]。各年、季、节、候相应的农事的时序进程构成农事的生动画面[4]。

中华先民通过天之“时”影响“地”，通过对天象气候的直接观察和体悟对土地包括土地资源、水体、矿藏及适合耕种农作物和旱涝寒暑做出相应的对策和生态系统的农业化行为[6]。这种天象信息的传播层次就是对老子的“人法地，地法天，天法道，道法自然”[15]哲学逻辑的最佳体悟。可以看出，老子对“四大”论述是以人为基点，由人而地、而天、而道，从人的生存出发探索契合农业而伦理的人本思想和宇宙运行规律，将自然本体规律——道，置于农业伦理学的最高层[5]。因而，农业生态系统的多个界面能够复杂而协调运行，归于其内部各个组成部分都以物候节律因时而动，时序之精微缜密，进而遵循自然宇宙“时”之规律并不断传播以达到“道”的大境界。

三、农业伦理的“时”之仪式传播

古人认为人的生活状态与“时”相适应方可维持自然平衡。费孝通先生认为中国农民用传统的节气记忆、预计和安排他们的生活[16]，展现对生活在物质层面和精神层面需求[17]的满足性思考。

农业生态系统中对“时”的遵守构筑趋同性并建构农业的时序节律。农民遵循时序节律体现为节气文化，体现“时”之维在气温高低与降水多少所造就的农业活动之“时序”[5]。换言之，节气是时序规律在土地上的展现和记忆，蕴含“时”的节点之伦理内涵，综合体现“时”之规律的节气和人与地的互动反映耦合农事时序的伦理。

中国二十四节气就是时间知识体系，农耕知识体系和生活知识体系的典型代表[18]。每一个都有其特定而丰富的农业伦理内涵，是农业社会时序自在发生的节理，不仅指导农业生产和生活，还提供认知农事际会的时间坐标[4]。华东师范大学田兆元认为，二十四节气是社会价值的表现，是传统文化、思想观念的文化连接点[19]，表达文化内涵是循天时、重人伦，尊重土地并长期观察经验汇集。因而，阐释研究需强力并使其动态融合，顺势而为和传承发祥[20]。同时，习近平指出要讲清楚中国传统文化的历史渊源，发展脉络，基本走向，讲清楚中华文化的独特创造、价值、观念、项目特色[21]，增强民族自信和价值自信。努力执行践行之，扶正固本、弘扬民族文化，领略民俗风采。具体而言，我国古代历法自商周以来是阴阳合历[22]，为了调整回归年与朔望月间关系设置闰月。为了合理置闰需掌握节气来转却反映季节变换，节气与置闰是传统历法的要素和重要特点[23]。战国时期完整的二十四节气形成，秦汉臻于完善，汉武帝适其并入历法[24]。公元前 104 年，由邓平等制定的《太初历》，正式把二十四节气定于历法，明确二十四节气的天文位置[20]。节气的天文定位按照 12 次进行，每一次分为初、中两段，太阳运行（地球绕日公转轨道）整个轨道分为 24 份，太阳进入一次就是节气，到达这次的中点就是中气[23]。根据太阳一年在黄道上 24 个不同运动位置把 360 度划分成 24 等份，每份 15 度，为一个节气。两个节气间相隔日数为 15 天左右，全年即二十四个节气：立春、雨水、惊蛰、春分、清明、谷雨、立夏、小满、芒种、夏至、小暑、大暑、立秋、处暑、白露、秋分、寒露、霜降、立冬、小雪、大雪、冬至、小寒、大寒。二十四节气是“中国人通过观察太阳周年运动而形成的时间知识体系及其实践”[25]，是土地生产与天的变换之间的关系的经验结晶。二十四节气是有序配合又有序分布于时间和空间中[26]，因时制宜，取物顺时的生态思想移植在农业活动中，是认知一年中时令、气候、物候变化规律形成的生产体系、知识体系和社会实践[27]的总结，自然环境和生命主体相依、相容的体系，是中华文明的物质和精神载体，体现尊重自然，反映了农业生产的意识、生产性节律性变化规律、受自然规律影响农业生产播种收获有节律性特征及农事节律，是身心体悟自然、追求与自然和谐的意识，是真正表达农耕文明作为中华优秀传统文化重要组成部分的内涵价值[28]。

二十四节气内在节奏性充分反映季节变化[29]。一年中每个季节的六个节气，与春种、夏锄、秋收、冬藏的生产性节律以及春祈、夏伏、秋报、冬腊的岁时性生活节律相对应，充分体现了古代先民张弛有度、和谐自然的生活态度[24]。同时，节气文化在精神世界农耕生产和社会生活中的文化应用表明时空观、人生观、风俗观的自然衔接和实践方向，在一定程度上展现节气应用的文化结构[30]。二十四节气在文化面蕴含着“时”的农耕行为方式，体现天文气象的科学规律，映射和固定在节日庆典和时令之中，薪火相传在土地之中，延续在传说的精神文脉之中，身体力行在普世社会生活之中。换言之，节气是传播仪式观的表象，是人们记忆土地、天象的规律并认知的路径。节气仪式以符号的形式存储在情境中，以信念和价值为基础的农业伦理系统之中。作为仪式传播的节日从节气中分化而来[31]，是节气记忆的容器，中国传统节日庆典、仪式、信仰和禁忌与节气耕作相关[24]。庆典仪式依据阴历而固定周期，节气按照阳历固定周期。(阳历以地球围绕太阳公转周期为依据，阴历以月亮圆缺变化周期为依据。）清明、中秋、春节、端午四大传统节日就是天人合一，顺应四时之理念[32]。即二十四节气知识体系映射在民族节日与时令的生活之中。二十四节气的丰富内容是中国节日形成的重要文化元素，中国的重要节日也承载和传承了二十四节气的众多文化事项、生活风习，俗信着二十四节气文化。即节气根脉有俗信传承。二十四节气是自然时间规律之尊重也包含文化民俗内涵。例如“立春梅花分外艳，雨水红杏花开鲜，惊蛰芦林闻雷暴，春分蝴蝶舞花间[33]”，这是二十四节气天人合一的自然生活方式，四时可食，令人欣欢，是智慧，是如影随形的影响农事活动。根据节气安排农活，根据物候、气候安排农耕，春雷夏雨，秋风冬雪，春种夏耕，秋收冬藏。根据时令，除草、施肥、浇水、把握时机不误农时[20]。

节气作为仪式在传播内容和方式层面植入共享的集体记忆之中，建立在农民之间的亲情关系基础之上。通过这种集体记忆的纽带，连接土地与人的情感，连接集体的心里呼唤，留住与土地息息相关的记忆、生存智慧、思维方式和价值观并赋予时空的归属感。

中国的二十四节气，一节气一世界，一节气一景观，一节气一乾坤，是智慧之果，文化基因。不仅是天时物候周期性转换相适应，更是对过去继承并兼有对未来预见的责任。正如耶路撒冷希伯来大学哲学教授、伦理哲学家阿维夏伊·马格利特（Avishai Margalit）在《记忆的伦理》所认为的，记忆的责任与义务属于哲学范畴。

四、结语与展望

农业伦理之“时”的传播是宇宙自然规律在人类土地上的规律呈现。是对“时”的尊重，对“时”的活态传播与对于农耕文化的认知路径所固定下来的自然规律和农耕模式的仪式记忆，是共同享有的思想时空知识体系的理论研究与实践凝结，进而达到哲学之道的传播与承续。

农业伦理中生态系统具有开放性和两个层面，人类认识自然的第一阶段是以旁观者身份认知建立天然自然观，第二阶段是以参与者身份认识建立人工自然[34]。人工自然是从天然自然中产生并存在于天然自然之中的，是人与自然的中介，受到自然规律的制约。即农业伦理中生态系统有输入和输出的功能，农业活动是付出与收获，取之有道，取之有度，在尊重天然自然的前提下，建立人工自然并遵循自然规律才能保持相对平衡，维持系统正常运行[10]与协调发展。

正如任继周院士所说，结构丰厚的多层级现代农业伦理观是对传统农耕文明的重大发展[16]。“跳出农业看农业”不仅要研究“农业如何”，更要研究“农业应当如何”。通过农业伦理之“时”的传播和仪式表征探析人、土地、自然之“时”对农业伦理的功能和效用梳理，不仅反映农业伦理蕴含的丰富哲学之道，也是中华文明研究院院长王思明教授提出应积极响应十九大提出的“乡村振兴计划”来解决农业伦理学思想、体系和面临的现实困境进行系统研究的现实需求[34]，而且对农业伦理中存在“时”的问题归类，探究农业伦理传播障碍和伦理失忆等背后的根源也有裨益。

继而针对农业伦理方向后续深化的研究有以下几个方向：①农业伦理之“地”之传播研究；②农业伦理之“度”与容量相互关系探究；③农业伦理与科学的深度融合的“法”之传播；④农业伦理意境与禅宗的相互关系；⑤农业文化遗产中农业伦理的挖掘与研究；⑥数字化农业伦理传播研究。综上所述，农业伦理是人类与自然的土地和天之间的归宿，农业伦理的建构和升华将开启农业领域更加广阔的伦理传播空间。

参考文献

[1] 任俊华，刘晓华. 环境伦理的文化阐释：中国古代生态智慧探考 [M]. 长沙：湖南师范大学出版社，2004.

[2] 任继周. 中国农业伦理学导论 [M]. 北京：中国农业出版社，2018.

[3] 汤一介. 新轴心时代与中国文化的建构. （再论中国传统哲学中的真善美问题）[M]. 南昌：江西人民出版社，2007.

[4] 任继周. "时" 的农业伦理学诠释 [J]. 兰州大学学报（社会科学版），2016 (4).

[5] 任继周. 中国农业伦理学史料汇编 [M]. 南京：江苏凤凰科学技术出版社，2015.

[6] 任继周，方锡良，胥刚，等. 地的农业伦理学诠释 [J]. 兰州大学学报（社会科学版），2017 (6).

[7] 刘晓峰. 二十四节气的形成过程 [J]. 文化遗产，2017 (2).

[8] 单波. 跨文化传播的基本理论命题 [J]. 华中师范大学学报（人文社会科学版），2011 (1).

[9] 车淼洁. 杜威、格尔茨对凯瑞传播仪式观的影响：解读《作为文化的传播》[J]. 东南传播，2011 (10).

[10] 任继周，林慧龙，胥刚. 中国农业伦理的系统特征与多维结构刍议 [J]. 伦理学研究，2015 (11).

[11] [美] 富兰克林·H. 金. 四千年农夫：中国、朝鲜和日本的永续农业 [M]. 程存旺，王嫣译. 北京：东方出版社，2011.

[12] 任继周. 重视农业发展的伦理维度 [J]. 农村工作通讯，2015 (19).

[13] 郭明俊.《易》之"生生"观念及其价值意蕴 [J]. 兰州学刊，2010 (8).

[14] [清] 张宗法. 三农纪校释（卷三 月令）[M]. 北京：农业出版社，1989.

[15] 水成冰. 老子的方圆智慧 [M]. 北京：中央编译出版社，2006.

[16] 费孝通. 江村农民生活及其变迁 [M]. 兰州：敦煌文艺出版社，1997.

[17] 谌晓白. 晚清民国知识分子的阳历认知：兼论历法从"天学"到"科学"的近代转变 [J]. 人文杂志，2013 (5).

[18] 王应德，王晓鸣. 不违天时顺道而行二十四节气的产生、传承和保护 [J]. 世界遗产，2017 (1).

[19] 二十四节气文化遗产传承与体验基地落户南京高淳桠溪_ 江苏频道 [EB/OL]. ht-

tp：//js. ifeng. com，2016-12-26。

[20] 高天星. 二十四节气知识体系置理论研究 [J]. 美与时代，2018 (11).

[21] 王红. 中华优秀传统道德文化价值体系统的生成逻辑探析 [J]. 伦理学研究，2018 (3).

[22] 陈梦家. 殷墟卜辞综述 [M]. 北京：中华书局，1988.

[23] 沈志忠. 二十几节气形成年考 [J]. 东南文化，2001 (1).

[24] 胡燕，张逸鑫，严昊. 二十四节气农耕民俗的误读与认知 [J]. 中国农史，2017 (6).

[25] 季中扬. 从节气歌谚语看二十四节气的活态传承 [J]. 南京师范大学学报（社会科学版），2018 (2).

[26] 王加华. 被结构的时间：农事节律与传统中国乡村民众年度时间生活——以江南地区为中心的研究 [M]. 上海：上海古籍出版社，2015.

[27] 刘宗迪. 二十四节气制度的历史及其现代传承 [J]. 文化遗产，2017 (2).

[28] 闵庆文，袁正. 二十四节气：激活古老文明的现代价值 [N]. 农民日报，2016-12-7 (003).

[29] 曹军. 二十四节气：中国“第五大发明” [J]. 地理教育，2017 (6).

[30] 陶思炎. 节气于节日的文化结构 [J]. 文化研究，2018 (2).

[31] 刘宗迪. 从节气到节日：从历法史的角度看中国节日系统的形成和变迁 [J]. 江西社会科学，2006 (2).

[32] 王加华. 节点性与生活化：作为民俗系统的二十四节气 [J]. 文化遗产，2017 (2).

[33] 张伟，杨立新. 实用新农谚 [M]. 北京：中国农业出版社，2004.

[34] 王思明. 农业伦理学进展 [M]. 北京：社会科学文献出版社，2018.

再谈“守候与照料”的农业伦理观

齐文涛

【摘要】在既有研究基础上，对“守候与照料”的农业伦理学原则作推进式探讨。首先，再界定“守候与照料”的内涵。“守候与照料”并非“无所作为”。“守候与照料”原则规定下的人之作为的主要方面是，构建可持续、无污染的农作生态系统。蒋高明的生态农业实践，为此提供了现实诠释。其次，挖掘“守候与照料”的历史依据。先民几千年农作实践渗透着“守候与照料”的理念，中国古代的种植、养殖以及种养结合的农作系统，处处体现着“守候与照料”的精神意旨。最后，推演分析农业活动正当性的方法。从“守候与照料”原则推演出农业活动的规范性内容，提炼出伦理分析方法：理念分析法、三维分析法。两种方法可用于分析农业活动的正当性，检视、察觉其中的不正当因素。

【关键词】“守候与照料”；农业伦理学；农作生态系统；中国古代农业；伦理分析方法

在既有研究中，“守候与照料”作为农业伦理学原则，其基本含义是：农业活动是人干预自然以获取农产品的过程，在这一过程中，人应以“守候与照料”而不是“限定与强求”的态度面向自然环境，对待农业生物[1]。以下在此基础上，从三个方面对“守候与照料”的农业伦理观作推进式探讨。

作者简介：齐文涛，西北农林科技大学人文社会发展学院、农业农村部传统农业遗产重点实验室教师。

一、内涵界定："守候与照料"是无所作为吗

"守候与照料"的农业伦理观提出后，引起多方关注，支持与质疑之声并存。论文《农业伦理学研究现状与未来走向谫论》提出："以此为农业伦理学的基本原则……会带来人在面对'对象物'时的无所作为。"[2]作者认为，"守候与照料"作为农业伦理学原则会带来人的无所作为。这个说法颇有代表性，持相似观点者为数不少，对"守候与照料"农业伦理观的质疑多从此出。对此，笔者持不同观点，现作申明。

事实上，拙文《"守候与照料"的农业伦理观》对"守候与照料"原则做过概念分析。对自然环境，"守候"重在"守"，指人天相守，人与自然融为一体，也指干预自然切勿破坏生态平衡；"照料"以顺应为前提，在尊重自然本性、遵守自然规律的基础上，人力对自然施以佐助，促其保持生态平衡。"限定与强求"与此相对，"限定"系人视自然为外物，隐含宰治，"强求"系逼迫自然弃其本性，服从人的意愿。对农业生物，"守候"重在"候"，人听任自然节律，等待自然赠予，甘居被动地位；"照料"系发自内心、尽其所能的照顾和料理，对动物表现为照顾，考虑动物感受，对植物表现为料理，悉心除草施肥。"限定与强求"与此相对，"限定"姿态傲慢，隐含一味索取，"强求"不顾生物生理节律，迫其迎合人的意愿[3]。

在"守候与照料"原则中，"守候"强调人尊重自然的方面，"照料"则体现人的能动性。"照料"是人对自然环境和农业生物的"作为"方式。当然，"守候"原则规定了人之有所作为的前提，"照料"原则规定了人之有所作为的限度。然而无论怎样，"守候与照料"允纳了人的作为。工业化农业的思维模式横行于世，"照料"式的作为限度暂时难被彻底接受，但"照料"终归是有所作为。

在"敬畏自然"与"仅取盈余"基础上①，笔者又增列"模仿自然"作为"守候与照料"的二阶补充原则。

---

① 一方面，片面主张"守候与照料"可能带来"人是地球主宰者"观念的滋生和蔓延，而环境伦理学在对自然以及生物、动物、生态系统的内在价值做出肯定的基础上提出"敬畏自然"，主张人不应试图征服自然、主宰自然，而应甘为自然之子、与自然合一，这种观念正可作为"守候与照料"原则的补充，故引其为二阶补充原则。另一方面，"守候与照料"原则不能直接推演出人索取农产品的"度"，尚须以"仅取盈余"作为又一补充原则，它指农产品必须作为系统之盈余而存在，人只能索取农作生态系统盈余，人的索取不能以生态系统透支为代价。

“需要特别说明的是，上述分析总体上也表明，‘守候与照料’原则内含着人类的农作活动要‘模仿自然’的要求。‘模仿自然’主要有四重含义：第一，农业活动要模仿和参考潜在自然植被与动物分布，对种植来说，应种植与潜在自然植被相仿的或当地自然条件足以供养的植物，对养殖来说，应模仿潜在动物分布，也应参考潜在自然植被所能提供的饲料条件。第二，农作活动要模仿自然生态的物种多样性，既包含植物多样性，也包含动物多样性，避免大规模的单一种养模式。第三，种植业要模仿自然生态系统的动物参与性，不能在搞大规模植物生产时排斥动物参与，没有动物参与的农业生态系统是不稳定的。第四，养殖业要模仿动物在自然条件下的生存状态，大自然不会将动物大规模高密度地圈养起来，搞规模化集约舍饲宜慎重。‘模仿自然’也应作为需要单独提出的‘守候与照料’的二阶原则之一。”[4]

对“模仿自然”的界说，体现了“守候”的基本原则，更提出了“照料”的具体方面。“模仿自然”为“守候与照料”规定了人之作为的方式。质疑之声促使我们更清晰地规定“守候与照料”和“模仿自然”的内涵，概括人之作为的内容。那么，人之作为的主要方面是什么呢？无论是“守候与照料”还是“模仿自然”，都倾向于认为农业活动应该构建一类特殊的生态系统，其基本特征如下。

其一，具备自然生态系统的基本模式。与自然生态系统一样，它包含生产者和消费者，甚至包含初级消费者和次级消费者。它通常具有物种多样特征，不会在较大范围内只存在一种生产者或一种消费者。

其二，是有人参与的生态系统。“有人参与”包含两层意思。一方面，区别于自然生态系统，它是农作生态系统。前者，人不作为系统要素存在；后者，人是系统的构建者和维护者。另一方面，人是生态系统的组成成分，作为消费者而存在。在种植生态系统中，人通常是初级消费者；在养殖生态系统中，人通常是次级消费者。

其三，是可持续、无污染的生态系统。从可持续方面讲，区别于围湖造田、竭泽而渔、杀鸡取卵，这类系统寻求可持续运行。这要求无机环境、生产者、消费者、分解者搭配合理，比例协调，人在系统中索取有度。从无污染方面讲，系统运行较少产生无法降解、不能循环的垃圾，较少制造难以控制、损害环境的污染，这要求系统通过生物本能和种间关系实现物质和能量的循环流动。可持续偏向于系统的内部特征，无污染偏向于系统的外部影响。

人构建这类农作生态系统，是人有所作为的主要目标和基本内容。人利用智慧与辛劳构建系统，不断修复系统运行过程的各类扰动，促其保持动态平衡，务求系统持续运行。

事实上，中国科学院植物研究所蒋高明研究员具有重要意义的生态农业实践，已为“守候与照料”原则的人之作为方面做出有力的现实诠释。2006年，他在山东省平邑县蒋家庄成立研究型试验农场“弘毅生态农场”，进行生态农业探索。其核心思路是：“充分利用生态学原理而非单一技术……摒弃化肥、农药、除草剂、农膜、添加剂、转基因6项不可持续技术，增加生物多样性，从秸秆、‘害’虫、‘杂’草综合开发利用入手，种、养、加结合，实现元素循环与能量流动。”[5]他们特别强调基于生物多样性与生态平衡原理，使用人工的、绿色的技术，利用物理的、生物的而非化学的方法，实现种养结合。分析可知，“六不用”是对“限定与强求”式农业的拒绝。肥药膜等技术，都将土地限定为农产品的提供者，当土地不能按时交货时强求交货。而利用生态学原理，构建种养结合、实现元素循环与能量流动的农作生态系统，与“守候与照料”原则规定下人之作为的主要方面不谋而合。

综合以上论述和既有成果，可对“守候与照料”原则的内涵做出更全面的界定。“守候”包括人天相守、人地相守、人物相守，主张遵守自然规律，听任自然节奏，尊重生物本性，顺应生理节律。“照料”包括自然环境和农业生物两类对象，主张维护生态平衡，促进环境健康，照顾生物生长，关心动物感受。“守候与照料”还有益于人的完善，能够促进美德养成，助益精神升华。“守候与照料”以“敬畏自然”“模仿自然”和“仅取盈余”为二阶补充原则；特别强调构建人、环境、农业生物三者和谐共存的，无污染、可持续的农作生态系统。

二、历史依据：传统农作的“守候与照料”特征

古代先民总体秉持顺应自然的观念。老子云：“以辅万物之自然，而不敢为也。”[6]顺应自然不独为农业活动而言，但势必渗透于农业活动中。韩非曰：“冬耕之稼，后稷不能羡也；丰年大禾，臧获不能恶也。以一人力，则后稷不足；随自然，则臧获有余。”[7]农业活动中的顺应自然，与人天相守、遵守自

然规律、听任自然节奏的“守候”原则大有相合之处。同时，先民也注意到人力的作用。《吕氏春秋》云：“夫稼，为之者人也，生之者地也，养之者天也。”[8]对农业活动而言，与天地一样，人力不可或缺。《列子》更进一步，特别强调农业活动中人的能动智慧，其云：“吾闻天有时，地有利，吾盗天地之时利，云雨之滂润，山泽之产育，以生吾禾，殖吾稼，筑吾垣，建吾舍；陆盗禽兽，水盗鱼鳖，亡非盗也。夫禾稼、土木、禽兽、鱼鳖皆天下之所生，岂吾之所有？然吾盗天而无殃。”[9]应当看到，无论是《吕氏春秋》的“为”还是《列子》的“盗”，都以顺应自然为前提；人力所发挥处，不逾守候自然的范围，这是典型的“照料”式农业。我国传统农业的伦理特征大体如是，以下分种植、养殖、种养结合三部分详析之。

“顺天时，量地利”是历史时期种植活动的指导原则。《氾胜之书》对《吕氏春秋》“为之者人”的内涵做出解释：“凡耕之本，在于趣时和土，务粪泽，早锄早获。”[10]《齐民要术》在此基础上进行改造：“顺天时，量地利，则用力少而成功多。任情返道，劳而无获。”[11]“趣时”就是“顺天时”，“和土”大体对应“量地利”。《齐民要术》以降，历代农书几乎都以“顺天时，量地利”为指导原则，只不过常以“时宜地宜”等近义词作为变相表达。《农书》云：“在耕稼盗天地之时利……农事必知天地时宜……顺天地时利之宜。”[12]《农桑辑要》云：“谷之为品不一，风土各有所宜。种艺之时，早晚又各不同。”[13]《王祯农书》云：“顺天之时，因地之宜。”[14]《农桑衣食撮要》云：“凡天时地利之宜……具在是书。”[15]《农说》云：“合天时、地脉、物性之宜……则事半而功倍矣。”[16]《农政全书》以“用天之道、因地之利”作为核心理念[17]。《知本提纲》云：“相土而因乎地利，观候而乘乎天时，虽云耕道之大，实有过半之思。”[18]需要指出，《礼记·月令》《四民月令》《四时纂要》等，分述一年十二个月适宜或禁忌的农事活动，是“顺天时”原则的具体体现。

将“顺天时，量地利”与“守候与照料”进行内涵比对发现，二者意旨大有相合之处。“顺天时”的作物种植，系参照不同的气候条件，在不同的季节与时间节点，因时制宜地对作物施以恰当的技术操作。这当中，对天气时节的顺应与“守候”原则的人天相守、听任自然节奏的内涵相统一；因时制宜地发出干预，体现出对农作生态系统特别是作物生长的照料。“量地利”的作物种植，系参考不同的地理环境、土壤类型和生境条件，因地制宜地选种作物，选择适应的土壤耕作技术、防旱保墒方式和水利设施种类，进行恰当的翻土、施肥、灌溉等田间管理。这当中，对土地环境的顺应符合“守候”原则的人地相守、遵守生态规律、尊重生物本性的内涵；更重要的是，这些因地制宜的技术操作，鲜明地展现了“照料”原则，包括对作物生长的悉心照顾和对生态环境的虔心维护。总起来说，“顺天时，量地利”和“守候与照料”，是对同一种作物种植理念的不同逻辑的表达。

我国古代的动物养殖活动有两种重要的伦理倾向。一是对畜养对象怀有“爱重之心”，这是我国古代养殖伦理的特色。《农书》云：“夫善牧养者，必先知爱重之心”，[12]15 其后《王祯农书》有“爱养之道”[14]105，《农桑衣食撮要》有“爱惜保养”[15]26，《三农纪》有“须知宝爱”[19] 等语，含义大同小异，都将“爱重之心”视作畜养者的首要伦理素养。传统农业的养殖对象诸如马、牛、羊、猪、狗、鸡、鸭、鹅、鱼、蜂、蚕等，都是“爱重之心”的投射对象。二是重视对畜养对象的放牧散养。与当前盛行的集约圈养不同，历史时期畜牧业多采用放牧与舍饲结合的养殖方式，而重视放牧，是我国古代畜养伦理的重要倾向。人们在放牧与舍饲的选择中更倾向放牧，只要自然条件允许，人们更愿意采用放牧的畜养方式。羊、牛、马能放则放，猪也常牧，鸡鸭等禽类总体上处于散养状态。

对畜养对象怀有“爱重之心”，体现了“守候”原则的“人物相守”方面。“爱重”区别于纯粹利用，是人与动物和谐相处的一种方式。动物深深地参与到人的生活中，人与动物相依共存。更重要的是，“爱重之心”导致了人对养殖动物的精心“照料”，体现了“照料”原则的照顾生物生长、关心动物感受的方面。役牛役马，度其饥渴，量其劳逸，安其凉暖，惕其好恶，无处不照顾有加；铰羊毛谨防羊受冻，取羊奶谨防伤羊羔；养猪养鸡，都加盖小厂棚，以避雨日；等等。重视放牧散养，体现了“守候”原则的尊重生物本性、顺应生理节律的方面。动物原本生活在野外环境中，自由活动，自由采食，放牧散养是遵守其规律，随顺其本性。与集约舍饲设法促其快速生长不同，放牧散养顺应其生理节律，任其自然生长。重视放牧散养，也体现了“照料”原则，尤其是照顾生物生长、关心动物感受的方面。放牧散养不是一味放任不管，而是既要引导其进入合适的放牧地，也要保证其不被捕食、不受惊吓。这当中的“照料”，还包含对生态环境的照料。

先民的种植活动与养殖活动并非独立无干，而是紧密联系，构成种养结合的农作生态系统。种养对象有多样化特征，种植对象有谷、果、蔬、桑等，养殖对象有马、牛、羊、猪、鸡、狗、鱼、蚕、蜂等。所种植物作为生产者，为所养动物提供食物。比如种草养畜，植桑饲蚕，种植收获的谷类、蔬菜及其副产品用作畜禽饲料，专门种植豆类为畜禽补充营养等。所养动物作为消费者，为所种植物提供肥料。畜禽粪秽都是宝贵的有机肥，牛、羊、马、猪、禽、蚕的粪便都要还田，鱼的排泄物也被植物利用。役畜还为种植活动提供力役。如此，植物和动物互用互利，构成传统小农的物种多样的农作生态系统。

先民对种养结合的农作生态系统的构建，体现了“守候与照料”的精神意旨。在这个系统中，人充分尊重生态法则，顺应自然之力，利用生物多样性及其内在依存关系实现系统物质与能量的循环流动，进而收获农产品，这契合“守候”原则的人地相守、人物相守、遵守自然规律，听任自然节奏的内涵。人作为系统的一分子，不仅不是无所作为，更是利用智慧和技术构建系统循环，不断修复系统各类扰动使其保持动态平衡，促进系统的无污染、可持续，这是典型的“照料”，契合“照料”原则维护生态平衡，促进环境健康的方面。上文提到的“守候与照料”原则规定下的人之作为的主要方面是构建有人参与的可持续、无污染的生态系统，先民的农作生态系统为其提供了有力的实践支持。

由上可见，我国古代的种植、养殖及种养结合的农作系统，都体现了“守候与照料”的精神意旨。虽然先民没有直接打出“守候与照料”这面旗帜来引领传统农作的发展方向，但从客观上看，他们几千年的躬身实践，无处不渗透着这一理念。与“守候与照料”在思想上具有亲缘关系的“顺天时，量地利”“必怀爱重之心”、重视放牧散养、营造种养结合的农作系统等思想与倾向，已经内化到先民的观念结构中。基于“守候与照料”理念反观历史会发现，传统农作就是“守候与照料”式的。田松认为，在判断一个事物是否具有合理性的时候，可以有三个依据：科学依据、经验依据、历史依据。如果说蒋高明研究员的生态农业实践为“守候与照料”理念提供了科学依据和经验依据，那么中国几千年的农作历史，就为其提供了集体的历史依据。

三、实际应用：分析农业活动正当性的方法

与科学技术活动需要伦理规范一样，农业活动也需要伦理规范。农业活动的规范性应由农业伦理学发出。根据“守候与照料”的农业伦理观，农业活动的规范性内容总体表述为：人应以“守候与照料”而不是“限定与强求”的态度面向自然环境，对待农业生物；应该“敬畏自然”“模仿自然”“仅取盈余”；应该致力于构建无污染、可持续的农作生态系统。具体而言，农作关系到人、自然、农业生物三者间的相互作用，“守候与照料”原则可在自然环境、农业生物、人的生活三方面演绎出清晰的伦理规范：在自然环境方面，应遵守自然规律，听任自然节奏，维护生态平衡，促进环境健康；在农业生物方面，应尊重生物本性，顺应生理节律，照顾生物生长，关心动物感受；在人的生活方面，应保障人类温饱，增进人体健康，促进美德养成，助益精神升华。这些内容堪作分析农业活动正当性的标准。如果一项农业活动符合这些标准，可认为正当；如果不符合或部分符合，可认为具有不正当因素。

鉴于三个二阶原则是对“守候与照料”原则的补充，它们都从相对抽象的理念方面对农业活动发起规范，可合成一处作为分析农业活动正当性的方法，不妨称为“理念分析法”。理念分析法是指，对一项农业活动做出“守候与照料”还是“限定与强求”的判别，并从“敬畏自然”“模仿自然”和“仅取盈余”三个角度做出分析。如果倾向于“守候与照料”并且是“敬畏自然”“模仿自然”和“仅取盈余”的，则是正当的；反之，具有不正当因素。三个二阶原则可以检验不正当性所在。此外，致力于构建无污染、可持续的农作生态系统，是“守候与照料”内涵中人之作为的主要方面，可归入理念分析法，作其内容的一个方面。

鉴于“守候与照料”原则对自然环境、农业生物、人的生活三个维度发起观照能够形成具体内容，它们都从相对具体的操作方面对农业活动发起规范，可并列起来作为分析农业活动正当性的又一方法，不妨称为“三维分析法”。三维分析法是指，对一项农业活动分别从自然环境、农业生物和人的生活三方面做出评判，看其是否遵守自然规律，听任自然节奏，维护生态平衡，促进环境健康；是否尊重生物本性，顺应生理节律，照顾生物生长，关心动物感受；是否保障人类温饱，增进人体健康，促进美德养成，助益精神升华。

如是，则具有正当性；反之，具有不正当因素，而且可将不正当因素定位在具体方面。简言之，可提炼出分析农业活动正当性的两种方法：

（1）理念分析法：是否遵循“守候与照料”原则，是否“敬畏自然”“模仿自然”“仅取盈余”，是否致力于建构无污染、可持续的农作生态系统。

（2）三维分析法：是否遵守自然规律，听任自然节奏，维护生态平衡，促进环境健康；是否尊重生物本性，顺应生理节律，照顾生物生长，关心动物感受；是否保障人类温饱，增进人体健康，促进美德养成，助益精神升华。

三维分析法是理念分析法的具体表达，理念分析法是三维分析法的抽象陈述，二者是一而二、二而一的关系。首先，理念分析法所依据的理论表述恰恰表明了农业活动中自然环境、农业生物和人的生活三者间的关联，这为三维分析法提供了分析问题的维度框架。其次，对“守候与照料”原则做出的演绎分析呈现了“守候与照料”原则在自然环境、农业生物和人的生活三个方面里的具体表现，这些内容正是对农业活动进行三维分析时的具体“指标”。更重要的是，“守候与照料”的态度可以同时对自然环境、农业生物和人的生活发出正向的、积极的观照，实现“三方共赢”，这使三维分析法在三个方面的分别分析获得一致结论成为可能，至少避免了三个方面的分析结论发生激烈冲突。

两个方法，一抽象一具体，各具优缺点，可互补使用。理念分析法相对抽象，但运用起来比较直接，可在短时间内对问题做出总体性质判断。三维分析法运用起来过程相对烦琐，但比较具体，既在面对复杂问题时具有操作性，也可以分析出具体问题所在，指明需要改进的具体方面。对一项农业活动的正当性进行分析，可先使用理念分析法做出总体性质判断，如有必要，再运用三维分析法做进一步具体分析。

以下试举三例，运用两种方法分析三种农业活动的正当性。

其一，敖汉玉米种植。

近二三十年来，受价格因素影响，内蒙古敖汉旗发展了玉米种植。2013年种植面积达165.8万亩（1亩约合667平方米，下同）。相比粟等当地传统旱地作物，玉米需水量较大。但当地降水量较少，地面水源缺乏，只能抽取地下水灌溉。水井深度不断加深，由几十米向百米以上发展[20]。

运用理念分析法分析，敖汉玉米种植是“限定与强求”。将土地限定为经济效益的提供者，土地因缺水不能支撑大范围玉米生长，就抽取地下水强求其生长。这种种植方式缺乏对自然的敬畏，它以主宰者的心态，出于利益，向自然索取。种植玉米不是基于对自然的模仿，当地潜在自然植被主要不是玉米一类相对耗水的植物，而是粟一类相对耐旱的植物。即使有玉米一类的植物，也不可能形成如此规模。这种种植方式导致地下水超采，构成对当地自然生态的透支，收获的玉米不但不是系统盈余，而且难以为继。敖汉玉米种植不可持续。

运用三维分析法分析，首先，敖汉玉米种植对自然环境造成沉重压力。玉米生长以地下水超采为代价，地下水位的不断降低体现了环境因素的失衡。这种种植方式非但不能维护生态平衡，促进环境健康，反倒破坏生态环境、透支生态系统。其次，在农业生物维度，敖汉玉米种植存在问题不甚明显。最后，规模化的玉米种植可能增收，但也容易使农民沦为工业化农业生产模式下的产业工人，被资本裹挟，反复从事单一操作，单调乏味，失去多样化种养的农作乐趣。如有不当的农药喷洒，还有损健康。

其二，青田稻田养鱼。

浙江青田县稻田养鱼历史悠久，至今已有1200多年。目前经营面积8万亩。在这种模式中，水稻为鱼提供小气候、饲料，鱼为水稻除草、除虫、松土，鱼和水稻形成共生系统。

运用理念分析法分析，稻田养鱼体现了“守候与照料”。人并未使用特殊手段强求水稻和鱼的生长，而是守候于系统之外，任其互利互助、自然生长。只在必要时，适度调整环境因素和品种数量的搭配。在这种农作模式中，人的主宰者形象不突出，鱼和水稻之间的互动方式，并非人为设定，不在人的掌控之中。稻田养鱼是对自然的模仿，青田地区降雨丰富，是鱼米之乡，水稻一类的耗水植物是其潜在自然植被之一，鱼类是其潜在自然物种。同时，稻鱼系统作为人工湿地生态系统的一种，是对天然湿地生态系统的模仿。稻鱼系统收获的农产品为成熟的稻和鱼，都是系统之盈余，收获后不会影响系统的持续运行。稻鱼系统是典型的无污染、可持续的农作生态系统。

运用三维分析法分析，首先，稻田养鱼是对自然规律的遵守，对自然节奏的听任。不仅不破坏环境，反而对系统外的环境健康有所促进。其次，与其他肉用养殖一样，稻田养鱼要剥夺鱼的生命，此其不足。但与高密度养鱼池相比，鱼在稻田中的生活环境更好，所食为天然饲料，活动空间也很宽松。

对稻来说，鱼的存在为其省却了许多化肥、农药、除草剂的摧残。最后，稻鱼系统能提供相对天然的农产品，更有益人的健康。因其共生特征，省却了农民许多反复无趣而且有损健康的喷药等劳动。稻鱼生态系统还具有审美价值和休闲功能。

其三，规模集约养殖。

与传统重视放牧散养的养殖方式不同，现代养殖业运用工业的思维与手段，使养殖方式呈现规模化、集约化的特点。规模化是指，养殖动物的数量远远超出传统家庭院落，以成百上千甚至数以万计。集约化是指，单位土地面积上饲养较多的动物。规模集约养殖以高密度饲养为特点，以标准化管理为手段。

运用理念分析法分析，规模集约养殖是典型的“限定与强求”。养殖动物被限定为肉蛋奶的提供者，如其不能如期交付器官及其他产品，就被施以一系列手段，诸如抗生素、激素，强求其按时交货。规模集约养殖对待动物没有敬畏，只视其为工具和任意利用的物品，其生命未被当作生命对待。规模集约养殖不是模仿自然，而是背离自然。自然不会把动物大规模高密度地圈养起来，也不会让动物脱离生态系统（吃人工饲料、没有捕食者）。在规模集约养殖的养鸡生蛋、养牛挤奶中，蛋和奶不是鸡和牛的盈余，而是对鸡和牛的透支。肉产品的收获对象不是动物种群中的长成部分，而是标准化的统一“收割”，它们大多“未成年”。规模集约养殖使动物脱离生态系统。

运用三维分析法分析，首先，规模集约养殖不可避免地对生态环境造成沉重压力。动物粪污将带来空气污染、土壤污染、水污染，动物呼吸会污染空气。所谓治理，只能缓解而无法避免污染，更何况治理本身又会消耗资源、制造污染。其次，规模集约养殖不仅要剥夺动物生命，还极大程度地增加了动物的痛苦。动物的心理福利、行为福利、卫生福利、环境福利都不可避免地受到损害，动物被制造出许多行为规癖和生产性疾病。最后，规模集约养殖生产的动物产品会因动物健康问题和抗生素残留而有损人体健康。规模集约养殖由于其工业化生产方式而使养殖人员的劳动处于反复单一状态，无益于自我实现。而且工作环境又脏又差，有损健康。

需要指出，理念分析法和三维分析法不仅可用来分析农业生产活动，还可用于分析土地流转、农产品交易等农业经营活动，以及都市农业、美德农业等农业多功能性和农业新形式。

从事农业活动、进行农学科研、制定农业政策，都应遵守农业伦理学的基本规范，获取伦理层面的正当性。在理念分析法和三维分析法的观照下，农业活动将获得正当性分析。其是否正当、何处正当性有欠缺，都清晰立现。两种方法相辅相成，可为农业活动的开展和农业政策的制定提供审查和建议。

参考文献（略）

（原文刊载于《自然辩证法通讯》2018 年第 6 期）

论农业伦理学之“中度原则”

方锡良

【摘要】现代农业，需要道法自然、因时因地制宜，并与系统耦合思想、农业现代化任务和乡村振兴战略紧密结合，追求“合宜有度、中和协调、均衡有序”发展，从而发展出农业伦理学之“中度原则”。该原则植根于源远流长、底蕴深厚的中外文化传统，尤其是在“轴心时代”儒家、道家和古希腊的“中和协调、中道思想和中庸之道”等思想传统中孕育成长；进一步我们可以从三维角度对“中度原则”加以深入解读：首先是因法因序为度，即道法自然、系统耦合；其次是因时因地为度，即合乎时宜、用养结合、利用厚生；最后因事因势为度，即结合农业现代化任务与乡村振兴战略，促进农业发展“事势相应、均衡协调”。

【关键词】农业伦理学；中度原则；历史文化蕴含；三维解析

当今时代，社会主要矛盾发生了历史性的变化，其在农业领域突出表现为：人民群众对于“绿色优质农产品、农民致富增收、美丽乡村建设和农业健康可持续发展”日益增长的需求，与农业领域不均衡不充分发展之间的矛盾非常突出。对于农业领域的时代课题与主要矛盾，我们需要因势利导，既要积极维护农业的“生存权与发展权”，也要在保护生态环境、促进就业、改善民生、推进社会公平正义、保持社会发展活力等方面掌握合理的均衡点与结合点，推动农业的稳步改革与健康可持续发展。

上述合理均衡点与结合点，其实就是农业伦理学角度“中度原则或中道

作者简介：方锡良，兰州大学哲学社会学院副教授。

思想”的集中体现，“中度原则或中道思想”强调农业生产、经营、管理、规划、开发、研究等相关活动中，要在遵循自然法则、保护生态环境与维护生产条件的前提下，依据农业系统各个界面和生产层的特点及其规律，因时、因地、因事制宜，合理安排生产结构与秩序，提升管理协调水平，协调自然系统与社会系统之间、生产加工环节与市场经营环节之间、农业实体行业与经济金融部门之间的关系，兼顾生态、经济与社会各方利益，合理把握农业相关部门与从业者之间的合理平衡点，以及农业生产加工、经营销售、开发保护之间的秩序与限度，努力做到“取予有度、均衡种养、产销衔接、虚实互补、中和均衡、系统耦合”，以维护农业生态系统的均衡有序和社会生活系统的公平正义，并促进城乡均衡协调发展，确保农业可持续性生存与发展。

这一“中度原则”既有深厚的历史底蕴和文化内涵，又有丰富的解读维度和现实潜能。我们要结合中外文化传统、系统论思想和社会现实变革，尤其是结合农业系统耦合思想、农业现代化任务和乡村振兴战略，追求农业的“合宜有度、中和协调、均衡有序”发展，最终促进农业的健康可持续发展。下文将从概念辨析、文化内涵和三维解析等不同方面，对农业伦理学“中度原则”展开较为详细的分析。

一、“（中）度”概念析辨

度，本初的含义指计算长短的单位、器具或行为，如“尺度”“刻度”与“量度”，进而发展为划分标准的单位（如温度、湿度、角度），或计算、衡量、推测等含义，又由于这些量度、衡量的标准、单位与行为而引申出更加抽象意义上的“法则、界限、方向、境界、状况”等含义，就法则而言，如法度、制度；就界限而言，如适度、限度；就方向角度而言，如角度、维度等；就境界而言，如风度、气度等；就状况而言，如程度、强度、进度等。此外，就行为而言，也进一步抽象，衍生出度过（度日、度假）、推测与衡量（揣度、审时度势）等含义。作为动词的“度”，当它念作“duó”时，具有“审时度势、谨慎而行”的含义，尤其值得我们关注。

总体而言，“度”这个概念，有一个从具体事物的衡量、计算、测量的标准和行为，往各类事物、事情乃至世界之标准、准则、方向、状况、界限和限度逐渐抽象、上升的过程，这一思维抽象上升的过程，就是人们对事物、事情和世界、历史的认识不断深入、上升的过程，“度”逐渐抽象上升为一个哲学伦理层面的基础概念。这一概念不仅关联着事物存在的性质与统一性、方向与状况、变化之程度和界限，更关联着系统自身以及系统之间均衡有序与合理限度。

在哲学上，“度”不仅指保持事物基本性质或质的统一性的数量界限（质、量、度），或者指事物在一定条件发生变化的程度及阈限（变化、关节点），而且也指系统内部各要素或系统之间保持平衡的秩序与限度（有序度、中道、中度），这些数量界限、程度阈限或秩序限度都是客观存在的。认识和理解这些“度”，并遵循它们而行为实践，保持事物的性质稳定与系统的均衡有序，或因势利导促进事物有序变化、良性发展，是为“适度”“中道”“中度”。

度，从最根本的意义来讲，乃是法则、法度，它既体现为事物或宇宙之法则、法度，也表现为社会生活与伦理道德之法则、法度，这一法则、法度在事物发展演变过程中、在矛盾张力中“维系事物自身平衡和事物之间的关系良性互动并达到统一”[1]。

度，因为这种平衡状态和良性互动，内在地关联着事物的存在方位、发展状态和相互关系，因而也就与“时间、空间”这两个维度内在关联起来，更进一步来讲，度与系统运行之均衡有序、事物发展之合理有序，也即是说与天地运行之根本大法以及事物合理运行之秩序法度内在关联，因而根本来说，度乃是依据“法”而行。在“系统耦合与可持续发展”的基本原则指引下，农业伦理学的“中度原则”，乃是因法因序而度、因时因地而度、因事因势而度，而把握“度”的基本要义是在秩序、法则、时空、时势的复合系统中把握“中度（道）”，维护复合系统的均衡有序与生生不息。

“度”的相关问题，在社会生活各个领域中都得到积极探讨，如哲学伦理、经济发展、社会政治、新闻宣传、文学艺术、工业与艺术设计、环境与荒漠化治理、城市建筑、计算机与信息网络通信、医药医学、复杂性系统与复杂性科学等①。

---

① 相关领域研究论文举要如下：《中国区域经济—社会—环境的耦合协调度发展研究》（彭博等，2017），《儒家“中”道的政治哲学解读》（朱璐，2015），《把握舆论引导中的“度”》（曹劲松，2014），《设计有度》（张杰，2014），《荒漠化概念中的“度”》（田亚平，2003），《空间—时间—度：城市更新的基本问题研究》（张其邦，马武定，2006），《中医经典词语“度”诠释》（孙理军，2011），《复杂系统结构有序度——负熵算法》（李伟钢，1988）。

就农业领域而言，“度”的相关问题也得到较为广泛讨论，或关注农业领域中的有序度：如探讨《耕地资源经济—社会—生态系统有序度测算》（田京京，赵红安等，2017）、《生鲜农产品供应链系统有序度评价研究》（刘畅，安玉发等，2012）；或关注农业生态或气候适宜度：如探讨《农业生态气候适宜度研究进展》（罗怀良，陈国阶等，2004），《县域农业主导产业结构生态适宜性评价及其发展预测》（王梁，朱利群等，2012）；或探讨农业集约度：如展开《河北省农用地利用集约度时空变异分析》（崔丽，许月卿，2007）、述评《布林克曼农业集约度学说》（盖志毅，2017）；尤其是农业领域的“耦合协调度”相关论题，探讨得非常广泛深入，如：或探讨《不同尺度下区域农业系统协调度的评价》（杨世琦，杨正礼，2008），或探讨《中国区域工业化、城镇化与农业现代化耦合协调度及其影响因素》（钱丽，陈忠卫，2012），或展开《农业生态系统协调度测度理论与实证研究》（杨世琦，高旺盛，2006），或测算《农业技术进步与要素禀赋的耦合协调度》（魏金义，祁春节，2015），或基于产业融合角度展开《农业与旅游产业耦合协调度实证研究》（黄明元，侯丽，2016），或分析《西北干旱区人口—农业经济—生态耦合协调态势》（白爱桃，叶得明，2017）。

无论是从概念发展演变角度来看，还是从社会生活各个领域角度来看，或者从农业相关论题角度来看，“度”这一重要范畴，逐渐向着遵循“法则、法度”，向着注重事物或系统的中和协调、均衡有序、系统耦合这一基础涵义集中，我们不妨将其概括为“中度原则”或“中道思想”。

作为“农业伦理学”的核心原则，“中度原则或中道思想”强调农业生产、经营、管理、规划、开发、研究等相关活动中，要在遵循自然法则、保护生态环境与维护生产条件的前提下，依据农业系统各个界面和生产层的特点及其规律，因时因地因事制宜，合理安排生产结构与秩序，提升管理协调水平，协调自然系统与社会系统之间、生产加工环节与市场经营环节之间、农业实体行业与经济金融部门之间的关系，兼顾生态、经济与社会各方利益，合理把握农业相关部门与从业者之间的合理平衡点，以及农业生产加工、经营销售、开发保护之间的秩序与限度，努力做到“取予有度、均衡种养、产销衔接、虚实互补、中和均衡、系统耦合”，以维护农业生态系统的均衡有序和社会生活系统的公平正义，促进城乡均衡协调发展，确保农业可持续性生存与发展。

这样的中度原则，就不仅仅是农业生态系统保持合适的“度与序”的问题，更是统合各个系统、界面、环节，兼顾各方利益，寻求系统耦合与公平正义，促进农业健康可持续发展，这样的农业发展之道，道法自然、系统耦合、中和协调，可谓“中道原则”。

二、“中度原则”的历史文化蕴涵

中国文化传统中，虽然没有较为明确的“中度”概念，但是有许多与之意义相近的概念，如“中和、中道、中庸、中正”等，它们既具有形而上学和本体论意义，又具有认识论和方法论意义，贯穿于天人之际，落实于人伦日用和生产生活，有助于我们深入理解“中度法则”的历史文化底蕴。

（一）中和协调

中和协调观念，强调在人类社会生活之中以及在人与自然之间，应道法自然、中和协调，避免邪行妄作、任情反道，否则就会失据丧德、招致灾祸。它乃是中华民族在数千年的生产生活实践与社会历史发展过程中形成的。

“中和协调”思想既源于传统农业文明和农业生产实践，同时也对中国传统农业社会产生了深远影响。中国传统农业生产实践充分体现了“中和协调”的观念，“在宏观上表现为自然环境（天地）、农作物与人的社会活动之间的调和平衡，即天地人物的协调统一；具体到农业生态系统中则注重农业生态关系的利用、选择及优化，即以人的生产实践实现各种生态因子的优化组合”[2]71。“中和协调”观念强调在天地人物所构成的有机整体中“取中、均衡与协调”，追求人与自然之间的和谐、共生与协调，它既引导着中国传统农业的生态化趋向，又“逐渐发展为人们认识和处理一切自然社会事务的重要思想观念，由此进入生产实践与社会生活的各个层面，成为人们普遍遵守的行为准则”[2]。进而，先民还借助于联想、类比等方法建立起人类社会生活的“本源”“根基”与“尚中”“中和”等观念之间的内在关联。“我国早期农耕实践经验不仅折射了大量反映天地人之间‘适中’‘平衡’‘和合’现象，强化了尚中观念”[3]，而且，与这种农业生产及社会生活中的“中和协调”观念相适应，先民在处理天人关系、统治秩序与文化传统等基础问题时，重视求“地中”。古时王国建立，必先定中建都，以之为中心，确定四方方位、行政区划、伦序格局乃至历法系统，如《周礼》所载：大司徒以土圭之法“测土深、正日景，以求地中……日至景尺有五寸，谓之地中：天地之所合也、四时之所交也，风雨之所会也，阴阳之所和也。然则百物阜安，乃建王国焉，制其畿方千里而封树之”[4]。求地中，以确定国都与边界、分封建制，辅佐君王安邦定国、富庶民众、协和万物，核心要义是通过“地中”来确立地域、制度与文化上的秩序，维护其均衡有序与中和协调。“数千年来，以‘中’为美满的空间时间概念，积淀而成为中华民族的一种审美情趣和价值取向，影响到传统文化的各个层面，至深且巨”[5]。

（二）中道思想与中庸之道

如果说“中和协调”观念是对农业生产生活经验与社会运行规律秩序的总结提炼与概括提升的话，那么与之相应的“中道”思想与“中庸”观念，则可视为一种贯通“形而上之道”与“形而下之用”的更普遍观念，对中华民族文化传统与生产生活影响至为深远，这在儒家思想之中表现尤为明显。尤其是作为儒家思想源头的《周易》经传系统，较为明确而系统地阐发了“中道”思想①。

1.《周易》与中道

首先，《易经》的“中道”思想有正确、内心和中度等含义。循着中道来行动，则往往能走向正确，这个正确的道理、原则，可称之为“中道”，其具体内容往往随各卦而异，如恒卦讲的是如何恒守正道，从而明晓天地万物长久运行、生生不息的情况，而损益二卦，讲的是减损或增益的正确道理与原则；“中”还指“内心”，如中孚这一卦，中，中虚，内心之意；孚，信诚，诚心诚意合乎中道，合而言之，在内心中诚意保持中道，才能真正修身养性，进而感化邦国、协和万物。同时“中”也是一种思想方法，强调“无过无不及”“任何事物，无论是刚健、柔顺、泰亨或归复、或增益、或否损，都有个‘度’。这个‘度’就是上面指出的正确的道理、原则”[6]15。

其次，《大传》系统发展了《易经》的中道思想，尤其是奠定了“贯通天人、和合伦序、修齐治平”的儒家政治思想与伦理观念的根基。《大传》一方面采取“以中爻为重”的方式去宣传“中道”思想，另一方面强调“中道”

① 关于《周易》的中道思想，重点参考了喻博文的论文《论〈周易〉的中道思想》，载于《孔子研究》，1989年第4期。

思想是贯通天地人的根本之道，奠定了修齐治平的政治伦理基础。《大传》采取“以中爻为重”这种方式来宣扬中道思想，强调每一卦的中爻（尤其是第二、五爻）非常重要，因其“得中、中正、刚正”，故而往往能利贞、大吉、无咎，体现了每一卦的主要内容和性质，《系辞下》说“若夫杂物撰德，辨是与非，则非其中爻不备”[7]。《大传》进一步将“中道思想”置于“天人关系”中加以阐发提升，中道既是天的基本属性，也是人的美好德行，它构成了天人合一的灵魂与纽带，是贯穿天地人的根本之道①。某种意义上，“整部《周易》体现了中道哲学，一部奇特的系统与过程哲学。《大传》还为每卦确定了中道的内容和标准，也可以说是确立了一个‘度’，超过或不及就不是中而是偏。这样既利用卦的形式发挥宣扬了儒学思想，又树立起一个无过无不及的方法”[6]19。

2. 中庸之道

先秦经典，如《论语》《中庸》中关于“中庸之道”的系统阐发和理论提升，有助于我们进一步深入理解和领会“中道原则”的伦理意涵。先秦儒家“中庸之道”，上承《周易》经传系统的“中道”观念，经由孔子加以原创性阐发，在《中庸》中得到系统阐发，并为后起儒家所进一步阐释。

传统“中道思想或中庸之道”，往往在认识论、方法论和修养论等方面为大家所熟知，如“叩其两端而竭焉”（《论语·子罕》），“执其两端，用其中于民”（《礼记·中庸》），它强调认识事物、分析问题时，充分把握事情的正反面、过度与不及等不同的两端，相互叩问，穷尽事物之本来面目，换位思考，调节各种力量与利益，在两端之间达致必要的动态平衡。“中”其实就是一种必要的“度”与合理的“节”，“执两用中”其实就是对“过与不及”这两端保持一种动态均衡和弹性调剂，从而“中道而行”。进而，还要根据形势、时局乃至时代的变化而随机应化、与时俱进，既合乎大义（经），又能变易日新（权），保持整体之生机活力、系统之协调有序与社会之和谐中正，是为“君子而时中”。约而言之，就是执两用中、中道而行；因势时中，经权相

① 如《文言》对乾坤两卦的解释阐发，乾元博施于天下而能利生万物，具备刚健中正的性质（“大矣哉，大哉乾乎！刚健中正，纯粹精也”）；而坤卦的解说也强调君子应秉中和、处正位、存美德、发事业，如此才能成就美的最高境界（“君子黄中通理，正位居体。美在其中，而畅于四支，发于事业，美之至也”），这一点将美与善内在关联在一起。

应；日新又新，生生不息。我们对“中庸之道”的理解，不能仅仅停留在原则观念层面，更应渗透生活实践与具体情境之中，其核心思想是：致中和，守至诚，成己成物，参赞天地之化育。具体而言，“中庸的轴心是‘诚’，作为德行规范则广泛作用于自然、社会、思维各个领域，其功用表现为‘正己正人’‘成己成物’，其理想的人格载体是‘君子’，而理想状态则是‘致广大而尽精微，极高明而道中庸’”[8]36。

实际上，“中道思想或中庸之道”乃是“轴心时代”中西文化的核心观念之一，尽管经常被误解为某种折中调和的认识方式或实践准则，但就其本意而言，“‘中庸’不能被理解为‘中间’‘中等’的同义语，而是指美德或技艺做到了恰如其分或恰到好处的那个‘度’”[8]34。如亚里士多德在《尼各马可伦理学》中强调伦理学作为追寻幸福与至善的学问，对于德行的理解至关重要，那么，何谓德行？“德行就是中庸，是对中间的命中……中庸在过度和不及之间，在两种恶事之间，在感受和行为中都有不及和超越应有的限度，德行则寻求和选择中间……（伦理）德行就是中间性，中庸就是最高的善和极端的美”[9]。

关于中庸之德行，亚里士多德特别强调三点，与孔子的相关思想遥相呼应，有助于我们深入理解“中度法则”。其一，善恶有别、明断是非。并非所有的行为或感受都有中间性或中道，如恶意、无耻和偷盗、杀人等，无所谓过度或不及，它们本身都是错误或恶的。与此类似，孔子特别反对“乡愿”，这种人表面看来似乎老实谦和、与人为善，实则是非不分、毫无原则，其实是败坏、危害德行的人，正所谓“乡愿，德之贼也”[10]209。就农业而言，对于那些危害农业生态系统安全、农业健康可持续发展或社会公平正义，从而有悖于农业伦理的观念或行为，如对于农业生产、经营与管理过程中，各类“涸泽而渔、焚林而猎”的短视行为，各种“不顾民生、肆意妄为”的不义之举，我们理应旗帜鲜明地予以批判与抨击，它们不存在什么过或不及的情况，更毋庸说什么“中道”了。

其二，普遍伦理原则，应结合具体德行来理解和领会，换言之，应结合具体事务或情景来判断其过度、不及与中道。就少量财富而言，挥霍之人，收入不足而支出过度；吝啬之人则反之，这两者之间的中道是慷慨之士。与此类似，面对同样的追问：“听说之后是否就应立刻行动？”孔子因人而异、因材施教，对待子路，就说有父母兄长在，不能这么做；对待冉有，却说可以这么做。何以如此？因为二人性格处于两端，相应地予以矫正与中和，寻求“中道或中度”。子路好勇过人，就教给他谦恭；而冉有却畏首缩脚，所以要鼓励大胆行动。是即“求也退，故进之；由也兼人，故退之”[10]133。在农业生产经营活动中，经常要在具体事务的过度与不及之间寻求中道与合理之度，如《氾胜之书》中根据土壤“强弱”性质之差别，适时合理耕作，做到强土而弱之、弱土而强之，最终实现“和土之道”；而《齐民要术》也针对土壤肥瘠不同，提出了作物耕作时机的差别，“良田宜种晚，薄田宜种早”[11]50。

其三，过度、不及与中道三者之间的对立情况，如何进行合理的判断、抉择与行动，应具体情况具体分析。这三者两两对立，但两个极端之间的对立最大，而就过度或不及分别与中道对立而言，有时中道与不足更加对立，如较之于鲁莽，怯懦与作为中道的“勇敢”更加对立；有时过度与中道更加对立，如较之于感觉迟钝，自我放纵与作为中道的“自我节制”更加对立。这一点，在《论语》中也有非常鲜明的案例，而且关涉到一个很根本的问题——礼制的根本与德行的实质何在？在回答林放关于“礼之根本是什么”的追问时，孔子答道“礼，与其奢也，宁俭；丧，与其易也，宁戚”[10]26。无论是一般之礼，还是丧礼，与其拘泥于、纠结于外表形式、礼仪规范，不如抓住礼的根本——诚敬之心与合情合理之举。奢华与质朴，都是两端，相较而言，质朴更接近于“礼之本”，因为它更有实质精神而非外表形式，与之相类，心中悲戚较之于形式上的和顺条理，更加接近于诚敬之本心。退一步来说，即使我们无法有效做到“中道而行”，也应合乎礼法的根本精神所在，不忘其初衷，如：“不得中行而与之，必也狂狷乎，狂者进取，狷者有所不为也”[10]158。中庸之道，高妙精微，日常生活中或难以有效把握，所以是狂者进取，健进不已；狷者有内在规范，自我约束，故有所不为。或狂或狷，合而言之，谨守德行与善心，有所为有所不为，这就是伦理规范的现实化与中道化。引申开来，我们开展农业伦理学研究，也需要追问和思考“何为农业伦理之本”？或者说其宗旨目标与根本规范是什么？约而言之，就是保障农业的生存权与发展权，争取农业各系统的系统耦合，维护“三农”领域的社会公平正义，促进农业的健康可持续发展。这一宗旨目标与根本规范，其实就是农业伦理学“中道思想或中度法则”的实质内容所在。

中国传统文化中与“中度”思想，一方面从宇宙论、本体论等角度，强调宇宙自然和生活世界是一个有机联系、运动不已、生生不息的整体系统，并被赋予某种文化内涵与伦理意蕴，具有中和协调、中正得位等德行，这一德行贯穿天人之际，人们应道法自然、德合中庸、尚衡用中、协和万物；另一方面又从认识事物、立身行事和修身养性的方法与途径角度，强调要执两用中、中道而行，无过无不及，掌握事物发展和处理事务的“正确之道与合理之度”，确保事物或系统的良性协调发展与均衡有序。

三、农业伦理学“中度原则”之三维解析

我们除了要从文化蕴涵角度来理解农业伦理学的“中度法则”或“中道思想”，还要进一步结合系统论思想和社会历史发展，尤其是结合农业系统“系统耦合或系统相悖”的分析，以及农业转型升级、农业现代化和乡村振兴战略，理解和认识作为农业健康可持续发展之核心理念的“中度法则”。我们将从“因法因序为度、因时因地为度、因事因势为度”三个维度进行详细阐发。

（一）因法因序为度①

中华文化中源远流长的“中和协调、中道而行、中度而立”观念，从根本上讲来，非常近于道家“道法自然”和系统论“系统耦合”的基本观念。根据自然无为之大道，以及农业系统健康有序运行之规律法则来引导（道）、衡量（度）我们的农业相关活动，则知常道而无妄为，守中道而不盈满，体玄德而贵自然；进而遵循农业系统耦合之道，有序循环、合理利用、互利共生，促进农业永续发展。我们不妨概括为“道法自然、系统耦合、因法因序为度”。这个道、这个法，就是自然无为之道、系统耦合之法。

1. 道法自然、因法为度

首先，中道就是要知常顺道，“知常曰明，不知常妄作凶”[12]121。这个

① “因法因序为度”中的“因”，指的是根据、依照之意，即依据自然之法、系统之序来合理安排农业活动的方法、节奏、范围和秩序，促进农业合宜适度、合理有序的健康可持续发展。以下“因时因地为度”与“因事因势为度”中的“因”也主要取“依据、参照”这一涵义。

“常”就是自然之道，更确切地说是万事万物运动变化、循环往复的规律，只有真正理解并遵循这一“常道”的人才能明晓通达，否则肆意妄为招致灾祸。深谙此道的贾思勰在《齐民要术》中引申为：“顺天时，量地利，则用力少而成功多。任情反道，劳而无获”[11]151。即便儒家，如《孟子·公孙丑上》讲述宋人揠苗助长的故事，其理相通。揠苗助长，任情反道，急切无度，有害无益，适足以害事。知常顺道，根本就在于以自然为皈依，体认自然而行，对待万事万物，不横加干涉，不妄加主宰，依其本性而使其自然生长衍化。古人一再告诫人们不要违反自然之道（常道）而强力作为（妄作），否则祸不旋踵，而且承受其灾难苦痛的往往就是底层民众，以农民为最。人们应遵循自然无为之道，为自己的行为合理划界，既要有知道做什么的知识与眼界，也要有知道不该做什么的自觉与意识，明确应做与不应做的边界与范围，这就是“中度”。从“道法自然”这一根本原则上来自我认识、自我划界，这是“中道而行、因法为度”的第一层含义。

其次，因顺自然、虚而不盈、节用御欲、养备动时。人应知足、知止，不过分追求泰奢盈逸，舍弃各种极端、过度的举措行为，“是以圣人去甚、去奢、去泰”[12]178，故体道之士不欲盈。盈满，或骄奢淫逸，或强力妄为，或过分自满，都会招致灾祸；与此相反，“夫唯不盈，故能蔽而新成”[12]116，虚而不盈，方能革故鼎新、吐故纳新。所谓去甚、去奢、去泰、不盈，都是《道德经》对“顺应自然之道、敬守中和之理、掌握合适之度”一种否定性的言说方式。进而，从促进农业生产与保护民生之本的角度来看，如果不顾万物生养之四时规律与合理限度，不注重生产与积贮，骄奢妄为，终究会造成用度匮乏、民生困窘的局面，正所谓“生之有时而用之无度，则物力必屈……今背本而趋末，食者甚众，是天下之大残也；淫奢之俗，日日以长，是天下之大贼也。残贼共行，莫之或止，大命将泛。莫之拯救。食者甚众生之者甚少而靡之者甚多，天下财产何得不蹶”[13]。《陈旉农书·节用之宜篇》则进一步发展了这一思想，“传曰：‘收敛蓄藏，节用御欲。则天不能使之贫；养备动时，则天不能使之病’，岂不信然？”[14]39所以节用御欲之德、长远久虑之忧、养备动时之功，对于农业的持久生存与健康发展来说显得尤为重要。从“虚而不盈”这一立身行事方式上来自我约束、自我规范，这是道家“中道而行、因法为度”的第二层含义。

最后，道法自然、虚而不盈，成就“玄德”。“生而不有，为而不恃，长而不宰。是谓玄德”[12]116。虽有生长、抚育、成就万物之功，却不据为己有、不自恃有功、不为之主宰，这才是真正深厚的德行。以这种态度来对待天地自然，突破狭隘的物质欲望、自我观念乃至人类中心主义的限制，才是真正符合天人关系或者说具有现代生态伦理意味的德行。“玄德”，突破人自身的各种局限与狭隘，成就万物而不居功自傲、不强力主宰，功成身退，其最终目标是在“天人之际与古今之变”中持守“自然无为”之道，领会其中的生存、生活与生态智慧，这是道家“中道而行、因法为度”的第三层含义。

2. 系统耦合、因法因序为度

从农业生态系统健康可持续发展的角度来看，当今时代广泛发展的“工业化农业或石化农业”，过度消耗自然资源能源，不断污染农业生态环境，破坏农业生态系统，严重危害农业健康可持续发展，为了解决这些系统性问题，现代农业系统应道法自然、系统耦合、协和共生，维护农业生态系统和经济社会系统的有序运行，朝着有机农业、生态农业和循环农业等角度发展。

作为欧洲有机农业的创始人，霍华德在《农业圣典》这部经典之作开篇之首即提出“土壤管理的自然法则”，他认为良好的农业生态系统，推崇混合农作，动植物互利共生，自然资源有序循环、合理利用，生长和腐解保持着良好的平衡状态，土壤中富含腐殖质，有利于维护自然高效循环和生态均衡有序，因此，“大自然就是一个优秀的管理者，它能把养分有效地储存在土壤库里，在任何地点这些养分都不会造成浪费”[15]3，自然法则乃是简一之道，经济高效，兼容共存。在他看来，现代工业化农业本质上是打破生命年轮，在加速生长的同时却毫不重视分解，破坏了自然界生长与腐解、索取自然与回馈土地之间的平衡，同时又滥用化肥、农药等，导致土壤的退化和田地的毁坏、作物品质的降低，以及病害加剧和病人的增加。其解决之道，以农业病虫害为例，并非借助于农药、杀虫剂等发起一场针对病菌、微生物和害虫等的化学战争，而是借助自然之法以恢复自然，恢复作物与病虫害之间、人类与微生物之间的平衡，这种平衡观念非常重要。所以，师法自然，回归自然简一之道，发展生态有机农业，乃是解决农业问题的一个重要途径。

在某种意义上，我们可以说生态农业是现代农业的发展趋势，生态农业以各类资源的合理永续利用和生态环境的修复保护为重要前提，遵循生态学原理、生态经济学规律①，结合传统农业的有益经验和生态智慧，运用系统工程方法、现代科学技术和现代管理手段，寻求“经济、生态与社会”三重效益的良好平衡点与有效结合点，从而有助于确保农业和国家的基础安全与健康可持续发展。现代生态农业“以节地、节水、节肥、节药、节种、节能、资源综合循环利用和农业生态环境保护为重点，按照‘植物生产、动物转化、微生物还原’的农业循环经济理念，结合农业区域资源特征，调整优化农林牧副渔结构，大力发展高效生态农业、循环型农业、绿色农业和标准化农业”[16]209。

（二）因时因地为度

总结各类生产生活经验和历史发展教训，农业活动应避免各类“逆时妄为、竭泽而渔、焚林而畋”的短视行为，反思这类盲目短视行为给农业生态系统所带来巨大破坏，以及给人们生产生活所带来的无穷祸患。这方面，中国农业传统文化中丰富的护生厚生思想、时禁野禁观念、用地养地结合传统，可资借鉴。

1. 护生厚生、合宜有度

中华农业文明有着丰富的护佑生灵、利民厚生和节用裕民的传统，它发扬“厚德载物、生生不息”的“易道”精神，保护着世间万物的繁衍生息与农业的长盛不衰，从农业伦理学角度来看，它们可以发展成为保护农业生物多样性与农业生机活力的重要伦理观念。《淮南子》载：“故先王之法，畋不掩群，不取麛夭。不涸泽而渔，不焚林而猎”[17]308。这一先王之法，在《周礼》中有较为明确的阐发。《周礼》对守护“山林、平地、川泽、湖泽”等官员之职责进行了较为详细的描述，如“山虞，掌山林之政令，物为之厉而守为之禁……林衡，掌巡林麓之禁令而平其守，以时计林麓而赏罚之”[4]415-417。这种制度性的安排，兼顾物产、人事和时节，设立合理的使用边界，设置相应禁令。这么做，既充分保护万物繁衍生息之正常时序与必要条件（爱物护生），也为民众提供了丰富持久的资生之材（利用厚生），恰如《荀子·王制》

① 这些原理和规律，首先表现为生产与环境的协调均衡、物质能量的合理循环利用、输入与输出的均衡，尤其是各类资源的合理循环利用和农业废弃物的综合利用，同时生态农业是一个统合农业生态系统与农业经济系统的复合系统，是农林牧副渔综合起来的大农业，同时也是将农业生产、加工、销售、开发综合起来，具备“三产联动、适应市场经济”特征的现代农业。

中所说“春耕、夏耘、秋收、冬藏四者不失时，故五谷不绝而百姓有余食也；污池、渊沼、川泽谨其时禁，故鱼鳖优多而百姓有余用也；斩伐养长不失其时，故山林不童而百姓有余材也”[18]165。《吕氏春秋·士容论·上农》为此制定了非常详细的“乡野之禁与四时之禁”，也就是基于“乡野土地与时令节气”的禁令，有所为有所不为。

2. 因时为度、合乎时宜

传统农业往往以“不违农时、合乎时宜”为首要原则，其中蕴含着有丰富的“因时为度”思想。如《吕氏春秋·士容论·审时》开篇即说：“凡农之道，厚之为宝”[19]696，厚之为宝，亦作“厚时为宝”。农作之道，以笃守天时物候为要，既不可急躁妄为、揠苗助长（先时），更不可懒惰懈怠、贻误农时（后时），“审时篇”接着分别分析了“得时”“先时”“后时”三种不同情况对于谷子、水稻和豆子等农作物长势、产量、品质与口感的不同影响，最后总结为“得时之稼兴，失时之稼约”[19]700，农作合乎时宜，庄稼得天地时宜，才能丰收昌盛、籽粒饱满、芬芳耐饥，反之亦然。而不懂农事的人，往往“时未至而逆之，时既往而慕之，当时而薄之，使其民而郄之。民既郄，乃以良时慕，此从事之下也。”[19]691农时未到就急躁妄为（逆之），农时已过却又徒劳思念（慕之），正当农时之际却又轻慢懈怠（薄之），随意役使农民使之无法尽力适时耕作，事后却又后悔错过农时良机，这真是最为蠢笨的管理农事之法。所以农事一定要把握农时之机，即不必太早，更不可延误农时，而应适时适宜耕作。

以《齐民要术》为例，其中分析了多种作物合适的播种期，区分了“上时”“中时”与“下时”，其中“上时”为最佳时节，“下时”为最迟的时令。它同时强调要因时因地合理播种，如“地势有良薄，良田宜种晚、薄田宜种早”[11]50，薄田切不可种晚，否则错过时令节气就不能结实；种谷之时节、气候不同，方法也不同，“凡春种欲深，宜曳重挞。夏种欲浅，直置自生”[11]53，因为北方春天气温低、出苗迟，如果不拖曳重挞以压实土地，种子的根系虚浮生长，无法与土壤紧密接触，出苗后就会死去；夏天天气热，出苗快，拖曳重挞后遇上大雨，就会板结，苗就无法出来。就耕作而言，也要因时因地合理耕作，“秋耕欲深，春夏欲浅……初耕欲深，转地欲浅”[11]30，因为华北地区秋季多阵雨，秋耕深耕有助于收墒、蓄墒，为来年春播提供良好墒情，秋耕后经冬入春，土壤经过反复冻融风化，深耕后有利于深土熟化，所以秋耕宜深，以利于保墒熟土；春夏两季多风干旱，夏天高温，深耕就会造成揭底跑墒，土壤不易熟化，故春夏欲浅。初耕如果不深，土地就不会匀熟；再耕如果不浅的话，就会将生土翻起来，影响作物播种和生长。简而言之，适时合宜而耕，可得良田；失时不当而耕，则得败田。

合乎时宜，不仅仅指合乎农时、时令、节气、物候等狭义的农业“生产时宜”，更进一步讲，农业的发展还要符合现实情况和时代要求这个更广大的“时代之宜”，即农业发展“必须要联系到加工企业、运输条件、市场需要和竞争能力等工、交、商等几个方面问题，不能脱离现实。要综合考虑到需要与可能、当前与长远、局部与整体之间的关系。综合考虑到自然条件的适合性，技术条件的可行性和经济条件的合理性”[16]58。简而言之，推动现代农业的均衡协调、健康可持续发展，构成了中国农业发展最大而且持久的“时宜”。

3. 因地制宜、用养结合、取予有度

就农业生产、经营与管理而言，中国传统农业形成了因地制宜、辨土施治、因物制宜与精耕细作的农业传统，如《吕氏春秋·士容论》所载，“任地”篇强调要根据土地刚硬与柔软（力与柔）、耕作频次之稀少与频繁（息与劳）、土地的肥沃与贫瘠（肥与棘），或者潮湿与干燥（湿与燥）等性质差异，强调要辨土施治，使某种性质过于鲜明的土地向其相对方向适度转化，适度中和。耕作时，应根据天时、地利与苗情合理耕作、管理，使之“合宜、合理、有度”。如《农政全书》所载：“采、摘、修、捋，生熟急缓之度宜中也。饮、饲、闲、放，好恶新故之情宜调也”[20]。

随着经济社会的发展和科学技术的进步，人们利用土地的能力、频率和强度不断提升，与之相应，土地肥力下降、土地健康状况堪忧、农业生态环境恶化，使得“土地的肥力和健康”问题日益突出。中国传统农业非常注重通过合理耕作、有机肥积制施用，以及用养结合、种养合宜和物质循环利用等方法，来保持土地肥力与健康，足资借鉴。如《氾胜之书》中所阐发的耕田之道——“凡耕之本，在于趋时和土，务粪泽，早锄早获”[21]。适时耕作，有利于改良土壤性状，如秋分时节，气候状况（天气）与土壤中的水热通气（地气）等状况相互调和，乃秋耕之最佳时节，此时耕作，效果明显，土壤性状优异，命名为“膏泽”。反之，耕作不当，则伤田之性，造成“脯田或腊田”等效果。所谓“和土之道”，强调通过各种精细的耕作措施，来调节土壤的水、肥、气、热等状况，改善土壤性状，利于作物生长发育。传统农业也很重视粪肥的合理施用，对施肥的节点、用量与用法都有深入的研究和总结。《陈旉农书》中更是提出“粪药”理论，认为施用粪肥如同用药，要因时因地因物制宜、辩证施用，尤其要合理有度，如果急切贪求，任意施用，结果往往适得其反、劳而无获。进而陈旉还提出了著名的“地力新壮论”，他认为如果我们能够经常在田地里加入新鲜而肥美的土壤，勤加施肥，善加改良，则土地能够做到精熟肥美，地力能够保持新壮。“地力新壮论”，可以说是对于我国数千年农耕传统中“保持地力”措施的理论总结与提升，这一理论将传统“用地与养地相结合”的思想提升到一个新高度。与之类似，霍华德也在《农业圣典》中强调“保持土壤的肥力与健康”是发展有机农业、保持农业健康可持续的关键，“任何持久的农业系统，其首要条件是土壤肥力的保持”[15]1。通过对比分析东西方农业文化传统，以及反思现代西方农业实践的缺陷，他高度赞扬东方农业重视“保持土壤肥力、物质循环利用”传统的积极意义。惠富平在《中国传统农业生态文化》一书中进一步总结中国传统农业文明之所以能够持续不衰的基本原因：“中国传统农业以有机肥积制和施用为基础，注重物质循环利用的思想和技术经验，对于当今的有机农业建设具有重要借鉴价值”[22]。简而言之，中华农业文明中的“用养结合、循环利用、保持肥力、地力常新、长远养护”等生产经验和生态智慧，需要结合时代加以发扬光大。

（三）因事因势为度

现代农业是一个统合自然生态系统与经济社会系统的复合系统，是包括农林牧副渔、休闲观光、生态旅游等在内的大农业，覆盖了农业生产、加工、销售、开发全过程，在现时代，尤其要关注“三产联动、市场开发与政策引导扶持”，寻求“经济效益、社会效益与生态效益”三者的有效结合点与合理平衡点，进而促进“三农问题”有效解决和农业的健康可持续发展。这些构成了中国农业发展所面临的基本任务，或者说农业发展之“事”。

随着中国经济结构转型与调整升级，我国农业发展也面临着新趋势和新机遇：农业供给侧结构性改革、农村集体土地制度改革和可耕地“三权分置”

制度改革、“互联网+农业”模式、农业物联网建构、特色城镇建设，振兴乡村战略实施等，这一系列变革构成农业结构转型与产业升级、农业生态恢复、农民增收致富、美丽乡村建设的“基本趋势”。与此同时，在着力解决“三农问题”，尤其是推动农业产业结构转型和农业发展方式转变过程中，我们也会面临着一系列挑战和矛盾，主要表现为：农产品供求结构失衡突出，国际竞争日益激烈，农业资源和环境压力持续加大，农民增收难度加大，农业生产方式深度转变和产业结构深度调整任务加重，村庄的“空心化”问题严重，农民合法权益受到侵害，城乡差距仍然较大。这些挑战和矛盾也构成了我们解决“三农问题”的“基本情势”。农业的健康可持续发展和“三农问题”的有效解决，需要顺应时代发展大趋势，回应时代发展关切，直面“三农”所面临的挑战与矛盾，使农业发展之“事”与时代发展之“势”密切呼应，是为“事势相应”。

鉴古知今，中国传统社会非常重视农业发展和农事活动，有不少“利民厚生、事势相应、均衡有度”的农业持久发展观念，如“称数”之说，可资借鉴：“量地而立国，计利而畜民，度人力而授事，使民必胜事，事必出利，利足以生民，皆使衣食日用出入相揜，必时藏余，谓之称数”[18]178-179。其中强调要计算收益来役使民众，根据能力差异来分配民众合适的事务，使得民众胜任所从事之事，能够养活民众，日常用度收支相抵，并且能够生利获益，能够经常有所结余以备不虞之需，这一系列的均衡农事、利民厚生之举，就是“称数”，也即合乎法度的意思。贾思勰在《齐民要术·杂说》也认为：“凡人家营田，须量己力，宁可少好，不可多恶”[11]11。《陈旉农书》开宗明义：“从事于务者，皆当量力而为之，不可苟且，贪多务得，以致终无成遂也”[14]23。这些观点都强调对于农业或农事，不可贪多求大，宜量力而行、量入为出、财力相称、节用养备，如此方能合情合理而中道稳行。

目前，我国社会主要矛盾已经转化为人民日益增长的美好生活需要与不平衡不充分发展之间的矛盾，它在农业领域中具体化为：人民群众对于“美丽乡村、绿色优质农产品、致富增收和农业健康可持续发展”日益增长的需求和农业领域不均衡、不充分发展之间的矛盾。对于这些挑战与矛盾，我们需要结合事情本身的发展规律和时代发展趋势，因势利导，在保护生态环境、促进就业、改善民生、推进社会公平正义、保持社会发展活力等几个方面把握合理均衡点与有效结合点，推动农业的稳步改革与可持续发展。

1. 绿色农业的均衡协调发展

绿色农业发展虽然已经成为现代农业发展的一大趋势，但其发展过程也存在着不少矛盾或失衡之处，尤其需要着力纾解农业资源合理利用、生态环境保护与经济社会发展之间的矛盾或张力。

（1）着力修复和保护农业生态系统，保障绿色农业发展

党的十八大以来，虽然农业绿色发展开局良好。但总体来看，农业绿色发展过程中的一些基础问题依然存在，有待解决：主要依靠资源消耗的粗放经营方式没有根本改变，农业面源污染和生态退化的趋势尚未有效遏制，绿色优质农产品和生态产品供给还不能满足人民群众日益增长的需求。为此，我们需要着重关注如下几个方面：第一，变革生产经营方式，促进绿色投入和防控。尽量减少农药化肥等的使用总量，提升其使用效率，减少农业面源污染，同时推动有机肥的积制使用和病虫害的绿色防控治疗，以改善土壤肥力与健康状况，保护农业资源，修复和养护农业生态环境。第二，加快农业废弃物资源化利用与循环农业发展。因地制宜，探索规模化养殖场的畜禽粪污资源化利用机制，提升其利用水平，推进沼渣沼液有机肥利用，畅通种养循环机制；同时推动秸秆、麸皮等的综合资源化利用，可用于畜牧养殖业、造纸业或有机肥积制。第三，加强农业资源和生态环境养护。借助于立法、政策、产业与技术，统筹山水林田湖草系统治理，加大土地、草原、牧场、森林和水域生态环境保护力度，降低农业资源利用强度，提升其利用效率，大力保护和提升耕地质量，强化土壤污染管控和修复，推广轮作休耕制度，落实生态补偿制度和转移支付机制。

（2）推动农业系统均衡协调发展，促进绿色农业健康可持续发展

我国幅员辽阔，各地自然条件、经济与产业发展水平、历史文化传统与生产生活方式差异较大，解决农业资源合理利用、农业生态环境保护与经济社会发展之间张力，也应考虑当地实际情况，综合考虑“生态系统、农民、企业、政府”各方利益诉求，合理有度地发展“绿色农业”，促进“生态效益、经济效益与社会效益”的均衡协调发展，不能片面强调其中一个方面而忽视另一方面。首先，我们不能狭隘功利，靠滥用化肥农药、耗竭地力、污染破坏环境的方法获取一地一时之利，根本破坏农业生产发展的土地之本和

生态之基，从而陷入不可持续发展的系统性危机；其次，我们既不能脱离当地发展阶段、客观状况和民生诉求，孤立片面强调农业生态环境保护而忽视民生改善，也不能脱离市场，片面或无序发展绿色农业，从而陷入产业自身不可持续发展的境地，无论是忽视民生还是与市场脱节，都会导致农业发展缺乏现实基础和持久动力，最终危害“绿色农业”的健康持续发展。为此，我们有必要因时因地制宜，尤其是结合时势发展，在不同的产业模式或发展路径的实践探索中寻求生态环境保护与经济社会发展的有效结合点，在农业的“生存权”与“发展权”之间寻求合理均衡点。

2. 农业现代化与发展方式变革

农业发展方式的结构性失衡，突出表现了传统农业模式与现代农业变革之间的张力，需要着力解决。

（1）农业发展方式的结构转型与传统农业现代化

传统农业现代化过程中，有一个很基础性的观念与机制转变问题，即从“耕作农业”和“以粮为纲”向着大农业观、大食物观方向转变，中国传统农业过于注重耕作农业和主粮作物，严重限制了我国农业的全面发展和现代化进程：首先，过分强调“耕作农业和以粮为纲”，集中于获取谷物籽实，无法充分利用作物秸秆等生物质，造成了耕作业与畜牧业、养殖业的割裂，阻滞了农林牧副渔等大农业的系统耦合和综合发展；其次，为了支撑粮食稳产增收，农业领域不断加大农药、化肥、除草剂等生产资料的投入，既加大了生产成本，又加大了环境压力和产品质量隐忧，且不断压低农业的产值效益和农民的经济效益，从而挫伤农民的生产积极性，损害农业健康可持续发展的基础；最后，过分强调“耕作农业和主粮生产”，一方面会造成农业基础狭窄、效益低下、市场竞争力弱，另一方面会造成粮食收储压力加大、结构单一、抗风险能力降低，无法有效对接产业变革和市场需要。

针对这一情况，我们需要结合现代人饮食结构的变化和市场需要的状况，因地制宜发展各具特色的优势农业，一方面提供具有地域特色且质量上乘的农产品，打造品牌农业，从而夯实农业基础、提升其品牌优势和综合效益，另一方面还可加强大农业与工业、商贸、服务等行业的合作，三产联动、产销对接，丰富其产业结构，延长其产业链条，提升农业的产业内涵与厚实度，促进农业的整体结构转型升级。从传统耕作农业向现代综合大农业的转变，将引发生产观念、产业模式、科学技术、管理方式与生活方式的全方位转变。这一转变过程应该是循序渐进、均衡协调、健康可持续发展的。

（2）农业供需关系的结构优化与转型升级

传统农业的现代化，也指从传统自发、小规模的小农生产向市场化、大规模的现代农业转变。现代农业生产经营活动，是在社会大系统中进行的，尤其要与经济社会发展规律和市场机制密切关联，如果违反这些规律，与市场脱节，供需失衡、资源错配，则往往会给农业生产经营和农民致富增收带来极大的负面影响。推究其原因，首推生产与市场脱节，尤其是缺乏特色与品牌，供需失衡；其次是农业生产成本提高，不断压缩农业的经济效益空间，加剧农产品价格劣势；此外，中间环节成本过高，又进一步压缩了农业生产经营者的利润空间。各类农产品滞销消息经常见诸各类媒体，其根本解决之道，还是需要整合农户、企业、市场和政府等相关主体来加以综合解决，尤其是利用返乡创业群体、网络信息技术、电商平台和便捷的物流网络来引导生产、拓宽销售，进而建构起富有特色的农业产业集群或构建农业特色品牌。

（3）培养规则意识与诚信观念

诚信意识和规则意识，构成了现代农业社会生态系统良性循环、健康可持续发展的重要社会规范和伦理基础。“三农”领域很多问题，很大程度上与农产品生产、加工，或农业销售、服务过程中的种种失信和失范行为有很大的关系，如瓜果种植过程中滥用膨大剂，畜禽养殖加工过程中滥用抗生素、添加剂，农产品销售过程中以次充好、短斤少两，乡村旅游行业中失信爽约、欺诈宰客……这一系列事件，不仅造成严重的食品质量风险从而危害民众身体健康，而且也破坏着整个行业的信任基础，破坏整个地区或行业的声誉，败坏消费者的消费体验，最终受损的不仅是这些失信或失范行为的直接主体，还有受其波及、影响的广大群众和地区。从社会生态系统均衡有序、良性循环的角度来看，农业领域的种种失信或失范行为，是社会生态意义上“涸泽而渔、焚林而猎”的短视行为，破坏和侵蚀着社会生态系统良性运行、均衡发展的根基——社会信任和社会规则，我们必须要像保护眼睛一样保护农业相关领域的金字招牌——信誉与品牌，政府、企业、行业组织和广大群众要齐心协力确保农产品或服务的质量与信誉，奖优罚劣、打假治劣。

结　语

综前所述，农业伦理学的“中度原则与中道思想”，植根于源远流长、底蕴深厚的中外文化传统，在“轴心时代”儒家、道家和古希腊的“中和协调、中道思想和中庸之道”等思想传统中孕育成长；同时这一文化传统密切呼应农业伦理学的另外三大范畴“法、时、地”，并与现代系统论思想、农业现代化任务紧密结合，孕育出农业伦理学“中度原则”的三重主要内涵：首先是因法为度，即道法自然、系统耦合，其次是因时因地为度，即合乎时宜、用养结合、利用厚生；最后结合农业现代化任务与振兴乡村战略，促进农业发展“事势相应、均衡协调”。中度原则，最终以农业的均衡协调、健康可持续发展为宗旨和标准。

农业伦理学中的“中度原则或中道思想”，强调要在遵循自然法则、保护生态环境、维护生产条件和社会公平正义的前提下，依据农业系统耦合原理，因时因地因事制宜，合理安排生产结构与秩序，提升管理协调水平，协调不同系统、部门和环节之间的关系，寻求生态效益、经济效益与社会效益的合理平衡点，合理把握农业生产加工、经营销售、开发保护之间的序与度。农业伦理学的“中度原则”，不仅仅是保持农业生产经营合适的合理界限与秩序的问题，更是统合各个系统、界面、环节，兼顾各方利益，寻求农业系统耦合与社会公平正义，促进城乡均衡协调发展，促进农业健康可持续发展，寻求这样的农业发展之道，可谓“中道原则或中道思想”。

参考文献（略）

（原文刊载于《兰州大学学报（社会科学版）》2018 年第 4 期）

种植业的农业伦理学之度

董世魁　任继周　方锡良　杨明岳　张　静　祁百元

【摘要】 作为大农业的主要组成部分，种植业具有农业伦理学之度的“时宜性”“地宜性”和“尽地力”特征，对农业系统的可持续发展具有十分重要的意义。从古至今，构成中国农耕文化具体表现的“应时、取宜、守则、和谐”的伦理观已广播人心，使中国的农耕文化和种植业经久不衰、永续发展。但是，当前农业资源过度开发、化肥农药无序使用、土地生产潜力不断下降的问题，迫使我们重新认识种植业的伦理观，即如何继承传统农业的伦理观，正确把握种植业的伦理学之“度”，促进种植业伦理学容量的扩增，以实现种植业可持续发展。本文在全面梳理中国传统农业伦理观的基础上，提出生态农业是实现种植业伦理学容量扩增、促进种植业可持续发展的有效途径。

【关键词】 农业伦理学；伦理学之度；种植业伦理学；生态农业

农业伦理学就是探讨人类对自然生态系统农业化过程中发生的伦理关联的认知，亦即对这种关联的道义诠释，判断其合理性与正义性[1]。换言之，农业伦理学是农业生产过程中物质和能量的给予与获取的伦理学认知，也就是对农业生产的各个子系统能量和物质交流过程中的收支关系的伦理学认知如果收支失衡，就是“失度”，将危害农业生态系统的健康。如果帅天地之度以定取予，使农业系统营养物质在一定阈限内涨落，保持收支相对平衡，不

作者简介：董世魁，北京师范大学环境学院水环境模拟国家重点实验室教授；任继周，兰州大学草地农业科技学院教授、中国工程院院士；方锡良，兰州大学哲学社会学院副教授；杨明岳、张静、祁百元，青海省铁卜加草原改良试验站。

至于“失度”，将维持农业生态系统的健康[1]。农业伦理学的“度”具体表现在时宜性、地宜性和尽地力（即传统农学“三才”理论的“天/时”“地”“人/力”）三个方面，对农业系统的可持续发展具有十分重要的意义[2]。

中国自古就以农业立国，在长期的生产实践中，劳动人民积累了丰富的经验，创造了许多至今仍有重要指导意义的生产技术、管理思想与生产模式。以渔樵耕读为代表的农耕文明是千百年来中华民族生产生活的实践总结，成为不同形式延续下来的精华浓缩并传承至今的一种文化形态，应时、取宜、守则、和谐的伦理学理念已广播人心，尤以种植业（传统意义上的农耕）的“时宜性”“地宜性”和“尽地力”的适度农业伦理观为代表根植于中华大地，为中国农业的可持续发展做出了重要贡献。

一、种植业伦理观的时宜性

古代农耕民族以时序演进的圜道规律为线索，将天象、气象、地象、水象、生物象、社会象等世间万象联系在一起[3]，形成天运定时、地物应候、人作相和的完整而又和谐的天人合一的自然观。“民以食为天”讲的就是要依据天时、遵循自然规律开展农事活动、收获粮食。在农业生产中最重要的是掌握农时，就是根据作物的生长规律安排耕作活动。中国古代先贤倡导的“不违农时”的基本观点就是种植业时宜性伦理观的最佳例证[4]，如《孟子·梁惠王上》曰：“不违农时，谷不可胜食也”；《鬼谷子·持枢·全篇》曰：“持枢，谓春生、夏长、秋收、冬藏，天之正也，不可干而逆之。逆之者，虽成必败”；《史记·太史公自序》曰：“夫春生夏长，秋收冬藏，此天道之大经也”。弗顺则无以为天下纲纪”。贾思勰在《齐民要术》的《耕田》篇中指出：“凡秋耕欲深，春夏欲浅；凡耕高下田，不问春秋，必须燥湿得所为佳。若水旱不调，宁燥不湿”。这些文献意指：寒来暑往，花开花谢，四季更替，周而复始，自然界就是这样演绎着季节的变化，掌握了农作物的生长规律之后才不会“虽成必败”。《陈旉农书》中提到，“种莳之事，各有攸序。能知时宜，不违先后之序，则相继以生成，相资以利用，种无虚日，收无虚月”。这一文献意指：如果掌握了农时，耕耘树艺，就会丰收在望，硕果累累，稛载而归，五谷丰登；如果违背了农时，将会颗粒无收，年谷不登。

在中国农业生产发展的进程中，人们总结出了“春生、夏长、秋收、冬藏”的基本规律。由此衍生、细分的二十四节气就是古代制定的指导农时的历法，如谷雨、芒种等。《王祯农书》将指导农事活动的二十四节气制作成“授时指掌活法之图”（图1），是对农时历法和授时问题所做的简明小结，在于改变农人“无相当之常识，于农忙农闲，无预定之规则”的状况，实现“务农之家当家置一本，考历推图，以定种艺”的目的。该图以平面上同一个轴的八重转盘，从内向外，分别代表北斗星斗杓的指向、天干、地支、四季、十二个月、二十四节气、七十二候，以及各物候所指示的应该进行的农事活动，把星躔、季节、物候、农业生产程序灵活而紧凑地联成一体。这种把“农家月令”的主要内容集中总结在一个小图中，简明、直观、使用方便，对农业伦理学范畴的种植业时宜性进行了较为科学、精准地图示化表达。授时指掌活法之图的出现，对推动种植业时宜性的感知，甚至对推动农业文明的进展，都有巨大的促进作用[2]。对于现代人认识古代农作活动，关注物候现象，领会气象变化，掌握不同作物的种植规律，也具有十分重要的指导意义。

授时图

“授时指掌活法之图”，简称“授时图”，是元代王祯（字伯善，山东东平人）于1313年完成的《王祯农书》中的首创。此书在我国古代农学遗产中占有重要地位。

“不违农时”是农业生产的第一要诀，此图以平面上同一个轴的八重转盘，从内向外，分别代表北斗星斗杓的指向、天干、地支、四季、十二个月、二十四节气、七十二候，以及各物候所指示的应该进行的农事活动，把星躔、季节、物候、农业生产程序灵活而紧凑地联成一体。这种把“农家月令”的主要内容集中总结在一个小图中，明确、经济、使用方便，是对历法和授时问题所作的简明小结，也是一个令人叹赏的绝妙构思。

图1　授时指掌活法之图

二十四节气体现的“时宜性”的农业伦理观常见于中国古今各地农业谚语：“立春天渐暖，雨水送肥忙”“惊蛰一犁土，春分地气通”“春分种麻种豆，秋分种麦种蒜”“谷雨前后，种瓜种豆”“雨水早，春分迟，惊蛰育苗正适时”“惊蛰不放蜂，十笼九笼空”“清明前后，点瓜种豆”“清明种高粱，六月接饥荒”“谷雨下秧，立夏栽”“立夏麦挑旗，小满麦秀齐”“立夏种棉花，有苗无疙瘩”“小满不种棉，种棉也枉然”“小满种谷，憋满仓屋”“芒种忙，三两（打）场”“夏至种芝麻，头顶一朵花，立秋种芝麻，老死不开花”“小暑前后种绿豆”“小暑泥鳅赛人参”“大暑到立秋，割草压肥不能丢”“立秋栽葱，白露种蒜”“处暑不种田，想种等来年”“处暑谷渐黄，大风要提防”“白露没有雨，犁地要早起”“秋分一到，谷场见稻”“寒露到霜降，种麦莫慌张”“霜降至立冬，种麦莫放松”“种麦过立冬，来年少收成”“小雪到冬至，浇麦正适时”“大雪不见雪，来年不收麦”“立冬无雨看冬至，冬至无雪一冬晴（暗指春旱）”“小寒冻土，大寒冻河”“小寒、大寒、杀猪过年”。这一农业伦理学之“时宜性”，对中国从古至今的农业生产具有十分重要的指导作用。在科学技术高度发达的今天，尽管设施农业、转基因技术等改变了少数农作物（尤其是蔬菜）种植的时域限制性，但以二十四节气为代表的农时节律仍主导着田间作物如小麦、玉米、棉花、水稻等的大规模耕作活动，充分体现了种植业时宜性（“不违农时”）的伦理学精神永续存在。

二、种植业伦理观的地宜性

自古以来，中国的种植业一直遵循“因地制宜”的原则。两千多年前的《周礼》指出“职方氏辨九谷，以宜九州之土：冀（州）、雍（州）谷黍、稷；兖（州）谷黍、稷；青（州）、徐（州）谷稻、麦；并（州）、豫（州）谷黍、稷、麦、稻；扬（州）、荆（州）谷稻、麦、稷”，这是历史上农作物种植区划的雏形。汉代《史记·货殖列传》记载：“……水居千石鱼陂，山居千章之材。安邑千树枣；燕秦千树栗；蜀、汉、江陵千树橘；淮北、常山已南，河济之间千树萩；陈、夏千亩漆；齐、鲁千亩桑麻；渭川千亩竹……”，这些论述不仅体现了“物承天泽，顺地而长，逆则杀之，顺则成之……各方之土宜物性，不可一概而论”的地宜性农业伦理学思想，而且也是中国古人根据气候和地形条件，因地制宜发展种植业，扬长避短，发挥地区优势的生动写照。

另外，中国古代遵循的“地宜性”原则还表现在根据土地的地势、地域和肥沃、水分的程度来确定作物种植的种类。《吕氏春秋》的《辩土》中提出，要根据土壤的结构和墒情来安排耕地的先后次序，并规定了先垆后靹的原则，即先耕黏性较大的“垆土”，以免其水分流失后变得坚硬而难耕，然后再耕比较松散的“靹土”。《任地》指出，耕地深度要以见墒为度，“其深殖之度，阴土必得”，这样才能达到“大草不生，又无螟蜮”的效果。《齐民要术》

的《任地》篇中提出，要合理密植，肥地可种密些，瘦地则要稀些。还提出“上田弃田，下田弃甽”的种植方法。“上田弃田”，是指在高田旱地或雨水稀少的地区，土壤墒情往往不足，因此要把庄稼种在沟里，可防风并减少水分的蒸发。“下田弃甽”，是指在低湿田里，水分多，必须把庄稼种在较高而干燥的垄上。只有通过合理的种植，才能保证土地得到充分利用，也才能使农作物的产量得到提高。

中国的现代种植业发展体系中对地宜性原则的传承主要体现在种植业区划，其原理是根据粮、棉、油、糖、麻、烟、茶、桑、果、菜、药、杂等不同类型作物的地理分布特点、作物结构、耕作制度、生产水平及增产潜力及区域发展方向，以及各个区域发展不同类型种植业生产的适宜程度的研究，从而为合理开发利用农业资源、调整种植业生产结构和布局、选建农作物商品生产基地、制定种植业生产规划提供科学依据。根据这一原则，中国种植业区划共分为 10 个一级区：Ⅰ东北大豆春麦玉米甜菜区；Ⅱ北部高原小杂粮甜菜区；Ⅲ黄淮海棉麦油烟果区；Ⅳ长江中下游稻棉油桑茶区；Ⅴ南方丘陵双季稻茶柑橘区；Ⅵ华南双季稻热带作物甘蔗区；Ⅶ川陕盆地稻玉米薯类柑橘桑区；Ⅷ云贵高原稻玉米烟草区；Ⅸ西北绿洲麦棉甜菜葡萄区；Ⅹ青藏高原青稞小麦油菜区[5]。这个种植业区划和两千多年前《周礼》中提出的“职方氏辨九谷，以宜九州之土”的理论一脉相承。

三、种植业伦理观的尽地力

地力即土地生产潜力或称土地生产力，是指在现有耕作技术水平及与之相适应的各项措施下土地的最大生产能力。在农业上，土地生产潜力是指一个地区土地能生产人们可能利用的能量和蛋白质的能力。对于耕地而言，土地生产力是指单位面积耕地生产粮食的能量或数量。与之相应的概念是土地承载容量或土地承载力，即土地承载的人口数量不会导致环境质量恶化的限值，它是根据土地资源的生产潜力，即土地所能提供的粮食、油料、经济作物和畜禽水产品等的数量，按中等发达国家人均需要量衡量，计算出理论的最高承载能力。土地承载力是指在一定时期内，在维持相对稳定的前提下，土地资源所能容纳的人口规模和经济规模的大小[6]。显然，土地资源的承载力也是有限的，人类的农业生产活动必须保持在土地承载力之内。“尽地力”

的思想不仅强调土地的生产潜力，而且强调人对土地的伦理关怀，可以理解为伦理学容量。

保证“地力常新”、提高土地生产潜力的农业伦理观，是中国自古以来的优良传统，也是中国古代尽地力思想的重要内容。早在春秋战国之际，人们就开始注意养地问题，《吕氏春秋·任地》指出“息者欲劳，劳者欲息；棘者欲肥，肥者欲棘”的土地休闲或施肥以恢复地力的原则。战国初，李悝在魏国为相时，倡导“治田勤谨，则亩益三升”的“尽地力之教”，就是加强劳动强度，实行精耕细作，提高土地生产潜力的观点。西汉赵过倡导“代田法”，以二套更替的方式交替利用地面，使土地轮换休闲以恢复地力。西汉时期的《氾胜之书》主张“区田不耕旁地，庶尽地力”的用深耕提高土地生产潜力的观念。晋代傅玄提出“不务多其顷亩，但务修其功力”，即主张提高农业产量，不要靠扩大耕地面积，而应重视在一定单位面积上多投入劳动。北魏农学家贾思勰《齐民要术》提出“凡人家营田，须量己力”，意指经营农业的规模，需要度量自己的力量，与物力、劳力等相称。南宋时期《陈旉农书》中指出：“斯语殆不然也，是未深思也，若能时加新沃之土壤，以粪治之，则益精熟肥美，其力常壮矣，抑何敝何衰之有”，核心要义是在“地力常新”的思想指导下，综合应用耕作、施肥等措施，提高土地生产潜力的方法。元代王祯的《农书》指出“所有之田，岁岁种之，土敝气衰，生物不遂，为农者必储粪朽以粪之，则地力常新壮而收获不减”，核心思想是通过施肥（粪肥）改土，提高土地生产潜力。清代《知本提纲》指出“地虽瘠薄，常加粪沃，皆可化为良田……产频气衰，生物之性不遂；粪沃肥滋，大地之力常新”，其主要观点是通过“多粪肥田”来提高土地生产潜力。

此外，我国古代根据长期积累起来的关于各种农作物的生态特性的知识，利用农作物生态特性的互补，采用轮作、套作、间作、混作等农作方式，以充分利用地力，提高单位面积的产量和质量。两汉时期就有了谷麦轮作、麦豆轮作的记载，基本上形成了轮作制。在此期间还出现了间作。《氾胜之书》记载了瓜、薤、豆间作法，即每坎在瓜的外面种薤十株，又在坎与坎之间的空地上种小豆，趁瓜蔓没有长大时，尽量利用土地以增收益。此书还介绍了黍桑混合播种的种植法，不但可以充分利用土地，多收一季庄稼，还可以借此防止桑苗地杂草丛生，节省除草的人工。古代还强调关于不同农作物轮作、间作的最佳配置思想。《齐民要术·种谷》指出："凡谷田，绿豆、小豆底为上，麻、黍、胡麻次之，芜菁、大豆为下。……谷田必须岁易"。《种麻》指出："麻田以小豆底为佳"，《种麻子》指出："慎勿于大豆地中杂种麻子。六月中，可于麻子地间散芜菁子而锄之，拟收其根"。《齐民要术》中还说明各种作物换茬配套的作用，谷子换茬是为了防杂草，谷用瓜茬是为了利用瓜地施肥多的余力。桑与绿豆、小豆混作，是为了"二豆良美，润泽益桑"。总之，把豆科作物和禾谷类作物，深根作物和浅根作物，高秆作物和低秆作物，等等，加以搭配，合理轮作、套种、间作和混作，就可达到以地养地，充分利用地力，提高单产的目的。

中国近现代的种植业发展体系中，曾一度在"以粮为纲""农业学大寨""人有多大胆地有多大产""高肥高水高产""化肥农药增产"等错误观念的引导下，对土地资源掠夺式开发或经营，造成土地污染、土壤退化、地力下降等一系列生态环境问题。但是，"地力常新"的农业伦理学理念亦在艰难中前行，延续至今。当前，在全民"重环保、重健康"的大背景下，这一传统的农业伦理观得到了重视，主要表现在施肥和耕作制度两个方面。其中，测土配方施肥和复种轮作在现代农业生产体系中应用的最佳印证。

测土配方施肥是以土壤测试和肥料田间试验为基础，根据作物需肥规律、土壤供肥性能和肥料效应，在合理施用有机肥料的基础上，提出氮、磷、钾及中、微量元素等肥料的施用数量、施肥时期和施用方法[7]。测土配方施肥的主要理论依据包括：是以养分归还（补偿）学说、最小养分律、同等重要律、不可代替律、肥料效应报酬递减律和因子综合作用律等为理论依据，以确定施肥总量和配比。通俗地讲，就是在农业科技人员指导下科学施用配方肥。测土配方施肥技术的核心是调节和解决作物需肥与土壤供肥之间的矛盾。同时有针对性地补充作物所需的营养元素，作物缺什么元素就补充什么元素，需要多少补多少，实现各种养分平衡供应，满足作物的需要；达到提高肥料利用率和减少用量，提高作物产量，改善农产品品质，节省劳力，节支增收的目的。实践证明，推广测土配方施肥技术，可以提高化肥利用率 5%～10%，增产率一般为 10%～15%，高的可达 20%以上[8]。实行测土配方施肥不但能提高化肥利用率，获得稳产高产，还能改善农产品质量，降低土壤污染，提高农田环境容量，是一项促进"地力常新"的技术措施。

复种轮作是指在同一块田地上按不同时间依次轮种（一年多熟）的多种作物，复种轮作制又可分为间作、套作、混作等多种形式。复种轮作是对中国汉代的《异物志》中“一岁再种”的双季稻和《周礼》“禾下麦”（即粟收获后种麦）和“麦下种禾豆”的耕作方式的更新和改进，也是对北魏《齐民要术》中“豆类谷类轮作”的养地和用地相结合的农学思想的提升和强化。目前，中国复种轮作的主要类型有：华北地区旱地多为小麦—玉米两熟或春玉米—小麦—粟两年三熟；江淮地区为麦—稻或麦—棉套作两熟；长江以南和台湾地区，为麦（或油菜）—稻和早稻—晚稻两熟、麦（或油菜、绿肥）—稻—稻三熟；旱地为大（小）麦（或蚕豆、豌豆）—玉米（大豆、甘薯）两熟，部分麦—玉米—甘薯套作三熟。从复种轮作的耕地面积来看，至1990年中国复种指数已达150.5%，长江以南各地平均在200%以上；1999—2013年，中国耕地复种指数整体上呈现显著上升趋势，年均增加约为1.29%。这是“尽地力”的农业伦理观效应的量化体现。

四、种植业伦理学之度的优化——生态农业

从时宜性、地宜性和尽地力的论述可见，我国古代人民已经认识到种植业必须遵循农业伦理学之度，生产系统诸要素必须协调配合，处处注意它们之间是否“相宜”“制宜”“适度”，以达到种植业稳产、丰产的整体目标。与中国古代国情相适应的农业经营思想，有的直到今天仍具有生命力和现实意义。当前，中国生态农业在研究和实践中，依据各地的社会、自然环境和资源条件，因地制宜地开发了体现农业伦理学之“度”思想的一系列农业生态系统工程，即生态农业模式。该模式是一种在农业生产实践中形成的兼顾农业的经济效益、社会效益和生态效益，结构和功能优化了的农业生态系统[9]。在土地利用强度和方法上强调把握好“度”，使土壤处于有利于农作物种植的适宜耕作状态。此外，还要合理轮耕，因地、因时、因物施肥，不断培肥土壤，保证“地力常新”。这些生态农业模式中，以种植业为主的模式如下。

1. 北方“四位一体”生态模式

“四位一体”生态模式是在自然调控与人工调控相结合条件下，利用可再生能源（沼气、太阳能）、保护地栽培（大棚蔬菜）、日光温室养猪及厕所等

四个因子，通过合理配置形成以太阳能、沼气为能源，以沼渣、沼液为肥源，实现种植业（蔬菜）、养殖业（猪、鸡）相结合的能源、物流良性循环系统，这是一种资源高效利用，综合效益明显的生态农业模式。这种生态模式是依据生态学、生物学、农学、畜牧学、经济学、系统工程学等学科理论，以土地资源为基础，以太阳能为动力，以沼气为纽带，进行综合开发利用的种养生态模式。通过生物转换技术，在同地块土地上将节能日光温室、沼气池、畜禽舍、蔬菜生产等有机地结合在一起，形成一个产气、积肥同步，种养并举，能源、物流良性循环的能源生态系统工程。这种模式能充分利用秸秆资源，化害为利，变废为宝，是解决环境污染的最佳方式，并兼有提供能源与肥料，改善生态环境等综合效益，为促进高产高效的优质农业和无公害绿色食品生产开创了一条有效的途径。

2. 平原农林牧复合生态模式

农林牧复合生态模式是指借助接口技术或资源利用，在时空上的互补性所形成的两个或两个以上产业或组分的复合生产模式。所谓接口技术是指联结不同产业或不同组分之间物质循环与能量转换的连接技术，如种植业为养殖业提供饲料饲草，养殖业为种植业提供有机肥，其中利用秸秆转化饲料技术、利用粪便发酵和有机肥生产技术均属接口技术，是平原农牧业持续发展的关键技术，包括“粮饲—猪—沼—肥”生态模式及配套技术、“林果—粮经”立体生态模式及配套技术、“林果—畜禽”复合生态模式及配套技术。平原农区是我国粮、棉、油等大宗农产品和畜产品乃至蔬菜、林果产品的主要产区，进一步提高农林、农牧、林牧不同产业之间的相互促进、协调发展的能力，推进平原农林牧复合生态模式的发展，对于我国的食物安全和生态环境保护具有重要意义。

3. 生态种植模式

生态种植模式是在单位面积土地上，根据不同作物的生长发育规律，采用传统农业的间、套等种植方式与现代农业科学技术相结合，从而合理充分地利用光、热、水、肥、气等自然资源、生物资源和人类生产技能，以获得较高的产量和经济效益。

4. 设施生态农业模式

设施生态农业是在设施工程的基础上通过以有机肥料全部或部分替代化

学肥料（无机营养液）、以生物防治和物理防治措施为主要手段进行病虫害防治、以动、植物的共生互补良性循环等技术构成的新型高效生态农业模式。

5. 观光生态农业模式

观光生态农业是指以生态农业为基础，强化农业的观光、休闲、教育和自然等多功能特征，形成具有第三产业特征的一种农业生产经营形式。主要包括高科技生态农业园、精品型生态农业公园、生态观光村和生态农庄四种模式。

参考文献（略）

（原文刊载于《草业科学》2018年第10期）

养殖业的农业伦理学之度

董世魁　任继周　方锡良　杨明岳　张　静　祁百元

【摘要】 作为大农业的组成部分，以牧养（包括草原放牧和农区饲养）文化为主导的畜牧业，在漫长的历史发展过程中，也尽显了“帅天地之度以定取予”的农业伦理学特质，从“时宜性”“地宜性”和“尽地力”三个维度反映了农业伦理学之度。但是，在草原牧区超载过牧、农区养殖带来的面源污染日趋严重的现状下，如何继承和发扬畜牧业的伦理学思想，促进畜牧业生产和生态环境保护协调发展，是关系畜牧业伦理学容量扩增的重要命题。本文在全面梳理中国传统畜牧业伦理观的基础上，提出生态畜牧业是促进畜牧业可持续生产、保护生态环境、实现畜牧业伦理学容量扩增的有效途径。

【关键词】 农业伦理学；伦理学之度；养殖业伦理；生态养殖业

中华文化是北方游牧文化与中原农耕文化（还包括南方的海洋文化或渔业文化）经过千百年来的“文化混血”凝结而成。尽管农耕文明决定了中华文化的特征，但是草原游牧文化与中原农耕文化的融合推动了整个中华文化的发展。以牧养（包括草原放牧和农区饲养）文化为主导的畜牧业，在漫长的历史发展过程中，也尽显了“帅天地之度以定取予”的农业伦理学特质，从“时宜性”“地宜性”和“尽地力”三个维度反映了农业伦理学之度。

一、畜牧业伦理观的时宜性

在漫长的牧业生产历史中，“时宜性”一直是中国草原区的牧民和农区的家畜饲养者十分珍视的伦理学原则，这种“时宜性”的原则体现在家畜饲养、保健、育种管理等多个方面，如“故养长时，则六畜育”“暑伏不热，五谷不结；寒冬不冷，六畜不稳”“春放阴坡，夏放东西，秋放近坡，冬放高坡”“先远后近，早阳午阴”“春不啖（喂盐），夏不饱；冬不啖，不吃草”“牲畜看季节，膘情看经由（管理）”“春放一条鞭，夏秋满天星”“夏天给庄稼追肥，冬天给牲畜加料”“与其冬天干熬，不如夏天抓膘”“夏天赶着放牲畜，冬天拴着喂牛羊”“秋来追膘冬不愁，春天羊羔满山游”“春不吃盐羊无力，冬不吃盐饿肚皮”“冬不吃夏草，夏不吃冬草”（藏族民谚）、“春天牲畜像病人，牧民是医生；夏天好像上战场，牧民是追兵；冬季牲畜像婴儿，牧民是母亲”（藏族民谚）、“开春羊赶雪，入冬雪赶羊”（哈萨克族民谚）、“夏抓肉，秋抓油”（哈萨克族民谚）、“早晨在向阳坡放牧，中午天热在背阴处放牧”（哈萨克族民谚）、“春来剪毛两头落，冬来剪毛落两头”“霜降配羊，清明分娩”“马配马，一对牙（二岁就可配种）”。这些基于时宜性的农业伦理学之度的把控，不仅在历史上对中国的畜牧业生产活动起了十分重要的指导作用，而且对当前中国的可持续畜牧业生产具有十分重要的指导意义。

在古今畜牧业生产所强调的诸多伦理观中，“逐水草而居”是草原牧民高度凝练、概括和全面的草地畜牧业生产原则，对维系中国国土面积40%以上的草原区的畜牧业生产和民族文化发展起到了不可忽视的作用，这在历代的民族史或传记中可得以印证，诸如：《史记·匈奴列传》记载“（匈奴）随畜牧而转移，逐水草迁徙，毋耕田之业”，《后汉书·乌桓传》记载“（乌桓）俗善骑射，弋猎禽兽为事，随水草放牧，居无常处，以穹庐为舍，东开向日，食肉酪，以毛毳为衣”，《南齐书·河南传》称“（吐谷浑）多逐水草，无城郭，稍为宫室，而人民犹以穹庐毡帐为屋”，《新唐书·吐蕃传》说“（吐蕃）其兽……牦牛、名马、犬、羊、彘……其畜牧，逐水草无常所……其宴大宾客，必驱牦牛，使客自射，乃敢馈”。古人所指的“逐水草而居”就是草原游牧，实际上“逐”是循自然规律所动，按照牧草和水源的季节变化（时间节律）来移动放牧（家畜）。今天当我们用人类生态学的观点去评价，游牧是人类适应自然并实现人类与自然之间和谐共生、协同发展的结果。从生态学观点看，游牧是牧民、家畜和草场之间相互依存、相互影响的自然资源管理系统（图1），具有移动性、适应性、灵活性、多样性、有效保护和共同支持的特点[1]。通过迁徙来适应水、草的季节变化就是草地畜牧业“顺天时”的伦理学最佳诠释，“逐水草而居”一方面满足了夏秋季畜群对食物和水源的需求，另一方面也保证了冬春季家畜繁殖和保膘的需求。这种畜牧业生产方式不仅在中国牧区得以延续，而且在全球干旱半干旱或高寒地区得以传承，如欧亚大草原、蒙古高原、中亚山地（包括喜马拉雅山区和青藏高原）、欧洲阿尔卑斯山区、北欧高原、北非干旱荒漠区、东非热带稀树草原区、南美安第斯山区的季节畜牧业[1]。

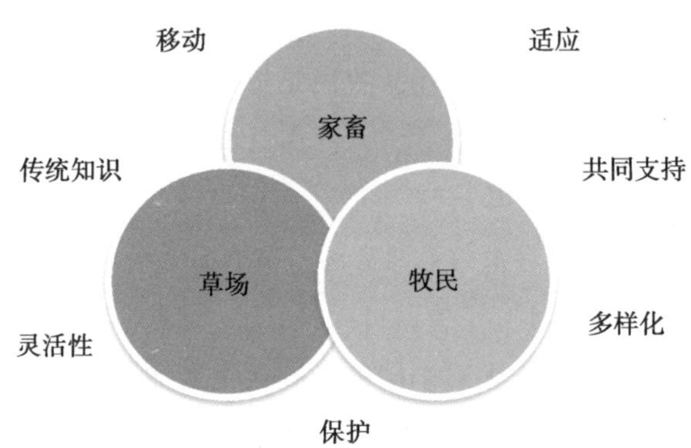

图 1　游牧草地畜牧业的组成要素（家畜、草地、牧民）及其特点

（引自 Dong，et al.，2016）[1]

在中国北方地区和青藏高原地区，以牧业为生的蒙古族、哈萨克族、裕固族和藏族具有悠久的游牧文化，形成了基于草地畜牧业时宜性的游牧生产方式，具体按照迁徙方式可以分为以下几种类型：第一，多次迁徙，一年搬迁十次之多，这样的搬迁历史上曾经大量存在，而现代只有少数地区存在。第二，一年之中搬迁四次，即春夏秋冬四时营地，牧民迁徙各地营地的规律，时间的分配，路线和范围的划定，一般来说是比较固定的，但也要看水草是否充足而定。一般来说，春牧场为 5—6 月；夏牧场为 6—8 月；秋牧场为 9—11 月；冬牧场为 12 月至翌年 2 月。传统的游牧民族蒙古族、哈萨克族都有四季牧场。第三，一年之中迁徙两次，即冬营地和夏营地。哈萨克族的一些游牧群众，夏天到布尔加尔地区伏尔加河流域放牧，冬天到巴拉沙兖过冬，迁徙距离甚至远达 1500 公里。第四，按照三季转场轮牧，在青藏高原上，11 月至翌年 4 月为冬春季节，牧民在各地避风定居，5—8 月夏季转入高山牧场，9—10 月秋季，畜群逐渐下牧，是为秋季牧场。在高原东部的湿润和半湿润草原也是按照夏秋—冬春—春秋三季划分牧场的。第五，走场游牧，除了季节固定的牧场之外，还选择其他的牧场放牧，目的是抓膘。

从古至今的实践表明，“逐水草而居”的游牧生产方式对中国草原区脆弱生态环境的维持和草原民族文化传承所起的积极作用不容置疑，基于时宜性原理的移动和适应是草原民族在这一环境中生存下来的前提与基础，其生产、生活方式和文化传统，都充满了人与自然和谐统一的生态智慧。正是由于“顺天时”的游牧传统和生态伦理，才使得这片神奇珍贵的土地得以保留至今天。这也是我国现代放牧管理学原理之一——草原季节畜牧业诞生的基础，对科学利用草地资源、提高草地畜牧业生产水平具有指导意义。当前，人们不得不开始反思盲目地改造自然、“人定胜天”所带来的恶果时，古老游牧文化的伦理观愈加显示出它的可贵与难得，其适应特征也日益显示出其科学与合理之处。

自 20 世纪 80 年代以来，中国先后在牧区推行草地家庭承包、牧民定居、草原围栏、“退耕还林还草”“退牧还草”等政策措施等，但是这些政策措施并没有达到预期的生态、经济和社会效应，在一定程度上影响了该区草地牧业生产、生态和生计功能的良性互动发展[2-3]。对于这些政策的影响，内蒙古高原干旱半干旱草原区的影响已经显现，部分学者认为该区草地荒漠化与草地承包到户、牧民定居、草原围栏建设等密切相关。正如草原生态学家刘书润所讲：“人类社会由游牧到定居，到农业，到工业，到城市化，好像是人类发展的必经之路，草原也不应该例外，其实这是偏见，小农的偏见；游牧呢，就是它当地来讲，经过多年选择，利用草原最经济最实惠，而且是效率最高的一种经营方式，却被我们消灭了……”同处干旱半干旱草原区的蒙古国牧民达娃认为：“对于牲畜来讲，逐新鲜水草而牧是非常重要的。放牧的草场是要精心选择的，为了给牲畜提供最好的采食条件，我们会经常更换草场……不以移动来更换饲养环境，牲畜是不会健康繁殖的……只有健康的牲畜才能提供健康的肉食和奶食，所以牲畜的健康是所有的前提……”[4]这些观点正是从伦理学的角度对现行的草原畜牧业政策的拷问，也是激发公众对强调“时宜性”伦理观的游牧方式的重新审视的理性呼唤。

二、畜牧业伦理观的地宜性

“扬长避短，发挥优势”是中国农业生产的传统思想之一，也是指导农牧业布局的基本依据。清代唐甄在《潜书·富民》中根据他所处时代的情况，作了“陇右牧羊，河北育豕，淮南饲鹜，湖滨缫丝”的真实描述。这是“因地制宜”的伦理思想在畜牧业（养殖业）生产中的最佳体现，对发展区域特色畜牧业具有指导意义。从古至今的“逐水草而居”的草原游牧文化则更体现了“地宜性”的伦理观，根据地形、气候、水源、牧草（生长情况），合理放牧家畜，有效利用草地资源，提高畜产品产量[1]。这种“因地制宜”的畜牧业布局思想，对当今草地畜牧业生产的空间优化格局制定具有指导意义，中国主要牧区优良牲畜品种的空间分布和畜牧业区划便是最佳例证。

“逐水草而居”是游牧民族在生产实践中形成的生态智慧，其地宜性的伦理观在草地资源利用、家畜品种搭配、农牧生产耦合的空间格局优化方面起到了十分重要的作用，对当今草原区的可持续畜牧业/生态畜牧业的发展具有指导意义。藏族、蒙古族、哈萨克族和裕固族等典型的游牧民族草地畜牧业生产实践，可以诠释“逐水草而居”的地宜性伦理观的重要性，并可以为中国草原区可持续性畜牧业发展提供借鉴。

世代生活在青藏高原的藏族牧民的游牧生活实际上是自然规律所动，按自然变化而行的行为。藏族牧民的游牧方式按季节在不同区域迁徙，这在青藏高原与野生动物的迁移方式有一致之处，是一种较典型的既饲养家畜又保护草原的方式[5]。每年春夏之交（5 月底到 6 月初），青藏高原海拔 3 000 米以上的高寒草原区进入暖季，草地青草已长出长齐，早晚气候凉爽，又无蚊蝇滋扰，牧民们此时进入高寒草地，喜凉怕热的牦牛和藏羊等家畜适宜这种气候，又能充分利用牧草资源。夏季（6 月中旬至 8 月中旬），高寒草地各种植物利用短暂的生长季迅速生长，牧民放牧早出晚归，让牲畜充分利用快速生长的牧草，早晚放牧于高山沼泽草地或灌丛草地，中午天热时放牧于高山山顶上或湖畔河边泉水处，此时大量的野生岩羊、黄羊与家畜遥遥相伴，甚至混群，牧民们不会去干扰。秋季（8 月下旬至 10 月中旬），高寒草地天气变冷，此时牧草已经结籽并成熟，正是抓秋膘的时期，牧民驱畜进入中山地段秋季草场育肥（俗称“抓膘”）。冬季（10 月下旬至翌年 5 月），牧民进入平地或山沟的冬季牧场，这里海拔较低，避风向阳，气候温和，牧草枯黄晚，经过一个暖季的保护，足够家畜在漫长的冬季食用。在放牧实践中，藏民牧民总结出了“夏季放山蚊蝇少，秋季放坡草籽饱，冬季放弯风雪小”“冬不吃夏草，夏不吃冬草”“先放远处，后放近处；先吃阴坡，后吃阳坡；先放平川，后放山洼”“晴天无风放河滩，天冷风大放山弯”等丰富的放牧经验。这既是传统的生态智慧，又是朴素的牧业伦理。正是这种“地宜性”的伦理观所使，人畜都循一年四季按照气候与植物生长周期而移动游牧，成为自然规律的执行者、维护者[5]。

蒙古族牧民世世代代在北方草原游牧，与畜群朝夕相处，精通养畜之道，积累了非常丰富的放牧实践经验。蒙古族牧民在经营畜牧业的生产实践中，根据草地的具体情况和草原五畜的生态特征，采取了依据气候和草地资源的季节变化而游动放牧的经营措施。其中，四季营地轮牧是蒙古族牧民在草地资源利用方面的最大特点。在这个体系中，牧民根据各个季节的气候和牲畜的膘情不同，选择春、夏、秋、冬四个营地，春季对牲畜是最为严酷的季节，经过了寒冷、枯草、多雪的冬季，牲畜膘情急剧下降，抵抗能力减弱，春营地一般选择在低山丘陵地带避风遮寒、气候相对暖和，比较适宜羊群保存体力和接羔育幼，可以达到保膘保畜的目的；夏季为了增加牲畜的肉膘，一般选择山阴、山丘、山间平川的细嫩草地为夏营地，气候相对凉爽，牧草丰富，同时要注意有山顶、山丘可乘凉，比较适宜各类牲畜抓膘；秋营地是以低山丘陵为主的荒漠较湿润草原为主，海拔较低，气候相对凉爽，牧草以豆科、半灌木、蒿属类牧草为主，这些牧草营养丰富，有利于牲畜固膘，为安全越冬打基础；冬营地主要以低山丘陵或山阳地带的草地为主，虽然气候寒冷，避风性很好，牧草主要以半灌，为保护家畜安全过冬奠定基础，冬营地一般特别注重牲畜的卧地（圈棚）建设，蒙古族牧民常说的谚语“三分饮食，七分卧地”，说明冬天保膘的重要环节是卧地。在四季游牧的过程中，根据牲畜的不同特性选择不同的草场，一般是绵羊、山羊、马群选择长有菅草、苇子、嵩草等的草地，牛和骆驼要选择茂盛的带刺的高草[6]。在历史长河中，蒙古族牧民们经过长期的摸索和经验积累，逐渐确立了基于地宜性原理的四季牧场划分和利用原则，具有很高的科学性和可操作性。

哈萨克族牧民主要生活在中国西北的山地草原区，由于其生活以山区为主、平原、盆地为辅的特点，哈萨克族长期以来习惯于游牧生产。哈萨克族牧民常年在草原上通过长期的游牧生活逐渐掌握了自然规律，特别是细微观察有蹄类野生动物的活动规律，对野生动物的迁移时间、路线以及进入交配期的时机进行长期观察和研究，得出这些活动规律与气候、自然界的微妙变化都有着密切的关系。按照这一规律，哈萨克游牧民族就很好地掌握了什么时候进行转场、什么时候对羊群进行配种等知识。另外，根据游牧区地形地貌的特征、植被分布规律及气候特征的差异性，按照春旱、多风，夏短、少炎热，秋凉、气爽，冬季严寒漫长、积雪厚等特点，把草地划分为四季牧场，随四季牧草的变化流动放牧：3 月底，牧民把家畜赶往低山丘陵地带、避风遮寒的春牧场；6 月底，牧民把畜群赶往高山夏牧场；9 月，牧民将畜群赶到低山丘陵的秋牧场；11 月，牧民又将家畜迁到平原或绿洲的冬牧场，利用那里冻干了的牧草过冬，补饲少量储备的干草。牧民在长期的游牧实践中总结出不同草地适于不同的家畜放牧，草甸草原适合于饲养牛马等大畜，典型草原则宜于放养绵羊、山羊等小畜，荒漠草原多放养骆驼，马、牛适合在高山牧场放牧[7]。正是这种基于地宜性伦理观的游牧生产、生活方式，才使哈萨克族的游牧文化延续至今，经久不衰。

裕固族是生活在东祁连山北麓的一个古老的游牧民族，人口不及一万、家畜只有十几万头，但仍然保持了游牧的生产、生活方式，主要以牧养牦牛、藏羊、蒙古羊为主，游牧方式主要由原始的“逐水草而居”的大搬迁改为季节性循环放牧，一般将草地分为冬、春秋、夏三类块放牧场，6 月中旬至 9 月底，在夏季牧场，每 5~10 天转换放牧地，进行地带性轮牧，让家畜抓好膘；10 月在春秋牧场进行羊牛驱虫、整群、牲畜出栏，做入冬准备；11 月中旬，进入冬季牧场（冬窝子），在冬季牧场采用“先放远，后放近；先放山，后放川；早放阴坡，后放阳坡；公放远，母放近；公放山，母放川”等原则进行草地轮牧，在冬季牧场（冬窝子）完成接羔、育羔；5 月中旬进入春秋牧场，在这里再进行春季羊牛驱虫，紧接着开始拔牛毛、给牛羊去势，剪羊毛；6 月中旬又进入夏季牧场[8]。正是“因地制宜”的伦理观支撑下的游牧文化，使得裕固族年复一年进行着畜牧业生产活动，续写着千年的游牧历史。

尽管从地宜性的伦理观来看，“逐水草而居”的游牧生活和生产方式是草原民族适应干旱或高寒的气候条件、高效利用生态脆弱区草地资源的有效途径。但是，长期以来中原农耕民族长期的农业生活和物产丰盈的文化氛围使其形成了特有的思维模式和传统观念，为了保证农作物正常生长，提高产量，农民决不允许其他杂草存活其中，久而久之其头脑中形成排斥草、贬低草、视草为敌的观念，随之自然表现在语言词汇和行为方式之中，诸如“草莽”“草包”“草率”“草稿”“草芥”“草寇”“草昧”等，对草的鄙视由此波及草地畜牧业上，一些含有愚蠢、讽刺之意的词汇常常与家畜联系在一起，诸如“吹牛”“拍马”“牛头马面”“牛脾气”“马虎”“马前卒”等。由此可见，农耕民族传统文化中涵有轻视、蔑视畜牧业的价值观念，认为以游牧为代表的草地畜牧业是落后的、原始的、低下的生产方式，一度排挤草地畜牧业生产。

近年来，随着草原区的生态环境保护问题逐渐得到重视，以草原禁牧为主的草原保护和恢复政策措施在牧区推广，包括“游牧民定居”“围封转移”“退牧还草”等工程。但是，多数草原和畜牧专家认为，完全禁牧并不是科学的决策，应“考虑民族习惯和人民生活，依据自然规律，遵循客观事实，不要轻易宣布绒山羊是草原罪人”“生态建设不许养羊是错误的……是人破坏生态，不是羊破坏生态；农田种草，减轻天然草地压力，支持生态建设，对羊开刀大可不必”[9]。从草地畜牧业发达的国家——新西兰的经验来看，草地生态保护应该是“人管畜，畜管草”，建立了人—草—畜和谐共处关系；他们根据草地生长状况，决定什么时间，什么地点，放牧多少家畜；不仅获取经济优良的畜产品，也靠家畜放牧来控制杂草，改良草地，就是靠放牧来维护草地的健康。科学的放牧系统中，有不禁牧的“禁牧”，长期轮牧就是把草地分为若干轮牧分区/放牧单元，某一轮牧分区/放牧单元有一年到几年休牧；还有短期轮牧，在一年的放牧季内，按牧草在不同季节的生长状况，分区轮流放牧[9]。这也是“逐水草而居”的中国草原游牧民族的生产实践，《蒙古史》中曾经有这样的记载“各部落各有其地段，有界限之……”说明历史上蒙古各部的牧场大体划分区域，以一个区域为基本核心构成游牧空间，季节迁移、转换营地基本限于划定的区域。哈萨克族的游牧也是以部落和阿吾勒（牧村）为单位进行，“轮牧区域由部落和阿吾勒头人、元老和比官会议协调划分，因而他人不能插手更不能随意改变，是固定的”。可见，中国草原民族“逐水草而居”的游牧生产和生活方式，强调放牧的时宜性和地宜性原则，体现了“季节畜牧业+划区轮牧”的原始思想，其伦理学价值应在重视生态文明的今天得以珍视。

三、畜牧业伦理观的尽地力

对于畜牧业生产，尽地力就是通过合理养殖实现单位土地面积的最大牧业产量。与之相对应的就是土地承载容量或承载能力，即土地承载的家畜数量不会导致环境质量恶化的限值[10]。对于草原牧区的草地畜牧业，这个限值就是家畜放牧不会导致草地退化的载畜量；而对于农区的舍饲畜牧业而言，这个限值就是养殖业不会导致面源污染的环境容量。显然，畜牧业生产潜力是有限的，必须保持在土地的承载力之内。“尽地力”的思想不仅强调土地的生产潜力和环境容量，而且强调人对自然的伦理关怀，可以理解为伦理学容量。古今草原民族尤其珍视草地畜牧业生产中的伦理学容量。汉代晁错在《守边劝农疏》中对匈奴游牧生活的描述“美草甘水则止，草尽水竭则移……”，今天的蒙古族等以畜牧业为生的牧民经常强调“畜能熟悉草场才会长膘”“放牧牛马草地好”“没有草场就没有畜牧”。这些都是尽地力的伦理学思想在草地畜牧业生产中的完美体现。

在生态学、畜牧学、草业科学理论体系不断发展完善的过程中，草地畜牧业“尽地力”的思想主要体现在载畜量的制订和实施。载畜量的概念最早在1923年由植物生态学家Sampson提出，认为在草地牧草被（家畜）正常采食而不影响下一生长季草地产草量的条件下，一定面积的草地能够承载的一种或多种家畜的数量。1964年美国草原学会规定了载畜量的标准，即每年最长放牧时间内，一定土地面积上存活的最大家畜数量（并不意味着持续生产），在草原管理学中，它与载牧量的含义基本相同。1989年美国草原学会又将这一标准进行了修订，提出载畜（牧）量是以饲草（料）资源为基础（包括粗料和精料），一定土地面积上承载的家畜总数。1985年，我国草原学家任继周提出了载畜量的综合概念：单位时间内单位草地面积可以正常养活的家畜数量，并由此提出了载畜量的表示方法，即时间单位法、面积单位法和家畜单位法[10]。

针对草地国家公园和野生动植物的管理，野生生物学家提出了平衡生产和生态关系的载畜量核算方法。1979年Caughley给出了不同放牧密度下植物和草食动物的图示关系（图2）：当植物的生长量和动物的采食量相等时，受食物供应量的限制，动物种群的数量不再增加（动物的出生率等于死亡率），此时植物和草食动物的关系处于平衡状态，草地的承载力最大，达到了生态载畜量（点D）。从生产角度讲，放牧系统达生态载畜量时，草地承载的草食动物数量最多，但其体况并非最好、生产力并非最高；同时与未放牧系统相比，草地植物的群落组成发生了较大变化。为此，1985年Bell在此关系图中引入了草食动物出栏率的变化，并强调指出，草食动物的数量应以动物健康状况和草地稳定程度而定，当草地载畜密度达生态载畜量的1/2或2/3时，草食动物的可持续出栏率最大、生产力最高（点F），此时的载畜量为草地经济载畜量（点E）。当草地经济载畜量向生态载畜量增加（草地放牧率增大）时，草地资源的退化趋势也会随之增加。

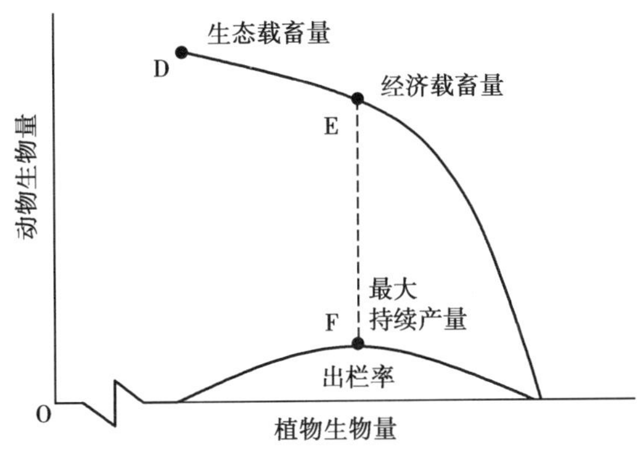

图2 草地生态载畜量和经济载畜量的关系

从生态载畜量和经济载畜量的概念可以看出，一般文献中述及的多为生态载畜量，其估算方法为：根据草地产草量和家畜采食量，求算一定时期内单位草地面积能够承载的家畜数量。从严格意义上讲，它只是“短期草畜供求关系”。由“供求关系”估算的生态载畜量无法准确反映草地的载畜能力，且不能明确判定草地的超载程度，因此，在进行草地基况或草地健康评价时，必须监测测草地的放牧率（实际载畜量），根据放牧率与载畜量的平衡关系，结合草地植被、土壤和动物的表观特征说明草地的放牧利用程度。放牧草地的土壤状况、植被组成和动物产量的变化与草地的放牧率密切相关，草地超载与否取决于放牧率与载畜量的平衡关系。载畜量可以理解为最适放牧压力下的放牧率，或者为不破坏植被和相关资源条件下的最大放牧率，或者为不破坏植被土壤和相关资源且不影响家畜生产条件下的最大放牧率。从放牧率与载畜量的关系可以看出，载畜量是放牧率的额定标准。当放牧率高于载畜量时，放牧压力和植物再生能力之间的平衡关系被破坏，草地基况变差，这就是所谓的草地超载过牧。如同运输业中货重长期大于车体载重，车况受到严重破坏一样，高强度、长时间的超载过牧最终导致放牧草地的退化。放牧适宜度理论是牧场合理利用和高效管理的基本原则，精明的草地管理者可以用载畜量为指挥棒，奏出一曲曲优美的草地畜牧业交响乐。相反，放牧率的调控失误会导致严重的后果。放牧率过高，草地没有特殊情况下的应变能力，出现退化现象；放牧率过低，草地收益不抵成本，导致经营者破产[11]。

近几十年来，中国的草场管理策略违背了放牧适宜度理论。解放初期，在“以粮为纲”的方针政策误导下，北方大部分地区的放牧草地被大面积开垦，造成了家畜数量较多、放牧草场面积较小的草畜“供需矛盾”，引发了北方草原的大面积退化。改革开放后，随着家畜和草场的“双承包”责任制的落实，“头数观念”驱动牧区群众盲目扩大畜群数量，从而进一步加深了“草畜矛盾”，加速了放牧草地的退化进程。退化草地的经济载畜量和最佳放牧率降低，草地的经济收益并未随放牧家畜数量的增加而增加，反而随草地生产力的下降而下降。当前，在生态文明建设为主导的政策背景下，“草地禁牧即为保护”的极端做法与草地畜牧业“草畜协同发展”的伦理观相左。因此，草地管理者和经营者应根据放牧适宜度理论对草地管理策略进行调整，实现放牧草地的最大经济收益和生态功能的发挥。只有这样，才能实现广大牧区草地畜牧业生产的伦理学容量扩增。

尽管从面积来看，草地畜牧业占有十分重要的地位。但是，从产量来看，农区畜牧业是我国畜牧业的主体。统计数据表明，98%以上的猪肉、鸡肉、鸡蛋，95%以上的牛肉和80%以上的羊肉都是由农区提供的[12]。由于农区的家畜饲养方式主要为舍饲，因此农区畜牧业的发展并不受制于耕地及草地资源，而主要受制于饲料的投入水平。从生产潜力或尽地力的原则来看，只要有市场需求，饲料、兽药等投入品供给充足，农区畜牧业的规模及家畜饲养量就能迅速扩大。然而，农区畜牧业规模化和家畜数量增加，虽然满足了人们对动物食品日益增长的需求，但是畜禽粪便污染超过了环境容量，带来了严重的社会问题。环境容量是指一个特定的环境（如一个自然区域、一个城市、一个水体）对污染物的容量是有限的，与环境空间的大小、各环境要素的特性、污染物本身的物理和化学性质密切相关。据农业农村部统计，中国畜禽粪污年产生量约38亿吨，40%的畜禽粪污未得到资源化利用或无害化处理，给环境带来严重影响，已经成为农村的突出环境问题。在环保压力下，多地政府出台了严格的农区“禁养”政策。然而，不少地区在实施畜禽禁养政策的过程中也出现了“一刀切”的问题：有的地方政府为了政绩形象，盲目扩大畜禽禁养范围，甚至搞全区域禁止养殖畜禽，大小规模的养殖场全被关停，完全忽视了百姓的切身利益；有些畜禽养殖场地处偏僻，养殖规模和养殖数量不大，且具有一定的粪污处理能力或稍加投入和改造便能达到生态养殖标准，但是也因在禁养区范围而遭受关闭；更有甚者将已经纳入享受国家和地方政府补贴的各级畜禽遗传资源保护品种的保种场、保护区，也列入关停范围。这种为防止农区畜禽粪便污染而“一刀切”的“禁养”政策和为防止牧区超载过牧引发草地退化而“一刀切”的“禁牧”政策一样，严重违背了尽地力的农业伦理学原则。

事实上，从古今中外的农区养殖业生产实践来看，种养结合、发展生态农业、将耕地作为其承载和消纳场所是解决农区畜禽粪便污染问题的根本之出路。因为畜禽粪尿等废弃物既是畜牧业生产过程中的新陈代谢产物，又是种植业所必需的有机肥资源。中国先民早在商代就已经开始给农田施用农家肥，西汉《氾胜之书》记载“汤有旱灾，伊尹作为区田，教民粪种，负水浇稼；区田以粪气为美，非必须良田也”。当时，农户为了给农田积肥，对家畜进行舍饲并收集家畜粪肥。在科学技术高度发达的今天，集约化畜禽养殖场产生的富含氮、磷养分的固体粪便和液体粪污作为有机肥料还田利用，是一种最为经济有效的资源化利用和粪污治理方式。欧美发达国家如美国、荷兰、丹麦、德国等，都建立了基于氮磷养分管理的畜禽场粪污还田利用匹配农田面积的规定。在中国，部分学者从粪便养分排出量与农作物的需求量的关系出发，分析得出了不同种植业可以承载的畜禽数量。因此，基于“尽地力”农业伦理学基础，根据粮食、蔬菜和果树等农林作物生产模式的不同需求，按照养分循环利用过程中的供需平衡原则，确定单位面积土地氮磷输出与输入量，建立不同种植模式下单位养殖规模匹配农田面积，为实现农牧循环、粪污与土地养分平衡管理提供科学依据。

四、畜牧业伦理学之度的优化——生态畜牧业

从时宜性、地宜性和尽地力三个维度来看，草原游牧民族“逐水草而居”的生产和生活方式是畜牧业伦理学之度的最佳体现，千百年来这一伦理观维系了草地畜牧业的永续发展，中原农耕民族一直践行“地力常新”的农业伦理观，建立了农牧结合的生产模式。无论是游牧民族还是农耕民族，一直秉承畜牧业生产的“相宜”和“适度”的原则，保持了畜牧业的旺盛生命力，这些思想对当今的畜牧业具有指导和借鉴意义。当前，在生态环境退化带来的挑战和生态文明建设带来的机遇的背景下，如何继承传统畜牧业的伦理思想，在保护生态环境、提高农牧民生活水平、促进农牧区经济社会发展等诸多矛盾中，探寻解决畜牧业发展困境的出路和途径，是关系农业伦理学容量扩增的重要命题。从国内外的实践经验来看，生态畜牧业是解决生态环境保护和农牧区社会经济发展矛盾的有效途径。

生态畜牧业是指运用生态系统的生态位原理、食物链原理、物质循环再生原理和物质共生原理，以发展畜牧业为主，采用农、林、草系统工程方法，并吸收现代科学技术成就来发展畜牧业的畜牧产业体系。生态畜牧业主要包括生态动物养殖业、生态畜产品加工业和畜禽废弃物（粪、尿、加工业产生的污水、污血和毛等）的无污染处理业。生态畜牧业包括如下几大特征：第一，以畜禽养殖为中心，同时因地制宜地配置其他相关产业（种植业、林业、无污染处理业等），形成高效、无污染的配套系统工程体系，把资源开发与生态保护有机地结合起来；第二，生态畜牧业系统的各个环节和要素相互联系、相互制约、相互促进，如果某个环节和要素受到干扰，就会导致整个系统的波动和变化，失去原来的平衡；第三，生态畜牧业系统内部以“食物链”的形式不断地进行着物质循环和能量流动、转化，以保证系统内各个环节上生物群的同化和异化作用的正常进行；第四，生态畜牧业具有完善的物质循环和能量循环网络，通过这个网络，系统的经济值增加，同时废弃物和污染物不断减少，以实现增加效益与净化环境的统一。

在全球范围内，生态畜的发展模式归纳起来主要有四种：一是以集约化发展为特征的农牧结合型生态畜牧业发展模式，这种模式以美国和加拿大为典型代表；二是以草畜平衡为特征的草地生态畜牧业发展模式，这种模式以

澳大利亚和新西兰为典型代表；三是以农户小规模饲养为特征的生态畜牧业，这种模式以日本和韩国为典型代表；四是以开发绿色、无污染天然畜产品为特征的自然畜牧业，这种模式以英国、德国、荷兰等欧洲国家为典型代表。中国草原区的生态畜牧业发展模式以第二种为主，即草畜平衡的草地畜牧业模式，农区的生态畜牧业发展模式以第三种为主，即农户小规模饲养的生态畜牧业。另外，也有学者按照畜牧业的空间布局分为草原生态畜牧业、城郊型生态畜牧业、农区生态畜牧业和山区生态畜牧业等类型。但是，无论何种类型的生态畜牧业，其目的综合考虑自然生态—社会经济复合系统的结构和功能、科学永续地利用自然资源（牧草和饲料资源），生产优质、高产、安全的草畜产品，减少生态破坏和环境污染，达到人与自然和谐相处，生态、经济、社会效益协调统一。

参考文献（略）

（原文刊载于《草业科学》2018 年第 9 期）

中国农业伦理学研究的回顾与展望

刘武根

【摘要】农业内含伦理之维度，农业伦理不是农业的外烁。国内学术界对农业伦理的研究主要围绕研究缘起，厘定农业伦理学的科学内涵、研究对象、研究方法，梳理农业伦理思想理论资源，从伦理的维度探析农业农村现代化中的重大现实问题的因应之策等方面来展开。深化农业伦理学研究，需强化农业伦理学的基础理论、马克思主义农业伦理思想、中国传统农业伦理思想、农业农村现代化中重大现实问题的道德治理研究。

【关键词】农业伦理学；回顾；展望

党的十九大报告指出，“农业农村农民问题是关系国计民生的根本性问题，必须始终把解决好‘三农’问题作为全党工作重中之重”[1]32。长期以来，对于农业农村农民问题的研究，国内学术界从政治学、经济学、社会学维度来研究的多，从伦理学维度来研究的少。近年来，随着农业环境污染、农业资源紧张、食品安全堪忧等问题频现，农业伦理问题越来越引起学术界的重视，相关学术组织和研究机构相继建立，研究成果日渐增多。在全面落实乡村振兴战略及乡村振兴战略规划之际，认真回顾、系统梳理、深入分析中国农业伦理学研究现状，进一步推动中国农业伦理学研究向纵深发展，既是深化对农业农村农民发展规律认识进而解决农业农村农民问题的理论需要，也是建立现代农业和实现乡村振兴的现实需要。

作者简介：刘武根，中国农业大学马克思主义学院教授。

一、农业伦理学研究缘起

时代是思想之母，实践是理论之源。解决农业现代化带来的种种问题是农业伦理学产生的现实逻辑，而发展农业生态学和环境伦理学则是农业伦理学产生的理论逻辑。

第一，农业伦理学研究缘起的现实逻辑。在人猿揖别以后的很长历史时期，由于社会生产力不发达，作为满足人类生活基本需要的农业具有十分重要的地位。提高农业生产效率，生产足够多物美价廉的农产品，在农业的价值位阶中具有天然优先性。这种价值优先性在近现代得到强化并逐渐发展成农业生产主义，农业现代化走上了农业工业化的道路，天然的农业生态系统逐步转变为可控的农业生态系统，工业化农业成为农业的新形态。工业化农业在大幅提高农业生产力和资源利用率的同时也带来了许多令人始料未及的理论和现实问题。从理论上看，工业化农业带来了农业领域的价值遮蔽、价值冲突和伦理悖论。“增加产量或者确保粮食安全尽管是现代社会的首要的战略需要，但如果这种保证以损害人类的健康或危害子孙后代的生存条件为代价，这样一种单向度的价值追求很难具有政治和道德意义上的合理性。”[2]从现实上看，工业化农业使我国农业走到了非常危险的边缘。“当前，空气污染、水资源缺乏、土壤污染等资源环境问题使我国农业发展面临严峻挑战，化肥、农药、农膜的无节制使用使农业生态环境遭到破坏，食品安全问题困扰人们的生活。资源环境、食品安全、城乡二元结构等问题都与农业发展密切相关。”[3]这些问题的产生，“究其原因，不是科学技术落后，也不是缺钱或劳动力，而是缺少正确的农业伦理”[4]。从农业伦理的维度探寻我国农业发展中重大现实问题的破解之道是中国农业伦理学研究兴起的重要原因。

第二，农业伦理学研究缘起的理论逻辑。一是发展农业生态学的理论需要。在探寻解决工业化农业带来的种种问题中，农业生态学应运而生。农业生态学借鉴生态学方法来研究破解工业化农业所带来的问题，从农业生态系统、农业系统耦合、生态农业等新范畴新思想新视野的维度来推动工业化农业的转型。然而，从内在本质来看，农业的生态学改造仍然沿袭着科学的理性思维，主要从“是”的维度来探索和修正工业化农业，并未从“应该”的维度来实现农业的伦理自觉。农业伦理学“从根本上自觉地规定农业的应然状态，规定人对自然和农产品的应有态度，进而推论出人对自然和农产品的应有的对待和获得方式，而并不执着和局限于生态学保持生态意义上的‘能够’”[5]。因此，农业伦理学研究的兴起是发展农业生态学的理论需要。二是发展环境伦理学的理论需要。环境伦理学认为，人类中心主义是造成环境危机的根源，主张从非人类中心的维度来探求解决环境危机的思路与对策。由于方法和视角的差异，环境伦理学形成了非人类中心主义伦理学、动物伦理学、生物中心伦理学、生态中心伦理学等流派。在看到环境伦理学对破解工业化农业带来的种种问题和推动工业化农业转型具有一定的规约作用的同时，也要看到环境伦理学关注的焦点是仅限于自然环境而农业伦理学关注的焦点不仅仅是自然还包括人。关注焦点的差异决定了环境伦理学并未充分关注农业，因此基于环境伦理学提出的对策建议对工业化农业转型很难具有直接现实性。农业伦理学则同时包含对自然与人的伦理关怀，超越了人类中心主义与非人类中心主义，可对环境伦理做出补充甚至超越[6]。因此，农业伦理学研究的兴起也是发展环境伦理学的理论需要。

二、构建现代农业伦理学

解决农业现代化产生的种种问题的现实需要和农业科学发展的理论需要，呼唤加强农业伦理研究。当前，我国农业伦理学研究尚处起步阶段，主要围绕厘定农业伦理学的科学内涵、廓清农业伦理学的研究对象、阐明农业伦理学的研究方法等方面来展开。

第一，厘定现代农业伦理学的科学内涵。厘定农业伦理学科学内涵是构建现代农业伦理学的前提。国内学术界对农业伦理学科学内涵的阐发主要是从伦理学的维度出发，审视农业中的伦理问题，阐释农业领域中生产、分配、消费的正当性与善，阐析农业内含伦理的理论和现实依据，贡献解决农业问题的道德智慧和伦理方案。这种致思理路一般认为，农业伦理学是研究农业道德的一门新兴学科。我国较早出版的有关农业伦理的学术专著《农业伦理学》就是围绕和聚焦农业道德来构建农业伦理学框架体系的[7]。随着研究的深入，学术界对农业伦理学科学内涵的认识有了长足的进步，研究理路正从规范伦理学向应用伦理学转变。有的主张，农业伦理学就是探讨人类对自然生态系统农业化过程中发生的伦理关联的认知，亦即对这种关联的道义阐释，判断其合理性与正义性[8]。有的在存在论视域下分析农业伦理问题，提出“存在论农业伦理学”，认为农业伦理学所论者不外乎农民及其他涉农人员、农业资源与环境、农产品这三个维度的伦理问题，不妨称其为“人本身”“自然界”和“农产品”的三维伦理学，守候与照料是其基本原则[9]。还有的认为，农业伦理学是对现代农业发展面临的重大社会问题进行伦理分析，旨在为化解这些重大社会问题所引起的伦理冲突和社会争辩创造理性对话的平台，提供行动判断和公共决策的伦理基础和程序规则，以促进负责任的农业创新和可持续的农业与食品生产体系建设[10]。

第二，廓清现代农业伦理学的研究对象。廓清研究对象是构建现代农业伦理学的基础。学术界对于现代农业伦理学研究对象的阐释仁者见仁、智者见智。代表性的观点主要有：一是从道德关系和道德现象的维度界定研究对象。认为农业伦理学的研究对象是农业道德关系和农业道德现象。从农业道德关系来看，要研究农业工作者与农业工作者之间的关系、农业工作者与社会之间的关系、农业工作者与自然之间的关系；从农业道德现象来看，要研究农业道德意识、农业道德活动、农业道德规范。将农业道德关系和农业道德现象贯穿起来的红线是农业工作者道德和利益的关系问题[11]。二是从农业生产全过程的维度界定研究对象。认为农业伦理学的研究对象是农业伦理系统非异化部分的基底，要以农业生态系统的生存权为经和农业生态系统的发展权为纬构建由“时”“地”“度”“法”四者构成的立体研究结构。从“时”的维度来看，要研究敬畏天时以应时宜；从“地”的维度来看，要研究施德于地以应地德；从“度”的维度来看，要研究帅天地之度以定取予；从“法”的维度来看，要研究依自然之法精慎管理[8]。三是从现代农业发展面临的伦理困境的维度界定研究对象。认为农业伦理的研究对象是农业中的伦理问题，主要包括农业的意义，农业模型，科学和技术在农业中应用的伦理问题，与食品（粮食）保障、食品安全有关的伦理问题，与对待动物有关的伦理问题，与环境安全有关的伦理问题，与可持续性有关的伦理问题，与代际伦理有关的问题，与“三农”政策有关的伦理问题[12]。

第三，阐明现代农业伦理学的研究方法。农业伦理学研究方法既是农业伦理学研究得出正确结论的保障，又是构建现代农业伦理学的关键。从研究方法来看，学术界对农业伦理的研究主要从以下两个维度来展开：一是伦理学的研究方法。这种研究方法的致思取向是在伦理学理论的指导下，运用伦理学的后果论或道义论研究方法，在理性思辨的基础上构建出规约涉农领域生产、分配、消费的农业道德规范。有的学者还从宏观层面阐明了开展农业伦理研究的具体方法，认为在研究过程中必须以科学的世界观和方法论为基础，把历史性与现实性、阶级性与价值选择性、系统性与针对性结合起来，既认真总结和概括我国历史上优秀的农业伦理思想和传统美德，又充分考虑新技术革命、市场经济和农业现代化对农业伦理道德观念和行为准则提出的新要求，努力把科学性、针对性和可行性融为一体[11]。二是公共政策的研究方法。这种研究方法的致思取向是聚焦于农业领域，将农业生产、分配、消费作为农业伦理学理论构建的核心。依照这种理解和方法，农业伦理学应当关注与农业和食品领域中公共决策相关的伦理学议题，构建相应的概念、术语和工具，提出一个条理分明的统一的伦理学框架，并使之与特定社会契约语境中的公共决策相关联。欧美农业伦理学发展的经验表明，平等商谈、理性批判和兼容并蓄，既是农业伦理学成功推进的基本经验，也是未来农业伦理学发展壮大的重要的方法论基础[10]。

三、梳理农业伦理思想理论资源

梳理农业伦理思想理论资源是农业伦理学研究返本开新的前提和基础。国内学术界对农业伦理思想理论资源的梳理主要围绕中国传统农业伦理思想、西方农业伦理思想、中西农业伦理思想比较研究三个方面展开。

第一，阐释中国传统农业伦理思想。我国是世界上仅存的以农立国的文明古国。人民在我国丰富多彩的自然生态系统上经过艰辛劳作取得了举世瞩目的农业成就。“我们积累了丰富的农业生产经验，同时也积累了丰富的农业伦理知识。正是这些农业伦理的智慧引导中华民族创造了悠久而光荣的历史。”[13]对中国传统伦理思想的梳理是中国农业伦理学研究的重要维度。近年来，我国学术界对中国传统农业伦理思想进行了较为深入的研究，有的从农业生产和农业经营的层面阐释中国古代农业伦理思想，有的从汉代经学的视角探析农业伦理学思想[14]，有的从创造性转化创新性发展的维度阐析中国传统农业伦理文化涵养现代农业发展的路径[15]。从当前和长远的学术影响来看，中国工程院院士任继周教授主编的《中国农业伦理学史料汇编》则是近年来我国学术界梳理中国传统伦理思想的集大成者。该书以《诸子集成》为基础并广泛采集我国现存农书、旁及其他典籍中的相关资料，从伦理学的维度来分析、透视、论证农业科学，首次提出了中国农业伦理学分类标准，并运用该标准对我国传统农业伦理史料按农政、营农、时宜、地宜、耕植、豢养、蚕桑、护生、生民、民族、祭祀等 11 大类进行分类整理，是有关中国传统农业伦理学史料的第一部辑要类工具书[16]。

第二，阐释西方农业伦理思想。西方农业伦理思想源远流长。一般认为，古希腊历史学家色诺芬的《家政论》、亚里士多德的《政治学》、洛克的《政府论》、黑格尔的《历史哲学》、马克思的《资本论》等著作蕴含丰富的农业伦理思想，既是西方古代和近代农业伦理学的重要组成部分，也是当代西方农业伦理学发展的理论源泉[10]。有的学者详细梳理了西方现代农业伦理学的发展历程，认为西方现代农业伦理学的发展经历了三个阶段。第一阶段是农业科学研究阵营内部的“反叛”。一些具有人文情怀的农业科学家发现某些农业技术的应用在减轻劳动强度和提高农业产量的同时产生了严重的生态或人类健康问题。他们率先追问应用这些技术的正当性，讨论农业科学家的社会责任。主要代表及著作有蕾切尔·卡森《寂静的春天》、罗伯特·泽姆丹《农业的伦理视域》。第二阶段是哲学家和伦理学家的理论阐述。一些哲学家从规范伦理学的维度对农业伦理问题进行了系统的哲学阐述，诸多农业伦理学问题得到充分阐释，一些可用于农业决策的伦理学原则和方法得以构建，农业伦理学的基本知识和方法论基础得以成型，农业伦理学在农业决策中发挥积极作用。主要代表及著作有保罗·汤普森《农业伦理学：研究、教育和公共政策》。第三阶段是农业伦理学的学科化和体制化。20 世纪 80 年代以来，农业领域运用生物技术的公共决策出现了价值分歧和伦理悖论。基于农业领域运用生物技术公共决策的现实需要，欧洲有的国家设置了农业和食品伦理学的专业学位和课程体系，并设立相应的生物技术委员来引导公众辩论、为政府提供决策咨询；欧洲学者则创建欧洲农业和食品伦理学研究会，创办《农业和环境伦理学》期刊。这标志着农业伦理学步入学科化和体制化的新阶段[17]。

第三，中国和西方农业伦理思想比较研究。比较中国和西方农业伦理思想是梳理农业伦理思想理论资源的重要内容。学术界对中国和西方农业伦理思想的异同进行了较为详细的阐释。有的详细比较了东西方传统农业伦理思想的异同，认为东西方传统农业伦理思想出现异质性的重要原因是两者具有不同的自然观。由于自然观上的差异，东西方传统农业伦理思想在指认农业生产与周围世界关系时会给出不同的伦理关系判断。中国传统农业伦理思想主张，尊重自然、顺应自然，合理而又节制地使用自然资源；西方传统农业伦理思想认为，要充分发挥人的理性来认识自然，运用人所掌握的各种技术来变革自然。东西方传统农业伦理的不同自然观产生了极为不同的实践结果。中国传统农业伦理思想有利于可持续发展，但改造自然和操作自然的能力发展不足。西方传统农业伦理思想不利于可持续发展，但改造自然和操作自然的能力得到发展[18]。

四、农业农村现代化中重大现实问题的伦理审视

推动农业现代化，建立现代农业，既是我国建设社会主义现代化强国的重要组成部分，也是实现社会主义现代化和中华民族伟大复兴中国梦的必然要求。国内学术界对农业现代化中重大现实问题的伦理审视主要围绕以下三个方面来展开。

第一，科学和技术在农业中应用的伦理透视。将科学和技术运用于农业是区分传统农业、现代农业、有机农业的重要标尺。从是否运用现代科技来看，传统农业尚未运用农药和化肥等现代科技，现代农业广泛使用农机、电气、化肥、杀虫剂、杂交、人工授粉等现代科技，有机农业则拒绝使用这些现代科技。学术界对科学和技术在农业中应用的伦理透视主要从两个维度来展开：一是对常规的科学和技术在农业中应用的伦理分析，研究将科学和技术应用在农业中对人、动物、自然环境等所产生的影响。一般认为，科学和技术在农业中应用，对人来说提高了农业生产效率，较好地解决了增产增收的问题，使农民和非农民都大大受益；对饲养动物来说则非常糟糕，普遍存在对饲养动物的福利不关心的现象；对自然环境来说所有农业都损害自然环境，科学和技术在农业中的合理使用能够减轻现代农业对环境的污染[12]。二是对新兴生物技术在农业中应用的伦理反思，研究科学和技术在农业中应用所产生的伦理风险。20 世纪 70 年代以来，随着基因组学、生物信息学、合成生物学而兴起的基因编辑重组等新兴生物技术开始应用于农业生产中，转基

因作物和转基因食品成为现实。由于这些新兴的生物技术具有不确定性、歧义性、转化潜能等特点，学术界一直在探究新兴生物技术应用于农业生产所产生的伦理风险，如难以预测对健康和环境非意料之中的和不合意的后果，最难预测和控制的以及积累时间最长的社会后果等[12]。因此，转基因等新兴生物技术研究及应用必须遵循“尊重、不伤害、公正和预防”四大基本伦理原则[19]。

第二，食品伦理。民以食为天。食品伦理是农业伦理关键的焦点。学术界对食品伦理的研究主要从两个维度来展开。一是食品伦理基础理论研究。研究主要围绕食品生产应该坚持的食品保障、食品安全、可持续性的指导原则的正当性、伦理要求、内在关系和历史变迁。食品伦理学的基本原则主要有食品权是最基本人权、无伤害、知情选择、分配公正、社会公正、代际公正、共济[12]。二是聚焦食品安全伦理。我国农业正处于生产性农业向后生产性农业转变之中，食品安全问题频发。加强食品安全伦理研究，既是时代的呼唤，也是伦理学研究的责任。唐凯麟教授主编的《食品安全伦理问题研究丛书》是近年来食品伦理研究的扛鼎之作。丛书由《餐桌上的民生：食品安全伦理责任》《“上帝”的尊严：食品消费安全伦理》《舌尖上的文化：道德文化视域下的中国食品安全》《生命之殇：食源性疾病的伦理审视》《十字路口的困惑：转基因食品安全的伦理问题》组成。丛书以伦理学的视角，综合文化学、管理学、消费经济学、病理学和转基因技术等学科的相关科研成果，对食品安全问题进行了系统深入考察，全面阐释了食品安全问题的文化内涵、伦理实质和道德治理的对策与途径，为解决食品安全问题提供了一种伦理文化的重要参照系[20]。

第三，农业伦理学视域下的乡村振兴。四十年的改革开放，我国发展取得了举世瞩目的重大成绩，党的面貌、国家的面貌、人民的面貌、中华民族的面貌发生了历史性变化。四十年间，我国通过多次发布中央一号文件来具体谋划农业发展，但“三农”问题始终未能得到较好解决。国内学术界对“三农”问题有过多种解读和对策，却很少触及农业伦理学这个最根本的原因[13]。近年来，作为破解“三农”问题的主要维度之一，乡村的治理、建设和发展成为农业伦理学研究的重要议题。有的专家明确提出，“三农”问题和城乡二元结构问题都需要从伦理学的视角来透视、分析和论证[4]。有的从农业伦理学的维度探析城乡二元结构的生成、发展与消亡的历史进程和历史功过，以期为创建新时期的农业伦理观提供参照[21]。

五、深化农业伦理学研究值得注意的几个问题

深化农业伦理学研究需在拓宽研究视野、把握研究重点、丰富研究方法的基础上强化农业伦理学的基础理论、马克思主义农业伦理思想、中国传统农业伦理思想、农业农村现代化中重大现实问题的道德治理等研究。

第一，深化农业伦理学基础理论研究。当前，农业伦理研究已引起国内学术界和农业政策制定者的重视，有的单位已经成立农业伦理研究中心，有的单位已经开设《农业伦理学》课程并开展相关学科建设，中国农业伦理学会也已成立。应该说，农业伦理学研究迎来了一个难得的重要发展机遇期。未来要站在构建中国农业伦理学的学科体系、学术体系、话语体系的高度，从为规范农业伦理学研究奠定坚实基础、为农业伦理学长远发展谋篇布局着眼，推动农业伦理学全面协调可持续发展，需从以下四个方面强化农业伦理学基础理论研究。一是深入阐析农业伦理学研究的研究对象、主要特点、基本原则、重要意义；二是准确提炼农业伦理学研究的基本范畴、基本问题、基本方法；三是系统阐释农业伦理学的理论资源、历史传统、体系结构；四是全面把握农业伦理学的学科归属、学科体系、建设路径、发展目标。

第二，深化马克思主义农业伦理思想研究。马克思主义农业伦理思想，既是构建中国农业伦理学的重要指导思想，也是中国农业伦理学研究的重要组成部分。深化马克思主义伦理思想研究，既是构建中国农业伦理学的理论需要，也是解决我国农业现代化进程中种种问题的现实需要。当前，国内学术界对马克思主义农业伦理思想的挖掘刚刚起步，未来研究可先以深入挖掘《反杜林论》《资本论》等著作蕴含的农业伦理思想为突破口，以点带面，将时间逻辑和内容逻辑结合起来，以马克思主义经典著作为经，以马克思主义农业伦理思想的主要内容为维，全面、系统、深入梳理马克思主义经典作家关于农业伦理的相关思想和中国化马克思主义农业伦理思想。

第三，深化中国传统农业伦理思想研究。中华文明蕴含丰富而独特的农业伦理思想。我国传统农业伦理思想是支撑中华农业文明的重要文化基因，蕴含的“时”“地”“度”“法”的农业伦理体系以及农政、营农、时宜、地

宜、耕植、豢养、蚕桑、护生、生民、祭祀等农业伦理规范对于构建当代中国农业伦理学、解决当前我国农业发展的难题具有重要的理论价值和现实意义，甚至能够为世界农业发展和应对全球气候变化等生态问题贡献中国智慧。未来研究要深入挖掘中华优秀传统农业伦理思想理论资源，把我国传统农业伦理思想中跨越时空、超越国度、富有永恒魅力、具有当代价值的伦理精神弘扬起来，传播出去，推动中华优秀传统农业伦理思想创造性转化创新性发展，为世界农业发展贡献中国方案。

第四，深化农业农村现代化中重大现实问题的道德治理研究。农业农村现代化，既是社会主义现代化的重要内容，也是社会主义现代化的重要目标。没有农业农村的现代化，就没有国家的现代化。完成“两个一百年”奋斗目标必须大力推动农业农村现代化。未来研究既要站在全面小康社会成色和社会主义现代化质量的战略高度，又要站在农业强不强、农村美不美、农民富不富的战术高度，深入分析推动农业生产过程机械化、生产技术科学化、增长方式集约化、经营循环市场化、生产组织社会化、生产绩效高优化、劳动者智能化对乡村的产业、生态、乡风、治理、生活所可能产生的伦理风险及因应之策。尤其要从道德治理的维度深入研究农业科技伦理、食品伦理、城乡二元结构、乡村伦理等重大现实问题。

参考文献（略）

（原文刊载于《伦理学研究》2018年第5期）

农业伦理学研究现状与未来走向谫论

张永奇

【摘要】自20世纪90年代我国学者开始关注农业伦理学，距今已有20余年。从研究现状来看，我国学术界在农业伦理学兴起的条件、农业伦理学的学科性质及其研究对象、方法、思想资源的挖掘和原则构建以及农业发展中若干问题的伦理关切等理论和实践两个层面进行了深入而广泛的研究，业已取得许多优秀成果。下一步，需要在深掘马克思主义农业伦理思想，聚焦农业发展中的重大现实问题，树立农业伦理学的学科自觉意识等方面入手，深化研究。

【关键词】农业伦理学；规范伦理学；应用伦理学

习近平总书记于2012年11月30日在与党外人士座谈会上指出："要加强和巩固农业的基础地位，加大对农业的支持力度，加强和完善强农惠农富农政策，加快发展现代农业，确保国家粮食和重要农产品有效供给。"这一论断充分说明农业对国计民生的重要性和当前我国农业发展的重大战略。2015年中央一号文件连续第12年锁定"三农"问题，特别提出要着力解决好保障农业安全，优化农业结构，转变农业发展方式，保障农民权益等问题。这些问题的解决不可能离开来自农业伦理学的智慧，因为农业问题从根本上来说还是"人的问题"，而伦理视角是人关注自身的重要维度。农业伦理学的诞生与人们自觉思考自身生存方式与生活目的密不可分。自我国学者于20世纪90年代起关注农业伦理学算起，距今已有20余年。回顾我国农业伦理学的研究历史，梳理研究现状，对于树立学科自觉意识，审视当前我国农业发展中的伦

作者简介：张永奇，中国社会科学院马克思主义哲学博士。

理问题，推动我国农业健康发展不无裨益。

一、农业伦理学的研究现状

（一）农业伦理学兴起的理论与实践条件

一门新学科的兴起不外乎两个缘由，或者说需具备两个条件。一个是理论条件，一个是实践条件。农业伦理学也不例外。理论条件即相关的思想理论已经为本学科的构建奠定了一个基本前提。实践条件即社会发展中的现实问题需要一门新兴学科给予学理上的回答。从理论条件来看，农业伦理学的兴起与伦理学、农学、环境学、生态学等学科的发展，特别是与应用伦理学的异军突起关系密切。李建军教授在研究中表明西方农业伦理学的兴起与20世纪70年代起由于生物技术的广泛应用而引起的公共决策和伦理争辩内在关联，经过40余年的发展，西方农业伦理学已经成为一门具有独立建制的跨学科领域。其基本历程可分为三个阶段。第一阶段的标志是农业科学研究阵营内部的“反叛”，一批具有人文情怀的农业科学家痛感农业生产中有害物质的应用所造成的伦理困境，呼吁学术界关注农业领域内科技应用的正当性与农业科学家的社会责任。第二阶段以哲学家和伦理学的理论阐述为标志。哲学家们开始应用规范伦理学的工具讨论农业生产活动和实践中的伦理问题。第三个阶段以解决农业发展中突出的伦理问题为标志。农业发展中公共决策的需要为不同背景的农业伦理学资源进行有效整合提出了要求，有力地促进了农业伦理学的体系化进程[1]。从西方农业伦理学发展的基本脉络可以看出，农业伦理学的兴起与单方面强调科技在农业中的应用而造成的危害密不可分。没有伦理的规范，科技的发展和应用最终会造成“科学的危机”。正如胡塞尔所说如果仅承认科学的、客观的真理，“那么世界以及在其中的人的存在在真理上还能有什么意义呢?”[2]包括农业科学技术在内的科技发展和应用不应该消解人的价值，而应当充实“人的存在的真理意义”。当前，我国农业正处于转型升级过程，农业科技的应用不可或缺，需要警惕的是要把科技应用与保护农民权益、农业生态等问题统筹起来考虑，以避免由此引发的伦理风险。齐文涛博士、任继周院士认为伦理维度天然的内存于农业之中，之所以出现在农业发展中伦理关照缺乏的状况，从学理上讲是受近代以来科学研究中“科学”与“人文”分道扬镳的影响而造成的。农业伦理学的兴起其实是人们在认识世界中摒弃“科学主义”与“人文主义”单极思维后形成的，它的诞生符合科学发展的时代潮流[3]。从实践条件来看，农业伦理学的兴起与当前我国农业发展过程中所产生的突出问题有关。这样一些问题不能只凭借科技来解决，只有引入伦理思考才有可能得到圆满的答案。任继周院士强调当前我国农业面临着污染严重、资源短缺、农资无节制使用、农产品安全等诸多严峻问题。解决这些问题，需要农业伦理学贡献智慧[4]。总之，相关学科的知识储备和农业发展实践是农业伦理学兴起的两大要件。

（二）农业伦理学由“规范伦理”向“应用伦理”转换

确定农业伦理学的性质，决定着农业伦理学的研究对象、研究方法。具体来说，就是要回答农业伦理学到底是什么？对于这一问题的看法可谓聚讼纷纭。如最早关注农业伦理学的学者胡一胜认为，农业伦理学是马克思主义伦理学的组成部分，属于“规范伦理学”的范畴，是职业伦理学的一个新视野。他认为：“农业伦理学是研究农业道德的一门新兴学科。”[5]这一定义将农业伦理学视为研究与农业相关的职业道德的一门学问。1995 年由中国农业出版社出版的《农业伦理学》延续了这一说法，认为农业伦理学应以“农业道德”为主要议题，尤其要注重提倡社会主义精神文明建设中涉农人员的道德修养。这两种说法体现出了鲜明的时代特征。任继周院士、林慧龙教授、胥刚博士则认为：“农业伦理学就是探讨人类对自然生态系统农业化过程中发生的伦理关联的认知，亦即对这种关联的道义诠释，判断其合理性与正义性。”[6]齐文涛博士则从农业伦理学涉及的主要问题，提出了农业伦理学是“三维伦理学”。他认为：“农业是人干预自然以获取农产品的过程，农业伦理学所论者不外乎农民及其他涉农人员、农业资源与环境、农产品这三个维度的伦理问题，不妨称其为‘人本身’‘自然界’和‘农产品’的三维伦理学”[7]。农业伦理学与环境伦理学、食品伦理学等学科存在着诸多交叉和接榫之处。因此，关于农业伦理学是否有存在合法性的质疑也就不绝于耳。对此任继周院士、齐文涛博士认为农业伦理学有着自己独特学科优势和作用，不能被其他伦理学的具体学科所替代[8]。总而言之，农业伦理学是一门以突出解决农业发展中的伦理问题为对象，围绕农业实践中形成的伦理关系、伦理秩序、道德规范、价值取向等范畴来探寻农业伦理规律为目的的应用型学科。在此基础上，齐文涛博士、任继周院士提出要着力建构一种理论特征明显、逻辑推演自洽、实践意义重大的“系统农业伦理学”。具体的理论逻辑是从哲学存在论推演出农业活动应然状态的核心理念，再将此核心理念应用于具体的农业实践活动中，以公理化方法构建一个由核心理念与具体范畴组成的理论系统，最终形成“存在论伦理学”[3]。对于这一问题，任继周院士、林慧龙教授、胥刚博士等人进行了深入研究。他们认为农业伦理学的系统结构本质上是农业系统的伦理学结构，说到底就是农业各子系统的“相阵群集”的伦理关照[6]。从以上讨论中可以看出，对农业伦理学的认识已经实现了从起初的关注农业从业人员的道德规范为主的“规范伦理学”到解决农业发展中伦理问题的“应用伦理学”的转变，并对农业伦理学的系统结构从宏观和微观、外部和内部进行了初步建构，对深化农业伦理学的研究有重要意义。但是，在此过程中却也存在着从理念到现实的研究理路，而没有坚持从实践上升到理论高度的认识路线。这是确定农业伦理学性质，构建新学科中值得注意的问题。

（三）农业伦理学研究对象的多角度展开

一门学科的成立必须要有特定的研究对象，也就是说确定研究对象是农业伦理学建构的必要条件。毫无疑问，农业伦理问题是农业伦理学研究的主要对象。任继周院士、林慧龙教授、胥刚博士以构建系统的农业伦理学为出发点，提出农业伦理学的研究对象应该是农业伦理系统“非异化部分的基底”。当前，要聚焦“农业生态系统生存权与发展权”这两个经、纬结构。以农业生态系统的持续健康和开放延伸为维度，构建其多维结构。他们吸收中国传统农业伦理思想的合理成分，认为农业伦理学的研究对象应由“时”“地”“度”“法”四者构成。“时”即敬畏天时以应时宜，“地”即施德于地以应地德，“度”即帅天地之度以定取予，“法”即依自然之法精慎管理。以上四维渗透于农业生产全过程，“四维不张，农业乃殇。”农业伦理学研究应当理顺四维纲要，以此为主要对象[6]。基于农业伦理学是研究农业道德，特别是农业从业者的道德规范的认识，胡一凡认为农业伦理学要从农业领域的道德关系入手来研究道德现象及其矛盾。这些关系包括农业工作者之间、农业工作者与社会之间、农业工作者与自然之间的关系。其中最核心的是要解决好农业工作者道德与利益的关系问题，即经济利益与道德、个体利益与整体利益的关系。由此而出现的农业道德意识、活动、规范等农业道德现象是农业伦理学的基本研究对象[5]。方金博士认为农业伦理问题主要包括农业领域中所出现的各种道德伦理现象调节农业领域中伦理问题的价值观念、伦理规范和道德意识等。这些问题是农业伦理学的主要研究对象[9]。由此可见，对何为农业伦理学的研究对象尚存在着诸多争论，核心对象尚不明确。造成这一状况的主要原因在于对农业伦理学的性质持不同之见，且对农业发展中伦理问题的关注时间较短，深度不够。

（四）农业伦理学研究方法的重要性与初步探索

方法是一门学科成立和深化研究的要件之一。黑格尔认为方法体现着内容的内在规定。他说："方法并不是外在的形式，而是内容的灵魂和概念。"[10]黑格尔这一看法虽然带有唯心主义色彩，却天才地运用辩证思维指出了方法与内容的关系。俄国生理学家巴甫洛夫则认为方法是决定学科研究走向的关键要素。他甚至提出："方法掌握着研究的命运"[11]。美国实用主义哲学的代表人物杜威也认为方法在学科研究中具有最高价值，他说："任何认识上的结论的价值都依赖于达到此结论时所运用的方法，因而方法之改进、智慧之完善，乃成为具有最高价值的事情了。"[12]可见，采取什么样的研究方法对构建一门学科的重要意义。农业伦理学的建构同样离不开与学科性质、研究对象相一致的方法。目前，关于这方面的研究成果还较少，仅胡一胜曾略有论述。他认为农业伦理学研究中，必须要坚持以科学的世界观和方法论为基础，融历史性与现实性、阶级性与价值选择性、系统性与针对性于一体，在总结我国传统农业伦理思想的同时，充分考虑新技术革命、市场经济和农业现代化对农业伦理道德和行为准则提出的新要求，努力做到科学性、针对性和可行性[5]。这一看法从宏观上说明了农业伦理学的研究方法应当以科学的世界观与方法论为基础，但是尚未阐明以什么样的世界观、方法论为基础，它的标准是什么，内涵是什么，又如何可能和怎样实现由"形而上"的指导转化为"形而下"的具体方法，这些都需要进一步研究。农业伦理学的研究方法可以借鉴伦理学等价值哲学中已相对成熟的研究方法，如人学的方法、历史的方法、主体性与主体际方法，等等，努力克服"唯科学主义"等片面的研究方法。

（五）农业伦理学思想资源的挖掘与原则建构

伦理学是一门实践性非常突出的学问，它的存在意义就在于为人们的道德生活实践指供具有导向意义的精神、规范，引导人们在实践中养成优良品德。农业伦理学研究的一个重要目的就是要提供一整套符合农业发展的伦理规则，规范约束农业在合理正当的轨道内运行。吸收我国传统农业伦理思想，借鉴国外农业伦理思想是构建符合我国农业发展的伦理原则的基础。由于自然观的不同，西方传统农业伦理思想与中国传统农业伦理思想存在着根本气质、思维方式上的差异，通过对比研究，找出各自的优长短缺之处，有利于在当下更好把握农业伦理学的研究。对此，严火其教授进行了细致的论证，他认为从历史和逻辑的考察来看，中国传统农业伦理思想有利于可持续发展，而西方传统主张则不利于可持续发展[13]。事实上，从自然观的演化而得出中国传统农业伦理思想有利于可持续发展的结论并不准确。对于中国传统伦理思想的长短之处，梁漱溟先生曾做过鞭辟入里的分析，他认为“西洋长处在‘人对物’，而中国长处则在‘人对人’”[14]，由此造成了中国文化的早熟，“在第一问题之下的世界现出很大的失败”[15]。可见，对中国传统农业伦理思想的继承绝对不是简单“翻版”，而要进行改造“升级”。齐文涛博士在深入对比分析了中西农业伦理思想的基础上提出农业伦理学由人本身、自然界和农产品三个相互关联的维度构成，农业伦理学原则的选择应当能够兼顾这三个维度并鲜明地提出“守候与照料”作为农业伦理学的基本原则可担此重任。那么什么是“守候与照料”呢？他对这一原则的完整表述是：“区别于现代以来的‘限定与强求’态度，‘人本身’在农作活动中宜以‘守候与照料’的态度面向‘自然界’，对待‘农产品’‘守候与照料’作为一种伦理命令，不仅直接申明了农作活动的应然状态，还同时连接了‘人本身’‘自然界’与‘农产品’三个维度。”“守候与照料”这一基本原则通过保护并敬畏存在、感受并体悟存在、亲近并交道于存在、听命并摆布于存在四种途径从存在论意义上实现对“人自身”的伦理关照；通过对自然界的“守”即保持生态平衡，对农产品的“候”即听任自然节律来实现对“自然界”“农产品”的伦理关照。在肯定“守候与照料”为一阶原则的基础上，再引入“敬畏自然”（人甘为自然之子）与“仅取盈余”（农产品为自然界之盈余）为二阶原则。这样便可有效对“人本身”“自然界”与“农产品”三个维度进行全面的伦理关照[7]。“守候与照料”观念一方面高扬人的主体地位，另一方面也消解了人作为主体的对象性功能。以此为农业伦理学的基本原则虽然从存在论的角度有助于消解人与自然界、农产品的紧张关系，但由此也会带来人在面对“对象物”时的无所作为。以此为农业伦理学的基本原则还有待商榷。

（六）对农业发展中若干问题的伦理关切

由于学科背景不同，对农业现实问题关注的角度不同，学者们在研究农业伦理学中对现实的关切也大为不同。邱仁宗教授认为当前农业伦理学应当重点关注“农业模型”“科技在农业中应用的伦理学”以及“与农业相关的食品伦理问题”等现实问题。他认为“农业模型”之所以不同，是因为背后有相应的道德哲学背景。概括来说，农业模型及其伦理主张主要有生产主义、农业守护、整体论和可持续性理念等四种。生产主义主张生产是在伦理学上评价农业的唯一规范；农业守护思想试图用“守护”概念来补充生产主义；整体论提出“生态系统”本身具有内在价值；可持续性观念强调代内之间、代际之间的公平正义。生产主义与农业守护理念的缺陷是显而易见的。整体论的困难在于难以回答在保存生命共同体完整性的名义下，农民如何利用土地去从事农业活动。对于可持续性观念则可进一步追问到底可持续的是什么？这些问题都需进一步探索。“科技在农业中应用的伦理学”是邱仁宗教授关注的第二个热点。他认为由于农业科技的应用而造成的“农业革命”，必然伴随着不确定性、歧义性和转化潜能等伦理风险。当前，要特别注意和加强对所谓“占先原则”（proactionary principle）即农业科技应用中主张抢占制高点，先干后议等做法的伦理评估。“与农业相关的食品伦理学”是邱仁宗教授关注的第三个热点。他认为食品安全、食品浪费、全球贸易等都应当是农业伦理学所关注的问题。在处理这些问题时，应当把食品保障、食品安全、可持续性作为第一伦理原则。在评价食品领域行动或决策的伦理框架时应当坚持食品权是最基本人权、无伤害、知情选择、分配公正、社会公正、代际公正、共济等伦理准则[16]。霍红梅教授主要关注了农业产业化中的伦理评价这一前沿问题。她对农业产业化的伦理学评价的内涵、特点、目的和作用等方面进行了阐述[17]。方金博士综合运用多种伦理学分析工具，对我国农业发展中的制度伦理问题、环境伦理问题和经济伦理问题等进行了全面的梳理和探索，并提出了建立更加公正和合乎伦理的农业体系的构想[9]。刘建荣博士从伦理学的角度分析了当前我国农业发展中生态环境恶化的问题，提出发展生态农业的伦理诉求及相应对策[18]。刘文萃博士认为农业发展要加强对作为生产者的农村种养殖户的食品安全伦理教育[19]。当前我国农业发展中面临着许多重大问题，如农村土地流转过程中农民权益保护问题、农业生态安全问题、城乡二元结构问题等关系农业发展的诸多重大现实问题。这些问题需要从伦理学维度给予解答，农业伦理学应当给予积极关注，为公共决策提供理论支持。

二、关于深化农业伦理学研究的几点思考

（一）坚持以马克思主义为指导，深入挖掘马克思主义农业伦理思想是构建中国农业伦理学的理论之基

从现有的研究成果来看，虽然有学者提出了农业伦理学是马克思主义伦理学重要组成部分的观点。但是在研究过程中仍然存在着偏离马克思主义基本原理、基本观点、基本方法的倾向，对于马克思主义经典作家关于农业伦理思想的挖掘还非常欠缺。事实上，马克思主义作为科学的世界观、方法论和价值观，不仅对于农业伦理学有重大指导作用，而且马克思主义经典作家还有过探讨农业伦理思想的观点，尽管这些观点并非以专门性论述的面貌出现，而是散见于马克思、恩格斯著作之中。比如说恩格斯在《反杜林论》中批判杜林关于“（人）对自然界的统治，是以（人）对人的统治为前提的”这一命题时，就以北美洲为例，提出土地虽由“自由农”开垦，南部的大地主却以无节制的耕作耗尽地力以获取最大利润，“以致在这些土地上只能生长云杉，而棉花的种植则不得不越来越往西移”[20]，由此造成了农业生态伦理的失衡。马克思在《资本论》（第一卷）中控诉资本主义的农业生产方式无视农业伦理，造成人与土地之间的伦理关系恶性循环，“使人以衣食形式消费掉的土地的组成部分不能回到土地，从而破坏土地持久肥力的永恒的自然条件。”[21]在《资本论》（第二卷）中，马克思在谈到“生产时间”时以佛兰德的“间作制”为例，他认为这种农业生产方式先栽种能够满足人的需要的根茎植物，收获后再栽种牲畜所用的根茎植物。通过这种途径可以圈养大牲畜，并产生大量积肥，这种种养方法使“沙土地带有三分之一以上可耕地采用间作制；这样就好像使可耕地面积增加了三分之一。”[22]这样一种农作方法有利于处理好农民与自然界的伦理关系。可见，马克思主义关于农业伦理的思想资源仍然是今天我国农业伦理学发展中的重要理论资源，马克思主义以其科学性、革命性、人民性为根本特征，对于我国农业伦理学的发展仍然具有重

大指导意义。

（二）坚持以问题为导向，对于当前中国农业发展中的突出问题给予伦理学的积极关注并提出对策是深化农业伦理学研究的根本之道

应用伦理学的突出特点就在于能够解决实际问题，然而它并不是把规范伦理学中成熟的思想观点简单地平移到实践当中，而是要以实践中出现的突出问题为中心，给予伦理学重大关切，并提出相应解决办法，以澄清人们的伦理困惑，降低人们道德选择的难度，为公共政策的合理性、正当性提供相应的对策。我国是一个农业大国，农业发展始终是党和国家关注的重中之重，党和国家领导人多次提出没有农业的现代化，社会主义现代化就不可能实现，可见农业发展的重要性。当前，我国正处在全面深化改革的关键时期，社会发展速度快，转型压力大，利益纠葛复杂成为这一时期的突出特点。这些共同背景造成了当前我国农业发展中面临着十分复杂的问题。例如，城乡二元结构问题、农业生态安全问题、农业发展中科技应用问题等，这些问题的解决都需要来自农业伦理学的支持。实践是问题的来源，是检验理论正确与否的根本标准。农业伦理学的构建和研究不是“书斋里的学问”，不能单纯地依靠概念、理念的推演，用理论来裁剪现实，而应该着眼于丰富、多样、复杂的农业发展实践，从问题出发，在发现问题、分析问题、解决问题的过程中积累经验，然后上升到理论高度，再在实践中检验理论、校正理论，使之更科学地来指导农业实践活动。总之，农业伦理学的研究应当坚持“实践—认识—实践”的唯物主义路线，而不能错误地走上封闭的“理念—现实—理念”的唯心主义道路。这是确保理论具有科学性、真实性、现实性的基础，也是在农业实践中发挥“理论魅力”的前提。

（三）提高伦理学界的学科自觉意识，积极开展与相关学科的对话是深化农业伦理学研究的现实之策

从 1992 年胡一胜同志首次提出农业伦理学的性质、对象和学科体系到近年来农业伦理学渐受关注以及现有成果来看，对这方面的研究主要来自农业科学家或从事农业研究的学者，而来自伦理学界的研究成果非常之少，这不能不说是我国伦理学事业发展中的一大缺憾。对这一现象的反思至少可以得出如下推论：一方面农业发展中存在着许多突出问题需要得到来自伦理学的支持和关照，农业科学家和从事农业研究的学者之所以率先提出并积极呼吁，原因就在于他们已经发现农业问题并不是农业科学单方面能够解决的，它需要伦理学的关注；另一个方面伦理学界在长达20余年中对此问题没有或至少没有给予专门的、集中的讨论和研究，这并不是说中国农业发展中没有伦理问题或是伦理问题不突出。恰恰相反，每年中央一号文件聚焦“三农”问题，党的全国代表大会、政府工作报告都将农业问题放在突出位置，这些重大问题的解决都需要伦理学界的深思并提出相关建议。之所以农业伦理学在伦理学中成为“被遗忘的角落”，这与伦理学界，特别是应用伦理学界对现实问题关注不够、伦理学界与农学界等相关学界对话、交流不足有关。为了扭转这一局面，我国伦理学界应主动树立学科自觉意识，自觉承担伦理学人的社会责任，积极开拓农业伦理学的研究领域，为农业伦理学的专业性和更好地服务农业发展做出积极贡献。

总之，农业伦理学兴起的“星星之火”表明它已成为应用伦理学学科大家庭的新成员，它必将在我国农业改革的大潮中，在解决农业发展中伦理问题的实践中形成燎原之势，完成这一使命需要更多的学者投入并深耕于此。

参考文献（略）

（原文刊载于《西北农林科技大学学报（社会科学版）》2016年第3期）

美国农业伦理学兴起的研究

宋　欣　严火其

【摘要】现代农业具有极高的生产力，但对环境可能造成重大的破坏，因此需要一种相应的农业伦理进行规范。环境伦理学家最先关注了农业问题，但由于环境伦理学自身的学科局限，不能够提供一套恰当的农业伦理规范。在人文工作者、自然科学家和政府管理者的共同努力下，美国农业伦理学在吸收环境伦理学等相关学科成果的基础上，从20世纪70年代开始建立。在诸多农业类高校和研究所的努力下，美国农业伦理在20世纪80年代进入高速发展阶段，逐步形成分别以整体主义和可持续发展理论为内核的农业伦理学流派。

【关键字】美国；农业伦理；农业可持续发展

农业伦理是研究农业系统有关的价值和规范的一种实践伦理，思考的对象主要包括农业生产方式、自然资源管理、食品安全等众多方面。农业伦理的建立受到环境伦理学很大的影响，一大批自然科学家、社会科学家和人文学者接受了专门的农业知识后投身农业伦理学建设当中，促进了美国农业伦理学的建立和发展。中国农业伦理学的研究迄今尚处在起步阶段，中国的农业大学迄今很少开设农业伦理学课程。本文尝试对美国农业伦理学兴起做一初步研究，希望对中国农业伦理学的建立和发展有所裨益。

一、环境伦理对农业问题的关注

环境伦理学是一门研究人类生存环境的伦理价值和人类对待生存环境的

作者简介：宋欣，南京农业大学科技与社会发展研究所研究生；严火其，南京农业大学科技与社会发展研究所教授。

行为规范的学科[1]。农业生产本质上是对环境资源的利用和改造。尤其是农业对水资源的利用和对土地的利用，极大影响着自然环境的质量，这就势必引起环境伦理的密切关注。环境伦理学的关注为讨论农业生产对生态问题的影响提供了反思的平台，为农业伦理学的建立提供了最初的动力。

20世纪30年代，欧洲农业复苏，美国农业产能过剩导致了农产品价格暴跌，农民生活水平严重下降，甚至出现了大量农场破产的现象[2]。迫于经济压力，农民开始开垦更多的林地，甚至通过捕猎野生动物等方式补贴家用。在此种掠夺性的利用自然资料的情形下，林业资源的再生速度无法满足农民对它的急切需求，各种资源逐渐显示出被破坏的征兆，而农民的生活水平仍然不能得到有效改善。这让环境伦理学家们十分警惕。一方面，林业和林业相关的经济学给出了毁林垦田只能在极短的时间内有收益，但随后就会面对水土流失、养分流失等众多问题。众多的负面影响将会大致抵消之前的收益。这样显然不是一种合理的发展方式。退耕还林提供了一条释放过剩农业生产力的途径，能使农产品供需关系在短期内就趋于正常，但这可能损害了农民的短期利益。因此退耕还林需要政府承担一部分农民损失的利益。在环境和经济的双重影响下，纽约州率先制定了《休伊特法案》。该法案规定由政府出面购买农场土地退耕还林，建立森林公园。类似的一系列法案促成了美国历史上第一次还林热潮[3]。这是环境伦理在关注农业问题之后取得的一个重要成果，它在耕地问题上将社会的短期利益和自然环境的长期利益统一起来。

1939年，约翰·斯坦贝克出版了长篇小说《愤怒的葡萄》（*The Grapes of Wrath*）。《愤怒的葡萄》一书开启了农民与土地关系的反思。斯坦贝克认为，在当时的市场经济条件下，农民和耕地的关系开始变得疏远，尤其是在大规模运用农业机械以后，人们对土地失去了了解的兴趣。农民使用机械播种、收割，收入成了衡量农业的标准。人们只关心收获，而不再关心土地。这种生产方式的背后是美国农业文化和道德的危机。农业生产是对自然资源的剥夺，耕作实践导致对人的异化。人与土地关系完全被经济性主导，土地使用受制于经济上的利己主义。农业生产的伦理体系内部出现了明显的错误，导致了土地荒芜，连年减产等生产危机。借此，斯坦贝克给出了一个基本观点：农民有责任保证农业生产不应该损害环境，保护环境在某种程度上也是符合提高农业生产的目标的。农业生产涉及耕地生态中各个组成部分，这些部分的相互作用维持了耕种的持续性，人类应当作为自然环境的一分子，在利用资源的同时肩负起对耕地的保护责任[4]87-88。在美国农业正式开始工业化进程后，斯坦贝克对农业机械影响农民的道德理念的解释得到了广泛的认同，农业生产也开始关注农业与自然协调相处的问题，尤其是农业科技对人与自然关系的影响。

斯坦贝克的提醒没能阻止人们继续破坏性的利用自然资源。20 世纪五六十年代，农业器械的发展和使用，使农民可以便捷地改造地形和土壤结构，农药、化肥也得到了迅速普及，农业生产力水平也因此得到了大幅度提高。农业实践完全按照市场规律进行生产，缺乏整体性考量和道德约束，结果导致了如五大湖生态危机等现象级问题的井喷式爆发。美国五大湖湖水富营养化导致鱼类数量锐减，湿地生态遭受破坏，大量鸟类死亡，湖水中大量的农药化肥残留严重危害了沿岸居民的健康[5]。查尔斯・罗伯森和大卫・丹伯姆认为，是增产技术诱惑了农民。他们表示，20 世纪的农民比 19 世纪更加喜爱农业增产技术，他们和农业科学家不加批判地接受农业新技术，让农业脱离了原来有序生产的方式。他们揭示了农业技术是如何逐渐诱惑农业从事者的。同时在他们看来，农业技术也是农业生产走向生产主义的主要原因[6]。林恩・怀特则认为这些现象的出现源自人类和自然的大的关系发生了根本的道德转变[7]。人类原来是自然的一部分，受自然条件制约并可以利用自然资源，而农业技术的革新使农民可以突破土地在自然状态下的承载极限，农业行为的性质从利用自然资源变成了掠夺自然资源，农业被描述成了一场灾难。

总的来说，尽管农业具有文化功能、生态功能、社会治理功能等多功能性，但 20 世纪五六十年代的环境伦理对农业的认知还是停留在生产这个单一功能上。排除了其他功能的农业理所应当要提供足量的产品满足社会生活的需求，而大量的产品就意味着农业生产必然会破坏自然环境。所以这一时期的环境伦理对农业生产带有明显的悲观主义色彩。

环境伦理学者对现代农业的悲观情绪一直延续到 20 世纪 70 年代后。在认识到农业生产可能给环境带来巨大破坏后，政府出台了一系列弥补措施并取得良好的效果，人们开始重新思考农业和环境和谐共存的可能性，思考现代农业是否能够恢复到传统农业时期人类社会和自然环境相对和谐的状态。在十年左右的时间里，不同学科的研究人员给出了保护水土、限制生产等多种范畴的“农业可持续发展”方案，这给环境伦理思考带来了“希望”。也让一些人反思环境伦理学是否对农业技术、农业生产工具的认识过于简单化了。农业可持续发展早在20世纪30年代雷克斯福德·特格韦尔和保罗·西尔斯领导的“永续农业”运动中就有体现，50年代生态学和生态系统理论的兴起以70年代初“反主流文化社群主义”（counterculture communalism）和有机农业运动都丰富了可持续发展农业的内容[8]。

虽然有了充分的素材来证明农业生产和生态保护有极大的亲和性，但是环境伦理并没有完成建立适合现代农业生产伦理体系的历史任务。布莱恩·诺顿在《环保人士统一报告》中提到，环境伦理学在后期的哲学争论主要在约翰·穆尔和吉福特·彭肯为代表的两派之间展开。彭肯代表的开明实用主义，提倡制定广泛了解自然环境工作规律的保护政策，除了肯定生态的美学价值和娱乐价值，他更倾向于利用不同地貌的综合功能，如湿地的泄洪，森林的调节气候等综合功能，而不是简单地将自然资源等同于经济价值。在彭肯这里，环境的值都是可以量化的，评价标准是对人类社会的综合效用。彭肯的开明实用主义对农业使用自然资源还是持保留态度。穆尔的浪漫主义环保主义则完全否定使用价值的定义，他更加强调了草木山川的价值不应取决于社会对它的定义，作为生态系统的一部分，它们自身对环境都有着极其重要的作用，也就是环境的内在价值。经过福尔摩斯·罗尔斯顿和贝尔德·卡利科特的发展，生成了一套更为复杂的自然荒野价值论。彭肯和穆尔的争论将自然环境的使用价值和内在价值割裂开来。所以在大部分环境伦理学者那里，农业生产不可能兼具两者，或者说农业在利用自然资源时，必然会有使用价值和内在价值中的一个成为牺牲品。浪漫主义环保理念本身是带有反生产的含义的，内在价值这个词暗示自然环境的价值不需要通过使用来体现。但这个词还有另一种哲学含义，即典型的暗示内在价值是凌驾于人类使用价值之上，人类的实践活动只会破坏和减少自然价值[4]20-21。农业生产应当被看作是一种积极地改变自身和增加区域价值的过程，这一过程加强了农民和其生活环境之间的联系。环境伦理对农业生产的分析带有自身天然的局限性，明显的主客二分倾向在理论上人为制造了人类需求和环境保护不兼容的矛盾。人类和自然界完全二分的基础设定和内在价值的基本定义就决定了它不能正确地对待农业的根本问题，这也是部分继承亚当·斯密提到的新兴资本主义世界中农业已经没有了社会规范作用的观点。环境伦理虽然关注农业生产，但它却不能建立一种规范农业生产中各种活动的伦理学。

环境伦理学对待农业问题的出发点就决定了它不能解决与农业有关的伦理问题。环境伦理学围绕着生态环境的重要性来批判现代农业生产时没有跳出工业思维模式，直接将农业等同为工业农业，甚至直接用思考工业的方式思考农业生产。显然，农业经济活动需要一个区别于工业的界定方式，并长期追踪农业活动中生产、分配和交换的深层影响，更何况农业实践远不止是经济活动。类似于工业生产那样把土地当作固定生产要素的观念也应得到相应纠正。土地是生命的基础，是生产性经济生活的先决条件，绝不等同于它与在生产当中可被转化的其他因素一样。农业对于人类社会有特殊道德意义，需要建立一门独立的农业伦理学实现哲学观点上的转变，对自然资源和生物资源等非人类因素以及人类后代生存的福利有着明确的道德考量。既要改变生产和保护自然的对立状态，又要确立从农业视角审视伦理问题的基本原则。

二、推动美国农业伦理学发展的三股力量

现代农业的发展迫切需要建立相应的伦理规范。农业科学家、人文学者和政府管理人员从各自的领域为推动美国农业伦理学的建立发挥了作用。

现代农业的发展使人们在食品上的消费不到收入的十分之一，农业劳动力也只占社会劳动力的很小一部分。现代农业能够给社会带来极大丰富的食物，也同样存在着明显的问题，那就是过度依赖化石能源和化肥、杀虫剂等农业化学品投入以及由此引起的各种严重环境问题。农业技术专家作为传统农业向现代农业转换的见证人和推动者，对农业增产与人类健康、生态保护之间的冲突有着独特的感受。他们所内化的环境伦理观点，作为一股独特的力量吸引了包括消费者在内的广泛关注。现代农业技术的改良措施虽然在实践上或多或少的有所不同，对农业技术的态度都是相似的，即在可接受的范围内尽可能减少使用化肥农药或是其他工业思维的生产模式的影响，更多地考虑长久性和整体性的影响，保证农业的持续性发展和生态环境的稳定性。大多数符合这一诉求的生产方法还尽可能地寻求在生产过程中保护本地农业生态系统中动植物种类的多样性。这些方法从自然科学角度提出了一个普遍的原则：农业生产活动应当遵从自然系统的规律，这个标准应当比工业范式

享有更高的优先级。

1976年，韦斯·杰克逊创办了土地研究所（The Land Institute），致力于研究和探索能够与自然环境共存共处的农业系统。他认为现代农业的生产模式正在把我们引向生态平衡崩坏的灾难绝境中：耕种的方式侵蚀了土壤，以产量为唯一标准的育种方式减少了自然基因库的多样性，杀虫剂和化肥污染了自然环境。如果把土壤的损耗和污染考虑进生产成本，现代农业实际上的生产效率很低，还会对人类的长期福利造成影响[9]。如果可以建立以自然生态为基础的生产模型，就可以更好地保护自然系统、减少对化石能源的依赖，不仅能够体现对地球深层价值的尊重，还能够大大地提高成本的利用效率，从而减少对农民的健康影响，更符合我们对于代际问题的考量。杰克逊在建成了土地研究所后就进行了一系列试验，想要确定自然状态下的农业生产模式是否能兼具生产力和生态可持续能力以及它是否能够代替现有的工业农业生产模式。在20世纪80—90年代，他们在这一领域得到了一些可以佐证他们观点的结果，只是还有一些限制因素没有得到解决。但这些结果仍可以对工业农业做一些修补，以缓解生产与自然保护的紧张关系。

昆虫学家和草业学家们从各自的专业领域提出类似可持续的观点，对于新兴农业技术的不排斥和理性使用成了这类观点的主要特点。昆虫学家提出的虫害综合防治办法，利用环境中原就存在的食物链，抑制和削弱害虫对农作物的影响，在获得很好收成的同时减少杀虫剂的使用，防止农田生态崩坏，减少农业生产投入[10]。这种做法巧妙地利用自然规律，但又不完全排斥科学技术带来的生产便利性，给农业伦理学提供了很好的案例。草业科学家也从生态考量提出了除草剂的使用方法的改良。通过减少除草剂的使用可以有效降低杂草的耐药性。虽然产量会有所减少，但也减少了除草剂的经济投入，还可以避免影响农田周边的植物生产。既可以兼具现代农业高产的特点，又可以把农业实践的影响控制在自然环境可接受的范围内[11]。不同的农业科技领域都提出了这种维护长久利益的生产模式。在这个模式下，自然环境仍然可以很好地包容生产过程，并把投入的化学品纳入原来的循环体系当中，实现新的平衡。这样就可以避免人和自然生态核心利益冲突的伦理困境。这种努力给了我们一种新的启示：自然环境和人类的社会生活并非是相互排斥的。环境的价值和人类的社会价值在日常生活中相互影响，自然生态系统中可以包含人类的管理实践。

美国农业伦理的快速建立也得益于人文学者从农业生产体系外的反思。历史学家林恩·怀特继承了环保主义观点中的伦理思考和长久的文化遗产，在《科学》上发表了《我们生态危机的历史根源》（*The Historical Roots of our Ecologic Crisis*）一文。此文被广泛地认为是确立了环境伦理从理论角度思考农业的起点。怀特首先提出农民和自然的关系在生产过程中发生了转变。农业工具的发展，如18世纪的重犁和此后机械犁的使用，让人类的各种行为变得暴力，对自然的关系由依赖变成了剥削。这一观点在之后很长一段时间内都被沿用。除了专门从事伦理学研究的学者外，一个最明显的特点是有一大批经济学、社会学甚至一些文学家也在农业伦理构建的过程中发挥了重要作用。农业经济学家莱斯特·R. 布朗率先在自然环境和农业当中提出可持续发展概念[12]。他认为粮食生产是可持续发展的关键，食物的生产和自然资源一样关系到社会的稳定发展。这一观点确立了农业伦理当中生产的重要地位。马克思主义理论的继承者詹姆斯·奥康纳在马克思社会剥削理论中引入了对自然剥削的概念，成为生态学马克思主义的代表人物。在对农业的叙述中，他认为资本主义的农业形式实质上是对自然资源的剥夺[13]，它所引起的是一系列带有暴力色彩的环保运动。普通人享受自然资源红利的权益被少数人占有。奥康纳主要攻击农业生产中的剥削现象，给绿色环保组织提供了理论依据，其中马克思主义思想先天带有的政治基因和实践基因，也支持了环境保护运动向政治运动的转型，大大激发了农业环保意识和维护农业生产公正的活动。

文学作品对农业伦理的建立和传播也发挥了重要的作用。典型的例子是温代尔·贝瑞在农业主题下的作品。他的诗歌、小说和散文大量赞颂了传统农业生活中的和谐场景，并描述了农业生产中自然产生的美德和性格特征[6]76-77。他的作品大量地赞美悉心照料耕地的行为，认为这样可以强化生态健康的农耕价值观。而扮演好一个合格的农业生产者也有助于扮演好其他社会角色。这类文学作品的发表把农业生产同更广泛的社会道德紧密联系在一起，有利于改善工业农业生产价值和传统社会伦理逐步割裂的状态。提醒人们农业不只是一项生产活动，更是一种传统的生活形式，应当在满足价值考量和精神需求的前提下，考虑价值增加。关心农业生产的人远不止那些直接接触农业的人，这在某种意义上就证明了农业重要的价值影响。农业从不同方面直接影响着社会生活，从传统农业到工业农业的转变引起了不同人群共同去思考这一问题，并提出了许多有特色的观点。这些带有人文情怀的人们把农业伦理的发展推广到了更多人的视野当中。

美国农业伦理迅速发展还有一个重要的原因就是政府层面独特的参与。托马斯·杰斐逊堪称美国重农伦理的鼻祖[14]。在美国成为工业化国家之前，几任总统都很关心如何提高农业生产、如何提升农民生活质量。农民的生活是农业伦理中最基础的问题，相对偏斜的农业政策稳步提升了美国农民的福祉，改善了乡村社区的生活状况。直到20世纪30年代左右，美国政府开始发挥农业在多维度上的综合作用。1921年制定的《畜牧工人及畜牧场行为法》（*Packers and Stockyards Act*）是直接介入畜牧业生产的法案。它要求农场及其他生产工人合理地对待农场动物，从法理上规定了动物可享有的福利。大萧条期间又制定了《谷物期货法》《农业营销法》《农业调整法》，通过政府控制农产品的交易，维护在农产品交易中处于弱势地位的农民群体的利益。而提升农民的收入可以有效地减少农民对自然环境进一步的索取。对那些因受不可抗拒因素影响而造成损失的农民，由政府出面补贴。这三个系列的政策基本上确立了农民个体平等享受自然资源和社会资源带来红利的权利。在1956年土地银行计划后，政府陆续出台《农业贸易和援助法案》《粮食安全法》《湿地保护计划》和《有机食品标签法》。各种文件涉及农业伦理所关心的环境保护、耕地保护、食品正义、食品安全、野生动物保护、转基因食品等各个主题。政府的行政一直密切关注着农业伦理发展的动向。不同时期颁布的政策，紧紧围绕和回应着农业伦理争论的议题。中庸的态度限制了过度生产必然造成的进一步破坏，也保留了现代农业必要的生产能力。更重要的是，在农业伦理成形之前，政府已经开始尝试建设农村社区，促进多区域农业协调发展，从现实角度尝试人与自然利益的统一。

政府的行为把农业生产伦理的理论应用到实际生产当中，更重要的是他也在支持农业生产伦理的进一步发展。20世纪五六十年代，生产主义模式仍然有着一大批基层信众，政府通过法律法规等强硬手段在造成更大伤害之前及时止损，并把环境伦理最新的成果带入公众的视野。政府在农业伦理学发展的独特性在于，他没有直接构建一个伦理框架，但可以从宏观角度影响更多的人。民间小团体或个人往往受自身利益的束缚，行为准则难免会损害其他群体或个人的利益。不仅不能被广泛接受，还会造成价值冲突，很多有价值的观点也不能发挥其应有的效果。所以类似于转基因作物、可持续发展这样的伦理争议，只能由政府出面，尽可能地排除经济因素的主导，得出一个相对客观并具有包容性的政策结果。在农业伦理学建立之初，农业类的技术研究和伦理研究或多或少都有政府的参与和支持。这也带来了今天农业伦理多元化发展的良好局面。但政府或是国家层面的各项措施，由于自身角色的特点，更多是从功利主义角度出发的，其本质是功利主义伦理框架的自我改良和重构。但政府的介入防止了极端，这对于农业伦理学的建立无疑也有积极的作用。

三、美国农业伦理学的建立

美国现代农业伦理学的最初创立是在20世纪70年代。农业的道德论述很早就有。古希腊哲学家亚里士多德就曾提到农业知识对个人和政治生活中追求美好生活的重要性。直到20世纪70年代，美国农业伦理学才逐渐表现出系统化的努力。在此情形下，受过系统训练的农业技术专家与哲学家、历史学家和社会学家开始合作，开发教学课程和建立研究基地，系统地研究农业及与农业关系密切问题的伦理规范问题。作为主要发起者之一的格伦·L. 约翰逊（Glenn L. Johnson）是芝加哥大学毕业的研究农业固定资产的经济学家。他在1976年于牛津大学进修哲学时，发表了一系列文章号召哲学家群体介入农业经济和农村社会等问题的研究当中。另一个发起者是哈里特·O. 孔克尔（Harriet O. Kunkel），1978年作为得州农工大学农业系主任，她与同校的哲学系合作，开展了一个关于建立农业伦理学的项目，内容包括开展得州农工的农业伦理学会议，设立农业伦理学课程以及培养研究人员等。约翰逊和孔克尔在20世纪70年代明确定义了农业伦理的范式应当类似于现代生命伦理或医学伦理。他们的合作奠定了农业伦理的基础，并从各个分散的领域中聚集了一大批学者，为日后的发展做出了贡献。紧接着，时任凯洛格基金会主席的诺曼·布朗（Norman Brown）发起了一项增强美国农业教育批判性的活动。在布朗的努力下，凯洛格基金会和佛罗里达大学的理查德·海恩斯和雷·拉尼尔合作，学习诺丁汉大学的复活节会议，举办了自己的农业会议，为农业伦理的发展提供了一个稳定平台。1982年农业、变革与人类价值会议在佛罗里达州盖恩斯维尔召开，哲学领域、社会科学领域和农业科学领域等不同身份的研究人员讨论了至今还是热门的农业议题：动物福利、素食主义、农民的正义问题以及新兴农业技术的风险等有关问题。

盖恩斯维尔会议的召开是农业伦理学从小众学科到被学界大众接受的重要节点，这次会议总结了前十年间农业伦理所关注的生态保护、农业技术风险和粮食安全等板块的成果，并将世界饥饿问题正式纳入农业伦理学的考量范围。盖恩斯维尔会议既总结了 20 世纪 70 年代社会学家、哲学家等研究人员建立农业伦理学的努力，也向世人展示了农业伦理学的重要作用。有建立农业伦理学共同理想的学者通过这次会议找到了自己的盟友。在盖恩斯维尔会议举行之后，佛罗里达大学、爱荷华州立大学和加州理工大学等学校开始模仿得州农工大学的农业会议模式，希望更多的农业技术人员接受哲学方面的训练，开发农业伦理的课程和相关议题的研究项目。但这些学校的会议却没有实现预期的“崇高目标”。各个高校更典型的做法还是开设关于农业伦理的课程，或是在已有的课程上添加一些伦理思考的板块。在之后的几年里，农业伦理学借鉴了同时期诸如生命伦理学等的建立模式，在 1987 年创办了农业、食品和人类价值学会，并主办了《农业与人类价值》这一官方刊物。次年弗兰克·赫尼克和休·雷曼在圭尔夫大学创办了《农业伦理学期刊》，并在 1991 年更名为《农业与环境伦理杂志》，鼓励人们从更大更广的视角来看待农业伦理问题。至此，农业伦理学有了我们如今了解到的全部基础要素。

农业伦理学最主要的议题是农业生产中农业技术和农业生产过程中潜在的价值观念。在农业伦理学建立之前，农民还普遍接受着宗教观念主导的农业伦理和生产主义伦理两种观念。这两种观念本身有着诸多和现代农业不相容的地方。在现代农业和农业伦理学发展的过程中，根据对农业中农民的不同定位，形成了整体主义理论和可持续发展理论两种主要的农业伦理学流派。整体论是从环境伦理中继承下来的一个概念。在整体论看来，生态系统并不是为其中一个或某几个部分服务，其真正的价值在于生态系统本身。对待生态问题，我们需要分析的是一个一个具有完整功能的整体问题，而不是零散的部分。映射在农业伦理上则可以理解为，农业应当保存农业生态系统的完整、稳定、活力和美学价值。只有这样的农业才是正确的农业。农业的整体主义方针把农业解释为是更大的人类生物群落的一部分，同时也是一个生态系统。农业对我们的自我认知至关重要，因为它是适应了人类不同时代的多种文明冲突而保存下来的系统。农业是人类文明史的基础。现代社会必须对生物群落有包括历史学和生物学视角的综合理解。农业本身是一个典型的生态系统，田野间各种生物间的相互关系是生态系统运作的经典范例。农田和农产则是更高等级的系统。利用整体论相关原则可以对一定区域内的农业进行简单的分析。最细致的整体主义生产模式是由艾萨·萨沃里提出的。他追踪了畜牧业的养殖，提出了“整体资源管理”养殖方式。即动物养殖要有计划地从一个牧场转移到另一个牧场，这样就可以有效监管畜牧对植物的影响并建立起循环畜牧业，这样可以有效地提高草地的牲畜载畜量。为了推广他的放牧技术，萨沃里还专门建立了整体资源管理中心，在全国各地举办培训和研讨会，教导人们如何根据更深刻的个人价值来思考畜牧生产。这些活动还附带了一个额外的收获，那就是让参与者们认识到参与畜牧业还有很多附加价值，比如体现对传统家庭牧场生活方式的向往，可以更直接的享受自然风光或是体验自由和独立。

另一个重要人物是贝尔德·卡利科特。他从整体主义的思想出发，分析了现代农业和农业科学的应然关系，认为现代农业应当摒弃还原论和科学的诱惑。还原论导致了农业生产中对自然的机械看法，剥夺了我们考虑自然深层价值的可能，还原论会让伦理更偏向道德单位偏好和欲望得到满足的权利。而科学和伦理简化主义在一起则会产生无视整体主义价值的观点。1990 年他发表了《农业的形而上学转变：从牛顿力学到埃尔顿生态学》一文，批判了农业伦理中残留的牛顿经典力学机械看待自然的方式：虽然在经典物理学之外，物理学的内容又得到了极大的充实。但是农业科学家仍然坚持应用经典牛顿物理学的“思维方式”。根据牛顿的世界观，当自然科学家成功解释自然事件背后运行的规律时，自然界的知识就被完全了解了[15]。这就会让农业科学家认识不到自然环境中不同群落的相互影响或是生态系统层面上规律运作的过程和相互关系。因此，他认为农业生产需要经历一场摒弃旧思维模式向整体主义过渡的伦理改革。如果研究人员可以在微观和宏观生态学上找到更多利益相关的观点，那么农业科学的研究重点就会偏向更有利于环境保护和可持续发展上。这是对自然信仰和对美德伦理的紧密结合，而不是传统意义上的伦理价值观转变。

可持续发展理论提出农业可以是可持续的和多功能的农业，这样的农业能带来的不仅是低廉的食物，而且是对土地的守护、农民和农场工人的健康、生物多样性、农村社区的价值以及农业景观的价值[16]。可持续是这个流派的基本向度。在这个流派看来，自然本身是有价值的，甚至存在诸多状况需要人类牺牲自己的利益来维护生态价值。生态平衡对人类来说也十分重要，不仅是对当前社会的使用价值，还包括人类未来的各种可能性。查尔斯·布拉茨在讨论可持续农业的实现形式时就提到，不可持续的相关伦理侵犯了未来人们选择行事方式的权利，可持续发展可能是对分配效率、人权或是公平正义等标准的应用，当生产效率得到了充分提高或是权利得到保障，那么“可持续”就是隐含在生产概念中的本质要求之一[17]。可持续性伦理更适合当代农业发展的重要理由之一就是，它兼顾高效率的生产，同时追求可持续的目标。以劳伦斯·布希为代表的一批人，更乐意把可持续理解为追求自身幸福的农业。他认为这是在无法辨别理性和道德正当性的情况下，假定存在各种形式的理性和道德正当性，并凭借信心和认识基于这一假定行事，即这种信心是建立在盲目的信仰之上的[18]。我们不能忽视可持续农业在现实中实现的难度。可持续农业伦理试图建立的是一个涵盖社会生活各方面功能的农业体系和观念系统。

除了前面两种主要的农业伦理学流派之外，农业伦理研究中还出现了农业和其他领域交叉问题的讨论。这样的发展成就了美国农业伦理学的多维度特征，丰富了农业伦理学的研究内容。将农业问题当作政治问题的大卫·雷迪，其讨论的内容覆盖全球农业生产的多种问题。在美国农业稳定领先的现实基础上，越来越多的哲学工作者将眼光放到亚非拉地区的农业问题上。农业政治问题成了近年来美国农业伦理学界和转基因作物一样热门的话题。除此之外，学者们用各种各样的哲学理论讨论与农业伦理相关的一些问题。例如生态马克思主义者保罗·柏克特对农业体系中的剥削问题进行了讨论。有人用正义论讨论粮食公平问题；有人从宗教角度讨论农业问题。可以说农业伦理学的研究五彩纷呈。可以肯定的是，无论是哪种观点对肯定农业实践中引入道德评判都是十分重要的。农业不仅是一个简单的生产过程，更是影响人类如何定位自己、如何认识自然的实践过程。如何在保证农业生产效率的同时保证正确的价值取向，将会一直是农业伦理学关注的核心问题。

美国的农业伦理学最初得益于环境伦理学对农业问题的关注。在理论思想进步和现实迫切需要的双重作用之下，美国的农业伦理学逐步形成。至今为止，美国的农业伦理学依然十分年轻。年轻的美国农业伦理学研究工作时常受到经济学、社会学、地理学和人类学的重大影响。致力于农业伦理研究的学者不断吸收相关学科的思想元素以充实自己领域的研究内容。越来越多的哲学家被吸引到粮食和农业伦理领域，不断冲击着学科规范和传统伦理思想的限制。可以确认的是，二三十年前所设想的农业伦理仍然是一种合理的学术设想。哲学家、社会学家和以生命科学为核心的农业研究人员有理由继续努力，将农业伦理作为共同的学术平台，不断充实和完善农业伦理学。虽然 2014 年由于任继周院士等的推动，兰州大学草业科技学院首次开设了农业伦理学课程，但中国农业伦理学的学科建设至今尚处在起步阶段。美国农业伦理学兴起的研究或许能为中国农业伦理学的建设提供参考。

参考文献

[1] 覃希仲．对环境伦理学成立依据及其学科地位争论的考察［J］．伦理学研究，2009（03）：50-54，90.

[2] 童有好．美国三十年代农场主收入下降问题与对策［J］．桂海论丛，2000（2）：31-33.

[3] 陈继海．纽约州历史上的退耕还林［J］．云南林业，2001（01）：15.

[4] Thompson P B. The Agrarian Vision：Sustainablity and Environmental Ethics［M］. 2010.

[5] Beeton A M，Sonzogni W C，Robertson A. Great Lakes management：Ecological factors［J］. Environmental Management，1983，7（6）.

[6] Thompson P B.. The Spirit of the Soil：Agriculture and Environmental Ethics［M］. 1996：58-59.

[7] Lynn White Jr. The Historical Roots of our Ecologic Crisis［J］. Science，1967，155（3767）：1203-1207.

[8] Randal S. Beeman and James A. Pritchard. A Green and Permanent Land：Ecology and Agriculture in the Twentieth Century［M］. Lawrence：University Press of Kansas，2001.

[9] Minteer B. A. The Landscape of Reform［M］. 2006：161-162.

[10] 全国农技推广服务中心外经处．美国病虫害综合防治（IPM）概况介绍［J］．植保技术与推广，1999，19（5）：38-39.

[11] 刘牛，曾志刚，徐汉虹．美国和加拿大地区杂草及有害生物的综合治理［J］．世

界农药，2015，37（04）：5-13，35.

[12] 李康民．从A、B、C模式看中国的发展［J］．世界环境，2011（3）：88-89.

[13]［美］詹姆斯·奥康纳，唐正东，等．自然的理由：生态学马克思主义研究［M］．南京：南京大学出版社，2003：196-197.

[14] 王玉明．美国农业伦理演进的文学表征及其启示［J］．学术界，2015（12）：223-231.

[15] Callicott J B. The Metaphysical Transition in Farming：From the Newtonian-mechanical to the Eltonian Ecological［J］. Journal of Agricultural Ethics，1990，3（1）：36-49.

[16] 邱仁宗．农业伦理学的兴起［EB/OL］．2015年9月23日．http：//www. cssn. cn/kxk/201509/t20150923_ 2468479. shtml

[17] Blatz C V. Ethics，Ecology and Development：Styles of Ethics and Styles of Agriculture［J］. Journal of Agricultural & Environmental Ethics，1992，5（1）：59-85.

[18] Busch L. Irony，Tragedy，and Temporality in Agricultural Systems，or，How Values and Systems are Related［J］. Agriculture & Human Values，1989，6（4）：4-11.

中国农耕哲学概述

曹山明

一、绪　论

中国传统文化是农耕文化，中华文明的本质是农耕文明，中国有几千年农耕社会的历史，是世界上唯一没有灭绝的古代文明。目前中国人有道理无哲学，有哲理无哲学逻辑，所以在许多方面无法和西方讲理，自己也不能说服自己，时时处处都处在理论的下风，在国际上常常是处在有理说不清的窘境。一谈到科学性，中国传统文化就只能退避三舍，即使是中医这样有实效存在的领域也是如此，中国有几千年的农耕历史，却分不清农耕与农业的区别，还要从西方学习农耕技术。

事实应该是在中华文化、中华文明后面有着自己的逻辑，而中华文明的源头是农耕文化，不同于工业文明，农耕文化有一套自己的逻辑体系，这套逻辑体系应该是中国农耕哲学的核心部分，也是中国哲学的核心部分，是中国人讲“道理”的基础，是中国人思想和行为的指导。

我们往往从儒家经典去研究儒家哲学，从道家经典去研究道家哲学，从佛学经典去研究佛家哲学，殊不知儒释道在中国文化中早已融会贯通，中国古代有许多大家在儒释道几方面的造诣都很高，包括近代的李叔同先生最后就成为弘一大师，说明儒释道背后是相通的，还存在着一个更基本、更原始的哲学，它就是中国农耕哲学。中华文明的人文始祖伏羲、神农、黄帝、尧、舜等都是中华民族农耕的启蒙者、倡导者和实践者，是他们的思想打下了中华文明的基础。有了农耕文化才有了先秦的百家争鸣，才有了后来的儒释道，因此，研究中国哲学必须上溯到远古时代的农耕思想，道、阴阳、五行、乾

作者简介：曹山明，中国文化管理协会新农村文化建设管理委员会。

坤、天干地支、天、地、人、气等都是中国传统哲学的基本概念，和农耕息息相关，而天时地利人和、天人合一、农时、耕作、五行相生相克、阴阳循环等思想和行为都是中国传统哲学的逻辑存在，而道法自然是中国哲学遵循的最根本最核心的方法，自然过程和结果则是中国古代哲学思想和行为检验的依据，它们共同形成了中国农耕哲学的核心思想和基本要素，是中国农耕哲学的重要组成部分。

二、中国农耕哲学的核心构成

中国农耕哲学主要包括以下几个部分。

（一）天时体系和基于天时系统的天地人三层宇宙结构模型

古代的中国人对天的认识是模糊的。从常识讲，天就是头顶的一片蓝天。但这个“天”和“天时”的“天”不是同一个“天”。现代天体物理学证明“天时”的年月日分别由地球绕太阳的公转、月亮绕地球的转动、地球的自转形成的。而地球表面大气层的运动变化及由此形成的气象、气候不属于“天时”范畴，它们应该属于“地”的范畴。今天的我们已经清晰地知道“天”代表的是宇宙空间，而不是古代中国人所认为的“天圆地方”的盖天说，或者是“浑天如鸡子”“地如鸡中黄”的浑天说。“天时”是一个科学事实，现代科学定义的“天”已经可以精确地计算“天时”的运动规律。

从古到今中国哲学对世界的描述都是天地人三层结构，每一件事情如果想获得成功，就必须具备“天时地利人和”的条件，否则就不能达到完美。说明古代中国人对“天时”的认识已经非常深刻，这是因为“天时”和“农时”是等同的，作为农耕社会的古代中国人自然就对“天时”格外重视，五帝时代就开始制定历法。“天时”在中国农耕哲学中是一个独立的要素，它代表着一个重叠的时间循环系统，古代中国人用“天干地支”对年月日时分别标注，形成了可以算命的“八字”，使“天时”系统成为中国农耕哲学的时间坐标参数，也形成了中国人循环轮回的传统理念。

“人”在中国农耕哲学中不仅仅代表人，而是代表世间万物，“道法自然”，人的行为要和世间万物一样，世间万物的“人和”是一种无意识不自觉的行为，而人的思想和行为通过“道法自然”形成的是有意识的自觉行为，只有这种行为才能被称为“人和”。可见“人和”所指的并不是人与人之间的和睦，而是人（世间万物）与天地的和谐。

农耕哲学的“人”在地球上是落地生根的存在，有它固定的经纬度坐标位置。不同的经纬度位置受“天时”影响的结果也不同，如低纬度的日出日落时间和高纬度就不同，四季变化的程度也不同，中纬度最明显，高纬度和低纬度地区的四季就不那么分明了。最关键的是该位置所具有的地理特征，是陆地还是海洋，是高山还是平原，是水乡还是沙漠，是湖泊还是冰川，不同地域有着不同的气候气象特征，地形地貌土质含水量的差异，使地球上的每个“人”都有着各自的“地利”。很显然，古代中国人对于“天地人”的一般性概念是头顶天、脚踩地、人在中间，但根据“天时地利人和”的关系，天地人所呈现的宇宙结构是人在“地利”环境中间，外面受“天时”循环系统的约束。

这种“天地人”的三层结构是中国农耕哲学的宇宙结构（图 1），也得到了现代科学的证明。在这个结构中，世间万物和天地之间的关系就变得一目了然了。这是中国农耕哲学最基本的宇宙结构模式，具体呈现随万事万物而不同，抽象概念则世间万物都相同。

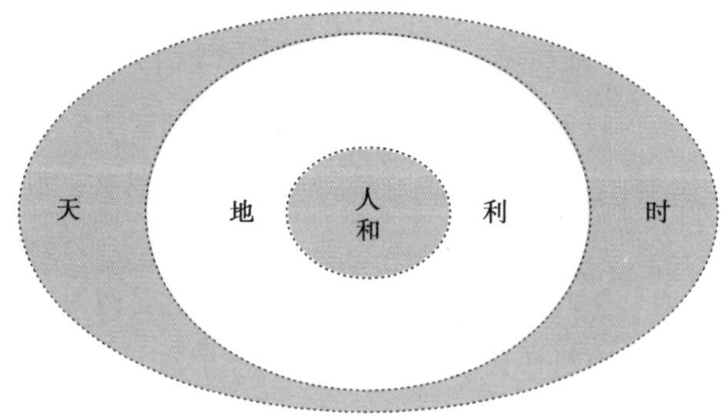

图 1　天地人宇宙结构

（二）阴阳循环变化是世间万物自然规律存在的原始动力

由于地球的公转自转以及月球围绕地球的转动，使地球表面有规律地接受太阳的照射和月球的引力影响，形成了周期性的温度变化和重力变化，使地球上的“人”（世间万物）受到了外来的动力作用。在中国传统哲学中，将这种明显的太阳照射所形成的变化称之为阴阳变化，并使之成为一种哲学上的循环变化规律。在明确了“天时”系统后，形成阴阳变化所产生的外在动力就不再是一种神秘的东西，而是一种实际的存在。而因外在阴阳变化存在所引起的事物内部变化则同样具有阴阳循环变化的特性。

阴阳循环变化是中国农耕哲学的核心思想，在中国传统哲学中，阴阳是抽象的，但在厘清“天时”概念后，阴阳变化形成的外在动力存在得到了落实，阴阳既是抽象概念，也是实际存在，有循环就有阴阳。同时我们可以清晰地认识到事物本身存在的实际阴阳变化并不是单一的阴阳变化，而是和“天时”循环系统同步的多重阴阳变化，同时也可能受到“地利”中存在的其他循环变化的影响（图 2）。

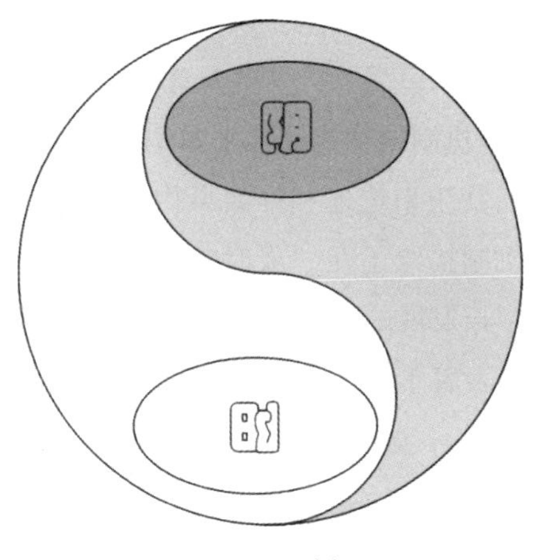

图 2　阴阳循环

（三）植物世界观是道法自然的先决条件

“道法自然”，中国农耕哲学对世界的认识是基于认识事物发展的自然规律为前提的，而自然规律存在于世间万物身上。自然规律的发现需要一个时间过程，并且不能有人为干预，也不能在一个封闭的环境中，通过这种实践所形成的世界观称为植物世界观，就是将我们代入植物的角色，存在于自然环境中，体会天地的变化、植物生长的变化以及变化之间的关系，通过循环和生命全过程的体会和认识，获得对“道”的认识。只有获得了对天地之道、万物之道的认识，才能让我们能够自觉地做到“人和”，才能实现“天人合一”，这里的“天”包括天和地。因此，中国农耕哲学形成的植物世界观没有任何人类的理性意志参与其中。人类的行为是建立在具有对“道”的认识基础上所进行的“道法自然”的理性行动，是以符合自然法则为前提的行动，自然是古代中国人哲学上的“上帝”。

（四）五行概念的复原和五行变化机制的重构

五行理论从三皇五帝时代就出现，《神农本草经》《黄帝内经》和《颛顼历》的核心就是五行理论，帝喾还依据五行理论用五正制来治理国家。但在五行被抽象化以后，它在和天干地支历法，道家易经的阴阳八卦，儒家的伦理混在一起的时候，却失去了其原有的清晰的逻辑性，反而变得晦涩难懂。正本清源，在今天我们从头研究五行理论时，我们可以应用更多的现代知识来认识和理解中国古老的五行理论。

据《尚书·洪范》记载，五行的传统解释：“五行：一曰水，二曰火，三曰木，四曰金，五曰土。水曰润下，火曰炎上，木曰曲直，金曰从革，土爰稼穑。”五行学说是以五种机制的功能属性来归纳事物或现象的属性，并以五者之间的相互滋生、相互制约来论述和推演事物或现象之间的相互关系及运动变化规律。五行运行机制描绘了在“天时”系统中，事物通过和“地利”的相互作用实现其自身生长发展的目标的。“木”和“金”代表着事物内部的状态，“水”和“火”代表着事物变化的外因动力，而“土”提供了事物生长发展所需要的各种资源和环境条件。“土”“水”“火”形成了事物存在发展的“地利”要素。

五行的运行变化过程代表了从哲学上发现了自然运行机制，它定位了“天”的作用，描述了事物变化过程中内外因作用的机制（图3），揭示了“地”的功能和随“天时”变化的系统特点，将“天地人”在一个统一的系统中有机结合变化的过程展示了出来。事物本身的内部变化按“木”“火”“金”“水”的次序循环，“木”和“金”代表事物的内因存在，具有自身的功能和发展规律，“水”和“火”代表事物的外因存在，是“地利”及其背后“天时”所形成的环境影响。

在每个循环中“水”“木”“火”“金”的次序是不会变化的。它犹如单缸柴油发动机的四冲程那样：①吸气冲程（水）：进气阀打开，活塞向下运动，燃油和空气的混合物进入汽缸，当活塞运动至最低时，进气阀关闭。②压缩冲程（木）：进气阀与排气阀都关闭着，活塞向上运动，燃油和空气的混合气体被压缩，当活塞运动至最顶部时，压缩冲程结束，将机械能转化为内能。③做功冲程（火）：火花点燃混合气体，燃烧的气体急剧膨胀，推动活

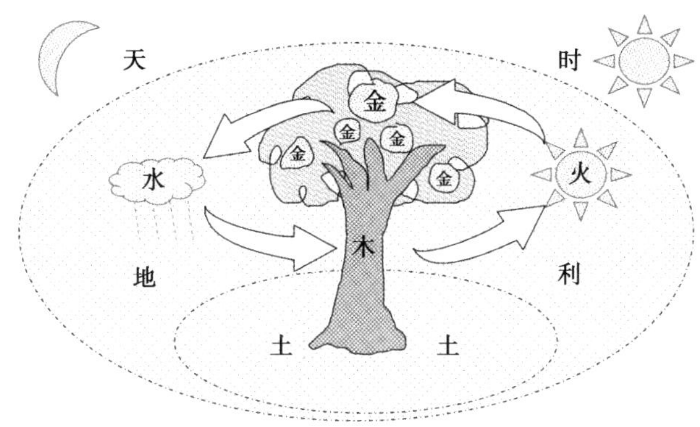

图 3　五行运行变化

塞下行，将内能转化为机械能。④排气冲程（金）：排气阀打开，活塞向上运动，将燃烧后的废气排出，当活塞运动至最顶部时，排气阀关闭。这四个冲程所代表的意义和“水”“木”“火”“金”所具有的“水曰润下，木曰曲直，火曰炎上，金曰从革”功能性质是一致的。而“土”所具有的功能性质“土爰稼穑”则类似于发动机外来的柴油供给体系，所不同的是五行的四冲程是在天地的开放环境下进行的。

事物的五行变化既随“天时”的日循环运行，也随“天时”的年循环运行，还随“天时”的月循环运行，还可能受“地利”中存在的循环过程的影响，是一种复合性的五行运行体系，由此，我们可以看到五行所描述的是一个由“天时”驱动的复合循环的天地万物有机生态运行系统。复合的“天时”造就了复合的五行循环运行体系，通过循环，事物能够不断地生长变化；通过循环，事物内部能够维持在一个相对平衡的状态；通过循环，保证了事物的运动状态，复合的循环，造就了事物存在的有机生命机制。事物的存在也就和“天时”始终存在着关系，它的“八字”也代表着它随“天时”变化所经历的生命历程，所体现的也就是它的自然规律，事物内部的运动终止也就意味着事物生命状态的终结。

（五）乾坤一体的世间万物及它们的自然发展规律

中国农耕哲学的一个重要观点是世界上万事万物都有其自身发展的自然规律。乾就是事物所具有自然规律的一种哲学概念，乾是事物所具有的自身发展规律，具备自强不息的能力，是具有自主生长功能的事物，是生命存在的信息源。当我们仔细观察分析植物动物果实成型的过程，就会发现是精子附着在卵子上（内部），对卵子进行吸收改造，慢慢地演变成一个幼子，起主导作用的是精子，卵子则提供了原始胚胎（基材）和营养物质。同卵双胞胎现象的存在表明生命的起源关键在精子，而卵子则阶段性地提供了精子成长需要的环境和物质条件。坤也是一个哲学概念，它厚德载物，是地势，是卵子，是为乾服务，和乾互为一体的存在。乾为阳，坤为阴，乾负责行为的引导和操作，坤负责行为实施以及所需的资源供给，同时乾与坤也随事物内外部的循环运动不断协调，形成事物内部本自具足的内循环系统（图4）。

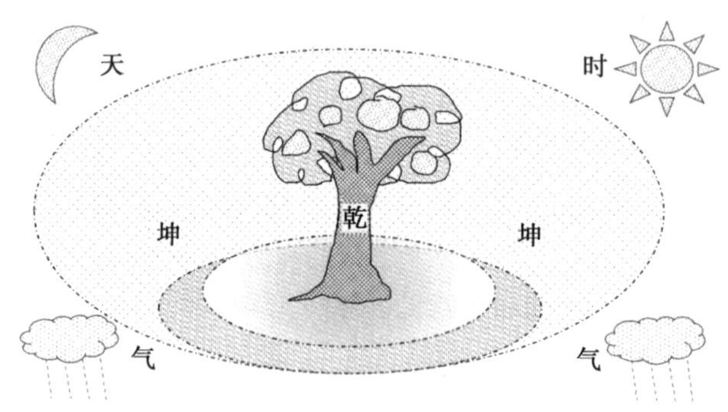

图4　乾坤一体

“天行健，君子以自强不息；地势坤，君子以厚德载物。”这是《易经》中关于乾坤的说明。这里的地（坤）就是五行中的“土”“水”“火”，天（乾）实际代表的是五行中的“木”与“金”，它们是事物的形式存在，具有自然发展规律。因为“木”“金”具有自我生长的功能，才能够“自强不息”。乾卦从初九爻的“潜龙”，跟着的“现龙”“惕龙”“跃龙”“飞龙”，到最后的“亢龙”，既是人生的六个阶段，也是万物生长的六个阶段，表达的是自然规律。

万物的形成是中国农耕哲学永恒的主题。植物雄蕊花粉通过风或者蜜蜂的传播进入雌蕊的子房内，开始了植物的生长之旅。同样雄性动物的精子通过交配进入雌性动物的卵子，成为动物的幼子。《道德经》曰：“道生一，一生二，二生三，三生万物。万物负阴而抱阳，冲气以为和。”乾是“一”，是“道”的载体，是雄蕊花粉，是精子。“一生二”，雄蕊花粉进入雌蕊子房，精子进入卵子，乾和坤二者结合为一体，成就了幼子。乾为阳，坤为阴，乾坤一体，负阴而抱阳，成为“二”的组合。“二生三”，但光靠乾坤还不够，植物种子存在着一个外壳，且需要适宜的外在气象条件完成湿润饱满才能发芽，鸡蛋需要母鸡孵化才能小鸡出壳，胎生动物需要子宫才能成熟产子，这些都是外在的“地利”环境，“冲气以为和”，外部阴阳不断循环变化产生的动力形成的“气”，和幼子内部乾坤一起形成“三”的格局才能使幼子得以成熟出生，这些都是“三生万物”的依据。乾坤的结合通过外因“气”由阴到阳，由阳到阴的循环引导，将“道”“一”“二”“三”“万物”“阴阳”“气”以一个“生”字联系在一起，揭示了事物在“天地人”三层机制的作用下，从“无”到“有”的变化过程，从生命成长角度描述了事物发展的变化机制。

“道生一，一生二，二生三，三生万物”过程是中国农耕哲学中一个万物生长中的自然成长过程，其中“道”“一”“二”“三”和“万物”都是中国哲学的抽象概念，“道”就是“无”，是事物具备的自然规律，它由天地自然环境和事物所决定。“一”是“太极”，是“道”的初始载体，是乾；“二”是内部乾和坤的结合，是外部“阴阳”的动力组合，是“负阴而抱阳”的运动机制；它们在“地利”（气）的影响下形成“三”，在“天时”和自身自然规律的推动下，通过“冲气以为和”的循环运动过程，最后生长成“万物”。

“气”在中国古代书籍中经常被引用，它既存在于事物的内部，也存在于事物的外部。“气”类似于流动的空气，它传递着能量和物质，但又无法用现代仪器检测到，而其效果又可以明显被观察到。如我们在攀岩时，力量会全部集中到手上，这个时候身体的其他部位是没有力量的，力量在体内的转移就是通过“气”实现的。在我们身体进行各种动作时，“气”就在身体内不停地流动，犹如气动机器人通过气动开关的开和闭使机器人相关的部位产生动作一样，只不过自然生物自带气源并接受意念控制。事物外部的“气”，如空气，它本身带有温度、水分和压力，会对事物所在的环境产生影响，从而成为影响事物变化的外因。“气”虽然无形，且捉摸不定，但却是事物运动变化的关键要素。

这里最关键的是“生”的概念，“生”是一个动词，它代表着植物具有自我生长的能力，“种瓜得瓜种豆得豆”，自我生长的形式和方式是“道（自然规律、遗传基因）”在一开始就决定了的。但生长需要一个初始存在的“一”，需要乾坤的组合“二”，需要“地利”作为“气”的孵化环境“三”，最后才能完成“万物”孕育的过程。这个过程和条件缺一不可，但由于“天时”“地利”“人和”的自然关系，地球就形成了一个本自具足的生态场，所以“天地”养育“万物”就成了自然而然的事。

（六）生态体的虚实结构与天人合一的哲学概念

生态体是中国农耕哲学对具有自身成长发展规律的事物的一个抽象命名（图5），它比动物、植物、生命体等具有更普遍的意义。生态体的本体存在可以被定义为它的实部，而生态体本体所处的环境即是它的虚部，实部和虚部之间存在着中国农耕哲学的乾坤对应关系。生态体的生命意志（即自然生长规律，乾）决定了生态体的特性，世界上自然形成的万物的生命意志均在一定程度上符合“天时（乾）”或“地利（坤）”的特征，这种符合就是生态体实部与虚部之间乾坤对应关系存在的证明。

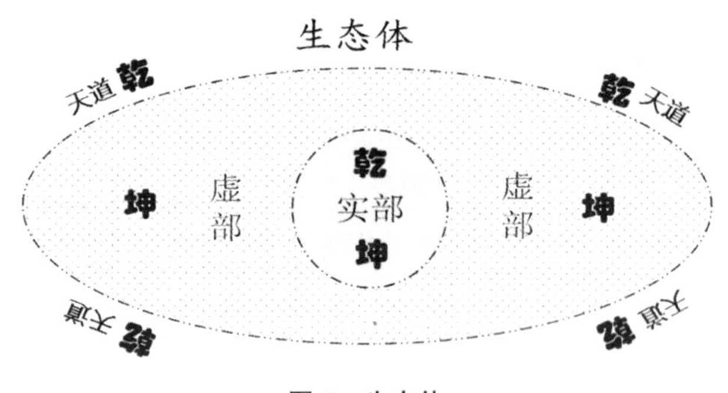

图5　生态体

生态体的存在和其生存的环境（“地利”，坤）息息相关，而其生存的适应能力和它的祖先在漫长的进化过程中遭遇的不确定性的程度有关，即是不确定性所造成的极端条件筛选了事物存在的种类。“地利”之所以被称为生态体的虚部就在于其之于生态体存在的适应性，如果生态体完全适应，一切皆有利，反之完全不适应，一切皆有害。所谓利害，在于生态体对其虚部（“地利”）的适应程度。这就是中国农耕哲学对生态体实部与虚部关系的认识。

生态体的存在既是个体生存能力的表现，也是其适应能力的结果。在水边生长的植物，如果移植到旱地就会很快因干渴而致死，同样旱地的植物移植到水边就会被涝死。异地而居对植物而言就是一种生死考验，对于动物而言这种考验同样存在，事物在地球上的分布特点和多样性的存在已经证明了这一点。

生态体的虚部，顾名思义，是生态体存在环境所具备的有利要素的总和。

利之所在，必须要有受益者，利的存在是针对生态体这个受益者而言的。同样一片土地，对甲可以有利，对乙就有可能不利。同样，一片土地对甲可以既有有利的一面，又有不利的一面，所以，客观而言，“地利”（虚部）是这一片土地上环境所具备的资源，但产生的是有利效果还是不利效果，还取决于受益者（生态体实部）的适应能力和利用能力，即它所具备的应对策略和利用措施是否有效。“地利”（虚部）是一种现实存在，如何利用好“地利”就在于生态体实部的自然规律（乾）、行为能力和行动方式。

生态体实部本身也是一个“乾坤一体”的存在，生态体的虚部是生态体存在的所有环境之和，是生态体的一个总“坤”，它和生态体实部（乾）形成互动关系。这种乾坤嵌套模型是乾坤模型的进一步抽象，是“三生万物”的哲学体现。生态体的实部和虚部的匹配与相合是乾坤的相合，是在同一“天道”下的相合，是有机的相合。它们以“天时”为统一的节奏，以生态体所在位置为中心，以生态体实部“乾”性为主导，让虚部在“天道”约束下发挥“坤”的作用，提供生态体存在的条件和需要，共同实现生态体存在的目的。

（七）乾之本质的探讨

在现代物理学中，有全息的概念。一般的照相，胶片上的影像和我们肉眼看到的是一样的，胶片如果被剪掉一角，图像也就少了一角。用全息技术拍摄到的像，即使只剩下一小片，也能还原整个的图像，并且具有立体感。用全息技术拍摄到的像，胶片的每一部分都含有完整的信息，但它必须通过全息技术才能复现，单凭肉眼是不能观察到的。如果把我们细胞中的 DNA 作为一个生命信息的全息载体，生态体的虚部就可以扮演还原细胞 DNA 全息信息的技术环境，在这种关系下，生态体虚部的各种场景和状态就可以激发生态体内部细胞 DNA 所载的全息信息的相关部分。变化的生态体虚部和生态体实部内的细胞 DNA 形成信息生成的综合体，成为生态体“乾”的发生器，它既和细胞 NDA 的特性相关，也和生态体虚部的环境存在及环境变化相关。

每一个生物体的细胞内都具有相同的 DNA，生物所在的环境就可以同时让生物体内的所有细胞根据 DNA 展示的信息发生同步变化，其结果是生物体内部的细胞可以在相同 DNA 信息的指令协调下，共同维持生物体的运行、生长和发展。我们可以认为这个生态体 DNA 在不同虚部环境状态下的信息展示的整体就是生态体自身所具有的“乾”。

乾是生态体信息的集合，生态体 DNA 是它的载体，生态体的虚部是乾的信息展示装置。由于生态体外由层层叠叠的生态圈所形成的虚部之变化变幻莫测，使生态体内的信息也随虚部的变化而变化。世间万物作为生态体所具有的 DNA 又各不相同，使每一个生态体的形状构成和行为等也各具特色。当然越是贴近生态体的生态圈，对生态体的影响越大，有些信息类型，如光线声波等，可以被某些物质存在所阻挡，也有一些信息（作用），如重力，是不能被某些物质存在所阻挡的。某些物质，如空气，不仅不阻挡信息的传播，反而还是信息（声波）传递的介质。形形色色的物质存在形成的环境使生态体 DNA 的信息展示出现千差万别，而环境的变化又使生态体 NDA 展示的信息随时间而流动，但又因“天时”而循环，造就了生态体存在形式的多姿多彩，但又在一个统一的信息场中，彼此又有着关联。

生态体虚部不断的运动变化使生态体内部的“乾”也不断地运动变化，使它具有了自强不息的特性。在信息互动中生态体的“乾”不断地推动着生态体内部的运动成长发展，孕育和生成新的生态体，直至其自身实体消亡。而具有遗传因子的新生态体细胞又在源源不断地生成，周而复始，形成了充满生机的世界。世界是一个物质的世界，同时也是一个信息（精神）的世界。精神并非凭空而来，而是环境信息在物质（生态体）存在上的投影，是物质之乾对环境信息的响应。

（八）生态体与生态圈的层叠关系

地球整体是一个生态圈，它又包含了许多地域性的生态圈，这些地域性的生态圈又包含了区域性的生态圈，形成了一个个相对封闭的“一方水土”。“一方水土养一方人”，在这“一方水土”中形成一个“本自具足”的整体，即它们可以成为一个独立的、自给自足的人类和万物生长的生态圈（图 6）。

在一个地域内，山南山北，山上山下，江河湖泊的岸上水下，房前屋后，树荫底下，平地之上，每一个地方都是一个小“地利”的所在，那里生长着相应的植物，养育着相应的动物昆虫和微生物，也可能居住着人类，它们组合在一起形成了一个大的“地利”生态链，可以以自给自足的方式让“地利”生态系统生生不息。很显然，大“地利”是小“地利”存在的条件，但大“地利”也因小“地利”的存在而存在，它们有机地组合在一起，在“天时”

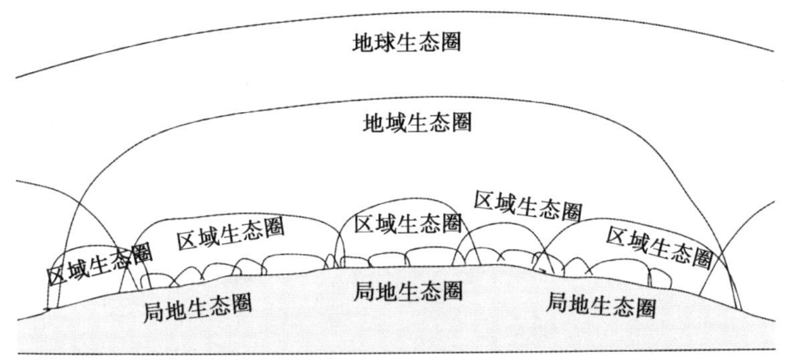

图6　生态圈

动力系统的推动下运动变化和相互作用。从本质上讲，植物、动物以及人类，是大“地利”内小“地利”内事物的一种存在方式，它们和“地利”和谐地存在于同一个空间，故此称为“人和”。

每一个独立的生态圈或者“人和”单元，都具有本自具足的能力，即在其内部形成一定形式的生态链自循环，可以让自己依托生态圈之“地利”通过内部自循环实现自给自足和生生不息（图7）。

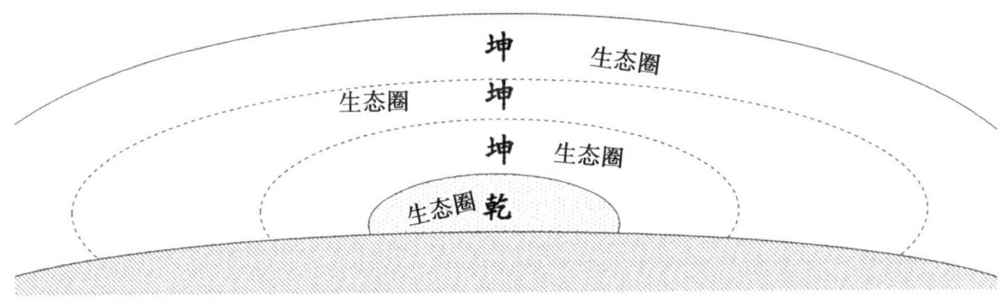

图7　生态圈循环

每一个生态圈，无论大小，都有其自己的乾和坤。这个“乾”就是这个生态圈自身的自然规律，而作为这个生态圈内所有资源的“坤”就会根据它的“乾”所具有的自然规律而运行，也就成为一个本自具足的生态体。“乾”是大自然的意识，“坤”是大自然的存在，它们之间既是存在决定意识，也是意识决定存在，两者互为一体。而“乾”的自然规律又服从于其所处的大生态圈的“乾”。如此重重叠叠，变化万千，形成了多姿多彩的地球自然世界（图8）。

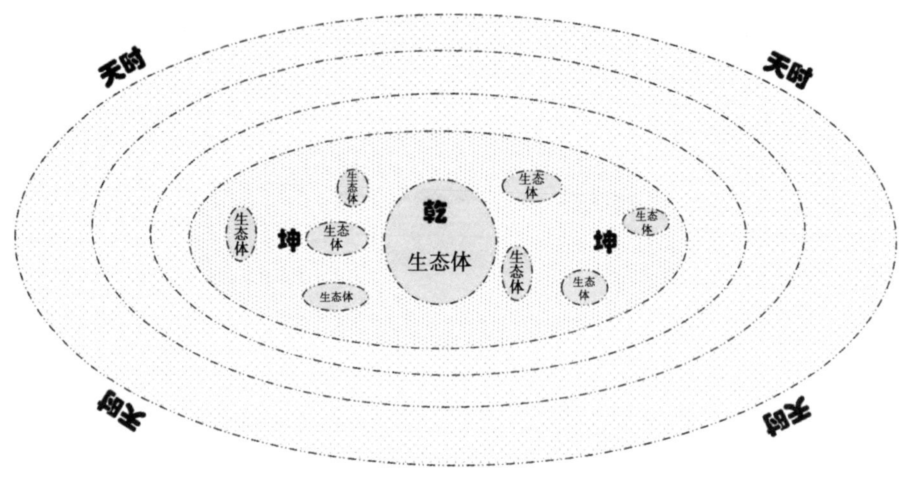

图 8　生态圈

世间有万物，全球有统一的生态体系，但那是一个包含许许多多地域性区域性生态圈，以及生态圈内万事万物的生态体系，是以“天时”为统一规律的生态体系，而各子生态圈又以“天时”和地球环流体系作背景（地利）形成地域性和区域性的生态圈，它们之间的割离可以是因为地理上的海洋高原，它们的形成也可以因为一个相对封闭统一的地理环境，也许仅仅是因为人类聚居在那一片土地上。

世上万物都不是独立存在着，而是作为生态体存在于生态圈内。生态体的虚部是有层次和结构的，通常大的生态体内包含小的生态体，相对于其内部小生态体，大生态体就是内部小生态体的生态圈，大生态体（即生态圈）具有自身的乾和坤。生态体外还存在其他的生态体，它们共同存在于更大的生态体（圈）内。生态体通常存在于生态圈内，生态圈在某种意义上也是生态体，它存在于更大的生态圈内。生态圈既是封闭的，又是开放的，封闭是指其内部运行具有自身的规律，开放是指它的自然规律和运动依然受其所在的大生态圈约束。生态体的自然规律是这层层叠叠生态圈虚部所形成的虚部整体规律影响的集成。

（九）天道与人道之间的信息错位和信息重建

“天时”之乾和生态体之乾由于中间存在着虚部，虚部本身包括多层的生态圈，它们之间存在着一定的错位，生态体之“道”并不会完全符合天道，它会有源于自身的异化趋势，这种异化趋势是促进物种多样化的动力。但异化物种存在的这种错位的纠正（即生态体的进化）需要无数个循环周期的时间，需要经过一个漫长的过程。在这个过程中，无数变异的物种也许就被自然所淘汰。

“乾”本质上就是生态体的生命存在信息，也是宇宙运行规律的信息被记录在世间万物身上的信息烙印，也是其存在环境（虚部）信息的集成结果。生态体的内部运行和内外交互都可以归纳为信息的传递。“春风”传递的是“天时”的信息，让“梨花”一夜之间就全部开放，而梨花的开放也需要梨树内部运行机制的支持，其中的信息传递必不可少。信息传递的效率是生态体适应生态圈过程长短的重要因素。

三、结　语

中国农耕哲学是早已存在的哲学思想，只不过因古代的知识局限，对相关的哲学概念存在着模糊认识，而后世的演绎注释也难免画蛇添足，过于的抽象化也让中国哲学成为玄学。中国农耕哲学描述的是变化的事物，开放的事物，“言语道断，一说就错”，所以它的描述只能像《道德经》那样让人慢慢咀嚼，不断地感悟其中的奥秘，却又不能更好地表达。好在中国哲学“道法自然”，自然存在，“道”就存在，探索古代的中国农耕哲学也就有了参考的依据。

中国农耕哲学博大精深，《中国农耕哲学初探》只是将作者的一些对古代哲学概念和思想的认识，结合现代科学的发现将它们的概念进行厘清，将它们之间的关系进行重新描述，希望能将它们统一在一个完整的哲学体系中。这是一种尝试，希望能得到大家的认同和指点，其中的观点也是个人的认识，谬误在所难免，希望大家能够宽容和理解。

农业农村现代化的相关伦理问题

美丽乡村建设的伦理基础和新道德

李建军　任继周

【摘要】 城乡二元结构及其所局限的农耕文明是美丽乡村建设的主要障碍。建设美丽乡村，亟须拓展新时代的伦理容量，重构农业和乡村、城市耦合共生的伦理基础。中国乡土文明绵延不绝的五千年，持续发展的深层原因在于其所形塑的养人的能力和呵护土地和自然生态、涵养自然资源的生态伦理。美丽乡村建设需要未来指向的中国农业伦理学，其不仅强调农业和乡村的耦合共生关系及其相应的伦理关联，而且要求我们重新建立城市和乡村之间、我们与农业、乡村和自然之间的新道德关系，要求我们系统反思我们对未来代的责任和义务，负责任地进行现代农业创新和美丽乡村建设。农耕文明、草原文明、工业文明以及历史久远的狩猎文明中积淀形成的生态智慧和丰富的文化遗产，将借力于乡村振兴战略实施和美丽乡村建设的强劲动力共同熔铸出现代“中华文明”的新形态。美丽乡村建设任重而道远，不仅需要生态观念和技术创新，而且需要生态智慧和新道德观念。

【关键词】 美丽乡村；生态文明；城乡二元结构；乡村振兴；农业伦理

中国美丽乡村建设的需求应时而出，是时代的必然。中国悠久的农耕文

作者简介：李建军，中国农业大学人文与发展学院教授、博士生导师，农业伦理学与公共政策研究中心主任，兰州大学草地农业科技学院兼职教授；任继周，兰州大学草地农业科技学院教授、中国工程院院士。

明在全球工业革命以前曾独领世界潮流数千年，将中国打造成名副其实的头等强国，但自西方工业革命以后，世界迅速走上工业化和后工业化道路，而中国特色的城乡二元结构及其所局限的农耕文明已经破绽百出，不但洋垃圾进口，而且使农村本身也变为新的污染源，成为中国现代化建设的障碍，与美丽农村的建设宗旨背道而驰。即使在大国崛起的大好形势下，也发生了举国忧虑的“三农”问题。我们无法设想，我们希望中的现代化国家如何与这样破败污染的农村和贫穷的农民协调共存在同一个国度。美丽乡村建设应该遵循何种发展之道或社会规范才可能持续推进，真正实现“农业强、农村美、农民富”的美好生活之梦？本文拟在分析旧耕地农业给乡村社会带来的负面影响的基础上探索美丽乡村建设的伦理基础，寻找新时代美丽乡村建设的新理念和新道德，以期为乡村振兴战略的实施提供经验支持和伦理决策参考。

一、旧耕地农业给乡村社会带来的负面影响

游牧是人类早期的生存形态，开创了人类与自然和谐相处的黄金时期。牧民“逐水草而居”，在其长期的游牧实践中与其赖以生计的草地和畜群建立起耦合共生的草地—畜群—人群食物链和共生体[1]362-363。然而，中国自周朝建国伊始，就在黄土高原大量开垦农田，随后经过秦汉两代全国性农业政策的演进，基本奠定了以耕战为基础，以儒家为精神支柱的华夏文明的基本构架。以后经过历代补充和完善，直到中华人民共和国成立，尽管政治上发生了翻天覆地的重大变革，但其深厚的以耕战论传统为背景的思想基础不仅没有被触动，反而被赋予时代的特征，承担了新的历史使命而得到强化。当时迫于国内外的重重压力，把争取各地粮食封闭性自给定为农业最高目标。在这一战略要求下，中华人民共和国成立前后，通过土改，提出“以粮为纲”的国策，建立了严密的户籍制度和农村行政系统，空前强化了农民与土地之间的连属关系，于是形成“农村包围城市”，全民支援战争的壮阔图景。十四年抗日战争、三年解放战争和三年抗美援朝战争的巨大胜利，展现了传统耕战论的最后辉煌。进入和平时期后，国家提出国民经济以农业为基础的政策，农业的新命题从支援战争改为支援建设，为国家提供政权建设和工业发展的最初积累[1]58。

受“以粮为纲”国策的影响，全国农业系统围绕粮食生产的需求，大力

开垦草原、林地，增加农田面积，排斥牧业和林业。在当时的社会领域语境中，养猪为了积肥，养牛为了耕田，豆科牧草不喂牲口而翻入地下作为绿肥，种植业被推向极致。这一畸形农业系统导致农业内部生态结构失调，农业整体停滞不前，尤其是应该担负农业半壁江山的畜牧业被排斥在主流农业之外，完全失去了作为一业而存在的地位。耕战所需要的农业生产的封闭性进一步得到巩固，不同地区之间的物资交流被作为“资本主义尾巴”而全然砍断。在各地粮食封闭性自给的要求下，土地开垦过度，全国“学大寨”，把农耕经验推广到极致，甚至提出“牧区不吃亏心粮”，不但要实现粮食自给，还要生产商品粮“贡献”国家。草原地区盲目“开荒”以亿亩计，除了在荒漠、半荒漠草原和高寒草原的无效开荒后形成的弃耕地以外，将较为肥沃的草原开垦殆尽，至今仍保留为耕地的面积约为 2 500 亩。即使未能开垦的草原，也强力推行“牧业学大寨”，饲养家畜百万头以上者可获“牧业大寨县（旗）”称号。于是牧区草原普遍放牧过度，草原破坏达到史无前例的程度。这样，耕地农业的措施和耕地农业指导思想，达到登峰造极的程度，国土资源遭受空前灾难，不得不走上土、水、肥和动力等资源高投入的发展道路。土地资源被严重耗竭，农民也陷入贫困。特别需要指出的是，耕地农业的暂时成功让农民羁属于土地的户籍制度空前强化，农民进入城镇寻找生活出路，长期被当作“盲流人口”强制回乡。直到 21 世纪初期，随着市场经济的发展，对农民管束极严的户籍制度才逐渐松动[1]59-60。

这样的“历史惯性”或者“路径依赖”对我国农业和农村发展带来的负面影响不可低估。首先，中国在近几十年农业发展中，面对耕地不断减少的严峻现实，在土地利用上一直强调提高土地生产率而忽视地力培养，过度依赖化肥而轻视甚至弃用有机肥，结果导致土壤生态恶化，土地肥料下降，农产品品质受到影响，并给农业的可持续发展带来严重威胁[2]365。过量使用农药、化肥和单一品种而实现粮食增产，也对乡村的生态环境、生物多样性等造成不可轻视的破坏，之前草木茂密、人丁兴旺和河流清澈的美丽乡村如今变为寸草不生、人烟稀少、荒凉衰败的“空心村”。乡村的变化自然也会影响农民和我们所有人的心理健康和生态家园。

其次，中国社会长期实施的封闭乡村、城乡二元的治理结构最终异化为产业和社会之间发展不平衡、不公平的自然机制和制度安排。著名“三农”

问题专家温铁军多次分析说，“三农”之所以成为中国社会的核心问题，根本原因在于中国的工业化进程是靠从“三农”提取剩余来完成原始积累的，“三农”在特殊的历史时期为国家的工业化做出了巨大的贡献。中国的工业化进程和“三农”问题之间本质相关，因为“三农”在向工业化做出巨大贡献的同时还承载了工业化历次危机的代价。城乡二元结构是中国工业化能够成功的比较制度优势。优势并不意味着好，只是没有这个优势，剩余就无从提取[3]。问题是，随着工业化和城市化进程的快速推进，这种城乡分割的二元结构已构成中国社会持续发展的重大威胁，危及中国社会的生存基础，不仅在破坏农业高质量发展的自然基础，而且在破坏大多数乡村居民赖以生计的生态家园。封闭乡村实现城市和工业优先发展，不仅违背自然和科学规律，而且让城市和工业成为乡村贫瘠和农业失序的“抽水机”，加速了乡村社会的解体和衰落。事实上，这种单向度地追求耕作农业高产和城市繁荣的“现代化”模式已经濒临自然生态所能承受的极限，造成了严重的环境污染、自然资源的透支和浪费，将以往能够消纳城市生活污染、长期具有正外部性的农业肆无忌惮地改造成为制造严重负外部性的产业，并使乡村社会出现前所未有的衰落与“空心化”。

乡村是人类的故乡和家园，是传统农耕文明的发源地，是现代中国转型发展的蓄水池、动力源和“救生艇”，是生活在农村土地上的居民世世代代无意识地、不自觉地、无休止地、耐心地适应环境和冲突的产物，是广大农民赖以生计的最重要的生产工作、居住地点和环境空间。乡村从自然环境中获取持续发展的动力，是人与自然和谐相处、健康共生的复合体。满足人民日益增长的美好生活需要，离不开美丽乡村建设。振兴乡村，建设生态宜居家园，关乎中国人的幸福生活和绿色未来。要消解现代农业和新农村建设高效推进所引发的生态问题、社会排斥问题，让被工业化改造和边缘化的农业和乡村再度振兴，建设美丽乡村，必须系统思考和遵循美丽乡村之法，拓展新时代的伦理容量，重构农业和乡村耦合共生的伦理基础。

二、美丽乡村建设的社会文化和伦理基础

美丽乡村不仅体现在乡村景观方面，更体现在乡村所蕴含的生态文明智慧方面。中国的乡土文明，绵延不绝的五千年，是世界上唯一没有中断过的

历史文明，其持续发展的深层原因在于其所形塑的养人的能力，包括涵养自然资源、维护环境生态的能力。1909 年，美国农学家富兰克林·H. 金（F. H. King）用 5 个月时间到中国和日本、朝鲜考察农业，回国后写成《四千年农夫：中国、朝鲜和日本的永续农业》（*Farmers of Forty Centuries: Permanent Agriculture in China, Korea and Japan*），高度评价中国和东亚的农业传统为“永续农业”或“持续农业”，强调其“保存下了全部废物，无论来自农村和城市，还是其他被我们忽视的地方，收集有机肥料应用于自己的土地被视为神圣的农业活动”[4]2，能够很好地利用粪肥保护土壤，避免破坏土壤肥力和污染环境。温铁军、程存旺和石嫣在该书中文版的序言“理解中国的小农”中写道：“在殖民者对美洲大陆进行开发的短短不到一百年的时间里，北美大草原的肥沃土壤大量流失，严重影响了美国农耕体系的可持续发展。也正是美国农业面临的严峻挑战，使得美国农业部土壤所所长、威斯康星州立大学土壤专家富兰克林·金萌生了探究东亚国家农耕方式的想法”，发现了东亚农业模式与美国的区别、两国的资源禀赋差异以及东亚模式的优越性：“东亚传统小农经济从来就是‘资源节约、环境友好’的，而且是可持续发展的。东亚三国农业生产的最大特点是，高效利用各种农业资源，甚至达到吝啬的程度，但唯一不惜投入的就是劳动力”[4]15。

社会学家费孝通将中国文化称为“五谷文化”，认为种庄稼的历史培植了中国的社会结构。其特点首先是人和土地之间存在者特有的亲缘关系，生于斯，长于斯，循环不已；其次是农民世代定居，过一种自给自足的生活，因为土地不能移动，人跟着也必须定居，结果形成了人口流动小，不善于而且想回避新事物等特点；再者，农耕社会逐渐固化形成“以己为中心，社会关系层层外推动”的“差序格局”，这与西方以个人契约为基础形成的“团体格局”不同；还有，农耕社会重农抑商，其由熟人社会而来，亲戚朋友之间是不屑于赚钱的。这种社会文化最根本的伦理基础是“安土重迁”，农民对土地和家园有深厚的感激之情和敬畏感，珍惜自然生命过程和自然资源的平衡使用。费孝通先生曾转述富兰克林·金的话对乡土中国的问题特性描述说：中国人像是整个生态系统里的一环，通过自然循环实现生态平衡，这个循环就是人和“土”的循环。人从土里出生，食物取自于土，泄物还之于土，一生结束，又回到土地。一代又一代，周而复始。靠着这个自然循环，人类在这块土地上生活了五千年，成为这个循环的一部分。他们的农业不是和土地对立的农业，而是和谐的农业。在亚洲这块土地将继续养育许多人，看不到终点[2]365。依照费孝通先生和富兰克林·金的观点，中国乡土社会是农耕实践的产物。农民是农业和乡村这个复合生命体系和自然循环的一部分，乡村就像自然界一样循环往复，不断地持续并缓慢发展。现代农业创新和美丽乡村建设离不开与土地的关联，爱护土地和自然生态，应该是美丽乡村建设最重要的伦理基础。

问题在于这种农耕文明持续发展的理念很快遭遇到工业化、城市化的冲击，对商业利益和经济效益的追求几乎让这种相对封闭的农业生产体系在一夜之间解体、崩溃。我们能否找到一种既保留农耕文明永续发展的有效品质，又满足现代人对美好生活追求的新型文明形态？北京大学金经元教授在霍华德《明日的田园城市》译序中写道，“乡村的停滞、落后和城市生活过度的两极分化、过度的消费资源和愈来愈脱离人类赖以生存的自然环境。这种代价不仅抑制了乡村的发展，也抑制了城市的发展，社会的固有潜力未能充分发挥出来，必须探求新的城乡结构形态”[5]10。“霍华德把乡村和城市的改进作为一个统一的问题来处理，大大走在了时代的前列；他是一位比我们的许多同时代人更高的社会衰退问题诊断家”[5]15。按照他的观点，“城市和乡村都各有其优点和相应的缺点，而城市—乡村则避免了二者的缺点。……这种该诅咒的社会和自然的畸形分隔再也不能继续下去了。城市和乡村必须成婚，这种愉快的结合将迸发出新的希望、新的生活、新的文明”[5]6-9。城乡融合发展可能开辟出美丽乡村建设和健康城市发展的新空间。只有摆脱城乡二元分割的惯常思维，才可能真正找到乡村振兴战略实施和决胜小康社会建设的总体解决方案。

那么，造成城乡二元分割、乡村衰落的原因何在呢？芒福德在《城市发展史：起源、演变和前景》中分析说：“人类在资本主义体系中没有一个位子，或者毋宁说，资本主义承认的只有贪得无厌、傲慢以及对金钱和权力的迷恋。……为了发展，资本主义准备破坏最完善的社会平衡。……摧毁一切阻碍城市发展的旧建筑物，拆除游戏场地、菜园、果园和村庄，不论这些地方是多么有用，对城市自身的生存是多么有益，它们都得为快速交通或经济利益而牺牲”[5]25。资本对效率和利润的贪婪追求让整个社会脱离了理性和人性的轨道，呈现出野蛮增长的无序发展。然而，要遏制和扭转这种所谓的“现代”发展趋势，除了进行社会制度层面的革命和改良之外，我们必须全面总结人类历史发展的经验和教训，系统反思我们对自然的伦理态度。

伊恩·伦诺克斯·麦克哈格在《设计结合自然》中分析说，西方的傲慢与优越感是以牺牲自然为代价的。东方人与自然的和谐则以牺牲人的个性而取得。通过把人看作是在自然中的具有独特个性而非一般的物种，就一定能达到尊重人和自然。英国自 18 世纪由一个忍受贫困、土地贫瘠的国度转变成为今天还可见到景色优美的乡村的国家，与当时流行的风景艺术传统和乡村诗人所倡导的人与自然相互和谐的观念高度相关。他说，生态学的观点要求我们观察世界，倾听它的呼声并了解它。世界是生物和人类过去到现在一直生存的地方，而且一直处在变化过程中。我们和它们是这个现象世界的共栖者，与这个现象世界的起源和命运是紧密相连的[6]35-37。

乡村有着独特的地理或文化方面的特征，且是由一群人共享的复合空间。作为地球上的居民，我们生产生活都“与自然秩序相关联，甚至从某种意义上说，是其中的一部分。这意味着我们不得不花费时间、心思和精力来为自己提供庇护所、食物、衣物及某种程度的安全感。如果我们想要生存下去，就必须适应自然。如果我们想成为地球上真正的居民，就一定要理解自然，与自然和谐相处”[7]16。换句话说，农业、乡村发展与自然是不可分割的，乡村居民的生存与健康取决于对自然及其进化过程的理解。有文化、有经验的心地善良的农民常常对此有敏锐的观察力和认知，他们常常对农田、庭院、古树及其周边的自然生态抱有深厚的情感和难以描述的敬畏。“因为人类属于地球，是自然秩序的一部分，与其他生命形式息息相关，遵循相似的法则，依赖健康和多样化的环境。身为自然的一部分，这一前提条件包含了许多责任和义务。破坏这个允许无限多生命体共存的系统，或者破坏我们无法取代的系统，不仅是不负责任的，而且会威胁到人类自身的生存。因此，我们的首要使命便是发现自然的法则，并遵循他们；然后我们才能尝到安全和富于创造力的生活，为地球及其栖居者带来福利。为了展示我们的贡献，我们还会声明，我们如何节能、保护野生动物、培育有机蔬菜，以及如何传承手工艺、遵循传统精神律令”[7]57。

三、美丽乡村建设的新时代和新道德

2005年的中央一号文件《中共中央、国务院关于进一步加强农村工作提高农业综合生产能力若干政策的意见》，显露了对旧耕地农业思想的深刻反思。其中明确将“农村喂养城市”修改为“城市反哺农村”，并将农民从耕地上解禁，初步给以自由进入城镇寻觅各自生态位的可能，几千年来横亘在城乡之间的户籍壁垒开始崩塌，尤其具有里程碑意义的是延续几千年“种田纳粮”的农业税的豁免[1]61。2005年10月11日，党的十六届五中全会通过《中共中央关于制定国民经济和社会发展第十一个五年规划的建议》，明确了之后5年我国经济社会发展的奋斗目标和行动纲领，提出了建设社会主义新农村的重大历史任务，其中包含“生产发展、生活宽裕、乡风文明、村容整洁、管理民主”等具体目标，为做好当前和今后一个时期的“三农”工作指明了方向。这是党中央统揽全局、着眼长远、与时俱进做出的重大决策，是一项不但惠及亿万农民，而且关系国家长治久安的战略举措，是我们在当前社会主义现代化建设的关键时期必须担负和完成的一项重要使命。

2012年，党的十八大报告首次提出建设“美丽中国”的宏伟蓝图，对生态文明建设、对美丽中国建设的思想理念、本质特征、国策方针、途径方法都有了总体的要求，强调要“把生态文明建设放在突出地位，融入经济建设、政治建设、文化建设、社会建设各方面和全过程”“坚持节约优先、保护优先、自然恢复为主的方针”“加强生态文明制度建设”，明确指出要给自然留下更多修复空间，给农业留下更多良田，给子孙后代留下天蓝、地绿、水净的美好家园。

2013年7月，习近平在湖北省鄂州市长港镇峒山村考察农村工作并同部分村民座谈时强调说，“农村绝不能成为荒芜的农村、留守的农村、记忆中的故园。城镇化要发展，农业现代化和新农村建设也要发展，同步发展才能相得益彰，要推进城乡一体化发展。我们既要有工业化、信息化、城镇化，也要有农业现代化和新农村建设，两个方面要同步发展。要破除城乡二元结构，推进城乡发展一体化，把广大农村建设成农民幸福生活的美好家园”[8]。他同时强调说，“实现城乡一体化，建设美丽乡村，是要给乡亲们造福，不要把钱花在不必要的事情上，比如说‘涂脂抹粉’，房子外面刷层白灰，一白遮百丑。不能大拆大建，特别是古村落要保护好”[9]。当年11月份召开的党的十八届三中全会明确提出，要紧紧围绕建设美丽中国深化生态文明体制改革，加快建立生态文明制度，健全国土空间开发、资源节约利用、生态环境保护的体制机制，推动形成人与自然和谐发展现代化建设新格局。

2017年，党的十九大报告明确提出，要在全面建设小康社会的基础上分两步走，在21世纪中叶建成富强民主文明和谐美丽的社会主义现代化强国。强调“人与自然是生命共同体，人类必须尊重自然、顺应自然、保护自然。人类只有遵循自然规律才能有效防止在开发自然上走弯路，人类对大自然的伤害最终会伤及人类自身，这是无法抗拒的规律。”“我们要建设的现代化是人与自然和谐共生的现代化，既要创造更多的物质财富和精神财富以满足人民日益增长的美好生活需要，也要提供更多优质生态产品以满足人民日益增长的优美生态环境需要。必须坚持节约优先、保护优先、自然恢复为主的方针，形成节约资源和保护环境的空间格局、产业结构、生产方式、生活方式，还自然以宁静、和谐、美丽。”“要坚持农业农村优先发展，按照产业兴旺、生态宜居、乡风文明、治理有效、生活富裕的总要求，建立健全城乡融合发展体制机制和政策体系，加快推进农业农村现代化”。

2018年的中央一号文件《中共中央、国务院关于实施乡村振兴战略的意见》提出，要“走中国特色社会主义乡村振兴道路，让农业成为有奔头的产业，让农民成为有吸引力的职业，让农村成为安居乐业的美丽家园”；要“准确把握乡村振兴的科学内涵，挖掘乡村多种功能和价值，统筹谋划农村经济建设、政治建设、文化建设、社会建设、生态文明建设和党的建设，注重协同性、关联性，整体部署，协调推进。”“牢固树立和践行绿水青山就是金山银山的理念，落实节约优先、保护优先、自然恢复为主的方针，统筹山水林田湖草系统治理，严守生态保护红线，以绿色发展引领乡村振兴。”中央一号文件不仅对实施乡村振兴战略提出了总体要求和原则规范，还从农业和乡村耦合共生的层面就乡村振兴和美丽乡村建设的重大战略任务做出了系统设计和总体规划，对乡村和产业、城市及自然的关系做了全新的规范。

首先，强调美丽乡村建设必须以社会化的现代农业系统为发展基础。“乡村振兴，产业兴旺是重点。必须坚持质量兴农、绿色兴农，以供应侧结构性改革为主线，加快构建现代农业产业体系、生产体系、经营体系，提高农业创新力、竞争力和全要素生产率，加快实现由农业大国向农业强国转变”。这里用“产业兴旺”替代之前的“生产发展”，用“质量兴农”“绿色兴农”替代之前“粮食增产”和“效益优先”，预示着我国农业农村发展观的巨大转型，更多强调“提升农业发展质量，培育乡村发展新动能”，这在一定意义开辟未来农业农村优先发展的创新空间，要求相关的产业创新“大力开发农业多种功能”“支持主产区农产品就地加工转化增值”、实现一二三产业融合发展以及“促进小农户和现代农业发展有机衔接”，等等。这些社会化的现代农业系统的构建和发展必然要求产业发展适应乡村生态承载量，产业发展和乡村自然生态耦合共生、和谐发展，进而为美丽乡村建设提供重要的发展基础。

其次，指出美丽乡村必须“坚持城乡融合发展”，建设耦合共生的新型工农城乡关系。要“坚决破除体制机制弊端，使市场在资源配置中起决定性作用，更好发挥政府作用，推动城乡要素自由流动、平等交换，推动新型工业化、信息化、城镇化、农业现代化同步发展，加快形成工农互促、城乡互补、全面融合、共同繁荣的新型工农城乡关系”，实现城乡公共服务均等化，从根本上破除了城乡二元结构的壁垒，彻底打破城乡发展不平衡、不公平的历史惯性。

最后，明确美丽乡村必须强调生态宜居和绿色发展。“乡村振兴，生态宜居是关键。良好生态环境是农村最大优势和宝贵财富，必须尊重自然、顺应自然、保护自然，推动乡村自然资本加快增值，实现百姓富、生态美的统一”；“推进乡村绿色发展，打造人与自然和谐共生发展新格局”。

毫无疑问，上述多项任务的落实，涉及社会系统的诸多亚系统，诸如文教、卫生、金融、信息、交通等诸多社会系统，都将乘城乡统筹的潮流，直击城乡二元结构的核心，进而沟通城市和乡村的生产和生活命脉，奠定中国美丽乡村的现代化平台，自然会促成城乡二元结构的崩溃和它所衍生的农业文明的重铸，浴火重生。其中，社会化的现代农业创新和城乡统筹发展，为美丽乡村建设提供重要的物质基础和制度保障，乡村振兴如果没有“产业兴旺”和与之相应的社会系统的广泛发展做支撑，只能是“盆景”式装饰，不会成为现代人喜闻乐见的宜居乡村。生态宜居和绿色发展，则是人民日益增长的美好生活需要的具体表述，其中蕴含着全新的发展理念和价值体系，必将随着美丽乡村建设的丰富实践凝练出更富有未来指向的现代中国农业伦理学。这样的农业伦理学不仅强调农业和乡村的耦合共生关系及其相应的伦理关联，要求我们重新确立城市和乡村之间、我们与农业、乡村和自然之间的新道德关系，而且要求我们系统反思我们对未来代的责任和义务，负责任地进行现代农业创新和美丽乡村建设。

现代农业创新和美丽乡村建设预示着全新的社会文明形态。这种新文明形态的诞生绝不可能只是农业文明的复制，因为现代技术创新和社会文化转型已使我们进入后工业化时代。农耕文明、草原文明、工业文明以及历史久远的狩猎文明中积淀形成的生态智慧和丰富的文化遗产，将借助于乡村振兴战略实施和美丽乡村建设的强劲动力共同熔铸出现代“中华文明”的新形态。任继周先生在《草业科学论纲》中分析说，“当我们对自然生态系统加以‘农业化’时，必须牢记生态系统的基本规律是不能违背的。必须保持能流、物流、信息流正常运行，才能得到正常的食物系统，尤其是植物生产与动物生产之间的系统耦合，是现代农业的基本要求。我国单一谷物生产的‘耕地农业’，从商鞅的‘垦草’务农，到汉代的‘辟土殖谷曰农’，直到晚近的‘以粮为纲’，形成了单一谷物生产的农业系统，绵延数千年。生态系统内部的食物系统被严重割裂，病态的食物系统必然导致病态的生存环境。两者相激相荡，酿成举国为之忧虑的‘三农’问题。今天讨论粮食安全问题，不能离开食物系统的全面开发和农业生态系统的全面改造”[1]399-400，也不能离开人类赖以栖息的乡村和地球生态。美丽乡村建设任重而道远，不仅需要生态观念和技术创新，而且需要生态智慧和新道德观念。

参考文献（略）

（原文刊载于《兰州大学学报（社会科学版）》2018 年第 4 期）

后现代与后结构主义视角的农政问题及农政变迁

叶敬忠　王淳玉

【摘要】 起于20世纪50年代的后现代与后结构主义思潮对发展研究领域，尤其是对农政变迁的研究贡献有其独特之处。后现代与后结构主义批判侵夺自然、剥夺人的现代资本主义农业；主张重新审视人与自然、人与人的关系，发展后现代农业；主张用话语分析的方法，研究国家和市场力量推动下的农村变迁和土地流转。通过论述作为主体的人的消失，后现代与后结构主义着重指出农民如何在“发展”中被问题化为需要改造的对象、在流动中被规训为驯服的工人或剩余的劳动力。这一思潮从话语、权力、规训和生命政治等视角批判和质疑启蒙主义的哲学基础，创造多元叙事的空间和可能，为解释农政变迁提供了另一条理路。

【关键词】 后现代主义；后结构主义；农政问题；农政变迁；发展主义；后现代农业；土地流转

一、基本概念：农政问题与农政变迁

国际学术界对国家发展过程中农业、农地、农民和农村的结构关系与制度安排的转型变迁以及未来去向等方面的研究和讨论常常使用“农政问题”（The Agrarian Question）这一概念。与中国学术界的“三农问题”概念相比，国际学术界的“农政问题”概念界定更为明确，内涵更为广泛，脉络延承更为清晰。它将农地纳入了研究和分析的框架，构成了农业、农村、农地和农

作者简介：叶敬忠，中国农业大学人文与发展学院院长、教授；王淳玉，中国农业大学人文与发展学院副教授。

民的“四位一体”。马克思主义政治经济学、民粹主义①、后现代与后结构主义等思潮对“农政问题”均有深刻的学术分析和理论对话。其中最为经典的当属考茨基的《农政问题》②（1899）、列宁的《俄国资本主义的发展》（1899）和恰亚诺夫的《农民经济组织》（1923）这三本著作。从19世纪末20世纪初开始，这些经典著作所讨论的“农政问题”一直是世界所有国家发展过程中的重大主题。而农村社会研究的重要内容之一就是围绕“农政问题”建构相应的理论，如农政变迁（Agrarian Change）理论。

这里需要对有关概念做出明确界定。农政（agrarian）概念来源于马克思主义政治经济学的传统，指农业、农地、农民和农村这四个方面关于生产与再生产、物质资料与政治权力等的社会关系或阶级关系。“农政问题”由考茨基1899年作为学术概念正式提出[1]，随着时代背景和社会条件的变化，其内涵也有相应的调整。本文将“农政问题”定义为：为了实现整体性的国家发展，如何理解农业、农地、农民和农村的基本属性，在农业生产形式、农地所有权形式、农民群体和农村社会方面是否以及存在哪些实质性阻碍因素，如何解决这些阻碍因素，如何使农业生产形式、农地所有权形式、农民群体和农村社会发生哪些转型以成为国家整体性发展的动力，需要采用什么样的政治动员以及制定什么样的国家政策来促进这些转型和发展？“农政变迁”则是指在国家发展进程中，农业、农地、农民和农村的结构关系和制度安排的变化，尤其指在农业生产形式、农地所有权形式、农民群体分化和农村社会管理与治理等方面的变化。

对农政问题和农政变迁的阐释包括五大最为经典的理论框架，即马克思

---

① 这里的“民粹主义”不是指作为一种政治统治策略的政治民粹主义，即不是指政治人物轻言许诺、乱开政治支票、讨好和收买底层民众的做法，也不是指非理性的群众集体狂热或极端狭隘的民族主义，而是指以恰亚诺夫为代表的研究小农农业的独特性与组织形式、“生存小农”的价值结构与存续性、土地的权利属性与分配合作、村社的独特性与乡村价值的学术思潮，是一种非意识形态的理论范式，也可称为“恰亚诺夫主义”或“实体主义”。参见黄宗智.《华北的小农经济与社会变迁》. 北京：中华书局，2000：2-4；马龙闪.《有关俄国民粹主义评价的几个问题》，《社会科学报》，2007-8-9（5）.

② 国内译为《土地问题》。参见考茨基.《土地问题》，梁琳译. 北京：三联书店，1955。该著作以德文撰写，1899年正式出版，书名为Die Agrarfrage，在英语世界里被固定译为The Agrarian Question，且Agrarian Question成为学术界通用的学术概念，本文将之译为“农政问题”。英文版参见：Karl. Kautsky. The agrarian question，2 vols. London：Zwan，1988.

主义、民粹主义、新古典/新制度经济学、生计框架和后现代/后结构主义。农村社会研究需要深入剖析这五大理论对于农政问题和农政变迁的基本观点和论述逻辑。本文考察的是后现代/后结构主义关于农政问题和农政变迁的观点和分析①。

二、理论溯源：后现代/后结构主义与发展主义

后现代主义或后结构主义②一般是指起源于20世纪50年代的一种思潮，原仅指以背离和批判现代和古典设计风格为特征的建筑学倾向，后来被移用于哲学、文学、艺术、美学、社会学、政治学甚至自然科学等诸多领域中[2]。法国哲学家利奥塔[3]在他的《后现代状态》中第一次给后现代作了界定："用极简要的话说，我将后现代定义为针对元叙事的怀疑态度。"它也是一种认为人类可以，也必须超越现代的广泛情绪[4]。姚大志认为，后现代主义所怀疑和批判的，是启蒙哲学。更准确地说，是启蒙哲学中基础主义背后的霸权主义、人本主义背后的人类中心主义以及普遍主义背后的西方中心主义[5]。黄宗智[6]62也指出，中国学术界没有像西方那样经历从信上帝到信科学再到怀疑科学所导致的信仰危机，"中国学术界对后现代主义的理解重点，不在怀疑客观和事实，而在质疑西方现代主义所连带的西方中心主义"。

后现代主义进入中国是20世纪80年代中期以后[7]，开始只是星星之火，不构成一个有影响力的理论，无法与主流的新自由主义学说抗衡[6]62。但一个理论或思潮的重要与否，对社会的意义如何，并不在于它是否目前在学术界

① 关于其他理论视角的农政问题与农政变迁，作者另有专文论述。需要特别指出的是，由于这些不同理论视角的梳理均建立在农政概念背景之下，且都需要对农政问题和农政变迁等概念做出定义说明，因此，这些论文均以"基本概念：农政问题与农政变迁"为引言部分，内容大体一致。

② 有些学者认为后现代主义与后结构主义之间存在区别。如比德斯指出后结构主义对话的对象是结构主义，而后现代主义对话的对象是现代主义；马海良认为后结构主义是后现代主义的理论基础。孙睿昕指出，"后结构主义和后现代主义并非同等范畴，它们互为补强又内在紧张地交织在一起。"但绝大多数学者并不区分二者。本文在综述时将后现代主义与后结构主义均包括在内，将之界定为起于法国、与结构主义源自一脉、以解构中心为使命的理论思潮。参见迈克尔·彼德斯.《后结构主义/结构主义，后现代主义/现代主义：师承关系及差异》，《哈尔滨学院学报》，2000（5）：2-12；马海良.《后结构主义》，《外国文学》，2003（6）：59-64；孙睿昕.《超越"另类"——对〈遭遇发展〉的话语分析》，《中国农业大学学报（社会科学版）》，2012，29（2）：146-151.

占上风。更何况社会科学总是由多重范式构成，它们时有起落，目前的主流理论也是曾经的边缘和小众[8]。而从后现代与后结构主义进入中国以来，它在发展研究中的成果及其影响尚少有学者进行总结，它在农政变迁研究中的观点和可能应用尚未有学者进行梳理。因此，在现代性遭遇多重危机的背景下，对后现代与后结构主义视野下的农政变迁的探讨势在必行。后现代或后结构主义与农政问题和农政变迁产生关联，主要缘起于对现代性和发展主义的批判①。

20 世纪 90 年代以来，发展主义②已经成为一个全球性的信仰[9]。萨克斯等学者[10]通过对发展的一系列核心概念（如“发展”“进步”“援助”“平等”“参与”“环境”“资源”“科学”“技术”等）的知识考古，揭示了发展的话语表征如何被建立、被运用以及如何被重新装扮后再次登上历史舞台。埃斯科瓦尔[11]1-21进一步指出，以 1949 年杜鲁门的就职演说为标志，发展通过问题化、专业化、制度化这三个机制从西方扩展到全球。孙睿昕[12]将这三个机制的具体含义概括为：问题化是指西方国家通过区分“发达”与“欠发达”，将亚非拉国家建构为需要改造的对象，让西方的模式成为典范；专业化是指西方国家垄断所谓的发展知识的生产和传播，让其他声音和叙事无法彰显；体制化是指国际、国内、本地等各类发展机构形成一个庞大的网络，将妇女、农民、环境等卷入发展产业之中。

可以说，“发展是在殖民主义的废墟上诞生的”[13]，它“蕴藏在竭力延续而非改变殖民式的层级关系的、我族中心的、殖民话语之中”[14]。在这种话语体系之下，“发展就是关于增长、关于资本、关于技术及关于现代性。舍此之外，别无其他”[11]188。这种发展主义作为一种意识形态，逐渐演变为一种认为只有“我们”（东方、第三世界）成为“他们”（西方、第一世界）才能完成现代化的信念[15]。虽然“发展”依照西方模式进行了几十年，西方许诺的富

① 并非所有对发展主义的批判都属于后现代或后结构主义的。例如汪晖从马克思主义政治经济学出发，批判发展主义旨在以经济增长的方式来改变所有的社会构造，妄图以经济和资本的逻辑来取代其他一切社会文化发展的逻辑，是极具破坏性的。参见：汪晖，邹赞.《绘制思想知识的新图景——清华大学汪晖教授访谈》，《社会科学家》，2014（3）：1-8.

② 许宝强认为，发展主义是一种意识形态，是一种认为经济增长是社会进步的先决条件的信念。这种信念将“发展”等同于“经济增长”，再将“经济增长”等同于美好生活。参见：许宝强.《发展主义的迷思》，《读书》，1999（7）：18-24.

足之国并未出现，但发展机器还是源源不断地制造着新的话语、新的权力关系和新的控制手段[11]3。它所触及的一切，都被不动声色地去政治化了[16]。既然如此，在发展主义的传统—现代二分法中，作为落后代表的农业、农地、农村、农民就毫无意外地被纳入发展的凝视之中，成为需要被打破的镣铐和被改造的客体。

三、农业：多功能与分散化

后现代与后结构主义主张发展后现代农业来对抗现代农业。它对现代农业的批判主要有三个方面，一是它对自然资源的损耗和破坏，二是它对传统农业的挤压和排斥，三是它所造成的人的精神的衰败和沦丧①。

余永跃、王治河将现代农业定性为“败家之举”，从农药化肥到巨型农机，从连续耕作到单一种植，现代农业在时间和空间上对地力进行无情地剥夺[17]。受其影响，中国台湾农田土壤 90%遭到破坏，因污染严重，有些农田不得不永久休耕[18]。单一种植造成了人类所消费的八成以上的食物仅仅来自 14 种植物[19]69。现代农业实际上是一种对农业的“规训”，它用温室操控天气，以农药化肥催化土地，用专家的判断和决策来左右农业过程，用实验室中诞生的现代农业技术将农业推向现代机器化大生产的熔炉[20]。而如今，不到百年就将地力耗尽的美国，需要回头学习有着四千年历史的东方农耕[21]。

现代农业的破坏性还体现在它的社会层面。首先，规模效应带来的廉价农产品对小农造成了冲击，小家庭的农户无力与之竞争，农户破产乃至自杀的现象时有发生。无数农业生产单位和农业社区消亡了。在 20 世纪 50—70 年代的哥伦比亚，农业变迁的主要特征是现代部门的快速增长和传统部门的相对停滞，与之并存的还有急剧的社会和文化变迁以及大规模的农民贫困。其次，现代农业也会伤及操刀者本身。20 世纪 80 年代，美国从事现代农业的 3%的人口所背负的债务高达 2 200 亿美元，相当于墨西哥、阿根廷和巴西等国家的国际债务之总和[19]69[22]187-188。最后，从精神层面而言，现代农业也是

① 马克思对现代农业也有批判。他说，“在现代农业中，像在城市工业中一样，劳动生产力的提高和劳动量的增大是以劳动力本身的破坏和衰退为代价的。此外，资本主义农业的任何进步，都不仅是掠夺劳动者的技巧的进步，而且是掠夺土地的技巧的进步，在一定时期内提高土地肥力的任何进步，同时也是破坏土地肥力持久源泉的进步。”参见：马克思.《资本论（第一卷）》，中央编译局译. 北京：人民出版社，2004：579-580.

破坏性居多。现代农业的目的就是生产财富和权力，粮食已经成为一种运作良好的政治和经济武器。农业对社会、资源和环境的意义被它弃若敝屣，人的价值与劳动的意义在无人农业中消失殆尽。

马克思主义政治经济学将现代农业的兴起和传统农业的衰败解释为农业生产的阶级基础不同所致。除了个别品种，传统粮食作物主要由农民生产和消费，而商品化农作物由资本主义农场主生产，目标市场是城市或海外。这种农业部门内部的断裂与国家推进“以低价粮食为基础的工业化战略”密切相关。现代部门通过节约土地和节约劳动的技术逐渐接手了生产粮食的工作，为城市的廉价劳动力提供廉价的粮食。而顺应这种低价粮食逻辑的农业现代化将小农推入半无产或无产化的境地[11]148-150。虽然承认这种政治经济学的解释有一定的合理性，埃斯科瓦尔同时指出，不能忽视经济学的文化维度，因为“唯物主义的分析不可避免地也是话语的分析”[11]151埃氏对农业现代化的话语分析的理路是：究其本质，资本的话语是把自然界重新定义为资源，把农民建构成粮食生产者，将资本和技术解释为变迁的力量。唯有如此，我们才能理解为何在20世纪70年代，小农及小农农业又重新进入了发展话语，成为被改造的对象。所以哥伦比亚政府会推行小农和兼业农民生产激励项目（PANCOGER），期待通过提高他们的生产力来维持廉价劳动力的供应和巨额利润的攫取。而综合农村发展项目（DRI）的首要目标就是要将小农经济部门“理性地嵌入市场经济而增加粮食产量”[11]159。

针对现代农业的多重危机，弗罗伊登博格（Freudenberger）在他的《后现代世界中的农业》中明确指出，“在我看来，我们在农业方面已进入一个后现代世界。我之所以坚持这一看法，是因为我坚信，这个曾养育了我的现代世界已处于崩溃的边缘。而与此同时，新的希望的曙光正在微微展露”[22]186。有学者提出后现代农业应该是永续农业（或朴门农业，permaculture），它表现为有机精致农业、生态综合农业和休闲观光农业，具有有机性、生态性和艺术性的特点，并能兼顾效益。它在全球推广的标志性事件是1991年联合国粮农组织召开的“持续农业和农村发展”大会和《登博茨宣言》，其中提出了世界农业可持续发展的战略目标：“积极发展农业生产，增加粮食生产，满足人们日益增长的需求；推进农村综合发展，增加农民收入，消除农村贫困；合理利用和改善农业自然资源，保护生态环境。”2008年7月在中国山西省举行的

"后现代农业与西部大开发"国际学术研讨会上，弗罗伊登博格详述了他的后现代农业观。他认为，后现代农业源于对现代农业后果的反思，其哲学基础是对人与自然、人与人之间的关系的重新审视。后现代农业主张以环境为中心，而不是以人为中心。但是，后现代农业经济与纯粹的环保主义不同：①它应当能支撑起成熟的、针对农村男女老少的教育和医疗服务；②它需要社会承认并尊重农业的崇高地位和职业特性；③它强调分散化——只要相互联系得好，小型的也是很好的。其实，现代农业的经济体系相当脆弱，不堪一击，承受不了气候和社会的细微变化。现代农业需要用化石燃料驱动的交通工具远距离地运输食物，去养活数以千计的城市中的上亿人口。这一庞大的食物分配系统完全依赖化石燃料和保养得当的铁轨、公路、机场以及精细的管理，而这种脆弱的食物供应网数秒钟之内就可能被瓦解。所以，小型的、分散的农业应对自然与社会风险的能力更强，对环境造成的压力更轻[23]。

有意思的是，中国政府对于后现代农业的态度，既接受又有所保留。农业部①副部长屈冬玉 2017 年 4 月 21 日在清华大学发表演讲时表示，虽然中国仍处于发展现代农业为目标的阶段，"但我们不能先完成现代农业后再来考虑后现代农业""后现代农业的模式有很多，最主要的是可持续、生态、有机、都市农业等，可满足人们的多功能需求。"但屈冬玉同时认为，农业生产既要满足当代人的需要，又不能损害满足后代需要的能力，如果要实现这一目标，包括基因编辑技术、育种技术等后现代科技显得尤为重要。另外，化肥的合理使用是科技进步的标志，后现代农业也不能没有化肥，"有机肥料种的东西就一定比使用化肥的好吗？现在还不能简单下这个结论"[24]。显然，政府官员所理解的后现代农业与学术讨论中的后现代农业还不完全是一回事。

综合来看，后现代与后结构主义对现代农业的批判和其他思潮比较相似，都谴责现代农业对环境生态、社会文化、小农户家庭等的破坏和伤害。所不同的是，这一思潮并不考虑和讨论农业经营规模的适度以及农业经营主体应当为谁的问题。

四、农村和土地：项目、政策与话语渗透

那么，农村应当如何变迁？土地应不应该进行流转？后现代与后结构主

---

① 2018 年 3 月，农业部已改组为农业农村部。

义似乎并没有对此提出明确的主张，更多的是分析和审视发展主义对村庄的影响。王爱华[25]指出，农村发展项目中最危险的是纯粹的生命政治（bio-politics）①，即调节多种问题的一套政策，如社会福利、计划生育、教育等，这些政策引入了一些新概念，也带来了特定的社会自身秩序的安排，重构了项目对象的日常生活。埃斯科瓦尔也指出，早在19世纪，生命政治在欧洲就表现为社会干预，表现为政府用现代性越来越多地介入社会生活。文化和社会分层的谱系通过农村发展项目被创造出来，“促进了对劳动力的规训、对剩余价值的榨取和对思想观念的重新定位”[11]168。

塔妮娅·李用人类学家的笔触记载和描述了印度尼西亚苏拉威西岛的发展干预项目实施情况。项目缘起于资本对土地的追逐。原本属于个人的土地转变了权属，成为国家所有，然后再由部分农民购买得到。在这一过程中，一部分农民失去了土地和生计，被边缘化；而另一部分购得了土地，积累和扩大了财富。农民的分化和土地的商品化同时发生了，农村发生了翻天覆地的变化。这就是发展专家以发展之名，实现了他们关于村庄的科学化、市场化和去乡村化的治理过程[26]。

中国的现代化在很大程度上是通过政府力量自上而下推动的，农村发展的动力首先来自由上及下的国家意志[27]，后者主要体现于历年来的政策、文件以及各种项目。沿着这条理路，王为径以知识考古学和民族志的方法分析了改革开放以来的中国农村变迁，她的首要关切是国家的发展话语如何形塑了农村、农民和农业。通过政策文本的分析以及一个河北村庄的个案，她揭示了技术统治、商品主导和新村模范三大发展机制的运作过程，也揭示了国家的政策和市场的力量如何改变了个体的命运与集体的记忆。化肥的引入、种子的变化，从挖山开矿到植树造林、从进城务工到种养贩卖，中国农村千回百转的变迁随着国家政策的发展而起起伏伏。当国家建设需要资源时，农村就提供资源；当国家建设需要工人时，农村就提供“剩余”劳动力；当国家建设需要新乡村时，农村就会变成各种各样的新乡村。这样一个强国家、弱社会的图景被她总结为“国家主导下的发展主义”[28]。

孙睿昕[29]用后结构主义的透镜分析了新农村建设这项系统性的国家工程。

① 福柯对生命政治的界定与王爱华的略有不同，但都指政府通过各种手段对社会生活进行规制和掌控。福柯对生命政治的讨论见下节。

他通过对各种政策文本的解读，揭示了新农村建设战略的历史继承性以及它的现实不连续性。辛允星[30]透过一个羌族村落社会的“观念史”，看到了“发展”这个观念逐渐被村庄所接纳的过程及其背后的动力，即现代国家的意识形态宣传和市场经济带来的物质生活变革。叶敬忠等[31]通过四川某村庄的土地流转的故事，质疑了“土地流转有利于提高农业经营效益、有利于保障粮食安全、有利于促进劳动力流动、有利于农村劳动力的就地就业、是农民的理性选择”等五大话语。其研究表明，村庄的土地越来越集中到少数人手中后，这五大话语无一得到验证。土地增减挂钩的政策给予了城市剥夺乡村的又一件法宝，守望相助的农村社区变成了铁门相对的水泥森林[32]。

而阎连科的小说《受活》讲述了一个荒诞的村庄故事。受活庄为了能铺上柏油路，全村人按照柳县长的安排在路旁给归乡的商人下跪，然后路铺了，电通了，整个乡富裕了，成了全县致富的典范。在“致富”这一身具诱惑力的话语面前，“受活人和所有中国人一样，接受了这一话语叙事的合理性，心悦诚服地承认了身体的可利用性和尊严价值的无用性，放弃了对它的自主权”，而“这种实用主义思维的叙事成为变革的伦理，高于一切，甚至高于人的尊严和精神存在”[33]，成就了一幅“发展”在村庄成为共识、成为信仰、成为目标的总体图景。

总体而言，后现代与后结构主义主要认为农村变迁的主要动力是国家和市场的力量，这两种动力机制可以用话语分析等工具进行有效的解剖。

五、农民：规训与抗争

后现代主义与后结构主义思潮对农民现状的分析和未来的展望主要从三个方面铺开：①农民作为问题化的对象；②农民作为流动人口；③农民作为剩余人口。

（一）作为被问题化的小农

20 世纪 70 年代，发展工作者“发现”了小农，并将之建构为一个长期的服务对象，置于自己有效的技术化凝视（technologizing gaze）之下，并被改造为“进步史诗中的温驯主体”[34]。即便是覆以“赋权”“参与”“尊重本土知识”等温情脉脉的面纱，还是改变不了发展专家和农民之间主与客、上与下的角色定位。塔妮娅·李说，发展专家与贫困村民之间时时刻刻都凸显着一种“改善意志”[26]1，即通过双方的良性互动来帮助村民脱贫致富。这种“改善意志”使得援助者和受惠者之间从一开始就确立起一种不平等的权力关系。发展专家声称，“传统农民需要被现代化；他们需要被赋予获得资本、技术和充分支持的途径。只有通过这种方式，他们的生产和生产力才能够得到提高”[11]188。农业现代化的结果是农民被以效率低下、生产方式落后为名，驱离了土地，而商业化种植的大豆或小麦，每 100 公顷的土地只需要 1 个工人[35]316-338。农民一方面被推上了商品化的浪潮，从为消费而生产转向为市场而生产；另一方面，技术和资本的入侵使小农的种子和化肥等生产资料都需要购买，自主性不断削弱[36]。

孙睿昕在解构新农村建设的实践时，指出新农村建设的“新”主要体现在它的具体策略，即“新型农民”的培育。这种新型农民具有懂技术、会经营、有市场、知法纪、知恩图报的标准化表征。国家承认农民的自由权利，但也表明，农民必须经过打造才能自由。通过治理空间的部署和主体行为的塑造，国家促使农民“自由”地进化为新型农民[29]108。

不同于民粹主义者对小农特征及其纯粹性的推崇和维护，埃斯科瓦尔指出，农民并不是对集约化生产或生产剩余产品毫无兴趣，“他们绝对是有兴趣的，尽管在采取新方法和资源的分配中维持家庭农场的逻辑仍是主要特征”[11]172。在这个过程中，重要的是加强农民组织，使他们能够创造空间，改变现有的权力平衡，而不是急于“为他者代言”[11]174-175。农民并不是被动的受害者，他们也会抗争。而且这种抗争不仅指为土地和生存而进行的斗争，最重要的是符号和意义的斗争，是文化的斗争[11]195。正如埃斯科瓦尔所指出的，“本土”也是建构的结果[11]198。

（二）作为流动人口的务工农民

马格林[37]指出，机械化大生产之后，一部分农民不得不离开农村涌向城市，而另一部分则成了地地道道的农业商人。被遣送至工业体系中的农民难逃被城市弃绝的命运，而另一小部分幸运儿——那些农业商人——他们通过投入资本、采用农业技术和使用机械与肥料，得以和政府、资本家和科学家称兄道弟。前一部分人，就是作为流动人口的务工农民。在后现代主义和后结构主义的视野中，是否允许并且在何种情况下允许怎样的人口流动，实质上是一种生命政治。

塔妮娅·李研究指出，17—19世纪，统治者的角色发生了重大变化。每一个国家政府都试图通过国家的繁荣发展和人民安居乐业来证明其角色的正当性和作为政府的合法性。这种新的统治方式是一种“使其生”（make live）的统治，福柯称之为“生命政治”，即积极干预并使人们很好地生活。“使其生”的另一面是“任其死”（let die），即哪怕有技术、有机制、有能力使人们很好地生活，但统治者却选择任一部分人自生自灭[35]318。这种选择的标准可以是国籍、户口或年龄等，譬如本国的、城市的、年轻健康的人口是需要积极干预的，而外国的、农村的、年迈羸弱的是选择被放弃的。

对中国20世纪80年代以来农村劳动力流动历史的考察可以清晰地看出为了迎合资本和发展的不同需求，农村劳动力如何被以各种各样的手段加以规制和筛选的生命政治[38]。20世纪80年代初期，农村劳动力被“户籍制度”严格控制。有研究认为，当时主要是考虑到城市的高失业率，政府把城市就业的优先权给了刚刚从“上山下乡”运动中返城并等待分配工作的城市年轻人。农民的到来并不受到鼓励，来了也被遣返回村，只有少数几个行业是例外，如航运和采矿业[39]。直到1984年，农民向城市流动才得到了准许。彼时，他们被要求自带口粮，所谋到的工作也大多是有一定危险、报酬低廉、临时性的。他们被鼓励“离土不离乡”，例如在乡镇企业。到了20世纪80年代末，随着乡镇企业的大量破产倒闭，“务工农民”重新回到市场中，大规模的外出务工浪潮开始酝酿。到20世纪90年代初，务工农民的数量已达到5 000万~6 000万，并保持持续快速的增长。这样大规模的人口流动被描述为社会稳定的威胁，并造成了犯罪率、劳动纠纷的增加以及社会结构及其他服务的更大压力[40]。尽管沿海地区劳动密集型产业的发展已经创造出巨大的工人需求，但国家并不愿意放松对劳动力流动的控制。暂住证和政府收容制度被创造出来，用以管制进入城市的流动人口。90年代中期，当国有企业释放出大量的下岗工人时，这种控制一度更加严格[41]。进城务工者的社会地位被刻意压制，寻求较好的工作对他们来说愈加困难。然而尽管存在诸多限制，劳务输出地为了可能回流的汇款，仍旧采取各种措施鼓励当地人口流出，如提供类型多样的技能培训[42]。这些政策措施共同创造了这样一种现实：务工农民的收入被沉重挤压，而制造商和投资者因这些劳动力的廉价而获益。这也就是阿甘本所说的“排他性包容”——认同其工人身份，但却否定他们作为人的其他权利[43]。

近年来，鼓励务工农民留在城市（如为其子女提供越来越多的就学机会）和鼓励返回家乡（为返乡人员创业提供补贴和税收优惠）的双重政策并存。甚至教育也成为一种治理术，一方面调节和配置人口的流向，另一方面引导社会资源和家庭资源的流动[44]。通过这些“胡萝卜加大棒”的政策，特定人口类型被生产出来：被规训的、驯顺的、对社会无害的。生命政治也可以被理解为通过采用一系列的福利手段（如针对身体、健康、生存和居住等方面）来增加人口的“实用与顺从”[45]。

总的来说，生命政治作为一个实践权力的新型巧妙方式，在最近几个世纪的人口状况中被广泛观察到。它与国家的治理分不开，但相比之下它是一种更为间接的方式，温和而巧妙地潜藏于日常政治行动和话语之中。它“通过规则的执行和技术的规制，可以在人口中间造成解体、排斥、暴力甚至是死亡”[46]。当代农民迁徙的历史中，各种形式的生命政治交替上演。迁移的生命政治决定了他们能否迁移、向哪里迁移以及迁移多久。由于被排斥的处境和有关权利的被剥夺，务工农民常常成为自己国家的“他者”。在这样的背景下，只有极少数务工农民可以沿着阶层之梯向上流动，其余大多数则在其整个生命过程中被束缚于同一个身份。对于第二代甚至第三代务工农民来说，如果没有宏观层面根本性的经济、社会和政治改革，要摆脱这样一种循环似乎很难。

（三）作为剩余人口的农民

在政治经济学的分析中，农政变迁的形态之一是农民因为经济或非经济的力量被迫离开土地，成为既没有生产资料也没有人身束缚的“自由”[47]。自20世纪90年代起，农村结构发生了急速变迁，大量人口或者失去了土地，或者因为生产率低下无法以务农为生而不得不舍弃田园。这些现象不仅在非洲，在印度、东南亚也都普遍存在[35]321。农民无法在乡村继续以传统的方式生存，只能去城市谋生。这部分“相对剩余人口”暂时不被资本所需要，他们存在的意义在于充盈劳动力市场，资本家借此向雇佣工人施加压力，削弱他们抗争或谈判的意志与能力。

后现代与后结构主义对此提出了质疑。因为这种发展转型的叙事背后有一个假设，那就是随着社会的发展和进步，每个国家的大多数人口迟早都会完成从农业向工业、从乡村向城市的转变，只是或快或慢而已[35]322。但是，当无就业的增长席卷全球，当印度的25万年轻人手持2~3个大学文凭站立街头，那“工作在哪里呢?”[35]323既然资本在全球追逐和寻觅廉价的土地与劳动力，那么它找到更为廉价的替代品后就会轻松逃逸，若是如此，那这些“相对剩余人口”就会成为永不被需要的绝对剩余人口。这就是塔妮娅·李所说的“任其死”的真正含义[35]318-319。实际上，迁移暗含着资本与劳动彼此追逐这一历史事实，但并不是所有“自由”的劳动力都能够找到对应的资本[48]70。早在殖民地时期，被剥夺的失地人口就未能被种植园、矿山和当地的其他工业完全吸纳[49]。相反，资本家宁愿自讨麻烦，从遥远的其他地区招聘工人，因为这样一来，雇工就与他们的原住地遥遥相隔，更易于操控和规训[48]71。

六、农政变迁的多元叙事

在后现代与后结构主义那里，人、哲学和现实都被解构。哲学失去了尊位，作为主体的人早已死去（Man is end），或成为监狱中的犯人，疯人院里的疯子。正如海德格尔和福柯所言，科学和技术在当今世界实际上已成为一种自主的力量，支配着人类的所有事务，人类在这种受管制的生命中失去了存在的意义[50]，每个个体都处在非自由的状态，丧失了主体性；即便是反抗，反抗时采用的也是被规范化了的话语[51]。而眼前呈现的总是某种“统一性”和“连续性”的“现实”，但它必须被悬置起来，因为这种统一性和连续性往往是“阐释”的产物。阐释具有弥合事物之间的差异和事物本身的裂痕或缝隙的功能[52]118-119，因此有的工作就是要“抹平断裂，剔除异质，寻找规律，统一口径”[53]。一旦这样推及开去，就会发现“我们平时用以考察和把握世界的种种观念和分类原则其实都是有待于被审视的话语的产物”[52]119。因此，我们“必须对那些既定的综合，对那些通常我们不做任何考察就欣然接受的种种分类，对各种先入为主的环境进行质疑”[52]118-119。

正因如此，后现代与后结构主义不能简单地接受狭隘的唯经济增长的“发展”，不能简单接受这种“发展”对现实世界的殖民，不能简单接受农政变迁就一定是从农村社会向城市社会、从农业社会向工业社会、从小农农业向公司农业、从小农户土地生产向大规模土地生产、从农民向工人的转型。

有学者将后现代与后结构主义对发展主义的批判总结为新发展主义。新发展主义是“西方左翼基于后现代主义立场对以往发展主义理论和观念的全面清算。它主张第三世界各国摆脱西方现代性的价值尺度，选择一条尊重各民族自己的历史文化传统，符合第三世界国家社会实际的‘另类’发展方式和路径”[54]44，以相对替代绝对，以多元替代一元，以经济—社会替代单纯的经济崇拜[55]。故此，埃斯科瓦尔提出了混杂文化、替代路径等概念，主张解构传统—现代的二元对立[11]250-265。发展主义的幻象已经破灭，后现代的社会变革应当以多元文化主义态度尊重各个民族的文化、历史与世界观，建立基于本土知识的、传统和现代智慧相结合的、人与自然共存的发展模式[54]44。

这也正是后现代与后结构主义对农政问题的复杂性和农政变迁的多元性的有效回应。现实中的农业既有多功能与分散化的后现代农业，也有集中单一种植的公司农业。土地制度既存在界定明确的公有制、私有制，也存在主体模糊不清的集体所有制、部落共有制，土地的权属还可以分解为所有权、承包权、经营权等权利。村落的文化因为现代社会不同程度的制度和权力渗透，也出现了完全不同的组合和形态，既有对传统文化的承继，也有对现代文化的接纳。流水线上的工人、街头的小商小贩可能某个时期就是农民，而农民企业家也可能不是严格意义上的农民。农政变迁的道路，显然更是千差万别[56]。

需要指出的是，对现代性的批判与反思以及对农政问题与农政变迁复杂性的讨论不能说是后现代与后结构主义的独创，因为无论是马克思主义政治经济学，还是民粹主义等，都不乏深厚的传统。但后现代与后结构主义的独特魅力，在于它质疑启蒙主义的哲学基础，在于它从话语、权力、规训、生命政治等视角所进行的批判。它彻底质疑了一元论、线性论、基础主义等，从而打开了多元叙事的空间，释放了无限的可能。后现代或后结构主义与其他理论流派的交流和对话的意义，也正在于此[57-58]。

参考文献（略）

（原文刊载于《华南农业大学学报（社会科学版）》2018 年第 6 期）

规训农业：反思现代农业技术

叶敬忠　王为径

【摘要】在现代化语境之下，社会工程学家将技术作为统治工具，确保人类社会物质化、标准化、功能化以及明确化。本文通过展示现代农业技术概况、阐释现代农业技术异化现象、呈现现代农业社会中的全景敞视主义，经由被剥夺身心自由的农民、被整齐划一的农村社区、被割断血脉的农地以及被嵌入发展主义话语体系的农业几个维度，反思现代农业技术单一路径的局限性及去政治化特征，揭露现代农业技术对于农业社会的分解与重构。

【关键词】农业技术；异化；去政治化；规训；重构

一、通向“已知”的未来

18世纪英国工业革命之后，人类对自然世界的敬畏转化为对科学技术的无尽热诚。在此背景下，哲学家开始将科学技术与人类前景紧密相连，甚至将前者视为企及后者的通达之路。的确如此，在往后的几百年中，人类高度的物质以及文化生活的需求，都由于科学技术的不断发展而应接不暇地被满足着。在此过程中，人类逐渐拥有了相似的命运：如果说文艺复兴将人类从中世纪君主专制中解放出来，那么，科学技术的兴盛发展，又一次将人类网罗到几近相同的归路中去。

与之相伴随的是，农业也在现代化的引导下逐渐蜕变。Terence J. Byres以全球作为维度，将资本主义背景下的农业转型分为以下几类：在英格兰式道路中，通过土地的商品化，封建制度转变为新的资本主义地主阶级、农业资产阶级和无产阶级劳工“三位一体”的农业阶级结构；在普鲁士式道路中，封建领主制的庄园生产被由固定的农业工人进行的商业生产所取代；在美国式道路中，劳动力的相对短缺和较高的工资成本导致了19世纪的机械化；在东亚道路中，农业并未转化成农业资本主义，而是将农业生产中一部分“剩余”贡献给了国家工业化的进程（伯恩斯坦，2011）。

尽管各国农业现代化的历史不尽相同，然而，它们似乎朝向了一个共同的结果：以精进技术为手段，以节省生产成本、创造剩余价值、减少农业用人为目标，以大规模、集体化且排斥小规模独门独户的生产单位为形式，在机械化、化肥化、信息化及标准化的趋势中，逐渐突现现代农业。诚如齐格玛特·鲍曼的“园艺精神”比喻，园艺师将一个自然场所加工至一个人为的具有秩序的植物空间（斯科特，2005）。现代农业也被嵌入一个标准化的环境之中，以对“效率”的无止境追求作为合法化基础，利用不断更新的生产技术作为巧妙的掩护工具，将强大的政治力量注入农业之中，强迫农民遗忘那仅有的一点地方知识记忆与个人自由。

从农业资本主义到工业革命，从“田园城市”（霍华德，2000）的提出，到“灿烂之城”巴西利亚的规划完成，从“军团化”的科学林业乌托邦梦想（斯科特，2005）的滋生，到中央集权政府干预下的强制村庄化（斯科特，2005），发生在近代的一切，无不追求暗含政治或经济目的的易懂性与透明性、标准性与同质性。社会工程师们精心炮制了看似完善、明确、独一无二的社会秩序与社会前景，创造出一幅幅由“秩序、科技与大规模”带来的绚烂画面。他们将社会中那些行将消逝的杂乱与不确定性，通过话语的包装与技术层面上的弃绝，不知不觉地从人们身边消灭。最终，这些工程师们看似胜利了，异化也悄无声息地渗透到世界的各个角落。

二、异化的农民、农地与农作

最初，人类对自然饱含同伴般的深情。每一次采摘丰收的果实或狩猎飞禽走兽，都被他们作为接受上天馈赠的纯粹形式。从游牧模式到原始人的定居，农业的出现从根本上改变了人类生活。瓦罗（1981）在《论农业》中曾经这样描述过古罗马人在收成前的仪式：“在你带来小麦、大麦、豆物、萝卜等果实之前，奉献上未割过的猪的祭品和一头母猪。在你奉献母猪之前，你应该事先用神香、葡萄酒向杰纳斯（Janus）、丘比特（Jupiter）和朱诺（Juno）祷告。”瓦罗还更详细地记载了在进献贡品时古罗马人的说辞。毫无疑问，人与土地的关系并非与生俱来便如现代这般剑拔弩张，我们甚至可以从上述的只字片语中，读到曾经人类对自然的敬畏与尊重以及发自肺腑的归属之情。

工业革命的爆发确立了与资本主义相辅相成的科学理性精神，并带动了科学与技术、生产的普遍结合，使得那些古希腊传统式的冥想被科学家们抛诸脑后。与此同时，现代化逐步确立了其对于整个时代的重大意义，并将世界不论从历史还是空间维度都纳入“已知”的领域。从经济角度来说，现代化衍生出一套“工业发展、经济增长”的普适标准，并为全球市场的弱肉强食创造了绝佳环境；从社会角度来说，贫富分化、阶层固化与社会分工日益加剧；从政治角度来说，体现在全球化多元格局不见硝烟的战争中。一言以蔽之，人类包括经济、政治、文化的方方面面，都历经了以科学技术为动力的一次重大变革。在无处不在的现代性气息当中，农业技术也导致了农业社会的异化，甚至整个农业社会中包含的所有生产关系，都经由现代农业技术所蕴含的科学密码而异化了。

第一，农业技术异化了农民自身。伴随着工业化的时代洪流，政治家们开始盘算如何最有效地将小型农场主汇聚一堂，通过机器省却人力，完成人类在土地上反复劳作了上千年却从未变更的任务。随着拖拉机的出现，农业工业化由此开始。马格林指出，如果说机械化大工业严重剥夺了工人的自主性，那么，机械化大生产则更加彻底：它使一部分农民不得不离开农村涌向城市，而另一部分则成了地地道道的农业商人。事实证明，数目庞大的被农业技术与设备遣送至工业体系中的农民们，因为没有一技之长，仍然未逃脱被城市弃绝的命运。至于另一小部分幸运儿——那些追赶上现代农业技术脚步的农民，经由资本投入、农业技术推广、机械与肥料的使用，得以成为农民中的佼佼者，并和政府、资本家与科学家称兄道弟（马格林，2001）。“农民”意味着的将生命贡献于土地以换取生计的那部分意义，在他们看来早已可有可无。土地之于他们不再是赋予后者生机的大地母亲，而仅仅是牟取利益的田野工厂。

第二，农业技术异化了农民与土地。有赖于 18、19 世纪的生物化学基础，20 世纪的农业技术旨趣越来越带有生物学的特性。一方面，人们开始研究并改良化肥和饲料，从某种程度上说，这种方法的确促使土地的短期收益激增，与此同时，这种方法也破坏了土地或植物原有的状态，例如“以越来越多地使用化肥和其他化学制品为基础的系统”取代“循环的农业生态系统”（伯恩斯坦，2011）；另一方面，随着科学家们对遗传与演化问题的探寻，基因在农业技术尤其是新品种培育方面起到了重要作用，例如杂交育种、诱变育种以及转基因育种。中世纪初期，“为了确保土地的肥沃，男女双方在土地上滚动，赤裸的男人在庄稼地上滚动，女人在亚麻上滚动”（绍伊博尔德，1993）；而以技术为取向的现代社会，正被围困于农药化肥对河流、海洋、土壤、生物乃至整个地球的伤害之中。一部分农民远离土地及其身份，剩下的部分成了农工业机器中的螺丝钉。后者殚精竭虑地思考如何与官僚和知识分子相处愉快，以获取更多投入或技术，并经由喷洒农药、机械化耕作，以及向埋头于实验室的科学家们讨教新兴农业技术的动作，断绝了农民与土地之间如同母亲与子女、施与受一般的充满归属与感恩的和谐关系。

第三，农业技术异化了农事劳动。马克思（1961）认为，“最文明的民族也同最不发达的未开化民族一样，必须保证自己有食物，然后才能去照顾其他事情”，所以，他将农业领域看作一切劳动部门的自然基础。马克思的确富有洞见，宏观上说，现今整个农业领域的生产，确实承载着每一个国家乃至全球的粮食安全问题。然而，从微观角度看，耕作作为生计劳动的观念，已经逐渐消散在现代农民的脑海中。与其说农业劳动本身的异化来自农民的转变，不如说现代性意识形态重塑了人们对农业劳动的期许。曾经，人类渴望提高粮食产量，以备不时之需。然而现在，生产主义目标贯彻至整个农业领域，上至农业部门下至农民，所有投入产出关系之外的结果都被忽略不计。在过去，土地之于农民所以神圣，或许与其提供农民生存之道不无关系。这层关系的逐渐消解，意味着包括土壤、水源、农作物质量以及土地归属关系等问题，都不再是整个农业领域劳作的重点，除非他们开始影响生产。

当农民、农地与农作都相较于过去截然不同时，我们可以说，农业技术异化了农业。在过去，农业的顺利讲求天时、地利、人和，缺一不可；现代农业技术却可以运用温室、人工降雨等操控天气，以农药、化肥催化土地，通过专家的判断和决策直接影响整个农业过程。一切成败都可以完成于实验室，一切经过都能够排除农民而由专家主导，农民不再是唯一的劳作者、收获者，而被改造为参与者、施行者。换而言之，现代技术的出现，导致了农业领域内观念世界与生活世界的分离。事实上，观念世界与生活世界的逐步分离，并不仅仅出现在农业技术领域，而是贯穿于整个历史过程与现代社会的方方面面。20世纪后，实验室已被广泛应用于化学与生物学界。医学、农业与生物学工业技术，都开始以生物学实验工作作为研究基础而发展。在此之后，但凡关乎土地的一切，似乎都被在遥远的实验室的科学家们运筹于帷幄之中。实验室方法的出现，致使科学与技术、生产领域开始相互结合渗透。科学家们放弃了象征学术的形而上世界，投身于无止境的产量诉求当中。他们从一个实验室游走至另一个实验室，开发着一些将用于土地那个与他们相隔遥远的地方的技术。农业技术变成连接科学家的观念世界与农民的生活经验世界的中介，实验室是制造中介的载体。这两个世界所指向的旨趣截然不同，前者致力于通过更多的指标追名逐利，从而稳固地位、丰富职业生涯；后者的需求，兴许才能勉强与土地本身有所关联。

毋庸置疑，尽管农业技术自兴起至今已有了几千年的历史，然而，在现代社会被奉为社会发展动力的技术，已经与过去粗糙的手工工具大相径庭。现代性语境下的农业技术，斩断了曾经的农民与土地之间带有神性光辉的美好情愫，模糊了农民长达多个世纪的身份认同，将整个农业领域推向现代社会机器化大工业的熔炉之中。

三、“绿色革命”：去政治化的农业增长

现代技术将农业活动异化为类似工业大生产一般的流水线劳动，使农民作为独特的个体参与劳动的比重变少，并降低成本、增加收益。这一切恰恰符合整个工业革命对于增长无限追求的总基调。在发展主义的逻辑中，唯有增长，方可完美呈现权力和财富的存在，其支持者又反过来以后者为工具，迈向无止境的新的增长阶段。

20世纪30年代，由于美国对杂交玉米技术的研究日趋成熟，农业技术开始在美国走商业化路线，并且，杂交农作物逐渐取代传统农作物成为市场宠儿。20世纪40年代，农业杂交技术更是经由美国的“玉米地带”传至墨西哥，为后来墨西哥发展出各种杂交小麦、建立第一次绿色革命的最大生产成就提供了技术基础。这项技术也影响了印度与巴基斯坦。20世纪60年代，成立于菲律宾的国际水稻研究所开始改造水稻种子（马格林，2001）。20世纪

70 年代，中国的杂交水稻也应运而生，为确保中国粮食安全做出了贡献，并以不足世界耕地面积的 7%养活了世界约 1/5 的人口（熊愈辉，2003）。

事实上，第一次绿色革命的形成，不仅始于生物学与农业技术领域结合与推广的诉求以及当时全球大规模爆发的粮食危机。马格林（2001）一针见血地指出："绿色革命是在美苏两大帝国较量这种背景下炮制的。"他认为，为了在世界版图上不断扩张，美国用食物作为重要诱饵，以帮助第三世界国家消灭饥饿、实现共产主义所提出但未能实现的"美丽的承诺"为理由，酝酿了绿色革命。这场以杂交育种技术为导火索的农业技术革命，对发展中国家的意义尤为重大。印度、墨西哥、菲律宾等多个推广绿色革命的国家，粮食产量增长达到史无前例的速度。例如，印度的小麦单产从 1961 年的 800 千克/公顷上升到 1990 年的 2 200 千克/公顷，菲律宾的大米单产发生了从 1961 年的 1 250 千克/公顷上涨到 1990 年的 2 800 千克/公顷的变化（熊愈辉，2003）。一时间，由绿色革命所带来的粮食产量激增，既解决了一批发展中国家的粮食自给问题，又稳定了全球性的政治格局。

然而，杂交育种技术的蓬勃发展，昭示着人类对自然的又一次挑战。马格林认为，在绿色革命中粮食大幅增加的背后，人类需要付出代价。第一，杂交农作物品种的出现，取代了传统农作物的植物多样性，导致前者抗灾能力减弱；第二，新品种的培育需要大量水分、化肥和农药，在此过程中，恐怕难以避免产生生态系统的破坏；第三，由于农场物料不再自产自销，所导致的农村经济关系变化，可能会引发政局不稳。马格林（2001）总结道："这三个问题都可归纳到一个大问题之下：可持续性。"

的确如此，绿色革命取得的成果是短暂的，随后造成的破坏性却是绵长的。首先，化肥与农药的大肆使用，致使生态环境持续恶化。如同《寂静的春天》所描述的那样，"包括大气、水体、土壤和作物，进入环境的农药在环境各要素间迁徙、转化并通过食物链富集，最后对生物和人体造成危害"（屠豫钦，2003）。其次，随着农业技术的提高与研发投入的增加，农产品产量不增反减。早期的农业技术建立在顺应自然规律以及保持人与自然和谐关系的基础上，因此，农作物产量更多依赖于农民的照顾以及天气、土壤结构等自然条件。现代农民更加关注种子、农药、化肥、机械以及新技术的投入，而忽略对土地的呵护。尽管农作物产量会如同在绿色革命的早期一般飞速增长，然而，随着化肥与农药的追加，土地逐渐展现疲态，因为过量的人力物力投入引起永久性伤害。农作物也由于丧失多样性而抵抗力渐弱，在负荷超重的土地上受到物理或化学的损伤，最终产量下降。再次，高速增长的人口对于高产作物的依赖，造成世界人口抵御力的普遍下降以及亚健康人群的增加。最后，不可忽略的是，农业技术的持续推广，对全球能源紧缺的现状形成巨大压力。由于机械和肥料的成分来源都是石油或煤炭等不可再生资源，全球各国对于资源的使用难以控制，对于资源的争夺也愈演愈烈（胡晓兵，陈凡，2008）。终于，人们意识到，以短期的粮食产量暴增作为目标的绿色革命，无益于土地，也无益于农民，更无益于长远解决全球粮食问题。

胡晓兵（2007）指出："工业化的现代农业技术是以机器和化学手段对农业生物进行加工的技术，农业生物变成了可以生产的物质材料，以高产高效为目标，专业化、规模化、连作化、机械化被不断地推广和普及。"如同绿色革命一般，现代农业技术打着"追求增长"的旗号而来，却难免暗含着政治或经济的目的：当自然环境与生态过程中的动植物生长出现不确定性时，化肥、除草剂、杀虫剂、温室、基因工程等现代农业技术的组成元素便将自然界改造为流水线工厂；当饥饿和灾荒对第三世界国家人民具有威胁性时，各种一揽子的改良育种经由发达国家之手用以获得更多的政治支持；当无数中小国家或中小型生产单位还在凶险的全球市场中摸爬滚打时，新兴大国或全球大型企业的高科技农业成为垄断资本的最佳工具。

以转基因技术为例。自问世以来，转基因技术不仅接受着人类关于其对生态、社会等方面负面作用的拷问，还引发了伦理方面的争议。和杂交育种技术一样，转基因技术破坏着农田的生物多样性，并有可能通过逃逸现象形成自然界的"超级杂草"，从而导致生物链断裂。从政治角度说，转基因技术有可能造成技术垄断问题，以及发达国家对第三世界国家的经济侵略与农业资源掠夺；从经济角度说，转基因食品价格过高，会造成发展中国家的经济负担，转基因食品更在考验着农业技术本身的同时，消耗着大量的社会资源；从伦理角度说，食品安全问题在全球范围内层出不穷，给人类健康带来威胁（毛志新，2005；杨通进，2006）。

Ruivenkamp（2008）指出，"生物技术通过含有独特信息的种子加速了农业与环境的分离，通过信息化的酶使农业产品与食物产品分离，通过独特的非食物产品及其组成成分使农业产品和食品质量分离，通过独特的添加剂及其组成成分使农业和健康分离。上述的一切种子、酶、氨基酸、脂肪酸、乙醇、食物成分、添加剂等都是政治化的产品，创造着新的社会和权力关系。”印度著名环境保护运动人士苏曼·萨哈伊曾说，“基因工程的主要目的是赢利”（胡晓兵，2004）。这句话一语中的，也适用于农业技术发展现状：诸如转基因技术之类的高端农业技术，已经不再流传于离土地最近的农民的世界中，而是被控制在例如官僚、资本家与知识分子等少数人手中。它的目的不再单纯是为了农民生计和全球粮食安全，更甚者，不是为了产量本身，而是为了发展的表象背后，少数人进行资源垄断与技术统治的目标。

四、农业社会的全景敞视主义与农民自主性的式微

在现代化语境的工业社会中，技术作为推动社会方方面面前进的动力资源，往往被掌握在少数人手中。在鲍曼那里，经由技术，少数统治者的时空生命得以解放，他们一边在辽阔的天地之间自由来去，一边为无法拥有技术的大多数人制造各种藩篱。在政治上，技术是技术掌握者削弱对手权力的最强有力的武器；在经济上，技术解决了“增长崇拜”社会所面临的首要问题；在文化上，技术制造了现代社会新的消费美学，以与“利益最大化”的普遍价值观相互匹配。然而，现代技术衍生的一切后果都并非无心之作，更合理的解释是，最初，人们通过技术与其他手段，力图建造一个具有确定性的、透明的、人人平等的现代社会，其结局是，统治者拥有一个清晰社会的同时，不确定感却充斥在其他多数人的世界之中（鲍曼，2001）。

福柯（2001；2003；2001）认为，在行政框架内，通过统计学对于个人的量化，治理术无法抵达家户内部的困境得以解决；在司法框架内，通过精神病学与法律领域的结合，带有偏见地定义“不正常的人”；在临床医学框架内，通过医学领域与教育领域的结合，医生对病人实现经由各项指标完成的个体分解。上述情况的共性在于，现代社会的每一个领域中，都充斥着大量由数据、档案或分类系统重组的人。恰恰是他们，在丧失自由和安全的生活情境里被一览无余的同时，浑然不知地满足着统治者的种种需求。

现代农业技术对农业社会的异化正是诸如此类的规训。之于农民，它一方面导致了农民内部的不平等，一方面将更多的农村廉价劳动力排挤至城市化工

业建设的大潮中；之于土地、动植物，它的出现有助于完成更具操作性、更可控制的自然界临床演化过程，更大程度地物化了自然界；之于农事劳动，它以标准化的机械程序或书面化的育种指南，排斥被赋予“落后”标签的人力耕种，消灭人与自然之间充满情感及能量传递的交流方式，使其转化为纯粹的市场价值创造；之于农业社会与外部世界，它冠以有话语权的科学家、资本家、地方政府以合法性，破坏了市场、资本和科学知识与本土文化互不干扰的和平局面，使前者日益脱离自给状态，成为后者获取廉价资本的绝佳场所。

现代农业技术的特征之一，即技术世界与生活世界相互脱离。今天人们对于现代农业技术的强调，绝非指向同一生计目标的全人类的共同理想。且不论农民，哪怕是国家权力机构、大型企业或农业技术科研人员，都因为各自的动机，对农业技术的未来饱含憧憬。迄今为止，由于国家权力机构对农业问题的简单化处理，所造成的自然和社会损失的事件已经不在少数。但是，全世界的社会工程师和农业专家仍然坚信，农业技术乃至所有科学技术的精髓是：理性化、大规模生产以及实验室方法。通过应接不暇的国际研讨会、技术发布会或学术杂志的“在场”，专家们远离农地，在忙碌的知识交流中，把握着农业技术的最新走向。与其说他们在为全球人类的粮食安全辛苦奔波，倒不如说官僚机构将农场变为社会工程的新规划对象，大资本家和小农场农业商人唯利是图，农业技术研究人员埋头于实验室为前程而拼搏。正如斯科特（2005）评价苏联中央集权背景下的工业化农场时所说的，“农场活动中有90%是工程，只有10%是农业”，这种以农业技术为媒介、政府机构或大型企业为施用主体、社会规划为最终目标的农业工业化“在农业上与巴西利亚城市中平整出的工地是等价的”。

早在1938年，英国物理学家贝尔纳（2003）就清楚地认识到，工业革命后，科学便进入了以营利为目的的新时代。在《科学的社会功能》中，他列举了影响科研工作者自我增值的部分条件，它们包括：不同等级的科研津贴、从事项目的选拔与机会、研究导师与课题的选取、研究成果类的硬性指标以及科研职业管理体系等。他认为，强求研究成果的数量并用以衡量科研人员的专业性，导致“科学文献中充满大量毫无用处的论文”。在布鲁诺等（2001）的调查中，实验室科学家们从事实验活动是为了撰写论文或发掘新产品、新技术的潜在商业价值。实验的选题取向，大部分来源于科学家在交谈中的灵光一现、论文期刊的类型诉求以及政府或企业项目的资金投入偏好，而绝非科学家在生活世界的实践累积。

在2009年4月8日《南方周末》刊登的一篇名为《“瘦肉精”背后的科研江湖》的文章中，记者呈现了“瘦肉精”由外国进入中国的来龙去脉，这其中牵涉国内部分科研机构与专家的学术伦理问题——早在20世纪80年代，“瘦肉精”便初次现于中国学术期刊，直到农业部将“瘦肉精”封杀，中国相关方面的研究论文和综述已有四五十篇之多。然而，在这些学术成果中，相当一部分未提及“瘦肉精”的副作用，用一位当事人的话说，“如果在论文中介绍了副作用，我们（的论文）也发不了”。毫无疑问，这个话语所带有的假设前提，正符合拉图尔书中所述的科学家的情况：为求名利放弃其他，包括学术伦理道德。总之，作为研发现代农业技术的重要主体，科研人员鲜有浸淫在生活世界，通过大量对农民需求的考察，确立研究旨趣。他们之中的大多数，碍于科学技术研究本身的桎梏，在实验室建造了一个从科学技术中诞生的天堂。

斯科特（2005）用源自希腊的“米提斯”概念，解释农民通过日积月累得出的与耕作相关的自然、气候、雨水等知识。这些来自经验世界的地方化的知识和艺术，才是真正流传于远古农民的、为了得到大地母亲恩赐且不至于饱受饥荒灾害的历史产物。与农业工程学家和资本家的政治或经济的目的不同，也有异于农业技术研究人员受到诸多束缚的研究旨趣，农民在触手可及的生活世界中，为了生活而劳作。他们经由与大自然的相互给予，创造了“米提斯”，并在后者与外部世界的农业技术、农村计划的博弈中，失去了它。最终，这些创造者和使用者们，怀揣着各不相干的愿景，被农业技术结合到产业链当中。当“米提斯”逐渐流逝于标准化社会工程的一次次实施时，农业也就丧失了它绝大多数的独特与美好之处。

现代农业技术的特征之二，即它作为意识形态，禁锢了农民的自由。现代农业技术的进步，其表象是农作物产量的增加乃至农业本身的发展，其实质“不仅是掠夺劳动者的技巧的进步，而且是掠夺土地的技巧的进步”（马克思，恩格斯，1971）。正如马克思所说，土地早已比过去任何时候，更加召唤着各方权力的角逐。并且，农业技术的异化，使农民无法控制工作性质以及生产节奏，成为机器化大生产中的一个个小零件，在政治参与的舞台上身影渐淡。海德格尔（2008）认为，技术产生的一切异化现象，都是因为“把生命的本质交付给技术制造去处理”。在此基础上，所有农业活动都被物化、功能化、标准化与利益化，经由作为技术本质的“座架”，“限定”空气的来源和去处、农民的身份与工作内容、农作物产量的高低等，“强求”土地不再为土地，农业不再为农业，都变成现代农业技术的随从（绍伊博尔德，1993）。马尔库塞（Herbert Marcuse）则提出了著名的公式：“技术进步=社会财富的增长（国民生产总值的增长）= 奴役的扩展”。

阿帕杜雷（2001）曾通过印度西部农村的案例，指出现代农业技术与其知识系统的入侵，导致村民丧失作为农民的自由而被工具改变劳动内容，丧失自给自足的自由而不得不依赖市场的新技术和新设备，丧失以情感为纽带的合作互助自由而借以工具理性进行交往。其实质是，政府官员与专家，通过技术推广和技术垄断，得以使用技术霸权达到统治目的。

在现代农业技术的发展过程中，农民逐渐抛弃了自发育种，选用政府下属科研机构或大型企业的高科技育种。如此一来，他们只能年复一年地在政府、资本家和科学家的引导下买种。当他们选择了一定的种子，又需要施以配套的化肥，更甚者，由于土地的日渐受损，化肥的用量必须逐年增加。在此基础上，他们无可避免地将象征着知识和技术的人奉上神坛，如饥似渴地接受着政府、企业的项目培训与“改造”。农民能够看到的，是自己使用新型育种、大量化肥、各种机械施行他们梦寐以求的规模农业，并因此使粮食产量大幅提高。他们看不到的，是这些多余的粮食终究流向城市、流向资本聚积的一方，流向远远凌驾于他们之上的某处。而粮食产量提高导致的盈利，也随着物价的提高和“经济的无声强制”（the dull compulsion of economic forces），仅仅成为字面上的数据增长。总而言之，对于现代技术的反思，无法忽略的是，它以全新的去政治化的形式，物化了本应生机勃勃、血脉相连的世界构造，禁锢着人类的身心自由。在农业方面，这种技术的统治机制，可以看作这样一个过程：官僚、资本家和专家们，利用现代农业技术与装备的推广项目，削弱农民和农村社区与相关机构的自主性，践行后者巩固集中权力的基本逻辑。

现代农业技术的特征之三，即它为发展主义与科学主义所引导并服务于此。霍克海默、阿多诺（2006）认为，被“工具理性崇拜”占据大脑的现代人类，蜕变成为只注重追求功能性、生产效率与策略算计，而放弃对人生意义与价值思考的迷失自我、丧失内在灵性的行尸走肉。同样的观点也出现在海德格尔（2008）的《诗人何为》中，他通过分析里尔克关于金钱的诗篇，感慨事物的物性已经丧失灵光，全部退化为市场价值。以金钱作为度量单位，土地、动物、农作物等一切事物，都被标准化成可以比较的毫无区别的商业筹码。物化伊始之时正是世界灵性消失之日，诚如马克思（1972）所说的，“技术的胜利，似乎是以道德的败坏为代价换来的……甚至科学的纯洁光辉仿佛也只能在愚昧无知的黑暗背景上闪耀”。

发展主义与科学主义正是钻了物化的现代文明的空子，从而扭曲了曾经质朴纯粹的农业技术。马格林（2001）认为，以“绿色革命”为例，其政治、经济问题以及长远的自然环境破坏问题确实严重，比这更值得批判的是，一种以“发现问题—解决问题—再发现问题”为逻辑的不可持续性的科学主义和建立一套鼓励现代化的知识系统，以达到改造农业方方面面的发展主义的技术推广方式。在探寻第三世界国家发生的诸如贫富分化、失业率升高、生态灾难频发与自然环境破坏等种种危机时，班努里（2001）抨击了西方中心论的发展主义道路，指出其实质并非为了将第三世界国家从粮食危机中解救出来，而是单纯将西方的“效率至上”理念嵌入第三世界国家的社会发展观。斯科特（2005）在总结东非殖民化项目的失败时，提到了项目设计上的一个致命弱点，即对机械和大规模生产的盲目信心。类似的情况不计其数，更甚者，“官方和专家对未来的积极规划与农民之间的冲突，被官方归结为进步与蒙昧主义、理性与迷信、科学和宗教之间的斗争”。

迄今为止，在中国，许多国内外援助组织、地方政府、企业或者科研机构，都在忙碌地追求着“经济增长”与“生产率提高”。在标准化的现代性语境中，当“大”和“多”成为唯一的正向追求时，将一切赋予市场价值似乎变得理所当然。一系列看似毫不相关的机构通过农业技术实现着各自的目标：援助组织获得了慈善资本，地方政府获得了相应的税收与绩效考核，企业获得了垄断资源，科研机构获得了名声与利益。与此同时，它们固化了现代农业社会结构，该结构由周期短暂且生命脆弱的种子、污染环境且消耗能源的化肥与机械、贫瘠的土地和拥有大量资金、大量土地与高端技术的统治阶层以及随时会一无所有的农民所组成。

现代农业技术崇尚的是单一的、确定性的、功能性的美学观念，实现的是农业社会的全景敞视主义。后者通过间隔、差距、序列、组合的机制，揭示、记录、区分和比较（福柯，2009）农村、农业和农民，提出类似“新农村建设”的农业社会重组途径以便整合乡土资源，普及和倡导具有去政治化内涵的新型农业在农村的广泛应用，塑造符合现代化、工业化、城市化建设的新型农民。的确，必须承认的是，不论是“新农村建设”，还是“新型农民”，都在某种程度上使得农民农村农业自身、城乡关系以及国家发展向着更加可控的物质富足的未来前行，并且，这种未来相较于过去在不断地试图解放农民人身自由、缩小城乡现实差距以及精进农业施行模式。

尽管如此，对于现代农业技术的反思，需要我们思考一些涉及当今农业仍然存在的问题：全景敞视下的农业社会，不论农村、农业还是农民，面对被自上而下地、自下而上地、横向地甚至自我强迫地“监视”，究竟还有多少自主选择的空间？全景敞视主义引导下的现代农业技术，能否接受除却普适理念以外的其他农业方式？能否复还一个充分具有多样性的农业世界？能否面对实验室与田野之间可能存在的信息不对称？对于现代农业技术的反思，倘若不去思考这些，或许将有越来越多人的自由牺牲于政治斗争、市场经济以及争名夺利的过程中。不仅农业领域，整个现代社会都被整齐划一的、单调而充满可见性的空间所笼罩。当我们追问技术的内涵为何、质询发展的进路何在时，需要看到的是，某种致力于完善社会结构功能的宏大叙事，或一系列为了方便生活所发明的文本、档案、数据库和归类系统，是否暗含着规训的逻辑；需要想象的是，构建一个现代技术去中心化的世界，以尊重每种独特的选择，以完满一个圆融的空间。

参考文献（略）

（原文刊载于《中国农村观察》2013 年第 2 期）

改革开放40年乡村道德生活的变迁

孙春晨

【摘要】 改革开放以来，中国乡村的道德生活发生了巨大变迁。一方面，中国传统乡村道德文化生存的土壤发生了根本性的改变，乡村的道德生活呈现出新的气象，农民接受了新的道德观和价值观，由服从伦理到自主伦理的转变是农民权利意识觉醒的标志；另一方面，受市场经济行为规则和现代性价值观的影响，传统的乡村道德文化陷入了日益式微的境地。农耕文明是乡村文明的底色和本色，在乡村文化振兴战略中，乡村道德文化传统是重要的资源。

【关键词】 改革开放；乡村道德生活；农耕文明；乡村振兴

中国传统的乡村文化具有以农耕文明为基础、地缘和血缘为纽带、社会关系伦理为秩序的特色，并在长期的历史发展进程中逐步形成了以家风家训、乡规民约、习俗习惯和民间信仰等为基本内容的道德文化形态。改革开放以来，中国乡村社会发生的变化是如此的剧烈和急速，以至于需要讨论“中国的乡村到底应该是什么样”的问题。乡村的巨变不仅仅表现在乡村发展的外在形态上，更体现在乡村文化尤其是乡村道德文化的变迁之中。伴随着现代化和城市化的不断推进，中国传统乡村道德文化生存的土壤发生了根本性的改变，乡村的道德生活呈现出新的气象，农民接受了市场经济机制下新的道德观和价值观。同时，以工业文明和城市文明为标志的市场经济行为规则和道德文化强势来袭，传统的乡村道德文化陷入了日益式微的境地。农民日益个体化的自主选择和个体权利意识的觉醒以及市场化和现代性价值观的影响，

作者简介：孙春晨，中国社会科学院哲学研究所研究员、中国特色社会主义道德文化协同创新中心首席专家，研究方向为伦理学原理和应用伦理学。

使得当代中国乡村道德文化出现了一些令人忧虑的问题。

一、乡村道德生活新气象：伦理观念更新驱动道德实践创新

改革开放以来，在中国共产党的领导下，我国经历了波澜壮阔的思想解放过程。正是有了思想的解放，我国才实现了从高度集中的计划经济体制到充满活力的社会主义市场经济体制、从封闭半封闭到全方位开放、从传统社会到现代社会的巨大转变。改革开放是对中国人精神世界的解放，它承认并鼓励每一个人对幸福生活的渴望和追求，为每一个人提供了更新价值观念、改善物质生活和主宰人生命运的机会与舞台。在改革开放的历史进程中，不仅中国乡村在经济发展水平上发生了翻天覆地的变化，而且在精神生活领域，农民的伦理观念和价值观念也得以全面更新，现代社会的权利观念、公平正义观念、环境保护意识和慈善意识等被广大农民所理解和接受。农民因思想解放而开阔了视野，为新型乡村道德生活的建构注入了强大的活力。在乡村各级党和政府部门的主导下，全国乡村的道德建设创新活动丰富多样、精彩纷呈。在村民的积极参与下，各具特色的乡村道德实践正在全国乡村如火如荼地展开，聚沙成塔、集腋成裘，乡村道德建设的每一个微小行动、每一次创新变革，都在书写着充满生机的乡村道德生活新篇章。

第一，以乡村社会管理为突破口，努力改善民生，夯实乡村道德建设的根基。仓廪食而知礼节，衣食足而知荣辱。农民只有在享受了改革开放的经济发展成果，其根本利益和基本权利得到切实维护和保障、生活质量不断提升的前提下，才能自觉地、积极地和主动地参与乡村的道德建设。改革开放以来，针对我国社会发展中社会资源、社会机会和社会财富等分配不公的现实问题，各级党委和政府有意识地改变了那种为农民“掌舵”、过分追求乡村公共行政效率的价值观，代之以为农民做好服务、更加注重社会公平正义的新型乡村社会管理价值观，不断完善乡村公共服务体系，保障农民的基本生活需求，在协调乡村社会关系、化解乡村社会矛盾、促进乡村社会公正、应对乡村社会风险和保持乡村社会稳定等方面做了大量的工作，以满足农民日益增长的美好生活需要，使农民的获得感、幸福感和安全感更直接、更可持续。打造和谐、有序、安定和公平的乡村社会发展环境，有助于农民道德素质的提升和道德品行的养成以及整个乡村社会优良道德风尚的形成。改革开

放后乡村社会发展以及乡村社会管理方式变革取得的成就，增强了农民积极参与乡村道德建设的自觉性和主动性，为乡村社会的伦理关系由无序向有序发展提供了强力支撑。

第二，推进新乡贤文化建设，为乡村道德文化发展打牢基础。乡贤是指传统乡村中那些既德行高尚，又具有崇高威望和影响力的贤达人士，“皇权不下县”的中国传统乡村治理文化造就了以乡贤为主导力量的乡村治理模式。传统乡贤的社会功能主要体现在两个方面：一是参与乡村社会管理，统筹和处理乡村的公共事务，从事公益慈善活动；二是引导村民制定和执行乡规民约，改善乡村的礼俗和道德文化环境。在相对封闭的传统乡村，乡贤以道德示范者的身份和形象，带动着乡村道德生活的良性发展。改革开放以来，乡贤的外延发生了变化，不再仅指一直生活在当地的“在场乡贤”，还包括从本土走出去的、生活和工作在外地的“不在场乡贤”，这些“在场”和“不在场”的乡贤共同构成了当代乡村新乡贤的主体。建设新乡贤文化是乡村道德文化发展中的固本培元工程，重视和发挥新乡贤在乡村社会治理和道德文化建设中的积极作用，已成为全国乡村的广泛共识。一些乡村积极借鉴传统乡贤的乡村治理经验，挖掘当地的乡贤文化资源，在邀请“在场乡贤”参与乡村文化建设的同时，主动联系“不在场乡贤”通过各种途径、各种方式回报和回馈家乡，鼓励新乡贤支持家乡的经济建设和道德文化建设，取得了有效的成果。新乡贤成为乡村道德文化建设的践行者和引领者，是乡村寻常百姓的“道德标杆”。

第三，充分发挥乡村社会的道德自治功能，积极营造和谐向善的乡村道德生活氛围。健全自治、法治、德治相结合的乡村治理体系是促进新时代乡村道德建设的制度性安排，这一“三治结合”的体系凸显了乡村自治的内生驱动力，赋予了乡村治理主体即村民更大的自主行动空间，能够最大限度地激活村民的自主意识和创造精神，这是基于乡村社会文化形态和乡村生活方式的具有文化人类学意义的选择。改革开放激发了人们思想观念的改变，在乡村道德建设中，各地因地制宜，探索出了多种形式的道德自治方式。“道德自治是民间社会组织自主化解道德难题、消除道德冲突、增进道德团结的行动机制”[1]，而“乡村道德讲堂”和“村民道德评议会”即是在我国乡村被广泛采用的两种道德自治方式。作为传播道德知识和道德实践经验的“乡村道德讲堂”，不仅开设涉及社会公德、职业道德、家庭美德和个人品德等内容的课程，用通俗易懂的语言向村民讲授人际交往和公共生活的道德规则，而且运用村庄中发生的道德案例，告诉村民如何处理日常生活中的各种人际矛盾和冲突，传授家庭和谐及邻里和睦之道。通过宣讲当地道德模范和乡村好人的故事，引导村民积小善为大善。村民身边的“乡村道德讲堂”，就是用身边人讲身边事，以身边事教身边人，让村民在主动参与中获得道德认知和道德感悟。“乡村道德讲堂”因其亲近性和针对性特色而受到村民的普遍欢迎，并在乡村营造了积极向善的社会氛围。“村民道德评议会”是乡村道德自治的另一种有效方式，它充分发挥了社会舆论在促进个人道德品行培育中的重要功能。“村民道德评议会”通常由村民自发组成，其功能是对村民的道德行为或不道德行为以及村庄的公共道德事务进行道德评议，乡村中经常发生的邻里纠纷、家庭矛盾和人际关系矛盾等都可以通过这种方式予以解决，以和风细雨、润物无声的方式达到了惩恶扬善的道德教育目的，使村民之间的伦理关系更为亲密与和谐。

二、农民权利意识的觉醒：由服从伦理到自主伦理

自中华人民共和国成立到改革开放前，在政治生活领域，通过强有力的和持久的政治思想教育和群众运动，将“以阶级斗争为纲”的意识形态转化为社会的主流思想，限制了个人的行动自由，人们只能在政治服从的前提下工作和生活；在经济生活领域，实行的是政治统率下的全面计划经济，国家控制了个人的社会流动和职业选择，并以严格的户籍制度和福利制度划分了城乡的界线，人们不能自由和充分地发挥自己的潜能。在人民公社体制下，农民不仅在经济生活领域受到计划经济体制的掣肘，没有经济活动的自主权，而且在政治生活领域也必须遵守各级组织所规定的政治纪律。各级组织从意识形态高度提出的行为要求就是农民必须依循的道德准则，遵从政治伦理要求的行为就是合道德的行为、就是善，反之就是不道德的行为、就是恶，容不得农民去思考这样做到底有什么样的确凿理据。农民的道德生活与集体活动紧密相依，合作化和人民公社化时期的集体食堂、集体劳动、集体学习，其目的就是要“狠斗私字一闪念”，以达到完全依赖和服从集体的道德纯洁。尤其是在“文化大革命”期间，在“无产阶级专政下的继续革命”的大旗下，

个人所能做的就是对政治的绝对服从，如果有人对现实的政治和生活状况提出不同意见，就可能遭受革命群众的批斗。农民生活在这样的政治环境下，只有唯唯诺诺、听任组织安排的绝对义务，只有对政治伦理权威体系的坚决服从，不可以轻举妄动。这种“无须思考，只要服从”的至高无上的、不容置疑的政治性道德生活形态是集权型、计划型政治伦理的高标样式，严重窒息了农民自主意识和权利意识的生长。

改革开放和市场经济运行机制的确立，为农民提供了发展自我的相对公平的竞争环境，农民的主体意识和个体权利意识得到了觉醒和高扬，获得了日益自由的行为选择权利，呈现出与现代性相伴而生的个体化趋势。德国著名社会学家乌尔里希·贝克（Ulrich Beck）认为，所谓个体化，意味着“民族国家、阶级、族群及传统家庭所锻造的社会秩序不断衰微。个体自我实现的伦理在现代社会中处于最有利位置。人的选择和决定塑造着他们自身，个体成为自身生活的原作者，成为个体认同的创造者”[2]。就我国改革开放后的乡村社会而言，农民的个体化指的是农民从先前的政治性、组织性和社会性羁绊中“脱嵌”出来，这是农民“从传统时代到集体时代再到市场经济时代不断脱嵌、祛魅和再次嵌入的过程”[3]，在这一过程中，农民的自主伦理得以发育和发展。改革开放终结了以人民公社为标识的乡村生活的集体化模式，国家机器也从农民的日常生活中撤出，个体生存和发展的欲望得到承认。由此，农民拥有了自主处理生活事务的道德权利。依托市场经济机制而催生出来的个体化是农民自我解放的标志，农民从政治束缚和被动的组织认同中解脱出来，宣示了在个人发展上自我决定权的诞生，农民不再被高度集中的权力机构、无所不包的计划机制和整齐划一的集体行动所控制，逐渐成为可以自主决定过什么样的生活以及如何生活的自由独立的个体，这是我国农民在寻求自身人格和尊严上的一次历史性重大转变。

农民从服从伦理向自主伦理的转变，其主要表现之一就是价值观选择上的多元取向。改革开放前，无私奉献的集体主义价值观是意识形态政治伦理所推崇的唯一正确的价值观，农民的思想和行动被统一于这样的价值观之下，就不可能自主地选择其他类型的生活价值观。改革开放引发的社会的流动性、生活方式的多样性和价值观的多元性以及市场经济运行逻辑带来的每个人生存和发展的机会，给农民提供了自主地进行价值观选择的现实性和可能性，多元的价值观能够满足个体多样化的发展需求，农民可以依据自身对人生意义和生活价值观的理解，选择适合自己发展需求的生活方式。当代农民价值观的多元取向还体现在对自我日常生活自由的重视上，农民在观念上对自主、自由有了明确的认同态度，更体现在对日常生活的具体处置上。例如，农民在建造新房时，有意识地增加了个人自由活动空间的设计，环绕居所的院墙虽然在一定程度上影响了与其他村民的随时交流，但是，它也避免了被无端打扰的可能，保护了个体的隐私权，为自己保留了自由活动的空间。自主和自由之于个体生活的意义，农民或许不能从学理上予以阐释，然而，他们却能够用具体的行动予以事实上的积极回应。

农民在摆脱了政治性管制、群体性依附而获得自由与权利以后，必然会在市场经济环境下面临如何处理权利和义务的关系问题。“在日常生活中，市场语言无孔不入，把所有的人际关系都纳入以强调自我利益、自我优先权为导向的模式。由相互理解和相互承认而结成的社会纽带，已经被自身功利最大化的选择和行为方式所摧毁。”[4]在市场逻辑和财富法则主导下的农民价值观日益走向世俗化、物质化，追求个人利益的最大化成为一些农民的唯一价值标准，并为此不择手段、为所欲为。“个人每天都被劝导、鼓捣着去追求他们自己的利益和满足，即使关心别人的利益和满足也是在其对自身的利益和满足产生影响的时候才会发生，因而现代社会的个人认为他们身边的人都是由类似的自我中心主义动机指导的”[5]。

在自主伦理的名义下，权利与义务的天平日渐失衡，一些农民的权利意识无限膨胀，放弃了应该履行的义务和责任。“摆脱了传统伦理束缚的个人往往表现出一种极端功利化的自我中心取向，在一味伸张个人权利的同时拒绝履行自己的义务，在依靠他人支持的情况下满足自己的物质欲望。这方面突出的例子莫过于许多女青年在赢得婚姻自主权——‘自己找婆家’之后，仍然向未来的公婆索取高额彩礼。又如，普遍存在的农村养老问题也同样源于权利义务失衡的自我中心主义价值取向。”[6]乡村孝道伦理的失落，是以个人主义价值观处理家庭道德生活、权衡代际关系中的道德责任的突出表现。当代乡村家庭的权力中心已从父辈转移到年轻一代，父辈已经丧失了过去在家庭生活中的权威，在家庭事务中没有了话语权和决定权，年轻一代成为家庭中的中坚力量，主导着家庭内部代际伦理关系中的责任分配。在家庭权力转换之后，年轻一代在拥有了自主处理家庭事务权利的同时，更应该主动地履行赡养父辈的道德义务，因为权利与义务是相伴而生的。然而，令人忧心的是，乡村的一些年轻人非常注重自我权利的实现，却不能自觉地承担赡养父辈的孝道义务。

三、农民的“恋土”与“离土”：农耕文明伦理传统的衰微

讨论改革开放以来乡村道德生活的发展和变迁，农民与土地的关系是一个必须关注的切入点。土地是人类文化和文明发展的重要载体，它内蕴着人类的生存伦理和对大自然的道德感情。在传统的乡土社会，土地使农民的生活有了相对的保障，这是农民生存安全感的重要来源。农民与土地之间的关系，在很大程度上影响和塑造了中国传统伦理文化的内在精神气质。美国女作家赛珍珠（Pearl S. Buck）在 1931 年出版的《大地》一书中淋漓尽致地展现了中国农民的守土情结，描写了离不开土地、与土地有着生死关系的中国农民形象，揭示了中国农民的“恋土”情感。农民从土地中获取力量，在土地上辛勤劳作，以表达自己对大地的敬畏之情。离开了土地，农民便失去了生命的价值和意义。农民在与土地、与乡村生态环境的持续相互作用过程中，形成了自身以及乡村的历史、文化和传统。“我不能想象，在没有对土地的热爱、尊敬和赞美以及高度认知它的价值的情况下，能有一种对土地的伦理关系。所谓价值，我的意思当然是远比经济价值高的某种涵义，我指的是哲学意义上的价值。”[7]土地是农民生存和发展的根基，种地是农民所能选择的最稳妥、最可依赖的经济生产方式。农民对土地的感情和以土地为纽带的经济行为与交往行为，形成了具有独特文化特征的农耕文明传统。

农耕文明是一种不同于游牧文明和工业文明的文明形态，中国数千年的乡村文明发展史表明，农耕文明是乡风文明的根和魂，它孕育了乡村内敛式的道德文化形态和农民自给自足的生活方式，与现代文明所倡导的和谐友善、低碳消费等价值理念十分契合，它对土地有着强烈的依赖性，这就使得乡村的道德生活带有鲜明的“重土”特色。中华民族的农耕文明是人类文明宝库的重要组成部分，体现了乡村文明的底色和本色，而在农耕文明基础上形成的乡村道德文化在传统乡村治理、引领乡村风尚和凝聚乡民人心中具有不可替代的功能。如果乡村的土地被工业化和城市化进程所蚕食，农民失去了土

地，农耕文明的发展自然也就无所依托。

在传统乡村社会，农民的人生理想和抱负以及所能赢得的名声和赞誉，都与土地有着紧密的联系。在一个村庄共同体中，一个人是否善待土地、是否能在土地上辛勤劳动成为村民之间道德评价的重要标准，“一块杂草多的土地会给他的主人带来不好的名声。因此，这种激励劳动的因素比害怕挨饿还要深”[8]。对于村里的能人与懒人、善人与恶人，村民们有目共睹。这种来自同一村庄共同体成员的道德评价，关涉一个农民在村庄共同体中的生存环境和道德地位，因此，农民是否对土地抱有敬畏之情，能否在土地上辛勤劳作，不仅成为农民是否具有优良劳动伦理的试金石，而且更重要的是，它是一个人能不能融入传统村庄道德共同体的前提条件。

自中华人民共和国成立以来，伴随着社会主义改造、合作化和人民公社化运动，国家运用行政力量将农民组织起来，实施集体化农业生产模式，彻底取代了传统的以家庭或家族为生产单元的小农经济，并采用严格的城乡二元户籍制度将农民绑定在土地上，农民几无社会流动的渠道。改革开放后推行的家庭联产承包责任制，释放了农民种田的积极性和能动性，农民在获得生产经营自主权后，可以自主安排生产和生活，不必完全将自己禁锢在土地上劳作。20世纪90年代以来，市场经济的发展和乡村社会的结构转型以及大规模农村劳动力向城市的流动，改变了乡村的发展轨迹，土地在农民心目中的神圣地位不断降低，农民的“离土”时代也随之到来。

农民之所以选择到城市寻找生活的出路，最主要的原因就是想改变他们当下的生活处境。一是改变生活水平低的现象。农业收入低，农民生活困顿，单靠农业收入达不到一般国民的生活水平。二是农村就业机会匮乏。日常生活所需、子女的教育投资等必须面临的问题主要依赖农业之外的收入，农民必须走出去才能找到更多就业机会，通过提高收入解决这些生存的问题。三是改变先赋性身份的愿望。“离土”实际上寄予了农民对改变身份和阶层地位的期待[9]。农民的“离土”有主动“离土”和被动“离土”两种情形：主动“离土”指的是农民自主选择离开乡村，与土地劳作告别，去城市寻求发展机会，以获得比在乡村种地更高的经济收入；被动“离土”源于工业化、城市化的发展，农民的土地被政府征用，这是工业化、城市化过程中不可避免的现象。

乡村的新生代农民赶上了改革开放的新时代，在他们成年后就可以自由地“离土”去城市打工，虽然他们的身份是农民，但他们基本上没有务农的经历，种田在他们眼里是一项吃苦不赚钱的苦活计，他们不甘心像父辈那样在乡村侍弄黄土地。他们不看重在土地上辛勤耕作的传统的劳动伦理，一些新生代农民甚至对耕作土地怀有本能的排斥。与老一代农民相比，新生代农民有一定的文化和技能，他们追求自我价值的实现，渴望融入色彩斑斓的现代化城市生活，因受到城市文明的浸染，他们对土地的情感日渐淡薄，乡土观念不断弱化，越来越远离了乡村传统道德的约束。城市生活中以陌生人为对象的人际交往方式，改变了他们在乡村习以为常的以熟人为基础的伦理关系，动摇了原有的道德价值观。新生代农民主动离开乡村去城市寻找发展机会，其直接后果就是留在乡村的老人和孩子不能对土地进行精耕细作，甚至将土地撂荒，承载着农耕文明的乡村景观因土地的荒芜而显现出凄凉的境况。在强大的资本力量运作土地和迅猛的城市化吞噬土地的双重裹挟下，当农民不再“恋土”、不再将心思倾注于土地的耕作时，当农民将城市的繁华与喧嚣作为其向往和追逐的生活目标时，农耕文明所承载的乡村伦理文化传统的衰微也就无法避免。

农民“离土”导致了乡村的“空心化”。从全国范围看，乡村的空心化现象比较普遍，而且呈不断扩展的趋势，在一些乡村尤其是经济不发达或欠发达乡村，留守在乡村居住和生活的基本上是妇女、儿童和老人。乡村的“空心化”不只是人口的空心化，还有乡村文化的“空心化”。虽然在未“离土”的老一代农民身上依然留存着传统乡村道德文化的基因，但他们因无法适应现代市场经济社会的发展，渐渐沦为乡村共同体的边缘人物，不能在乡村道德生活领域充分发挥作用，而新时代农民又处于“不在场”状态，这就使得乡村缺少了传承和弘扬优良道德文化传统的行为主体。乡村的“空心化”，使得乡村没了人气，而没有人气的乡村，活跃的乡村伦理关系网络就不能建立起来，几千年积淀下来的乡土道德文化的生机日趋黯然，传统乡村文化中重人情、重互惠和重关怀的美德逐渐淡化，邻里之间守望相助、扶弱济贫的紧密型乡村伦理关系面临解体。更为严重的是，乡村的“空心化”是对乡村社会伦理秩序的人为消解，导致需要村民团结合作的集体行动难以开展，村庄的公共生活事务也就失去了村民自治的基础。

四、农民的行为选择："道义农民"抑或"理性农民"

在农村社会学和经济人类学等研究领域，两位美国学者斯科特（James C. Scott）和波普金（Samuel L. Popkin）的理论时常被研究者们提及，他们不同理论观点的对垒在学界被称为"斯科特—波普金论题"，即"道义经济"和"理性农民"之争，这一论题的本质是如何看待农民的行为选择。

斯科特使用"道义经济"的概念去分析农民的行为选择，反对用"理性经济人"的假设去理解农民的行为。在其著作《农民的道义经济学》中，他提出的一个核心概念是植根于乡村社会的经济实践和社会交易之中的农民生存伦理。他认为，在"安全第一"的生存伦理下，农民的耕作行为追求的不是利益的最大化，而是较低的风险承担与较高的生存保障。农民所追求的并非一切人完全平等，而是人人都有生存的权利。所谓"安全第一"，是指农民的行为选择倾向于安全感和可靠性，对于在土地上维持生计的农民来说，更期望的是稳定和持久的实际收入，而不是更高的风险收入。同时，传统乡村的互惠伦理又保证了个体在遭受厄运时，能够在家庭、家族和亲属以及乡村共同体中获得救助，家庭家族和亲属纽带以及乡村共同体是农民生存的"安全阀"。传统乡村的社会经济生活安排是从生存伦理出发而构建的，并由此影响和塑造了传统乡村社会的农民有关公正观念、权利义务观念和互惠观念等道德文化习俗。

与斯科特将农民视为"道义农民"、将传统乡村看作"道德社区"不同，波普金在其著作《理性的农民》中认为，农民是理性的个人主义者，其行动的现实动机是追求自身利益的最大化以及最优的资源分配。农民不只是为了维持基本的生存而劳作，他们也会基于各自的偏好和信奉的价值观，对行动所可能产生的结果进行审慎的评估，最终做出自认为能够带来最大化预期效用的选择。因此，由"理性农民"组成的村落只是空间上的概念，农民在松散而开放的村庄中相互竞争并追求利益最大化，并不存在利益和道德价值上的认同纽带，市场经济社会中的集体理性问题、公共物品问题、搭便车问题和囚徒困境问题等，同样困扰着乡村社会，并极大地削弱传统的乡村社会福利惯例与乡村运行制度的稳定性和有效性。由于农民的行动被自身利益的理性所驱使，所以乡村共同体的伦理观和道德文化传统受到了强力的挑战。

斯科特运用功能主义方法，将乡村共同体的生活形态看作是在乡村伦理规范体系引导下运转的，因为这些伦理规范很好地适应了乡村共同体生存的需要；波普金运用经济人理性的方法，把乡村共同体的生活形态视为农民在可选择的市场环境下的理性行为后果。事实上，当代中国的乡村社会既有斯科特描绘的“道义农民”，也有波普金刻画的“理性农民”，他们各自的理论提供了研究乡村道德生活变迁的不同视角。

中国传统的乡村道德生活正如斯科特的“农民道义经济”模型所呈现的那样，是一个具有高度集体认同感的内聚型的道德生活共同体，它通过内部的再分配机制来实现乡村共同体成员生存和发展的目的。当一些成员遇到生存危机时，也可以依赖乡村共同体成员之间的互惠和庇护伦理关系提供非正式的社会保障，在具备内生的伦理关系网络和道德运行机制的乡村，农民的行为选择趋向于谨小慎微的保守主义，尽量减少未知的道德风险。传统乡村社会的熟人共同体虽然缺乏现代意义上的发达而有序的公共生活伦理文化，但是，这并不妨碍传统乡村公共生活的道德治理。改革开放前的计划经济时代，虽然农民不能进行自由的经济行为选择，但是，在国家和集体力量的支撑下，农民的生存权利得到了制度上的保证。改革开放后的市场经济机制下，“农民道义经济”的行动逻辑并非完全不存在，农民除了关心个人的利益之外，还会将对他人福利的关心纳入个人的效用函数之中，把乡村习俗和传统伦理规范视为一种有助于个人效用函数最大化的价值理性，诸如互惠、慈善等受他人尊重的这类社会价值，也可以作为个人效用的重要组成部分，因为遵守乡村习俗和传统伦理规范并不妨碍合理的个人利益的实现。

波普金的“理性农民”理论更适合于解释市场经济条件下农民的行为选择。“理性农民”的偏好和欲望是个人主义的，只为满足自己的偏好和欲望做出行为上的取舍，不会去主动考虑个人利益与他人利益和社会利益的伦理关系应该如何处理的问题。当个人利益与他人利益和社会利益发生道德冲突时，“理性农民”往往只为自身的利益着想，选择能够给自己带来最大利益的行为。随着市场经济的利益原则“嵌入”乡村社会的程度愈来愈高，农民不仅认可了市场经济的制度安排，而且接受了参与市场经济活动可能带来利益风险的观念，传统的乡村文化习俗和道德规则对农民行为的约束效力日趋弱化，一些农民为了经济利益甚至无视乡村的文化习俗和道德规则。市场经济在培育了农民的竞争、效率等观念的同时，也带来了见利忘义、损人利己等道德问题。农民行为选择的理性化，使得村民之间的交往渗入了利益的计算因子而走向了功利化，利益驱动成为一些农民的主要行为方式，由于过于看重市场社会的利益交换原则，乡村温馨的伦理关系和道德情感也被金钱所污染。在乡村曾经盛行的互惠性换工和帮工场景已逐渐消失，金钱成为维系人际关系的主要“砝码”。以财富和金钱衡量一个人社会地位的物质主义和实用主义价值观弥漫于乡村的公共生活之中，导致乡村公共生活伦理的缺失。“理性农民”有着很强的个体化意识，个人主义和利己主义价值观盛行于人际交往之中，他们不关心乡村的公共事务。当代乡村公共生活伦理的建构需要研究的主要问题是，如何以维护乡村公共利益为中心，建立起全体村民的权利得到有效保障、村民又能履行自身道德义务的新型伦理形态。

五、结　语

“每一个人的故乡都在沦陷”，这是一句频繁出现在各类媒体上的感叹语。今日乡村的现实景象，已然失去了古代文人骚客们所描述的传统农业社会和农耕文明如桃花源般的美妙意境，“乡愁”是伴随着现代性、以城市文明和工业文明的视野观照传统农业社会和农耕文明而滋生的复杂情感，它意味着当代中国人对乡村田园生活的憧憬以及对城市化和工业化生存模式与生活方式的反思，更是当代中国人在改革开放和市场经济时代对传承发展作为中华民族之灵魂的乡村道德文化的热切期盼。留得住乡村的优良道德文化，才能留得住“乡愁”。乡村文化不仅体现在山水风情、村落农田自成一体的美景之中，还表现在乡村所保存下来的家风家训、乡规民约、习俗习惯和民间信仰等道德要素之中。

中共十九大报告提出“实施乡村振兴战略”，随后召开的中央农村工作会议研究了实施乡村振兴战略的重要政策并做出了全面部署，指明了中国特色社会主义乡村振兴道路的七个重要方面，其中第五个方面是必须传承发展提升农耕文明，走乡村文化兴盛之路。其目标是，坚持物质文明和精神文明一齐抓，弘扬和践行社会主义核心价值观，加强农村思想道德建设，传承发展提升农村优秀传统文化，加强农村公共文化建设，开展移风易俗行动，提升农民精神风貌，培育文明乡风、良好家风、淳朴民风，不断提高乡村社会文明程度。这一发展方面，可以称之为乡村振兴的道德发展之路。80 多年前，梁漱溟先生基于他对中国乡村的认识，提出了中国乡村的最大问题是文化遭到破坏以及社会伦理关系失序的观点，并致力于乡村建设的实践，试图通过对乡村的文化重建和改造来振兴乡村。在乡村振兴战略中，乡村的道德文化传统是重要的资源。乡村道德文化是引导乡村风气和凝聚乡民人心的不可替代的力量，乡村文化振兴，需要深入挖掘地方性的道德文化传统资源，积极发挥家风家训、乡规民约、习俗习惯和民间信仰等道德文化的作用。“中国农民丰收节”的设立，就是乡村振兴道德发展之路的一个重要举措。农民的丰收，必然是土地的丰收，设立“中国农民丰收节”的道德意义在于，这是对中国农耕文明传统以及乡村道德文化的传承和弘扬。

参考文献（略）

（原文刊载于《中州学刊》2018 年 11 期）

谁之乡村？何种发展？

——以农民为本的乡村发展伦理探究

王露璐

【摘要】 农民是乡村的主体。乡村是身处其中的农民之乡村，乡村发展始终应当是体现居于其中的农民主体性的发展。探讨乡村发展问题，应当首先确立以农民为本的发展伦理，并在价值目标、伦理根基和道德评价三个层面给予体现。农民的“美好生活”，是确定乡村发展目标的价值指引；农民的主体性及其发挥，是实现乡村发展的伦理根基；农民的全面发展则是对乡村发展进行道德评价的根本原则。只有构建以农民为本的乡村发展伦理，才能保证作为乡村主体的全体农民在共建共享中不断增强获得感、幸福感和满足感，从而真正实现农民的全面发展和乡村社会的不断进步。

【关键词】 乡村；农民；发展伦理

一、问题的提出

自20世纪80年代以来，作为一门交叉学科的发展伦理学在西方兴起后迅速勃兴，并聚焦于发展目标和模式的伦理原则与道德评价等问题。21世纪以来，国内关于发展伦理的研究方兴未艾，在研究内容、价值基点、方法范式等方面均取得了一定的进展。然而，发展伦理的研究成果相对集中于对发展伦理学研究范式的理论探讨，涉及现实问题的成果则主要集中在城市发展、全球发展以及贫困、正义、生态等领域，较少关注当前中国乡村的发展及存在的问题。

作者简介：王露璐，南京师范大学公共管理学院教授、博士生导师，南京师范大学道德教育研究所，研究方向为应用伦理、马克思主义伦理学。

应当看到，乡村是中国社会的基础，农业、农村、农民问题始终是关系国计民生的根本性问题。尽管十一届三中全会以来的农村改革进程极大地改变了中国乡村社会的生产方式和生活方式，但是，乡村依然是中国政治、经济、文化和道德生活的根基。今天，全面建成小康社会的关键仍然在于农村小康的实现，因此，乡村发展伦理既是当代中国乡村研究和伦理学研究中必须面对的重要理论问题，也是乡村经济社会全面发展中的重大现实问题。

自20世纪初开始，对中国乡村社会和乡村经济发展的研究始终是国内学术界的热点问题，也是国外“中国问题研究”关注的焦点。尽管20世纪的中国乡村研究更多是从社会学或经济学角度进行的，但在研究中也开始认识到中国乡村社会独特的伦理文化及其对经济和社会发展的重大影响。葛学溥、卜凯等国外学者基于对不同村庄的田野调查，展示并分析了中国乡村村民真实的生产和生活状态，为探讨乡村伦理的变化提供了基础。以卢作孚等为代表的国内实业家、以毛泽东等早期马克思主义者为代表的政治家和以梁漱溟为代表的知识分子则更多地聚焦于改变乡村状况、重建乡村道德生活等方面的思考和实践。他们或进行乡村建设试验，在发展经济的基础上进行乡村文化建设；或强调通过农民运动，打破旧的伦理规范，为乡村伦理重建提供可能；或主张从乡村文化出发，对乡村乃至全国进行新的构造建设，从而形成新的乡村伦理规范。中华人民共和国成立后，尤其是改革开放以来，学者们对乡村经济、社会、家庭、治理等方面的伦理关系和道德问题进行了许多阐释和分析，取得了日益丰硕的研究成果，也为乡村发展提供了有价值的道德理论资源。

然而，一个值得注意的问题是，在对乡村发展的诸多探究中，学者们常常忽视了一个重要的维度——作为乡村根基与主体的农民。近年来，各类“返乡日记”大量出现，但其中关于“乡愁”问题的探讨，与其说是对乡村发展中出现问题的客观分析，毋宁说是主人公抒发自身迷惘的主观情怀。易而言之，在大量的乡村研究成果中，乡村是作者视野中的乡村，而不是农民生活于其中的乡村；乡村发展是作者希冀的发展，而不是农民期待的发展。由此，当我们试图探讨中国乡村发展伦理问题时，必须首先厘清两个基本问题，即乡村究竟是谁之乡村？乡村发展究竟是何种发展？

一般而言，“乡村”泛指城市以外的地区，并没有将其与“农村”加以严格区分，使用中常可互相指代。伴随着中国农村经济的发展和农村产业结构、劳动力就业结构的多样化，更多的学者倾向于使用“乡村”这一概念。但是，应当看到，乡村的主体始终是农民，这一点并不会由于大量非农产业和进城务工人员的出现而改变。因此，乡村是身处其中的农民之乡村，而不是居于乡村之外的“他者”之乡村。构成中国乡村社会的每一个村庄，是由在共同生产、生活中形成特定伦理关系和共同价值取向的村庄成员所形成的共同体。换言之，这是村庄成员视野中“我们”的村庄，而不是研究者视野中“他们”的村庄。张佩国曾针对乡村史研究中存在的忽略农民主体性而导致的“见物不见人”这一问题提出质疑。在他看来，如果“只能使读者看到枯燥乏味的资料和冷眼旁观的分析，而看不到农民的情感世界和观念变化”，那么，这种“再现”必定是“蹩脚的、不完全的甚至不正确的”。基于这一立场，研究者应当“走近”农民的生活，在角色意识上实现从“旁观”到“贴近”的转变[1]。

依循上述思路，乡村发展既不是以种种数字和模式所呈现出的数据和理论上的发展，也不是城乡二元结构中服从或服务于城市的发展，更不是符合居于乡村之外的“他者”之意愿和目标的发展。相反，乡村发展始终应当是体现居于其中的农民主体性的发展。由此，当我们探讨乡村发展问题时，应当首先确立以农民为本的发展伦理，并在价值目标、伦理根基和道德评价三个层面给予体现。

二、农民的“美好生活”：乡村发展的价值目标

发展伦理学的先驱和代表人物古莱曾经指出，发展是一个含糊的词语，“在发展的名义下包罗了形形色色令人迷惑的、有时候相互矛盾的政策方针”，发展“既是经济问题又是政治问题，既是社会问题又是文化问题，既是资源与环境管理问题又是文明问题”，因此，发展的核心问题是“界定美好生活、公正社会以及人类群体与大自然关系的问题”[2]2-3。基于对发展的这一理解，古莱认为，“虽然在某些方面，发展本身是追求目的，但在更深层方面，发展从属于美好生活”[2]43。换言之，发展的目标在于实现“美好生活”。此种美好生活尽管在发达与不发达社会中存在不同的标准，但也有着以“最大限度地生存、尊重与自由”所体现的共同目标。

具体而言，“最大限度地生存”以保存生命、减少死亡为基本原则，表现为满足人们对食物、居所、医疗及其他生存的基本要求。将人均寿命作为发展的重要指标，正是这一原则的体现。“尊重”作为美好生活的重要因素，表现为个人和社会寻求尊重、认同、尊严、尊敬、荣誉和承认的诉求。发展是获得尊重的基本途径，故而成为各个社会的合法目标。“自由”是发达社会与不发达社会的普遍目标，意味着不同社会及其成员获得更多的选择和受到更少的限制。发展是使人们解脱无知、苦难、奴役的途径之一，也是减少人们选择时所受限制的前提。因此，古莱提出了发展对所有人群至少应有三方面的伦理价值：“①为各社会成员提供更多、更好的生存物品；②以某种方式产生或改善物质生活条件以达到所想望的尊重需要；③使人们摆脱压制性奴役（大自然、愚昧无知、受制于他人、体制、信仰）而取得自由。其目的使个人摆脱这些奴役的束缚以及/或者提高人们所设想的自我实现的机会。”[2]50

尽管关于发展目标的确定有着众多理论层面的分析和实践层面的探讨，但是，古莱所提出的“最大限度地生存、尊重与自由”，仍可为乡村发展提供确定价值目标的重要理论资源。在乡村发展的层面，这一目标表现为农民的“美好生活”，并通过农民生存、尊重与自由的实现得到具体的体现。

第一，“安全第一”的生存伦理，是乡村发展的底线伦理要求。农民的行为选择更多遵循“安全第一”的生存伦理还是“利润最大化”的利益追求，是国内外理论界聚讼已久的问题。俄国学者恰亚诺夫认为，小农的经济行为是非理性的，农民在两个方面有别于资本家：他依靠自身劳动力而不是雇佣劳动力，难以核算其工资；他的产品主要满足家庭自身的消费而不是在市场上追求最大利润，无法衡量其利润。正因为如此，农民的行为无法用成本和收益进行衡量，“小农经济”形成了自身独特的逻辑和原则[3]。美国学者斯科特基于东南亚地区的实证研究，提出“安全第一”是农民最基本的生存伦理原则，认为农民的经济行为奉行的是“安全第一”的原则，他们追求的不是收入最大化，而是较低的风险分配与较高的生存保障。正因为如此，农民总是选择收益虽低但风险更小的生产技术，而放弃那些虽然具有较高收益的期望值但收益不确定的新技术[4]。古莱在对“美好生活”之“生存”这一基本要素的阐述中，也认为“保守的”农民抵制化肥、新种子、现代耕种技术等新的发明创造的原因在于，“维持生命实在太重要了，他们不敢‘冒这个险’”[2]50。

尽管一些学者反对上述观点，认为农民与商人一样会在权衡长短期利益及风险因素之后，为追求最大生产利益而做出合理的选择。但是，正如斯科特在论及“安全第一”准则的约束力时所提出的，“越是接近生存边缘线—只要处于生存线之上的家庭，对风险的耐受性越小，‘安全第一’的准则的合理性和约束力就越大”[4]27。伴随着改革开放以来中国乡村工业化、城镇化和市场化进程的加快，农民的经济理性意识不断增强。但是，土地至今仍然是中国大多数农民最基本的生产、生活资料，是其主要收入来源和最重要的生活保障。因此，建立公平合理的农村土地流转制度，完善农村社会保障制度，从而使农民获得其生存的基本条件，始终是乡村发展的底线伦理目标。

第二，农民社会尊重度的不断提升，是中国当前乡村发展的现实伦理目标。城乡差距和城乡发展不平衡，是长期以来中国城乡关系的基本态势。中华人民共和国成立前，城市与乡村的二元分离，城市统治阶级和乡村劳动群众之间的对立关系，使城市与乡村呈现出统治与被统治的关系。尽管中华人民共和国成立后，社会主义公有制的建立使城乡关系获得了平等的制度保障，但是，在生产水平、经济收入、文化水平和生活条件等方面，乡村仍然远远落后于城市。计划经济体制下“工业先导，城市偏重”“以农哺工”及工农产品“剪刀差”等政策导向，加上户籍制度对农民生产、生活方式的束缚，导致城乡差别依然存在。肇始于农村的改革进程，为中国乡村经济发展和农民收入提高提供了良好的制度和政策支持，但城乡发展不平衡问题并未得到根本解决。

正如古莱在对“美好生活”的第二个普遍因素“尊重”的阐述中所提及的，“具有深刻自尊感的贫穷‘不发达’社会在接触经济与技术发达的社会时都蒙受不快，因为物质繁荣现在已被广泛承认为人类可敬的试金石。由于‘发达’国家中社会地位与物质成功紧密相连，当今受尊重越来越归于那些掌握物质财富和技术力量的人们，一句话，归于那些有‘发展’的人们”[2]51,53。这种以物质繁荣判断发展并将此种发展与“尊重”相关联的伦理评价体系，产生了对不同发达程度的国家和地区及其国民尊重度的差异。而在中国城乡发展不平衡的背景下，也逐渐生成了若干长期存在的价值理念：在经济发展模式上，工业经济优于农业经济；在生活方式上，城市生活优于农村生活；

在社会尊重度上，城市市民优于乡村农民。表现在现实生活中，农民试图通过参军、升学、进城务工等方式离开农村，其最为重要的目的是摆脱受歧视的“农民”身份并为获得城市市民身份提供可能。因此，乡村发展的目标不仅在于通过各种形式缩小城乡差距，实现农民物质生活和精神生活的富足，更需要在此基础上不断提升整个社会对乡村和农民的认同与尊重。

第三，农民选择的多样性和自由度，是乡村发展的理想价值诉求。在传统乡村社会中，农民以土地为基本的生产和生活资料，形成自给自足的生产方式和生活方式。正如法国学者孟德拉斯所指出的，“所有的农业文明都赋予土地一种崇高的价值，从不把土地视为一种类似其他物品的财产”[5]51，“对农业劳动者来说，土地这个词同时意味着他耕种的田地、几代人以来养活着他全家的经营作物以及他所从事的职业”[5]53。对于中国传统农民而言，土地是其生存的根基，是一种具有最大缓冲性和抗击力的自然资源，因此，“种地”是农民最基本、最稳妥的生产和生活方式。以耕种土地为生的农民仿佛是“粘在土地上的”，由此形成的“乡土中国”被费孝通形容为“被土地束缚的中国”①。自中华人民共和国成立到1978年的30年间，经历了土地改革、合作化、人民公社运动的农民在经济上的差别几近消失，在劳动、生活和思想等方面趋向“同质化”，也几乎完全消解了农民向城市流动或选择其他生产、生活方式的可能性。

古莱在论及作为“美好生活”之要素的“自由”时提出，所有社会都重视的“自由”这一因素尽管有无数的含义，但“至少它意味着各个社会及其成员更多的选择，追求美好事物时受到较少的限制”[2]53。然而，就中国乡村发展而言，无论传统意义上的“乡土中国”，还是计划经济体制下趋于“同质化”的人民公社，抑或工业化、城镇化和市场化进程中的“新乡土中国”，在某种程度上都未能给农民的“美好生活”提供更加丰富、多样和自由的选择。换言之，无论是“被土地束缚”的农民，还是完全失去流动性的人民公社社员，抑或今天能够“离土离乡”的“农民工”，都并未获得自由选择其生产方

---

① 1945年，费孝通出版了由《禄村农田》《易村手工业》和《玉村土地与商业》改写而成的Earthbound China：A Study of Rural Economy in Yunnan（Chicago University Press，1945），1988年，该书以《云南三三村》为名出版中文版本。

式和生活方式的物质、精神和文化基础[①]。因此，通过城乡发展的均衡、乡村发展模式的多样化和更加完善的社会保障体系，不断提升农民选择的多样性和自由度，是当前乃至今后一个时期中国乡村发展的价值目标。

三、农民的主体性：乡村发展的伦理根基

在任何国家的乡村发展中，农民都是乡村的主体。在这一问题上，我们可以从民国“乡村建设运动”及一些典型的国外乡村建设模式中获得有益的理论和实践资源。民国“乡村建设运动”是中国历史上一次重要的农村运动，尽管学界对其评价存有分歧，但不可否认的是，以梁漱溟和晏阳初为代表的知识分子，看到了乡村在中国社会发展中的重要地位，并身体力行地开展乡村建设实践，在一定范围、一定时期内促进了中国乡村的经济发展和文化进步。在思想方面，“乡村建设运动”强调以民为本，从振兴农民精神出发，激发农民进取心，使其克服浅薄的功利思想和个人主义，以“个人的向上”带动“社会的向上”；在实践方面，“乡村建设运动”通过乡农学校大大增强农民之间的相互信任，给乡民创造更多的机会，对于缩小乡村社会贫富差距起到了十分重要的作用。始于20世纪50年代中叶的法国“农村改革”，通过突出强调农民教育推动了农村生产力水平的长足进步和农民思想观念的显著提高，从而形成了全新的乡村形态。20世纪70年代的韩国“新村运动”，自始就强调“勤劳、自助、合作”的口号，将“农村启蒙”作为该运动的重要任务，力图改变村民原本的消极状态，提升村民伦理道德素质。通过这场运动，韩国在30年的时间里走完了资本主义发达国家上百年的农业现代化和农村城市化之路。从上述乡村建设的实践中我们不难看出，农民是乡村的主体，没有农民的参与、投入及由此带来的观念转变，乡村发展便失去了根基。

党的十九大报告指出，“加强农村基层基础工作，健全自治、法治、德治

---

① 2007年以来，笔者在完成国家社会科学基金青年项目“乡村经济伦理的苏南图像”、重点项目“转型期中国乡村伦理问题研究”和重大项目“中国乡村伦理研究”的过程中，带领团队对江苏省江阴市华宏村和吴江市圣牛村、河南省漯河市扁担赵村、贵州省凯里市朗利村、湖南省郴州市西岭村、湖北省罗田县赵家湾村、甘肃省岷县辘辘村等进行了田野调查。在调研中，无论是进城务工还是留守务农的访谈对象，相当一部分都表现出迫于生存压力而为之的无奈。

相结合的乡村治理体系”。这是关于中国乡村治理体系的理论创新，也为中国农村基层治理提供了实践指引。近年来，乡村治理问题成为学术界的关注热点，学者们针对传统乡村礼治的变化、法治与德治的结合等问题进行了大量阐述。但是，其中相当一部分论述仍将关注的焦点放在通过政府“自上而下”的宣传、发动和引领实现治理目标，相对忽视了探讨通过“自下而上”的农民自发性实践活动实现乡村治理目标的现实可能性。然而，我们不应忘记，乡村建设的主体是农民，农民主体性是建立健全自治、法治、德治相结合的乡村治理体系的前提，是乡村发展的伦理根基。

韦伯曾经提出传统中国的“有限官僚制”，认为其重要表现在于，皇家行政的作用只限于市区和市辖区的行政，而在乡村则无所作为，因为“除了本身就足够厉害的宗族势力外，它还得面对乡村本身有组织的自治”[6]。秦晖认为，中国传统乡村的治理模式表现出“国权不下县，县下惟宗族，宗族皆自治，自治靠伦理，伦理造乡绅”[7]的基本格局，尽管国内学界对这一论断存有争议，但也形成了一个基本共识，即中国传统乡村的基层自治程度大大高于城市，这种自治的实现主要依靠各种形式的村规民约对村庄共同体成员形成的道德约束力。

近代中国社会的转型也带来了乡村社会治理模式的变化。民国时期，大规模的“政权下乡”试图突破长期以来“皇权不下县”的局面，“法律下乡”的进程由此得以推进。不过，总体上看，由于未能改造乡村社会的基础，民国时期的“政权下乡”和“法律下乡”都未能取得明显成效[8]。中华人民共和国成立后，计划经济体制下的乡村社会在生产、生活和思想等方面趋于“同质化”，尽管在一定程度上增强了村落群体意识，但同时也大幅度削弱了传统宗族力量和村规民约对村庄自治的作用。改革开放以后，法治“进入”乡村但仍然停留于浅层，传统的乡村伦理共同体走向式微，乡土社会的自治力量和礼治秩序的约束力都出现弱化趋势。与此同时，伴随着乡村工业化、城镇化和市场化进程的加快，部分沿海地区的村庄转变为新型的“工业化乡村社区”，中西部地区则出现了因大量年轻劳动力“离土离乡”而产生的村庄“空心化”问题。由此，村庄居民的流动性和异质性大大提高，基于共同的生产活动和日常交往而产生的熟悉感和信任度不断下降，对村庄的归属感和认同感日渐弱化，作为村庄成员的主体意识愈加薄弱①。

正如前文所述，乡村发展始终应当满足居于其中的农民对“美好生活”的诉求，而实现此种发展也需要充分体现农民的主体性。简言之，乡村发展既是为了农民，乡村发展也要依靠农民。具体而言，在乡村发展目标、模式、路径的设定上，要充分体现农民的主体性，充分调动其积极性、主动性和创造性，而不能仅仅将其视为被动的“受众”。例如，近年来为加强农村文化建设而推广的“农家书屋”②“送戏（电影）下乡”等形式，投入不小却收效甚微。其原因恰恰在于内容单调、形式雷同，不能吸引农民主动参与。与此相反，“乡村春晚”“乡村广场舞”等农民自办自创的新型乡村文化形式，充分激发了基层农民作为乡村伦理文化建设主体的文化热情和内生活力，具有极高的参与度和自我认同感，产生了显见的成效。

四、农民的全面发展：乡村发展的道德评价

发展伦理不仅涉及何为发展、如何发展等问题，也涉及对发展的道德评价问题。我们首先需要破除“发展天然合理”这一哲学信念，确定衡量和评价“发展善”与“发展恶”的标准。对此，学界的观点主要集中在生产力发展、社会进步和人的全面发展这三个标准上。从根本上说，三个标准是统一的，也具有一定的普遍性，可以作为衡量和评价乡村发展的一般原则。其中，生产力发展是根本性标准，社会进步是总体性标准，人的全面发展是最高目的性标准[9]。依循这一思路，笔者认为，应当以“农民的全面发展”作为乡村发展道德评价的最高标准，并处理好它与乡村生产力发展和社会进步之间的关系。

第一，农民的全面发展以乡村生产力发展和社会进步为基础。只有乡村生产力的不断发展，才能推动乡村社会的全面进步，也才能为农民的全面发

① 在对 8 个村庄的田野调查中，笔者注意到，相当一部分访谈对象对于涉及村庄总体发展状况、村庄发展的公共事务等问题缺乏关注，甚至认为这只是村干部的事，与己无关。

② 2007 年 3 月，新闻出版总署会同中央精神文明建设指导委员会办公室、国家发展改革委员会、科技部、民政部、财政部、农业部、国家人口计划生育委员会联合发出了《关于印发〈农家书屋工程实施意见〉的通知》，开始在全国范围内实施“农家书屋”工程。每一个农家书屋原则上可供借阅的实用图书不少于 1 000 册，报刊不少于 30 种，电子音像制品不少于 100 种（张）。但是，在实地调研中，我们发现，大多数农民对“农家书屋”兴趣不大，村委会的阅览室常年闲置，不少下发的图书成捆堆放，尚未拆封。

展提供基础。肇始于农村的中国改革进程，改变了平均主义的分配方式，调动了广大农民的积极性，促进了农村生产力的发展，带来了乡村社会的整体进步。乡村基础设施和服务设施不断改善，公共文化服务体系愈加完善，城乡教育均衡和医疗卫生服务不断取得新进展。在这一过程中，农民整体收入水平不断提升，受教育水平不断提高，其生产、生活和交往方式出现了极大变化，市场意识、信用意识、契约意识、责任意识、权利意识和创新精神等现代伦理观念不断增强。从这一意义上说，乡村社会的生产力发展和社会进步，有效地促进了农民体力、智力和道德素质的全面提升。

第二，农民的全面发展与乡村生产力发展、社会进步之间存在着一定的内在紧张。一般而言，乡村生产力发展和社会进步往往是以诸如 GDP、农民收入水平、乡村教育和医疗卫生普及水平、基础设施和公共文化服务水平等量化指标来体现的，但是，这些数据指标不能与农民的全面发展完全画上等号。事实上，我们不难发现，近些年来，工业化和城镇化浪潮中失地农民的增加及其引发的种种矛盾，农业市场化、乡村工业化所导致的农村环境污染与生态失衡的加剧，大量农民进城务工带来的村落空心化和留守儿童问题，资本扩张造成的城市对农村的全面挤压和村落“终结”现象，凡此种种，都影响了农民幸福感和获得感的提升，也严重制约了农民实现全面发展的美好诉求。这也提醒我们，在高度重视乡村生产力发展和社会进步的同时，应警惕资本逻辑的无限扩张及其所引导的“GDP 中心主义”“城市中心主义”“先污染后治理”等发展思路，以党的十九大报告“产业兴旺、生态宜居、乡风文明、治理有效、生活富裕”的农村发展总要求为指引，全方位构建农民全面发展的经济、社会、文化基础。

第三，农民的全面发展应当兼顾乡村发展的整体性与村庄发展的差异性。中国乡村发展具有自身的特殊性。改革开放以来，中国东、中、西部地区发展并不均衡，发达程度上呈现梯度递减趋势。其中，乡村的发展更不平衡，区域性和地方性特点丰富多样，差异明显。在当前中国乡村发展极不平衡的背景下，考察和评价农民的全面发展应有两个基本维度：一是要在中国农村整体发展的背景中，考察农民的整体性发展，不能仅以某一区域或某一群体农民的发展作为评价标准；二是要体现不同地区和特定村庄发展水平和发展模式的差异性，体现不同经济发展水平和历史文化背景中的农民发展的特殊性。就整体而言，农民的全面发展体现了乡村的整体发展和农民的共同富裕，因此，要始终把解决好“三农”问题作为重中之重，加快推进农业农村现代化，千方百计拓宽农民增收渠道。尤其要重视中西部落后地区和少数民族地区农民的生存和发展问题，以精准扶贫消灭绝对贫困，以全覆盖的农村教育、医疗和公共服务体系夯实农民整体发展和全面发展的基础。就差异性而言，农民的全面发展要考虑他们居于其中的具体村庄在发展模式、路径上的丰富个性和特色，重视利用以语言、风俗、习惯、偏好等标识性文化事象为表征，以村庄独特的公共道德平台为载体的“地方性知识”① 对村庄发展的资源意义，理解、尊重不同经济发展水平和文化背景中的农民在发展模式和路径上的自主选择和自我创造。

结　语

总而言之，乡村是农民的乡村，农民是探究乡村发展伦理的逻辑起点和最终目标。农民的“美好生活”，是确定乡村发展目标的价值指引；农民的主体性及其发挥，是实现乡村发展的伦理根基；农民的全面发展，则是对乡村发展进行道德评价的根本原则。只有构建以农民为本的乡村发展伦理，才能保证作为乡村主体的全体农民在共建共享中不断增强获得感、幸福感和满足感，从而真正实现农民的全面发展和乡村社会的不断进步。

参考文献（略）　　（原文刊载于《哲学动态》2018 年第 2 期）

① 地方性知识是美国著名学者克利福德·格尔茨（Clifford Geertz，又译克利福德·吉尔兹）提出的概念。参见克利福德·格尔茨：《地方知识——阐释人类学论文集》，杨德睿译，商务印书馆，2014。

《资本论》中蕴含的农业生态思想及其对当代中国的启示

刘嘉敏　刘　巍

【**摘要**】改革开放以来，我国农业取得巨大发展成就的同时，也带来了农业环境污染、生态破坏等不可忽视的生态问题。本文对《资本论》中农业生态思想进行挖掘和梳理，发现其中蕴含着“土地是财富之母”、人与自然之间的物质变换、建立“合理农业”等丰富的农业生态思想，进一步对其进行伦理思考，可以为农业从业者的生产行为提供价值导向。《资本论》中的农业生态思想也为我国遵循农业绿色发展理念、发展循环农业、发展农业科技、深化土地制度改革提供了理论指导和行动指南。

【**关键词**】《资本论》；农业生态思想；伦理；启示

在《资本论》中，马克思以唯物史观为指导思想，深刻分析了资本主义的生产方式，揭示了资本主义社会的发展规律，是一部马克思主义的百科全书。《资本论》中“生态思想”一直是理论界的热点问题，但是其中的“农业生态思想”却很少有人思考。从马克思对资本主义生产方式对土地带来的破坏以及马克思对不合理的土地制度的批判等论述中，不难发现，其中蕴含着丰富的农业生态思想。

作者简介：刘嘉敏，中国农业大学马克思主义学院硕士研究生，研究方向为农业发展战略与政策、马克思主义理论；刘巍，中国农业大学马克思主义学院教授，硕士研究生导师，研究方向为农业发展战略与政策、马克思主义理论。

一、《资本论》中蕴含的农业生态思想

资本主义生产方式下，资本逐利的唯一特性使农业发展陷入生态危机的困境，马克思在《资本论》中批判资本主义生产方式的过程中，蕴含着“土地是财富之母”、人与自然之间的物质变换、建立“合理农业”等丰富的农业生态思想。

（一）农业发展的条件：“土地是财富之母”

马克思曾引用威廉·配第的话“劳动是财富之父，土地是财富之母”来说明土地资源的重要性，土地是一切生产和一切存在的源泉，是不能出让的存在条件和再生产条件。在对土地的利用、人与自然关系的认识上，马克思坚持辩证唯物主义的观点，认为“人与自然应实现和谐发展”。

马克思认为，自然界是人类社会存在和发展的前提，人们从自然界中直接或间接获取人类生活所需要的一切物质。在此，马克思特别强调土地资源对人类的基础地位和重要价值，“劳动者直接掌握的东西，不是劳动对象，而是劳动资料……土地是他的原始的食物仓，也是他的原始的劳动资料库”[1]209，并指出土地“给劳动者提供立足之地，给他的劳动过程提供活动场所”[1]211，这说明土地是人类赖以生存和发展的基础，是物质财富生产的源泉。同时，马克思也指出，在像农业、采矿业和渔业这种依赖自然界发展的产业中，自然能为人类提供的东西越来越少，这是因为“土地资源是有限的”。我们必须清楚地认识到，大自然为人类提供的资源和环境并非全部都是可再生的、无限的，而是部分资源和环境具有有限性和被破坏后的不可逆性。如果人类无节制地滥用农业资源，破坏人类生存和发展的自然条件，农业的可持续发展将面临困境。

人在自然面前有主动性，在获得土地等劳动资料后，人类“通过自己的活动按照对自己有用的方式来改变自然物质的形态”[1]88，来获得维持自身生活、生产的物质资料。马克思曾以蜜蜂筑巢和建筑师为例，指出建筑师的劳动“不仅使自然物发生形式变换，同时他还在自然物中实现自己的目的，这个目的是他所知道的，是作为规律决定着他的活动的方式和方法的，他必须使他的意志服从这个目的”[1]208。人们可以发挥主观能动性，充分利用和改造自然，但是马克思也鲜明指出人类活动会受自然规律的制约。对于农业的发

展而言，人们对农业资源的改造和利用，必须在农业环境的可承受范围之内，遵循大自然发展规律和各地区农业发展规律，否则农业生产劳动难以维持，人们最基本的生活、生产需求也难以保障。

（二）农业发展的核心：人与自然之间的“物质变换”

马克思的“物质变换”包括自然界自身的物质变换、人与自然的物质变换以及以货币为媒介的劳动产品的物质变换三层含义，本文主要是从生态学意义上人与自然的“物质变换”层面理解。在《资本论》中，马克思指出，劳动过程“是制造使用价值的有目的的活动，是为了人类的需要而对自然物的占有，是人和自然之间的物质变换的一般条件。”[1]215 马克思把劳动看做人与自然物质交换的“中介”，人通过劳动从自然界中获取自身需要的有用物，经过体内消费又将废弃物排出体外，返还自然界，以此实现了人与自然的物质交换。这个过程是双向的，不存在人类是主体，自然界是客体的征服与被征服的关系，人类以何种方式对待自然界，大自然就会以何种方式对待人类。

在《资本论》“生产上的排泄物的利用”一节中，马克思阐述了生产排泄物和消费排泄物的利用，并指出“人身的自然排泄物和破衣碎布等，是消费排泄物。消费排泄物对农业来说最为重要。”[1]115 如果这些排泄物合理利用，补偿人类从土地索取的养料，这样不仅以自然方式保持土壤肥力，避免化肥的过量使用带来的土地污染，而且城市的污染问题也能在一定程度上得到解决。但是在资本主义生产方式下，这些排泄物大都是被浪费的，“例如，在伦敦，450 万人的粪便，就没有什么好的处理方法，只好花很多的钱用来污染泰晤士河”[1]115，这样导致人与土地之间的物质变换发生断裂，出现了“无法弥补的裂缝”。马克思批判了资本主义生产方式对土地的“剥夺”，并指出正是由于物质代谢断裂而造成地力枯竭，使资本主义农业发展呈现不合理性和不可持续性。

（三）农业发展的目标：建立“合理农业”

马克思在《资本论》中，多次提到建立“合理农业”的思想，要求人们对土地进行“自觉的合理的经营”。对于建立“合理农业”，马克思非常重视排泄物的回收再利用即回收粪便以增强土壤肥力，并特别指出，必须是在大规模的农业劳动中，这种人与自然的物质交换才有效率，农业的可持续发展才得以维系。他举例，“在小规模园艺式的农业中，例如在伦巴第，在中国南部，在日本，也有过这种巨大的节约。不过总的来说，这种制度下的农业生产率，以人类劳动力的巨大浪费为代价，而这种劳动力也就不能用于其他生产部门。”[1]116可以看出，马克思并不支持小规模的农业生产，认为这是劳动力浪费和低生产率的生产活动。大规模的农业生产是实现物质交换的重要条件，也是实现“合理农业”的重要条件。

同时，马克思认为的“合理农业”是取消了土地所有权的大规模的人类联合生产。在马克思看来，不论是小土地所有制还是大土地所有制，土地使用者都会为了获得最大利润，而无尽地压榨和滥用土地，“一切土地私有权对农业生产和对土地本身的合理经营、维护和改良所设置的这种限制和障碍，在这两个场合，只是展开的形式不同罢了”[1]918。马克思从对土壤肥力“剥夺”的角度来批判了资本主义对地力只是索取而不顾改良的农业生产方式，认为“甚至整个社会，一个民族，以至一切同时存在的社会加在一起，都不是土地的所有者。他们只是土地的占有者，土地的受益者，并且他们应当作为好家长把经过改良的土地传给后代。”[1]878马克思认为只有取消土地所有权，“联合起来的生产者，将合理地调节他们和自然之间的物质变换，把它置于他们的共同控制之下，而不让它作为一种盲目的力量来统治自己；靠消耗最小的力量，在最无愧于和最合适他们的人类本性的条件下来进行这种物质变换。”[1]928-929当然，只有进入共产主义，“联合生产”才能消除个别生产者为了私人利益最大化而滥用土地的可能性。

二、对《资本论》中农业生态思想的伦理思考

“批判”是贯穿于《资本论》的总体基调，《资本论》中所蕴含的农业生态思想也是通过对资本主义生产方式的批判而表现出来，马克思批判资本主义生产方式对土地的滥用和“剥夺”，十分注重对土地的“关爱”、改良和永续利用，这其中闪烁着许多伦理思想的光芒。从道德伦理的维度探索人与自然的关系，可以使我们反思农业生产中不合理的行为，调节人与自然之间关系，更加明晰我们对大自然、对土地应该承担的责任，以保证农业良性发展。

首先，《资本论》中的农业生态思想体现了人类要善待土地、关爱土地的自然观。马克思的自然观将人与人之间的伦理道德延伸到了人与自然之间，其中“新陈代谢断裂”思想集中体现了人类要善待土地、保持人与自然和谐

发展的伦理思想。《资本论》中马克思多次批判资本主义的生产，认为它“破坏着人和土地之间的物质变换，也就是使人以衣食形式消费掉的土地的组成部分不能回到土地，从而破坏土地持久肥力的永恒的自然条件”[1]519，资本主义生产方式造成的物质代谢断裂，被破坏了的土壤肥力得不到有效补充，土地日益贫瘠。马克思认为人类并非是大自然的征服者、统治者，人与自然应是内在统一、和谐共生。土地作为人类的“无机身体”应受到人们的关爱呵护，农业生产中土地资源被消耗后，需要得到及时、有效的补充，并且可以通过机械或化学的手段对土地进行改良，对土地的使用要本着负责任的态度，“一味索取不懂归还”就会导致土地贫瘠和枯竭，使人与自然的关系出现异化，农业生产和人类发展就会面临危机。马克思对资本主义“虐待”土地事实的思考，阐发了人类要善待土地、关爱土地的伦理思想，要求我们对农业资源和农业生态环境给予伦理关照，用伦理道德的视角来审视农业生产过程中对资源的合理开发和利用。

其次，《资本论》中的农业生态思想体现了农业永续发展的代际公平。对资本主义农业进步的认识，马克思认为从长远来看这实质上是一种灾难，“资本主义农业的任何进步，都不仅是掠夺劳动者的技巧的进步，而且是掠夺土地的技巧的进步，在一定时期内提高土地肥力的任何进步，同时也是破坏土地肥力持久源泉的进步。”[1]519-580出于对农业可持续发展的考虑，马克思提出“好家长”理论，认为人类作为土地的使用者，不能只考虑当前的利益，还要用发展的眼光考虑后代人同等使用土地和获得同等收益的权利，人们应该做为好家长把改良的土地留给后代。《资本论》中，马克思对土地有浓墨重彩的描写，其中很突出的一个思想就是重视对土地的改良，重视土地的可持续利用，这也是代际公平的集中体现。代际公平的伦理思想实际上将同代人与人之间的伦理道德关系延伸到了代际之间，是把人类作为整体来进行伦理思考，要求我们这代人不仅应该对同代人进行伦理关照，而且应该对自己的下一代以及未来的后代们进行伦理关照，保障他们和我们拥有同等使用土地等农业资源的权利。

三、《资本论》中农业生态思想对当代我国农业发展的启示

自古以来，我国就是一个农业大国。不可否认，改革开放以来，我国农

业生产取得了巨大成就，实现了农产品供给由长期短缺到总量基本平衡、丰年有余的历史性转变。但在经济新常态下，我国农业发展依然面临着严峻的挑战。一方面，我国农业生产总体上仍处于以家庭为单位、分散经营、规模细小的阶段；另一方面，我国农业取得的成就是建立在“拼资源、拼投入”的粗放型增长模式的基础上，农业资源过度开发，生态环境不堪重负，我国农业可持续发展面临重重困境。据2014年4月17日由我国环境保护部和国土资源部公布的《全国土壤污染状况调查公报》显示，全国土壤总超标率16.1%，耕地点位超标率19.4%，土壤镉超标率7.0%，其近1/5耕地点位被污染，数字背后，我们可以看到中国土壤污染形势已非常严峻。

《资本论》中的农业生态思想不仅对解决当时的环境危机提供了良好的解决方案，对今天我国转变农业发展方式，实现农业绿色转型和可持续发展也有重要的启迪。

（一）尊重农业发展规律，贯彻农业绿色发展理念

思想是行动的先导，农业从事者只有正确认识农业发展规律，树立科学的理念，才能规范自己的实践行为，进而实现农业绿色转型和良性发展。在我国，受传统农业低下生产力水平和粗放分散的经营方式的影响，农业从事者不需要过高的文化水平，这造成了我国农民科技文化素质整体偏低的局面，大部分农民是凭借经验而不是科学理论指导、是依靠传统农耕器具而拒绝或排斥先进工具来从事农业活动。在市场经济的影响下和短期利益的驱动下，绝大部分农民会依靠化肥、农药保证农产品增收，从而增加收入。这种不顾对人体健康产生危害和对土壤产生难以修复的破坏而过度使用化肥、农药的行为，与马克思在《资本论》中对资本主义农业生产方式中对地力的“剥夺”如出一辙。

要正确地理解我国农业中诸多的生态问题，必须有科学的发展理念和价值观念的指导。我国农业发展要坚持以马克思主义农业生态思想为指导，加强对农业从事者的教育与引导，提高农民的文化素质，转变农民的思想认识。我们要通过电视、网络、宣传栏等大众化媒介，以及农村讲座等途径普及农业生产基础知识，增强农民对农业发展规律的认识和提高农民农业现代化生产的本领；同时，要大力宣传“水污染防治”“土壤污染防治”等农业环保法律法规，提高农业从业人员的环保意识和法制意识，以使农民自觉规范农业

实践行为；加强农业绿色生产技术应用宣传，使广大农业生产者树立绿色发展意识，具备应用绿色生产技术的能力，在生产过程中减轻对农业环境的影响，通过不断地宣传和引导，使农业从业者将绿色发展理念自觉落实为实践活动。

（二）发展循环农业，促进农业可持续发展

循环农业是以量减少、再利用、再循环、可控化为原则，以较少废弃物排放和提高资源利用率为目标的农业生产方式，是实现农业可持续发展的重要途径。马克思在《资本论》中研究废弃物利用时指出，“所谓的废料，几乎在每一种产业中都起着重要的作用”[1]116，垃圾是放错位置的资源，科学有效地利用生产排泄物和消费排泄物，发展循环农业，对实现农业永续发展和绿色发展具有重要意义。

发展循环农业，一方面要加大政策效应，适当的政策引导和经济补贴对循环农业的发展具有重大的影响。近几年，中央一号文件中相继提出支持“开展秸秆、畜禽粪便资源化利用和农田残膜回收区域性示范”“启动实施种养结合循环农业示范工程，推动种养结合、农牧循环发展”等措施，为我国循环农业发展做出了明确的政策指引。但由于循环农业在我国起步较晚，国家在提供经济支持补贴制度方面有所欠缺，政府应联合相关部门进一步探索和完善小额贷款、风险保险、发展基金、贴息补助等财政政策与机制，提高农民的积极性，消除农民在发展循环农业的后顾之忧。另一方面，因地制宜，打造循环农业示范区，彰显循环农业的经济价值和生态价值。在我国，各地区环境地理差异明显，各地应因地制宜，打造具有区域特色的农牧结合、种养平衡、生态循环的农业示范区，依托龙头企业、专业合作社、家庭农场等市场主体，形成循环农业的品牌优势，实现经济效益和生态效益的统一，彰显循环农业的巨大优越性，吸引更多的农民自觉发展循环农业。

（三）发展农业科技，为生态农业提供重要支撑

科技作为最高意义上的革命力量，是转变我国农业发展方式和实现农业绿色转型的重要支撑。“机器的改良使那些在原有形式上本来不能利用的物质，获得一种在新的生产中可以利用的形态；科学的进步，特别是化学的进步，发现了那些废物的有用性质。”[1]115马克思认为科技手段是实现废弃物合理利用的最直接有效的方法，对农业发展来说，科技也是实现农业经济跨越式发展的重要武器。

习近平在山东考察期间，特别指出“加快构建适应高产、优质、高效、生态、安全农业发展要求的技术体系”[2]，进一步明确了我国农业科技的发展目标。发展农业科技，一方面，要加强农业科技创新，为农业转型提供有力支撑。农业科技创新在我国农业由传统粗放型向现代集约型转变过程中发挥着越来越突出的作用，要充分发挥高等农业院校、科研体系等农业人才培养主力军的作用，打造高素质农业科技人才队伍，为科技创新提供智力支持，同时完善以政府投入为主导的多元化农业科技创新投入体系，为农业科技创新提供强有力的资金支持。另一方面，在农业科技创新的基础上，加快农业科技成果的转化应用。受限于政策、经费、平台及专业化人才等因素，我国多数农业科技成果并未转化成现实生产力，造成科技资源浪费的现象，要提高农业科技推广队伍的专业化，帮助农民更好地认识和使用先进的农业生产技术，同时充分发挥农民合作组织等新型推广组织的带头作用和载体功能，因地制宜推动科学技术的转化应用，促使科技成果尽快转化成现实生产力。

（四）深化我国土地所有制改革，发展“合理农业”

《资本论》中，马克思在论述“合理农业”所要求的土地所有制问题时，小土地所有制和资本主义大土地所有制都不能实现“合理农业”。从我国现行的土地制度来看，我国的土地制度是集体所有制性质，但本质上却有着与小土地所有制相联系的小农业生产的特点。在家庭联产承包责任制下，我国农业生产还是以家庭为单位，土地规模狭小，分散经营，这种生产“不是社会劳动，而是孤立劳动；在这种情况下，财富和再生产的发展，无论是再生产的物质条件还是精神条件的发展，都是不可能的，因而，也不可能具有合理耕作的条件[1]918。”我国在土地制度改革方面已取得了明显成就，2016 年 10 月，中央出台《关于完善农村土地所有权承包权经营权分置办法的意见》，明确了农村土地所有权、承包权和经营权“三权分置”的土地政策，以放活土地流转权，提高土地产出率、资源利用率、劳动生产率，实现农业集约发展和可持续发展，为农业绿色发展创造良好的土地制度条件。

贯彻落实好“三权分置”政策，一是要探索放活土地流转的多种途径，提高土地的产出效率。可以通过土地入股、土地托管、代耕代种等多种方式，发展适度规模经营，取得最佳生产效益。二是要充分尊重农民意愿，坚持农民主体地位。承包权和经营权是否分离、怎么分离，要把选择权交给农民。三是保障农业用地的基本属性，禁止向非农转化。土地经营权的流转绝对不是土地之间的买卖，严禁私人将耕地变为工业用地、建设用地，严守耕地红线。

综上所述，《资本论》中蕴含着丰富的农业生态思想，微观上，对这些农业生态思想进行伦理思考，利于农业从业者在思想上发生一次“变革”，改变他们“征服土地”“奴役土地”的传统思想，并指导农业从事者改变传统的不顾后果、不担责任的农业实践行为；宏观上，借鉴《资本论》中农业生态思想，对我国实现“合理农业”，加速产出高效、产品安全、资源节约、环境友好农业现代化进程具有重要意义。

参考文献（略）

（原文刊载于《改革与战略》2017年第12期）

农村生态伦理教育的现实藩篱与路径解析

——来自“民胞物与”思想的启示

张　丽

【摘要】宋代张载从“天人关系、人物关系、人世关系”三个维度阐述“民胞物与”思想，其核心思想就是爱人爱物，这种生态伦理思想是宝贵思想资源。随着人们在自在世界和人化世界的中心主体地位不断巩固，形成以满足人们需要和利益为核心的伦理价值观，“越富越光荣”的财富伦理和农民的利己主义导致农民在追求财富与发展的过程中注重经济利益而忽视生态伦理。农村生态伦理教育方面欠缺制度保障，尚未形成乡镇政府、村级组织和村民主体协同配合，这些因素共同制约“民胞物与”融入农村生态伦理教育。农村生态伦理教育需要因地制宜逐步推进，要在主体上注重协同性，在内容上注重通俗性，在方法上注重实践性。“民胞物与”的思想精华需要与时代诉求相对接，融入乡村振兴的发展战略中，融入农村生态伦理教育宣传中，才能实现传统文化的创造性发展。

【关键词】民胞物与；农村生态伦理教育；张载

2018年中央一号文件提出：“乡村振兴，生态宜居是关键。良好生态环境是农村最大优势和宝贵财富。推进乡村绿色发展，打造人与自然和谐共生发展新格局。”当前农村环境破坏与污染不仅影响村民的居住环境和生活质量，而且阻碍了农村经济社会的可持续发展。“如果我们想在环境问题的挑战面前有所作为，最重要的是认识到科学和伦理同样重要”[1]。在农村的环境保护和

作者简介：张丽，西北农林科技大学马克思主义学院副教授，研究方向为马克思主义中国化与思想政治教育。

治理中，我们不仅需要科学技术作为物质支撑，更需要生态伦理作为文化保障。

生态伦理突破了传统人际伦理的局限，把道德的对象从人类拓展到自然万物，确认自然万物具有独立的价值，确认人对自然万物应当给予道德关怀并履行道德义务。农村环境问题促使人们从精神层面来反思人类面对环境与发展、人与自然之矛盾的价值取向。农村生态伦理旨在建立村民与农村环境的道德新秩序，引导村民建立绿色化的消费方式、生态化的生产方式、合理化的生存方式，促进村民与农村环境和谐发展，培育和建设农村生态文明。村民生态伦理的观念和行为需要在日常生产生活实践中逐步养成，需要发挥教育教化的功效。

一、张载“民胞物与”思想中蕴含的生态智慧

张载提出“乾坤父母”阐明人与万物的同源性，提出“大其心则能体天下之物”阐明人类的伦理责任和道德义务，提出“民胞物与”的生态伦理观阐述天人之道，为当代生态伦理思想提供宝贵资源。

（一）人与万物同根同源

张载提出：“乾称父，坤称母，予兹藐焉，乃浑然中处。故天地之塞，吾其体，天地之帅，吾其性，民吾同胞，物吾与也”[2]。人与自然都是出于“太虚”，是“气”聚合而生成，构成人体的物质与构成天地的物质是一样的，人与自然万物同根同源具有本源上的一致性。“理不在人皆在物，人但物中之一物耳，如此观之方均”[2]。因而人与自然万物都是生态系统中地位平等的成员，人类理应尊重自然、顺应自然、保护自然，这在价值层面上抛弃了人类中心主义。张载把孝道与天地结合，用孝亲事天的思想类比人与自然的关系，表明人所承担的对自然万物的道德义务。若人对自然建立这种热爱尊敬的感情，定能实现人与自然的和谐相处。

（二）大其心则能体天下之物

张载基于气本论提出“天人合一”“物我一体”的思想，如何实现“天人合一”？张载认为需要“大其心则能体天下之物”。大其心是要充分发挥人心的认识能力，不囿于闻见之知，实现主体与客体的统一，将世间万物容纳于心。体天下之物的“体”有两重含义，一是体验即是情感体验，二是体恤即

是关怀爱护，体物的过程既是一种认知活动，也是一种情感活动，需要主体的内在德行融入外物之中，把天地的生生大德与自身德行融于一起，达到物我一体的境界[3]。以心体物实际上是以仁体物，使仁爱之心由人而遍及于物，建立了人与自然的情感纽带。以仁心对待人与万物，实现天地万物的生生之道，最终达到“与天为一”理想境界。

（三）实施仁爱，爱人爱物

张载认为，人与人的关系是同胞兄弟关系，人与物的关系是同类伙伴关系，人们需要像关爱自己兄弟一样关爱他人，像关怀爱护自己朋友一样关爱万物。“民胞物与”的核心思想就是爱人爱物，人与人之间平等友爱，人与物之间和谐共存。这蕴含丰富的生态伦理思想：将人类的道德关怀从人类拓展到自然万物，将自然万物看作自己族类平等对待。这种思想正是现代生态伦理学中自然价值思想、敬畏生命思想的重要内容，对于培养人们的生态伦理责任意识、建立生态伦理行为规范、推进生态伦理的实践提供宝贵的思想资源。

二、村庄调查：“民胞物与”思想和村民生态伦理的现实差距

（一）横渠村的地理文化特点

本次调研的横渠村因宋代著名哲学家张载在此创办横渠书院而得名。张载是关学学派的创立者，也是宋代理学的奠基者。调研之所以选择横渠村，原因有三：一是张载在此著书立说，提出“民胞物与”的思想，孕育了我国古代生态伦理思想；二是横渠村农业特色鲜明，村集体力促农民增收，村庄经济发展良好；三是张载文化在当地仍有较大的影响。

横渠村位于陕西省宝鸡市眉县东部横渠镇，南靠秦岭，北临渭河，与杨凌农科城隔岸相望。横渠村有 6 个自然村，11 个村民小组，村民 1 160 户，人口 4 436 人，耕地面积 7 400 亩，经济以果业种植为主，主要种植猕猴桃、黑李子等经济作物，近年来横渠村人均收入 1 万元左右。村里建有 5 个规模不同的猕猴桃和黑李子合作社，大约半数村民加入果业合作社，合作社主要为村民提供技术培训、生产指导、果品销售。与当地的农业经济相适应，村民形成以农业为主导的“多半耕少半工”的生计模式。

（二）村民调查：生态伦理责任感缺失

张载文化一直熏陶着关中地区的人们，作为张载著书立说之地，横渠村

的村民生态观念和行为在多大程度上契合“民胞物与”思想？课题组于2016年7月在宝鸡市眉县横渠村开展关于农民生态伦理观念与行为的调研。驻村调研采取问卷调查和农户访谈相结合的方式，发放调查问卷503份，回收有效问卷471份，回收率为93.64%。调查中与农户进行深入交谈，对问卷中反映出的问题进行补充调查。

调研发现，在自然与村民关系层面，横渠村的生活垃圾由专人负责搬运到垃圾场，但是没有铺设污水处理设施，生活污水直接下渗排放，地下水受到污染。多数村民以务农为主，他们珍爱土地，信守农村的乡土伦理，但人类中心主义观念凸显，否定自然万物的自身价值，尚未树立正确科学的生态伦理观念。调查统计，有86.4%村民赞同“自然界的野生动植物是为人类的利用而存在”的观点，71.87%村民认为乡村环境保护是基于村民自身健康，并未考虑生态系统本身的平衡与发展。村民高度认可生态环境保护的意义，但是个体对保护公共环境的责任感缺失，尚未形成自觉的生态伦理行为。调研显示，89.1%村民对自己院落的花草林木精心管理，对村庄道路两侧的集体花草林木不予关注。对于“看到有家禽粪便或工业废水往村里的池塘排放，你会如何对待”的问题，51.2%村民选择向村里反映，那是村干部和环保部门该管的事。77.2%村民认为政府应当承担环境保护的主要责任，生态文明社区建设的资金应由政府全部承担。从经济学的角度看，生态环境具有公共产品的性质，村民基于行为付出和收益衡量，往往推卸在公共环境保护中个体责任。

在村民个体与外物关系层面，村民对于日常生产资料和生活资料的需要和依赖增强，在购买和使用生产资料和生活资料中更多考虑经济实惠和使用方便。84.9%村民知悉化肥、农药的过量使用会对土地造成危害，但在作物种植中化肥等生产资料的选择、种植技术的选择却都以实现最大经济效益为目标。对于“你是否会购买有利于环境的环保生活用品”的问题，87.3%村民选择“消费时不会考虑是否环保这一问题，比较同类型商品便宜就买”。83.1%村民知晓使用并扔掉一次性塑料袋会造成白色污染，但出于生活便利在日常生活中大量使用一次性塑料制品。

在村庄生态伦理教育方面，生态伦理教育在横渠村未能有计划有步骤地落实，欠缺制度规范和责任划分，生态伦理的宣传教育途径单一，没有契合村民的实际需求。69.7%的村民认为目前村庄的生态伦理教育仅是关注和宣传村庄公共环境卫生的维护方面，尚未对日常生产生活中的生态农业和生态旅游进行规划指导。64.2%的村民认为人们生态观念和知识的获得主要来源于电视、手机等媒体。79.4%村干部认为当前村民的分散化不便于集中开展生态伦理教育，52.6%多数村民认为忙于生计，没时间和精力学习和关注生态伦理，23.3%的村民认为生态伦理与人们实际生活距离较远。

村民的生态观念和行为尚未真正契合“民胞物与”的思想，尚未贯彻人与自然生命共同体的战略主张，当前村民生态伦理观念有待转变，生态伦理情感有待增强，生态伦理行为有待养成，这是农村生态伦理教育的应有共识。

三、“民胞物与”融入农村生态伦理教育的制约因素

中国传统农业中人们按照自然节律，遵循应时、取宜、守则、和谐的原则从事农业生产。应时、取宜、守则、和谐就是在天、地、人之间建立一种和谐共生的关系[4]。张载“民胞物与”的思想形成于农业社会，村民长期从事农业生产，对村庄土地、林木、河流等生态环境潜意识中具有朴素的生态伦理情感，在追求发展实现小康的进程中什么因素阻碍村民生态伦理素养的形成？哪些因素制约农村生态伦理教育？在调查的基础上深入剖析，以下因素成为“民胞物与”和农村生态伦理教育相脱离的主要原因。

（一）财富伦理：经济理性高于生态理性

经济理性是研究解释经济现象、揭示经济本质的思维方式，核心内容是人的自利本性是一切经济行为的出发点，在经济活动中人们追求物质利益最大化。经济学鼻祖亚当·斯密在《国富论》中提出，人类有自私利己的天性，人们在此竞争的环境中，会凭着自己理性判断追求个人最大利益。经济理性的思维方式和价值理念以追求经济获利为主要目标，容易导致过度开发和破坏环境，加剧人与自然之间的矛盾。2014年冬季我国各地区被重度雾霾笼罩，根本原因是片面追求经济快速发展，经济发展优于环境保护，环境治理的速度始终赶不上污染排放的速度。

张载“民胞物与”的生态伦理思想没有受到村民的重视，没有得到有效的弘扬，根本原因是村民的生活逻辑与“民胞物与”的生态思想距离遥远，村民追求经济利益的行动导向与天人和谐持续发展的价值导向有所冲突。波

普金的理性小农理论认为："农民也是理性的经济人，追求利益的最大化以及最优的资源分配是其行为的现实动机"[5]。虽然村民知晓环境保护的重要意义，对土地林木等生态系统具有情感，但是在生活需要和经济利益面前，在行动上仍旧以人类中心主义和利己主义为价值指导，有时出现片面强调经济效益而损害生态环境的行为。随着人们征服自然的能力增强，人在自在世界和人化世界的中心主体地位不断巩固，形成以满足村民需要和利益为核心的伦理价值观，农民朴素的生态观念让位于经济利益和物质追求。"越富越光荣"的财富伦理和农民的利己主义逐渐俘获了村庄传统道德秩序，村庄传统伦理式微，导致人们在追求财富与发展的过程中忽视环境资源的承载力，在当代人不断追求生活质量过程中忽视了考虑后代人的需要。

生态理性成为新时代生态文明的必然选择。党的十九大报告明确指出：人与自然是生命共同体，人类必须尊重自然、顺应自然、保护自然。生态理性是以人与自然同生共进的整体论为出发点，以追求可持续发展为价值目标，倡导人与自然和谐发展的思维方式。在商品短缺和物质贫穷时期，这种生态理性不会成为人们的第一需要。随着经济的发展和人民生活水平的提升，人们开始关注人居环境和村容村貌，开始反思并重新定位人与自然的关系，认识到人类是地球生态系统中的成员，人类的理性选择必须关注生态环境。村民生态理性不是一蹴而就构建的，而是要与农村的经济振兴、产业发展、文化建设紧密结合相互促进。20 世纪八九十年代起，随着市场对猪肉产品需求的不断扩大，浙江嘉兴借助产业基础优势，逐渐成为"供港""供沪"生猪基地。2013 年 3 月上海黄浦江松江段水域出现大量漂浮死猪，相关部门打捞的死猪数量超过 1.3 万头，事件矛头都指向了嘉兴。事件发生后，嘉兴立即全面部署生猪养殖业转型发展工作，划定了禁限养殖区，拆除违建猪舍，控制生猪存栏量，帮助 8 万多退养农民顺利实现了转产转业，引进 40 余台高温生物降解无害化处理设施，实现了死猪处理无害化，同时开展污水治理行动，出台《浙江畜禽养殖污染防治办法》。2015 年嘉兴断面水质从以前的不合格转为优秀。嘉兴生猪减半实现水质逆袭，正是注重在生态保护中实现经济持续发展，从而实现经济发展与生态环境的双赢。

（二）制度缺失：农村生态伦理教育欠缺制度规范

生态伦理是调整人与自然关系的伦理观念和行为规范，只有通过制度建设才能把理念转为实践，才能对村庄和村民的行为产生约束。制度的缺失使村民行为失范，村社治理无章可循。2018 年北京、上海、合肥、郑州、西安等地发布《燃放烟花爆竹管理规定》《烟花爆竹燃放安全管理工作方案》等规范性文件，明确规定春节期间禁止燃放烟花爆竹，违者罚款或者拘留。相关执法部门严格执法并制裁违规燃放烟花爆竹的居民。明确制度底线，广泛宣传教育，确保严格执行，大量燃放烟花爆竹污染环境的现象得到有效遏制。这展现了生态环境保护与治理需要明确的制度规范，生态伦理教育作为生态环境保护的重要内容也需要制度保障。

生态伦理制度是在全社会形成的有利于支持、推动和保障生态伦理教育的各种引导性、规范性和约束性规范的总称，具体表现为法规条例等正式制度和道德习俗等非正式制度。将生态伦理的理念和行为规范纳入村规民约或制度规范，将生态伦理教育的目标内容、实施机构、评价方法、经费保障作为生态文明建设的制度要求纳入法律规章，才能实现农村生态伦理教育制度化、规范化、长效化。

（三）力量分散：农村生态伦理教育欠缺相关主体协同

村级组织和乡镇组织成为农村基层组织的重要组织载体，但是农村基层组织承担的国家与农民之间的连接桥梁功能不断弱化。村级组织在税费改革后逐渐丧失在村庄中的权威，为村庄集体服务的意愿逐步降低，与村民之间的生产生活联系愈来愈少。乡镇政权作为国家政权的末端层面，在税费改革后财政吃紧财力下降，在农村的道路、水渠等基础设施建设方面无力承担，乡镇干部评价激励机制弱化，工作人员服务农村的积极性不足。随着市场经济的发展和国家税费改革及其国家财政支农制度的推行，中国的农村社会开始由“熟人社会”转向“半熟人社会”，呈现出新的特征：多数青壮年外出打工，农村的人财物从农村流向城市的趋向明显，难以对村民进行集中培训和教育；村民之间的熟悉程度降低，村民的集体感削弱；村庄传统规范难以对村民的行为产生约束力。

农村生态环境是村民共同享有的公共资源，生态伦理教育是实现农村持续发展的公共事务，需要政府、村组织、村民的共同关注、共同行动。当前农村社会尚未对生态伦理教育产生足够重视，尚未在生态保护、生态伦理教育方面形成三大主体协同配合的局面。

四、“民胞物与”融入农村生态伦理教育的对策探析

农村生态伦理教育作为生态文明建设的重要内容，需要循序渐进、因地制宜逐步推进，在主体上注重协同性，在内容上注重通俗性，在方法上注重实践性，在队伍上注重本土性。民胞物与思想作为优秀传统文化的重要内容，需要与时代诉求、党的方针政策相对接，“民胞物与”的思想精华需要融入乡村振兴的国家战略中，与美丽乡村建设相结合，融入农村生态伦理教育宣传中，才能实现传统文化的创造性发展和创新性转化。

（一）农村生态伦理教育与村民生产生活体验相结合

乡村生态伦理教育越是贴近村民的内在需要，越是与村民的接受能力相匹配，越能催发村民良好的接受效果。“生活是道德得以生长的土壤，离开了生活，道德无法进行‘无土栽培’的。真实有效的伦理教育需要从生活出发在生活中进行”[6]。乡村生态伦理教育要从张载“民胞物与”思想中汲取精华，把这些宝贵的思想资源与村民生产生活紧密结合，实现传统与现代的结合，实现理论与实践的结合。生态伦理教育融入日常生产生活是村民生态伦理行为与习惯养成的必由之路和活水源泉。

乡村要根据当地美丽乡村建设的目标任务，因地制宜带领村民发展生态农业和乡村特色旅游，带领村民在发展中得到实惠，自觉自愿在生活中践行生态伦理。目前，横渠镇全镇猕猴桃种植4.2万亩，以红提葡萄为主的干鲜杂果1万亩，部分群众开始发展苗木花卉种植。横渠镇中的古城村、土岭村、横渠村、豆家堡村地势相对平坦，适合李子、猕猴桃等作物种植。在种植中适宜提升土地有机质，培育绿色无公害高品质的猕猴桃品种，注重生态效益与经济效益的协调统 。街北村、孙家塬地势低洼、水源充足适宜兴建鱼塘，可以改良低洼地发展绿色苗木，因地制宜开展垂钓观光等生态旅游，因势利导精心开发生态农业景观，学习生态示范村的建设经验，在促进生态农业和生态旅游的发展中增加农民收入，传播生态文化，引导村民把生态伦理内化为道德情感外化为道德行为，激励村民在积极参与生态实践中提升生态伦理素养。

（二）农村生态伦理教育与制度规范建设相结合

《中共中央关于全面深化改革若干重大问题的决定》提出必须建立系统完整的生态文明制度体系，用制度保护生态环境。农村生态伦理的持续开展更

需要制度保障，逐步实现乡村生态伦理建设的制度化和长效化。要逐步建立和完善相关制度规范，推进农村生态伦理教育的实施和实效。一是明晰林木、池塘等资源的产权，推动集体产权制度改革。开展清产核资，明晰农村集体产权归属，积极发展农民股份合作，赋予农民对集体资产股份占有收益及抵押担保、继承权。乡村实施林地确权后，林木乱砍滥伐的现象得到遏制，根本原因是具体的林地归属于特定村民管理，明晰的产权制度促进村民积极履行生态伦理责任和承担管理义务。二是制定具有普遍约束力的制度规则。各个村庄需要因地制宜建立生态环境保护的长期规划和短期规划，明确生态伦理教育的目标内容、实施机构、考核办法，明确政府和村组织的义务设定和责任划分，严格执行制定的法律规章，既需要对合规行为进行正向激励，也需要对违规行为给予适当处罚，通过明确的规章制度引导村民自觉践行生态伦理要求，真正促进村民与生态环境和谐发展，农村经济社会持续发展。

（三）农村生态伦理教育与构建联动协同机制相结合

巩固强有力的农村基层组织，形成政府、村委、村民的力量协同，逐步推进农村的生态伦理教育和生态文明建设。政府通过政策积极引导和强制约束，村“两委”通过动员督促和服务村民，村民通过行动培训学习和实际践行，构建政府、村组织、村民的联动协同机制，促使农村生态伦理教育落到实处、见到成效。明确各级政府生态伦理教育的职责，根据当地实际为农村生态伦理教育制定具体规划和完善法规，明确相关主体的分工任务；充分发挥村党支部和村委会的作用，推进农村生态伦理教育的具体实施和事务协调；充分调动村民的积极性，引导村民积极参与生态伦理教育培训和生态伦理教育实践活动。合理发展农民专业合作社，发挥其社会组织的管理聚合作用。政府在支持和引导农民专业合作社发展时，通过政策导向促使村民在种植、生产农产品的过程中，注重生态效益与经济效益的统一。农民专业合作社要引导村民种植有机农产品，推进生态农业关键技术的应用，逐步形成生态化生产方式。

（四）将“民胞物与”思想融入村庄生态农业和生态旅游建设

汲取我国传统文化中生态伦理思想的精华，关照村民的生产生活实际需求，是农村开展生态伦理教育的有效途径。张载“民胞物与”思想为开展生态伦理教育提供宝贵资源。

在实施乡村振兴战略和推进美丽乡村建设中，横渠村可以打造文化特色鲜明、生态农业和生态旅游相结合的村庄建设路径。在农业生产上发展绿色生态农业，在村民生活上倡导绿色生活方式，在村庄设施上建设节能环保设备，在乡村文化上大力弘扬张载文化。在校舍墙壁上、街道围墙上，可以大量绘制关于“民胞物与”思想的诗词图画，来往村民抬头即见潜移默化长期熏陶。培养推选一批“新乡贤”，大力宣传弘扬张载文化引导村民崇德向善，形成珍爱环境、与邻为善、共建美丽村庄的良好氛围。因地制宜规划发展横渠农家乐和文化体验旅游，一方面较好保存村庄质朴的农耕文化和良好生态环境，通过游客参与农事活动，开展现场采摘和委托种植等体验活动，游客直接接触体验乡土风情畅享农家乐趣。另一方面挖掘张载文化的内涵，建设乡村文化活动室、村史馆、文化长廊等公共文化平台，开展历史人物历史典故的说唱表演活动，满足人们的精神文化需求，提高乡村旅游文化品位，给游客提供高品质的审美享受和文化熏陶。

参考文献（略）

（原文刊载于《西北农林科技大学学报（社会科学版）》2018 年第 4 期）

英国传统村落保护的理念和主要机制

李建军

【摘要】英国传统村落保护首先益于早期贵族和乡绅对乡村自然景观的营造和维护，以及某些中产阶级人士对生物多样性和乡村传统文化遗产的关注。英国社会普遍达成的共识是，传统村落中的自然景观和文化遗产是重构国家认同和国民品格形塑的战略资产；传统村落与其周边的自然景观和生物多样性之间长期演化形成的共生关系是传统村落延续的生命线，也是周边自然生态可持续维护的根本选择。在传统村落保护中，英国政府依法设立负责决策咨询服务、资金赠予的国家乡村机构，授权国家信托和乡村保护协会等社会组织基于国家利益从事传统村落资产的收购、保护和开发工作，合理设置了政府、社会组织和志愿者在传统村落保护中的行动空间和角色关系，进而最大程度调动了社会各阶层参与传统村落保护的积极性，促成了政府、非政府组织和公民之间的协同行动，有效地实施了传统村落保护的理念和远景。

【关键词】传统村落；自然景观；文化遗产；国家信托；乡村保护协会

传统村落保护在很多国家都是十分棘手的政策难题。首先，对传统村落价值的界定历来就存在很大争议。一些人将传统村落看作衰败、贫穷文化的象征，另一些人却认为传统村落是农耕文明传承的“活化石”，其丰富的多样化形态、复杂的功能性格局和审美特质，蕴藏着未来文明持续发展的无限宝

作者简介：中国农业大学人文与发展学院教授、博士生导师。主要研究领域：农业伦理学与公共政策，现代农业创新与农村发展等。

藏、艺术灵感和生态智慧，值得永恒保护和研究发掘。其次，文化意义上的村落和经济意义上的社区存在较大的时代落差。新一代乡村居民受外部现代化的吸引通常选择进入城镇和都市等就业机会较大、公共服务齐全的社区生活，传统村落“空洞化”似乎成为不可逆转的社会趋势。还有，快速推进的城镇化、工业化和产业化进程对乡村资源的侵蚀或争夺也在有意无意地挤占传统村落保护政策设计和实施的空间。如何保护传统村落的自然景观和文化遗产，无疑是一个极有挑战性的政策议题。本文旨在简要追溯英国传统村落保护的历史，系统总结其传统村落保护的核心理念及实现机制等历史经验，尝试对这一议题做些分析探讨。

一、英国传统村落保护的简要历史

英国传统村落保护首先得益于 18 世纪和 19 世纪贵族和乡绅对乡村自然景观营造和保护的雅趣。当时许多因社会急剧变化而在政治上失意的中产阶级人士将乡村景观营造看作获得社会认同和尊重的重要途径。他们的作为为各种赞美自然和乡村生活的浪漫诗人提供了机会，进而形塑了英国国民的基本情怀和性格。其次作为最先发生工业革命的国家，英国在维多利亚工业时代就已着手污染控制，主要标志是国家监管机构和地区污水管理专员的出现。此外，饱受工业衰退影响的英国政府虽然将就业和增长看作优先的公共议题，但越来越多的人根据其生活体验痛苦地意识到，经济增长和社会福利不能以自然环境的破坏为代价，他们对乡村景观的态度开始发生微妙但深刻的改变。所有这些社会变化经过长期的历史积淀，深嵌于英国国民的文化心理结构之中，成为英国乡村运动和传统村落保护的强大精神动力。

大约在 19 世纪 90 年代前后，英国社会普遍对乡村景观和传统村落产生浓厚兴趣，其中的原因不是可能产生的经济价值，而是乡村景观和传统村落可能给民众带来独特的审美体验。当时的英国和威尔士，几乎 80%的人都居住在城镇。1895 年，一些有识之士创建专注于历史遗产地和乡村景观保护的国家信托基金（the National Trust），旨在基于国家利益，持久保护国家的自然景观和历史建筑以及动植物的栖息地。受其影响，保护传统村落一时间成为许多英国有识之士的共识。一些中产阶级人士基于各种考虑购置传统村落和自然保护遗址并将其馈赠给国家信托基金，比如，银行家同时也是昆虫学家的查尔斯·罗斯柴尔德（N. Charles Rothschild），因担心非法过度收集某些特种昆虫和植物可能造成的生物多样性威胁，出资购置威肯区部分沼泽地赠送给国家信托基金予以长期保护。1912 年，在大英（自然史）博物馆核心人物的支持下，罗斯柴尔德创立自然保护促进会（the Society for the Promotion of Nature Reserves，SPNR），以保护、收集和整理英国境内那些保留原始条件、易受建筑、排水和开垦等影响濒临灭绝的稀有地方物种的信息等。1914 年，塞尔伯恩鸟类、植物和农舍保护协会（the Selborne Society for the Protection of Birds，Plants and Pleasant Places）和 1904 年获得皇家许可的鸟类保护协会等也开始活跃在传统村落和乡村景观保护的最前线[1]，自然保护力量日益壮大。

20 世纪 20—30 年代，是英国乡村发展和传统村落保护遭受严重冲击的年代。宁静的乡间几乎一夜之间出现了密集的公路网线、加油站等，污染和噪音开始侵蚀传统乡村的自然景观和幽静氛围。1926 年，时任英国城镇规划委员会主席的帕特里克·艾伯克隆比爵士（Sir Patrick Abercrombie）出版《英国的乡村保护》（*The Preservation of Rural England*）一书，对城市到郊区街道两侧带状发展出现的建筑群蔓延现象提出公开批评。他认为，这种随经济发展而出现的城市扩张，由于缺乏统一管理和规划，使城镇和乡村之间犹如持续的消费品传送带，缺少明显的分界线；大量商业企业、郊区住宅、广告牌等不断扩张到乡间，严重侵吞乡村自然景观与人文传统，毁掉众多富有文化底蕴和生态涵养功能的传统村落。他因此呼吁成立一个专门委员会以遏制城市无限制地向乡村扩张的态势。这一提议得到不少有识之士的支持和肯定。当年 10 月 7 日，英国乡村保护协会（The Council for the Preservation of Rural England，CPRE）宣告成立。艾伯克隆比深信，对都市规划和面积扩大的有效控制，能够保持英国乡村令人心旷神怡的环境不受伤害[3]。

1932 年，英国政府颁布《城市规划法》（*Town and Planning Act*），这是第一部包含乡村规划的法律规范，预示乡村规划和村落保护开始纳入政府规制的范畴。但第二次世界大战改变了传统乡村的发展进程。战时对粮食的需要刺激了英国农业的急剧扩张，大量自然保护区被开发用于作物生产。战后英国颁布的第一个农业法令依然明令要大力发展种植业，加强对农业耕地的保护。为遏制城市扩张对乡村社会和传统村落保护带来负面影响，英国政府 1947 年新颁发的《城市规划法》，提出要遏制城市向乡村扩张，确保乡村农业用地与林业用地不受城市发展规划影响，对乡村历史文化遗迹和传统文化遗产进行保护。

1949 年，英国设置官方机构自然保护协会（the Nature Conservancy），标志着现代自然保护运动开始纳入政府治理的议程之中。然而，在集约化农业主导的乡村，要恢复动植物栖息地、实现野生动物利益的持续保护机会很少。20 世纪 60 年代，英国大城市出现拥挤和蔓延现象，居民开始向往回归乡村生活，出现“逆城市化”风潮。政府因此意识到乡村保护对国民生活的意义，开始加大对乡村景观的保护力度，颁布实施《英格兰和威尔士乡村保护法》等法律法规，建设乡村公园、划定乡村公共通道，支持公众加入乡村社区建设。几乎同时，一些英国乡村公园建设者和乡村旅游的推动者开始倡导自然环境对人类福利和康复的重要价值，并通过各种形式为城市居民提供在森林和乡村进行旅游、运动和身心康复的体验。20 世纪 80 年代，政府农业预算的救助补偿为乡村自然和传统村落保护的真正实施注入了新动力。

20 世纪 90 年代以来，对农业多功能性的体验促使许多英国人对传统村落和乡村景观保护的态度呈现积极性的变化。河流、湖泊、野生动植物栖息地、山地、石墙、牧场和树篱，所有这些与农事活动相关的自然物或人造物，统统被纳入传统村落和乡村景观保护的范畴之中。1991 年，苏格兰自然遗产局（Scottish Natural Heritage，SNH）在苏格兰自然保护协会（the Nature Conservancy Council for Scotland，NCCS）和苏格兰乡村委员会（the Countryside Commission for Scotland，CCS）合并的基础上宣告成立。这是英国历史上首次授权一个机构将推进可持续发展作为其主要使命。20 世纪 90 年代中期，英国世界文化遗产地已纳入国家保护名录，政府设立专门机构对各种不同的文化遗产地进行综合管理和保护，其中一些是在 20 世纪 80 年代中期已列入世界文化遗产名录中的，其他则被写入联合国教科文组织提名文件中。许多候选的或新近提名的遗产地包括复杂的文化遗产、城镇或村落景观[4]。1995 年，时任英国首相约翰 · 梅杰（John Major）在政府发布的《乡村发展白皮书》（*Rural White Paper*，RWP）序言中写道，英国农村一直是一个生活的乡村，他们应该继续这样保持。我们的政策是为所有人提供机会和创造繁荣，但这不能以牺牲野生动植物的物种多样性和乡村的美丽景观为代价。我们是这些自然遗产的传承者，我们有责任将他们保留给子孙后代（DoE/MAFF，1995）。

自2000年以来，英国人对乡村生活和自然景观的兴趣再次被各种各样的营销和推广活动，如从萨里遗址到北部高地荒漠的节庆活动等激发。许多人开始关注谁搬到乡村、去了哪里和做了些什么。与之相应，乡村徒步游、单车游等逐渐成为一种时尚。这自然加强了乡村和城市的联系，为传统村落的保护提供了动力和资源。2007年，英国执行欧盟《2007—2013乡村发展7年规划》，以加强乡村环境保护和经济发展，创建有活力和特色的乡村社区。2008年，英国作为自然保护地的土地和海洋面积从1996年的230万公顷增加到350万公顷[5]，其中包含传统村落和乡村景观。2011年，英国政府通过机构改革设立乡村政策办公室，明确其在发展基础设施、提供公共服务等方面拥有较宽松的自主决策权。各类乡村机构竞相引入“可持续性”（sustainability）、“治理”（Governance）、“后生产主义”（post-productivism）和“乡村重建”（rural reconstruction）等政策话语，旨在为乡村自然景观和文化遗产的保护提供合法性论证[6]。所有这些政策注定会对乡村生活形塑和传统村落保护产生深刻影响，但无论如何，乡村自然景观和传统村落保护始终居于乡村发展战略的优先选项之中。

二、英国传统村落保护的核心理念

讨论英国传统村落保护实践，首先必须了解其村落保护的核心理念，因为如何理解传统村落不仅影响传统村落在英国历史上的形塑，也会影响今天英国人对待和保护传统村落的行为和态度。有学者分析说，英国国民对传统村落保护意识的增强和其对乡村生活与自然景观的热爱及城市异化密切相关。这些对传统村落和乡村景观的态度形塑了英国国民的精神气质，影响了英国乡村社会发展的历史进程和道路选择[7]。

英国传统村落保护的理念首先出现在国家信托基金和乡村保护协会的诸多主张之中。国家信托基金是“当代英国最重要且最成功的志愿者组织”（the most important and successful voluntary society in modern Britain），其早期创建的目标是促进永久保护国家和户主对其领地中的景观和历史价值的利益，以及自然方面的特征和动植物生命。这里将“景观”（beauty）和“历史价值”（historical interest）并置，预设了景观或建筑物的历史意义与其审美体验的内在关联，保护“美丽”景观和建筑物即是保护这些物质载体所承载的历史文化与传统。这种对包括传统村落在内的历史遗产保护的理念在诸多信托基金的杰出成员的著作中得到反复阐述。信托基金执行理事会的主要成员查尔斯·罗伯特·阿什比（Charles Robert Ashbee）曾发表文章说，信托基金的发展不仅要争取本土内的景观和历史爱好者，还有争取那些和这些景观与历史遗产有语言、文化和族亲联系的其他国家的支持者，理由是自然景观和乡村文化是一种国家象征、一份重要国民资产。信托基金所从事的保护事业应该在捍卫国家认同和塑造国民性格的意义上得到海内外英国人的广泛支持[8]。这就是说，他们保护传统村落等历史遗产不仅仅是基于一般的景观体验和考古兴趣，而是为了重建国家的文化认同和历史传统。这种基于国家战略高度推进传统村落保护的理念不仅体现在国家信托早期的宣传和组织活动中，也体现在国家法律对乡村自然景观和传统村落遗产公共属性的界定之中[9]。国家信托所以能够赢得社会普遍支持，进而顺利地接受社会捐赠或收购那些不受重视的历史建筑和传统村落，与其组织者设定的这种保护理念密切相关。

英国传统村落保护的理念其次体现在英国社会对乡村景观的独特理解方面。布林·格林（Bryn Green）在有关乡村保护的著作中通过追问“什么是保护”（what is conservation）、“为什么保护”（why conserve）和“为谁保护”（who for）等问题论证说，只有伦理和审美意义上的论证才可能为乡村保护提供真正的哲学基础[10]。传统村落保护通常包括对乡村自然景观、动植物栖息地以及各种人造景观、历史建筑等的保护或守护等，但英国在传统村落等保护中逐渐形成的理念远远超过这些。大约在200年前，德国学者亚历山大·冯·洪堡（Alexander von Humboldt，1769—1859）首先将景观定义为“一个地区能被人感知的所有方面的综合”，包括自然的、文化的、地理的、生物的、艺术的等所有我们能够想到的所有方面，强调将人的感受或认知作为景观界定的重要因素[11]。洪堡的思想被英国人转化成传统村落保护的重要理念，那就是在把一个传统村落作为一个文化景观——一个由人有意或无意加以改变或营造的景观来加以保护时，保护者必须充分考虑人（村落原住民或心怀敬畏前来参观的游客）的感受，因为真正赋予传统村落以价值的是这些世世代代居住在这里的原住民以及那些对传统村落有鉴赏力和深厚情感的过往游客。在他们眼里，可能传统村落的一草一木、一砖一瓦都具有灵性，都富有传奇和魅力，值得保存和守护。传统村落因其悠久的演化历史可能具有经济价值，但其所负载的文化的和自然生态价值更为珍贵。英国史家阿萨·勃里格斯（Asa Briggs）在《英国社会史》中分析说，对大多数英国人来说，古老是一种资产；或许因为如此，英国乡间景观千姿百态。即使在13世纪的落后时代，英国村庄住宅粗糙简陋，但仍然还有些花园和果树。

基于对这些乡村景观和历史遗产的理解，英国在传统村落等历史遗产保护中多采取保护性修复原则或策略。1850年，英国文物建筑保护的权威人物、维多利亚时代最成功的建筑师乔治·吉尔伯特·斯科特爵士（Sir George Gilbert Scot）就强调说，即使是年代较晚或制作粗糙的真实建筑，也比为早期建筑修复出的精美部分更为珍贵。1986年，奥利弗·拉克姆（Oliver Rackham）写道："我担心意义的丧失。文化景观是对我们文明进化和文化渊源的记录。每一个个体的生活起居都是独一无二的，都有故事要讲。"[12]他为此曾说服国家信托基金在1964年初启动剑桥郡海利木业保护、20世纪70年代早期的埃塞克斯的汉特菲尔德森林保护，其中包括老树和林地考古，等等。受其影响，"反修复"的主张在有意无意间成为英国社会传统村落与文化遗产保护的重要理念之一，并在英国社会的传统村落保护中形成持续很久的"反修复"运动。这场运动的倡导者、英国著名建筑艺术评论家约翰·拉斯金（John Raskin）说：建筑最可歌可泣者，着实不在其珠宝美玉，不在其金阙银台，而在于它渴望向我们诉说往事的唇齿，在于它年复一年、不舍昼夜地为我们守望的双眼。受这些思想和理念的影响，英国对传统村落和文化遗产的保护，多采取保存废墟的做法，任由在一座中世纪的古堡、教堂或修道院中长出常青藤。残迹之美诱发思想情怀，如约克郡北部里沃滋修道院即为一例[13]。

或许正是这种保护理念主导的结果，英国乡村如今已成为了解英国社会文化与历史的"天然博物馆"。在英格兰西南部，游人可以看到主宰村庄和周边景观的装修奢华的教堂；而在距离不远的威尔士北部，则可以寻访不受教规的卫理公会教派在19世纪借以崛起的谷仓式的小礼拜堂。这是该地区石板开采产业大繁荣时期的产物，石板是当时主流性的建筑材料，石板的灰色烘托了建筑物的冷峻外观。卫理公会教派恪守禁欲教规，通常不粉刷教堂或以灰色调装修教堂。而在英格兰一边的房子全部被涂成明亮的白色，门被漆成红色、蓝色或绿色。威尔士采石场的兴起助长了擅自占领行为，采石工占领周边未开垦的石楠丛和沼泽地用于建造他们的小屋，修筑漫长的围墙来圈占土地，以便圈养几只羊和一头牛[11]。今天，这些房子多数已被废弃或被游客购买，将其改建成度假别墅，喷涂成白色，将他们喜欢的各种颜色的门和窗框混入威尔士的景观之中。如果回到几个世纪之前，可以发现另一种时尚也在改变威尔士的景观生态。当时统治这个地区的贵族突发奇想，争相在肥沃的山谷建造他们的庄园和别墅。比如，奥克利家族在杜伊里德河谷的斜坡上建造起自己的庄园，将斜坡改造成一个花园，并在对面的斜坡上植树造林。原来直通山谷用来运输木料的河流被人为改道，意在营造美丽景观。山谷的景观因此受这些贵族的趣味和嗜好的改变而发生改变，但在无意间也赋予了当地景观一种历史文化的内涵。

还有，珍视传统村落及其周边的自然生态长期演化而形成的共生关系，将传统村落保护纳入自然保护区建设，对传统村落的文化景观和自然保护采取复合式的“补丁”模式和保护策略，是英国传统村落保护的重要特色。其中蕴含的核心理念是，传统村落的自然景观和生物多样性不应该是一个静态的结果，而是与传统村落共同进化的动态过程；传统村落的持续发展应被理解为“环境能力和关键自然资本的长期维护”。依据这一核心理念，英国对传统村落的保护通常不会采取将其从自然保护区简单迁移或隔离的做法，而是尽量保持传统村落与其周边自然生态长期形成的共生关系，让传统村落发挥其在自然保护区可持续演进中的积极作用。尽管有研究者从科学层面上批评说，这种半自然栖息地的管理模式会使自然景观和生物多样性遭到严重破坏，比如，威肯地区的土地利用可能破坏该地区莎草沼泽（the Sedge Fen）的历史文化和自然景观。马伦（Marren）等这理念的捍卫者对此反驳说，历史造就了威肯地区的沼泽群落，这些物种在传统村落的管理模式下已幸存了几个世纪，那么最可靠的保护策略就是继续保持这种传统的共生体系。再说，如果将传统村落从自然保护区中隔离出去，那我们就很难理解镰刀等农业器具的发明史[14]。英国自然保护组织因此强调说，维护野生动物的利益必须谨慎地管理自然保护区（the Nature Reserves）；自然保护应该由 50 年前的“自然保留”（nature preservation）拓展为“创造性保护”（creative conservation），以鼓励和重新评价野生自然资源的管理实践[15]。即使在现代的景观营造中，英国人依然重视这种人与自然和谐共处所带来的审美体验和诗意生活。英国曼彻斯特大学城乡规划系的教授艾伦·拉夫（Alan Ruff）在著作《荷兰和生态景观》（Holland and the Ecological Landscapes）中强调景观营造和传统村落保护“应当以人和自然的关系为基础”，主张宜居快乐的生活应该“与自然融合”（at one with nature）、让野生动物出现在你的房前屋后[16]。英国传统村落保护的这一理念已得到越来越多的国家和国家组织的认可。联合国教科文组织顾问、RC遗产咨询公司联合创办人西蒙尼·里卡2016年参加在中国举办的有关传统村落保护学术研讨会上说，他认为目前所做的保护古建筑和传统村貌的工作还不够，其实传统村落的一草一木都是其最核心的要素[17]。

当然，我们还可以从英国保护传统村落的实践中提炼出更多的保护理念，比如，依托乡村优势产业和旅游业保护传统村落。威斯敏斯特大学规划系高级讲师朱利欧·韦尔迪尼在谈到传统村落保护时说，传统村落的经济发展应当依靠其优势产业，如通过创新发展提高农业效率，但其根本还是应当借助并充分发掘利用传统村落本身特有的资源，实现最优发展。然而，蕴含在英国传统村落保护运动中的核心理念主要是：传统村落是重构国家认同和历史传统的重要资产，是具有超出经济价值之外的文化景观；自然景观和文化遗迹是传统村落保护的核心要件，两者相互共生，赋予传统村落以内在的生命价值；传统村落与其周边自然生态之间长期演化形成的共生关系既是传统村落延续的生命线，也是周边自然生态可持续维护和生物多样性保全的根本选择。这些核心理念内在关联，共同构建了英国传统村落保护的指导方针和工作指南，不仅从国家认同和民族性格形塑的战略高度论证了传统村落等历史文化遗产保护的合法性和重要性，而且从具体运作和保护策略层面提出了传统村落保护的工作重点和规范性原则，是英国传统村落保护赢得社会普遍支持、日益发展壮大的强大的精神动力之所在。

三、英国传统村落保护的主要机制

机制是特定社会结构或体制设定的结果，主要包括政府规制传统村落保护者行为的法律规范和政策措施，以及使其在特定的社会体制框架中有效行动的合法途径和组织结构。要讨论英国传统村落保护的机制，首先需对英国社会的基本结构有个大致的了解。

英国作为一个发达的资本主义国家，给人的总体印象是公平、民主和彬彬有礼，但受其历史传统的长期影响，英国本质上还是一个由贵族和乡绅等社会精英治理的社会。2016 年英国全民公投产生的“脱欧”结果，让社会精英与普罗大众之间内在的裂痕和冲突公开化，要求居于国家治理结构核心的上层精英反思其政治行动的合法性，调整事关普罗大众利益相关的诸多公共政策。英国社会的土地所有权主要集中在王室成员和诸多贵族手中，他们的言行举止对农业和乡村发展举足轻重，当然也对传统村落的保护影响深远。据统计，英国女王名下拥有的土地超过 4 万公顷，威尔士王子以康沃尔郡公爵身份拥有的土地达 5 万公顷，其他皇室成员拥有土地 2 万公顷；26 位公爵拥有土地约 40 万公顷，200 多个贵族家庭每户拥有土地在 2 000 公顷以上。结果是，仅占人口总数 2%的贵族和乡绅占有国家 37%的财富和 74%的土地[18]。这种不均衡的土地所有权分配在西方国家也是独一无二的，且因英国法律得到不断的强化。在英国，土地所有权可以由长子世袭继承。幸运的是，这种不公平的土地制度安排却为乡村自然景观的营造和传统村落的保护提供了某种便利和可能。大约从 15 世纪都铎（the Tudor）时代起，英国许多拥有土地的贵族和乡绅就开始在乡间的土地上营造伟大庄园（the great estates），制定土地管理和护理的标准。这些庄园如此宏大，足以使农业创新、野生动植物栖息地保护和人工景观的新颖构造兼蓄并存、和谐共生。18 世纪，由布朗和汉密尔顿领导的景观营造运动再次影响了当时的村落的空间布局。许多贵族和乡绅纷纷移植异国情调的树种、在其居住的乡间建造巨大的公园、花园和装饰性的湖面，栽种各种树篱、小灌木等以分割庭院，标识自己的产权。

英国传统村落保护机制首先体现在政府依法设立的各种旨在保护乡村景观和传统村落的各类委员会的职能定位上。“二战”前后是国乡村政策进行重大调整的关键时期。战争的需要使粮食、肉品和纤维的生产成为乡村工作的第一要务，但同时，对乡村自然景观和传统历史文化遗产的保护诉求也日益剧增。在乡村自然景观、野生动植物和传统村落遭受工业化和城市化严重侵蚀的情况下，英国政府首先依法资助创建了国家公园委员会（the National Parks Commission）和国家乡村委员会（the Countryside commission）。前者依据国家公园和乡村进入法案（the National Parks and Access to the Countryside Act）创建于 1949 年，主要负责国家公园的认定和推荐事务，保障乡村便利设施和推动乡村旅游等；后者依法于 1968 年创建，1999 年更名为乡村管理局

(Countryside Agency),旨在通过与地方政府、土地所有者和其他公共机构的合作,为风景秀丽的乡村景观保护和休闲功能的开发提供咨询服务和政府赠款,保护与强化英国境内乡村的自然美,设法帮助更多人享受美丽的乡村自然风景和文化生活。1973 年,英国政府还依据《自然保护法案》(*the Nature Conservancy Act*)设置自然保护委员会(the Nature Conservancy Council),旨在负责自然保护区和其他自然区域的认定和管理工作,为政府提供生态环境、自然景观保护方面,尤其是野生动植物和地质构造方面的决策咨询服务。20 世纪 80 年代,政府意识到需要新的政策工具保护自然保护区内的传统农牧活动(Ministry of Agriculture, Fisheries and Food 1989),便在 1989 年试验性地开启生态敏感地区(ESA)保护计划,旨在通过向传统村落的农牧民提供生态补偿来保护自然景观、特殊物种和文化景观。该计划依据不同地域的特点进行分类管理,体现在机构组织层面,分别对英格兰、苏格兰、爱尔兰和威尔士的自然景观和传统村落依托地区机构进行管理,国家层面上虽有总体协调机构,但不采用统一模板来进行评估和设计标准,既调动了地方的积极性,又避免了趋同化。2006 年,乡村局和自然保护委员会两个机构合并,组建跨部门的公共行政机构自然英格兰(Natural England),由环境、食品和农村事务部(Department for Environment, Food & Rural Affairs)提供资助,目的是“确保包括传统村落在内的自然环境得到保护、增强和管理,有利于子孙后代和可持续发展”(*Natural Environment and Rural Communities Act*, 2006)。不仅如此,政府还通过颁布《城乡规划法》,发布由环境、交通和地区部(Department of Environment, Transport and the Regions)和农业、渔业和食品部(The Ministry of Agriculture, Fisheries and Food, MAFF)联合起草的《乡村发展白皮书》以及随后由两部门合并组建的环境、食品和乡村事务部(Department for Environment Food & Rural Affairs, DEFRA)起草的“乡村地区可持续发展”等发展规划,就传统村落保护、乡村景观保护和土地使用等重大事宜提供工作指南和指导性意见。

但总体上讲,英国政府没有设置单一的乡村规划和传统村落保护制度,其对传统村落保护的政策意志主要通过依法设置的像英国乡村委员会(乡村管理局)、英国环境保护委员会等涉及乡村景观和传统村落保护的国家级跨部门公共行政机构,以及许多针对乡村问题而特设的分立体系和倡议来推进实施。这些机构在政府行政体制改革中名称有别，但其基本职能基本不变，它们不仅能独立负责地履行各自担负的决策咨询和服务职责，而且非常注重机构之间以及与地方组织的沟通和协作，通过多层面的社会联系对传统村落自然景观和文化遗产提供有效保护[19]。这样的组织体系虽然受到一些专家的批评，说其不利于专业人员的协作，难以对传统村落和乡村景观提供全面有效的保护，但从保护实施的效果看，由中央政府委员会就乡村景观和传统村落遗产保护提供指导意见、咨询建议和必要的资金支持，将大量的具体保护事宜授权给地方政府和各类社会组织，具有明显的组织优势，那就是最广泛地调动地方和社会组织参与传统村落保护的积极性，最大限度地规避政府在传统村落保护中过度干预或“越位”行为，鼓励各地因地制宜，依照自身的文化传统和特殊村情大胆探索传统村落保护的新模式和新经验。

其次，政府立法为各种非政府组织、社会团体、基金会和志愿者组织参与传统村落发展中创造条件。1895 年创立的国家信托（the National Trust）基金是英国最大的遗产保护慈善组织，拥有最广大的传统村落和文化遗产保护方面的志愿者队伍，至今依然是英国境内最活跃的传统村落和文化遗产保护领域的非政府组织。该机构发展壮大的重要因素之一就是英国议会根据 1907 年的《私有财产法案》（*A Private Act*）授予其以独特权力，宣布其名下的“基于国家利益”的资产不可剥夺。还有，1948 年议会通过《国家辅助法》明确志愿者义务组织的法定地位和可能享受的税收优惠政策，再次为这类非政府组织的发展提供激励。按每小时 5. 8 英镑收入标准计算，43 万名志愿者的智慧和热情之奉献每年高达 1500 万英镑，国家信托用此费用再支持文化遗产保护事业[13]。2011 年以来，国家信托的保护工作向乡村的大型工业遗址、城市工业遗产保护利用倾斜，如实施英国南部康沃尔和西德文的矿业世界文化遗产地（the Cornwall and West Devon Mining World Heritage Site）之保护项目，秉承“将场所带入生活”的宗旨，吸引城市人口到乡村参与工业遗产的参观、度假活动[20]。有研究者分析说，在工业化、城市化不断扩张膨胀蚕食周边环境的冲击下，英国乡村仍能保存如此秀美的自然景观和完整的文化形态，这份功劳至少大部分可以归于英国乡村保护协会[8]。英国乡村保护协会作为英国最早的环保组织之一，初衷是保护英国乡村的传统景观，遏制城市的无限制扩张。该组织主张通过规划、划分区域、综合配置等方法来规避无限制的城市发展给传统村落和乡村社会带来的严重伤害。目前拥有志愿者成员 6 万多人，通过举办各类活动促成英国很多环境和乡村保护法令的颁布，例如 1947 年的《城乡规划法》(*The Town and Country Planning Act*) 以及 1955 年的《绿化带建设法》(*Green Belt Circular*)，等等，乡村保护协会组织的活动甚至影响了整个欧盟环保法令的制定。此外，维多利亚学会、英国文化遗产基金会等也对传统村落保护功不可没。至今几乎在每一个传统村落、每一个著名的历史遗产地，都可以看到“地方历史会”和国际信托等非政府组织的活动身影，它们相互协作，共享知识与经验，逐渐建立起强大的区域性、全国性乃至国际性的保护体系。特别地，这些非政府组织的工作机制类似于政府设置的乡村委员会等机构，中央机构主要为传统村落提供保护指导性意见或捐赠资金，而将传统村落保护行动的决策和主导权交给地方性组织和村落居民[21]。

还有，大学对英国传统乡村社会的发展功不可没。英国的许多著名大学建设在乡村，如牛津大学、剑桥大学和杜伦大学等。最可贵的地方在于这些大学的建设者并没有简单地把乡村土地上的一切先夷为平地，然后用水泥森林代替原先的植物森林，而是因势利导，基本上保持原有的乡村自然景观和文化形态。大学是整个乡村社会的一部分，与乡村社会的民众生活和文化活动有着千丝万缕的联系。如我近期访学的杜伦大学，始建于 1832 年。除 Bill Bryson Library 等大学图书馆和教学楼周边有少量的水泥空间外，大学不同专业院所以及为在校学生提供住宿的各类寄宿学院全都隐身在传统社区或乡村原有的自然景观之中，环绕在参天古树和鲜花绿地之间，幽静而祥和，充满诗情画意。特别让我印象深刻的是，作为最古老的大学之一（仅晚于牛津和剑桥），杜伦大学非常重视传统文化遗产和地方植物多样性与自然景观保护的相关研究，被联合国教科文组织列为世界文化遗产名录的杜伦大教堂和城堡 (Durham Cathedral and Castle Heritage) 如今不仅是杜伦大学进行历史文化教育和研究的重要基地，也是大学举办重要社会活动的场所，当然也是杜伦社区进行宗教活动的重要场所。杜伦大学植物园（Botanical Garden）既是大学研究者进行研究、教学和对社会进行科普教育的基地和场所，是展示和保护地方自然景观和物种多样性的平台，当然也是社区居民休闲娱乐的地方。杜伦是一个人口老龄化特征最显著的英国乡镇之一，圣诞节和复活节假日在小城中心见到的大多数人都是老年人，似乎整个城镇缺乏活力。但假期一结束，这个城镇立即就会充满活力和生机，街上的老人们似乎脸上也多了很多笑意和快乐。因此，在一定意义上，大学通过智力贡献、社会参与和现代价值的引入等形式能够在传统村落保护，尤其是在自然景观保持、传统文化继承和弘扬等方面发挥作用。大学的专家能够为地方政府和乡村保护社团、基金会提供传统村落保护的意见、策略和技术，并积极参与各种保护和研究活动。

需要特别指出的是，英国传统村落的保护还得益于受到村落、遗产和修复运动盟友广泛支持的博物学家、考古学家和历史学家等专家的诸多努力。他们尝试改变物种减少和乡村建筑废弃态势，通过在科学期刊发表对传统村落考察探索的研究成果和在相应的全国性科学社团代表大会呼吁立法和开展公民教育活动，影响了公众对传统村落和乡村景观的态度[22]。当然，国家信托基金等社会组织的设立以及相关的保护遗址的购置活动对此发挥了重要作用。

结论：对中国传统村落保护的启示

良好的传统村落保护管理取决于相关的政策和保护行动对传统村落存在的“普遍价值的理解”和随后出现的变化[23]。英国传统村落保护的经验表明，社会普遍达成的有关乡村景观和文化遗产整体性保护的共识是传统村落保护成功的关键所在。其中能够对传统村落保护的意义和合法性做明确阐述，且能够对传统村落保护的对象和主体以及与之相关的新道德关系进行哲学建构的核心理念，可能在特定的社会历史条件下动员最广泛的社会力量，进而有效整合一切可能的社会资源，逆转工业化、城市化对传统村落保护和发展带来的冲击，使传统村落所代表的乡村文化在全球化和现代化的今天依然保持其丰富的自然景观和悠久的历史遗产，成为英国社会引以为荣的国家认同和文化象征。其次，政府、非政府组织和公民之间的协同行动，是传统村落保护理念和远景有效实施的重要保证。英国政府通过依法设立负责决策咨询服务、资金赠予的国家乡村机构，并通过法律规范授权国家信托和乡村保护协会等社会组织基于国家利益从事传统村落资产的收购、保护和开发工作，合理地设置了政府、社会组织和志愿者在传统村落保护中的行动空间和角色关系，进而最大程度调动了社会各阶层参与传统村落保护的积极性，整合了地方性知识、民间资本和社会力量，创新了传统村落保护的手段和方式，使政府的政策规划与资金投入产生了“四两拨千斤”能动效用。

针对国内传统村落保护中存在的各种问题，英国传统村落保护实践中积累的如下经验尤其值得我们借鉴和思考。首先，封闭式保护不是一种理想的传统村落保护方式，因为只有尊重历史的传承、遵循传统村落和自然生态的共生机理，传统村落和自然景观的保护价值才可能彰显，各种自然生态和生物多样性才可能得到持续保护。其次，对传统村落的简单“复制”和破坏性重建是一种历史犯罪，也是一种资源浪费，获得的只是一种苍白的失去历史积淀和文化灵魂的建筑形式和商业显摆，很难有持续的吸引力和旅游价值。再者，传统村落的保护必须伴之以必要的开放性和教育活动才可能赢得持续的关注和广泛的支持。博物学家、考古学者、文化专家和大学与研究组织等研究、教育和咨询服务对于传统村落保护必不可少，这些专家及其组织与乡村保护志愿者之间互动交流和密切合作是传统村落保护价值再造的重要机制。

参考文献（略）

（原文刊载于《中国农史》2017 年第 3 期；
《新华文摘》2018 年第 7 期全文转载）

食品伦理学和动物伦理学

建立新的食物系统观

任继周　南志标　林慧龙　侯扶江

【摘要】食物的生产和消费是农业生态系统的精髓，它决定性地作用于农业生态系统的结构和功能，也作用于生存环境，农业活动主要是建造和利用食物系统。健康的食物系统使生态系统可持续发展，生产力成倍增长，可兼顾生态和生产双重效益，是食物安全的保证。增加动物性食物，减少对植物性食物，尤其是谷物的依赖，是我国与全球食物系统调整的方向。其中，合理利用天然草地，大力发展栽培草地或实行草田轮作，发展草食家畜，减缓对耕地资源的掠夺性利用，是完善食物系统的必然途径。

【关键词】草地农业；草地；食物安全；食物系统

在农业生态系统中，食物系统（food system）既是能的载体，也是能的流程，它还将能异化为社会产品——食物的终端产物。食物的生产和消费是农业生态系统的精髓所在，它决定性地作用于农业生态系统的结构和功能，当然也作用于生存环境。

能流是任何生态系统的驱动力，农业生态系统也不例外。日光能进入生

作者简介：任继周，中国工程院院士，兰州大学草地农业科技学院教授，研究方向为草原学、草原调查与规划、草原生态化学、草地农业生态学系统和农业伦理学等；南志标，中国工程院院士，兰州大学草地农业科技学院教授，研究方向为退化草地生态系统恢复与重建、温带牧草和热带豆科牧草病理学与种子学、高山优良豆科牧草选育、草坪草病害、禾草内生真菌等；林慧龙，兰州大学草地农业科技学院教授，研究方向为草业系统分析、草地生态经济模型与模拟、草业经济与政策；侯扶江，兰州大学草地农业科技学院院长、教授，草地农业生态系统国家重点实验室副主任，研究方向为草地—家畜互作。

态系统以后就靠食物系统来驱动生态系统的正常运行。近年来地质学家说，人类活动已经深刻地干扰了地球的发展过程，出现了“人类世”这个地质过程的新阶段。人类对地球的干扰当然是多方面的，例如开矿、修路、交通等，但影响历时最久，范围最广的还是农业活动。农业与人类文明同步发展。农业活动中最主要的当然还是食物系统的建造和利用。

一、健康的食物系统是食物安全的基础

各种生物的食性不同，它们在生态系统中，都有各自占有的食物位点和幅度，这就是我们通常所说的生态位。不同物种的生态位组成食物链，多个食物链又构成食物网，食物网又进一步构成营养级。生物的多样性使它们各自的生态位互相耦合、镶嵌，构成和谐的生态系统。我们常说生态系统的持续发展有赖于生物的多样性，而生物多样性的核心就是以食物的多样性为主导的特性综合。因为它们的生态位各有特色，如加以巧妙组合，多种生物各得其所，各就各位，充分发挥食物系统的整体功能，而不只是个别食物的效益。这不仅使生态系统可持续发展，生产力还能成倍增长，兼顾了生态和生产双重效益。反之，生态和生产将两败俱伤。

对人的食物构成来说，应包含矿物性食物、植物性食物和动物性食物三大类，领域十分广阔[1]。矿物性食物如水、盐和某些矿物元素；植物性食物如谷类、蔬菜、藻类、果品等；还有动物性食物，如肉类、奶类、蛋类、水产类、昆虫类及其制品。“粮食”只是谷物的一部分，是上述三个食物带中的局部，在食物系统整体中更是局部中的局部。

以食物为主干的能流将不同的生物联系成一个整体，对食物需求牵一发而动全身。在食物生产中如果不顾整体，鲁莽从事，过分热衷于某一类食物，例如籽粒类的“粮食”，而将其他食物弃置不用或用得很不充分，就会打乱食物系统和这类食物“生产者”赖以生存的环境。

病态的食物系统，必然导致病态的生态系统，其结果必然导致不良的生存环境。我国农业存在的众多问题，其根源在于“以粮为纲”这个极为偏颇的食物系统。作物生产与家畜生产各自独立进行，两种食物系统的废弃物不能相互转化，农业资源低效利用，过剩的营养物质排向江河流域，诸如太湖、巢湖、滇池流域蓝藻大爆发的生态灾难在全国蔓延。

食物保障为我国历代政府和群众所重视。早在两千年以前，中国就有“民以食为天”的理论概括[2]。这个与天齐高的“食”，应该包含所有食物(food)。食物是“人类赖以生存的物质基础”[3]，或者更精确地说“人类社会的食物是人类以正常方式摄入体内，以维持身体健康生存的各种营养物质的综合形态”[1]。我国单一植物性农业系统把粮食混同于谷物，又把谷物混同于食物。经过这样一番不经意地历史形成的概念偷换，于是演变为：食物=谷物=粮食。联合国的“食物与农业组织”[4]，被中国化为“粮农组织”，表现了我国对食物的偏见。

因此，食物的含义在我国过分窄狭，食物安全的道路在我国也越走越艰难，这样的农业系统对我国资源造成的损害也越来越大。自从战国时代商鞅提出“垦草”务农，到汉代的“辟土殖谷曰农”，再到晚近的“以粮为纲”，我国农业生态系统被人为阉割。生物资源、土地资源、水资源、能资源都严重浪费，创伤极重。这种损害源远流长，联合国对食物安全的解释为“所有的人在任何时候，均可获得质量充足，营养足够以及质量安全的食物，以满足活跃与健康生活的需要”[5]。本文对此不拟展开论述，只想指出食物问题的实质与农业系统的基本结构和功能不能分割，目前，我国农业问题丛生，属于系统性的“系统相悖”[6]，不是枝枝节节的若干技术措施所能奏效的。这就是为什么历年出台了各种“支农”措施，却仍然未从根本上解决全国为之忧虑的“三农”问题。

二、增加动物性食物是食物系统调整的方向

我国因为囿于“粮—猪农业”的偏见，过去有一种盛行多年似是而非的说法——粮食不过关不能发展畜牧业。而事实告诉我们，近30年来粮食产量时有波动，1985年以来人均粮食占有量始终未超过390千克/人，但肉、蛋、奶的产量却从未停止上升，而且人均占有量达到世界前列。过去半个多世纪，以至今后的一段时期内，我国居民的营养物质，来源于粮食的部分持续减少，来自动物和其他植物的热量和蛋白质却不断增加（表1）[7]。

全球范围内亦表现为动物性食物增加的趋向。国际家畜研究所（ILRI），联合国粮农组织（FAO）和国际食品政策研究所（IFPRI）等联合研究指出，发展中国家人均动物性食品消费量自1970—1990年的20年内增加了50%；并

且，未来20年，发展中国家肉类和奶类生产的年增长率将分别达到2.7%和3.2%[8]。国际食品政策研究所利用全球食物模型（IMPACT）研究指出，1995年到2020年，全球谷物的需求将增加39%，主要因为发展中国家对饲料粮的需求将增加一倍；而对肉类等动物性食品的需求将增加58%[9]。一场以需求为动力的家畜革命（live stock revolution）已经开始，如同20世纪60年代的绿色革命，它将为全球食物的安全做出巨大贡献。

这就表明，谷物（即我们通常所说的粮食一类）并不具有动物性食品上升的一票否决权。非谷物食物资源支撑了畜产品的持续上升，从而减少了对谷物的压力。

表1　我国居民食物营养来源的变化[7]　　单位：%

年　份	热量来源			蛋白质来源	
	粮食	其他植物	动物	植物	动物
1952，1957平均	90.3	4.0	5.7	92.3	7.7
1962，1965，1970平均	93.3	3.3	3.4	93.9	6.1
1975—1978平均	88.5	4.2	7.3	91.2	8.8
1979—1982平均	82.3	8.7	9.0	90.1	9.9
1984，1989平均	78.6	11.5	10.0	87.6	12.4
2020预测	66.2	19.2	14.6	75.2	24.8

三、发展草食家畜是食物系统完善的途径

食物系统原本包含了谷物和非谷物食物，这才是我们食物资源的全部。而且非谷物食物资源恰是食物资源的大部分。我国食物系统的主要弊端在于把谷物强调到不适当的程度，而对非谷物食物资源和其他动物食物资源则未予充分重视。在此基础上自然形成了“粮—猪农业”。

我国肉食结构存在严重问题（表2）。草食型家畜与耗粮型家畜猪的数量之比，2003年全世界为0.74。在各大洲中，亚洲最低，为0.35；欧洲为0.52；北美洲和中美洲为1.28；南美洲为3.87；大洋洲为7.30；非洲最高，为8.12[10]。大洋洲、美洲和非洲因为有广阔草地的支持，草食家畜都超过耗粮型家畜，而其他各洲都是耗粮型家畜超过草食家畜。

在世界耗粮型畜牧业占主要地位的国家中，中国高居顶峰（表2）。2003年中国猪肉产量占肉类总产量的比重高达65.18%，饲养了约4.66亿头猪[11]；

牛肉产量却只占世界人均量的一半略多（51.73%），牛奶仅为世界人均占有量的16.57%。中国的人口是美国的4倍，但奶产量仅为美国的22.34%，人均耗奶量为美国的5.03%。美国是产粮大国，猪肉产量只占全世界的9.32%；我国是贫粮国，猪肉产量却接近世界总产量的一半（47.18%）。2003年我国猪肉人均产量是世界人均量的2.27倍[10,11]，尽管中国人均猪肉消费量略高于美国（中国34.966千克/人，美国30.69千克/人）[10~12]，中国人比美国人每年多吃的这4千克猪肉，总量就是520万吨，大约相当美国猪肉产量的60%，是大洋洲、南美洲、非洲三大洲猪肉产量的总和的1.43倍。而这520万吨猪肉的饲料消耗，相当4 160万吨粮食单位。与全球平均值相比，中国牛羊肉占肉类的百分比低了13.89个百分点，而猪肉高出26.85个百分点。

“粮—猪农业”造成我国养猪过多，人食与畜食不分，猪食挤占了人食，谷物生产自然不堪重负[12~14]。根据《中国食物与营养发展纲要（2001—2010年）》，要满足我国人民的营养需求，肉的生产能力需要提高50%，奶的生产量需要增加2倍以上。依靠“粮—猪”的食物系统，到2020年，预计我国饲料粮需求将倍增至4亿吨左右。目前，全国粮食需要量约5.06亿吨，其中口粮3亿吨、饲料粮2亿多吨。由于耕地资源减少的趋势难以逆转，依靠粮食增产来满足饲料需求，用大量谷物来养猪，对我们这个仅有世界7%的耕地却要养活世界22%的人口的国家来说，未免有些不自量力了。美国是余粮大国，但只养猪9 600万头，如果他们也像我国那样，养4.5亿头猪，其处境如何恐怕也不难预料。

表2　2003年世界各大洲及部分国家肉类生产结构[10]　　单位：万吨

地区（国家）	肉类总产量	牛肉产量	猪肉产量	羊肉产量	牛、羊肉产量与猪肉产量对比
全世界	24 985.0	5 874.2	9 577.9	1 182.5	0.74
亚洲	10 215.6	1 183.6	5 350.5	678.1	0.35
中国	6 932.9	630.4	4 518.6	357.2	0.22
印度	603.8	149.0	63.0	70.7	3.49
非洲	1 152.9	411.8	73.9	188.4	8.12
南非	170.9	58.6	11.3	14.0	6.43
北美洲	5 021.4	1 548.6	1 224.7	20.5	1.28
美国	3 910.6	1 222.6	893.1	9.2	1.38
加拿大	427.7	124.5	191.0	1.3	0.66

（续表）

地区（国家）	肉类总产量	牛肉产量	猪肉产量	羊肉产量	牛、羊肉产量与猪肉产量对比
南美洲	2 804.4	1 270.3	337.3	34.2	3.87
阿根廷	416.3	280.0	21.6	6.1	13.25
巴西	1 705.9	738.5	214.5	11.8	3.50
欧洲	5 252.7	1 185.9	2 538.1	145.5	0.53
德国	650.7	132.0	412.3	4.4	0.33
法国	652.1	165.0	235.0	13.7	0.76
大洋洲	538.1	274.1	53.4	115.8	7.30
澳大利亚	384.7	207.3	42.0	60.8	6.38
新西兰	140.8	64.7	4.7	54.9	25.45

我国食物安全的实质是饲草料安全，应专心致志发展草地农业，粮食作物、牧草、家畜相结合，农田、人工草地、天然草地相结合，在合理利用天然草地的基础上，大力发展栽培草地或实行草田轮作，发展草食家畜生产。据测算，仅在西南岩溶地区，利用冬闲地和退耕地种植饲用作物，粗蛋白产量至少增加31.7%。天然草地适度放牧利用或有条件地改造成高产栽培草地，其新增的粗蛋白饲料产量相当于现有耕地生产水平的18.6%，食物生产可增加50%，林地适度改造为农林复合系统所形成的食物生产能力尚未计算在内[1]。就全国而言，实行草地农业系统，可节约（或创造）相当6 400万公顷的耕地资源，加上原有的1.07亿公顷耕地，我国将有相当1.71亿公顷耕地的生产能力，可生产食物当量11.52亿吨，不仅口粮与饲料用粮需求可满足解决，还有较多余粮投入世界贸易，调剂食物品种[15]。

充分发挥食物系统的生产潜势，必须充分发挥农业整体的食物系统的作用。这些年来我国在粮食减产的情况下，仍然保持食物市场的稳定，得力于植物生产系统与动物生产系统两者的系统耦合逐步完善，草食家畜迅速发展，食物结构不断优化，食物系统趋向合理。这是农业现代化的必要特征，也是本文论述的关键所在。

参考文献（略）

（原文刊载于《中国农业科技导报》2007年第4期）

论生态文明视域下我国农业与食物伦理教育

孙雯波　刘俊东

【摘要】 沿袭世界粮农组织提出的概念，在生态文明发展的大背景下，把农业和食物伦理理解为人类广义的农业生产及其产出、衍生产品构成的食物所涉及的关系到人与环境、人与人、人与社会的伦理问题及伦理原则、规范等。在全球化背景下解决食品安全“中国式难题”，从长远和根本上看，借鉴域外的教育理念、模式和方法，结合中国实际探索在全社会范围内开展生态文明视域下的农业和食物伦理教育十分必要，是面向生活的生命伦理和生态伦理实践，对确保人类健康和永续发展，促进社会稳定和谐意义重大。

【关键词】 生态文明；农业与食物伦理；伦理教育

随着社会经济的发展和科学技术的进步，世界范围内农业和食品行业领域发生了诸多重大变化，现代农业生产带来的环境与资源问题、食品安全问题等逐渐凸显出来。与农业生产中的问题相联系，当代中国食品安全存在问题更复杂严重，多发程度更高，构成特殊的“中国式难题”，社会各界提出不少治理和解决这些问题的路径、措施和方案，但要从根本上和长远上解决问题，在深刻的哲学反思基础上，良好的生态伦理价值理念的确立与教育启蒙，承载生态文明理念的技术培训与社会实践指导更为重要。在全社会范围内开展农业和食物伦理教育，对解决我国农业发展和食品安全问题，确保人类健康和永续发展，促进社会稳定和谐意义重大。

作者简介：孙雯波，湖南师范大学公共管理学院副教授，哲学博士；刘俊东，湖南师范大学公共管理学院硕士研究生，研究方向为科学技术哲学。

一、生态文明视域下的农业与食物伦理

人类通过对传统文明特别是工业文明的深刻反思，开始向一种新的文化伦理形态——生态文明转型，这种文明形态着眼于人与自然、人与人、人与社会和谐共生、良性循环，以建立可持续的生产方式和消费方式为内涵，引导人们走上良性存续、全面发展和持续繁荣的发展道路，它是人类文明形态和发展理念、道路和模式的重大进步。生态文明致力于构造一个以环境资源承载力为基础、以自然规律为准则、以可持续社会经济文化政策为手段的环境友好型社会，社会个体在生活方式上崇尚节制节约美德，在适度物质消费基础上追求精神文化的享受和发展，这种基于生命、生态伦理价值观念的转变会首先并最终反映人类生活，其中最重要的就是与人类生存、生活密切相关的农业和食品领域。在我国，面对资源约束趋紧、环境污染严重、生态系统退化的严峻形势，党和政府提出必须树立尊重自然、顺应自然、保护自然的生态文明理念和体制建设的基本国策，因而将人与自然的关系问题、农业生产和食品安全问题纳入伦理道德的框架内进行讨论，对广义的农业和食品诸要素和过程进行伦理分析，契合了生态文明发展战略和趋势。

农业是以动物、植物和微生物为劳动对象，以土地为基本生产资料，通过人工培育和饲养，利用动植物的生物机能，利用自然界的阳光、空气、土壤、水源等条件，为人类生产农副食品和部分工业原料的社会生产部门，是人类充分利用环境资源干预自然获得产出的过程，它涉及生产、销售、消费等诸多环节，研究“农业伦理可以有多重视角。农业活动涉及的每一重关系，都存在相应的伦理问题，比如使用牛、马耕作，就会涉及动物伦理；培育种子，涉及生命伦理；农业经营，涉及商业伦理……”[1]总体来说农业伦理不外乎是涉及“人本身”“自然界”和“农产品”三者之间的关系，从某种意义上说，农业是人与自然关系的调节器。人既可以通过农业活动维护自然环境、获得生存资料，也可能会因不恰当的农业活动破坏生态并进而影响自身利益。工业革命后，农业被现代农业“科学技术”引入歧途，“生产主义”的盛行，农民不断尝试基因生物工程和不节制地使用杀虫剂、除草剂等新的技术来增加生产，忽视了自然生态系统的规律和稳定的农业生态环境，科学、技术与产业三个维度几乎占据了农业的全部内涵，而伦理维度则被遗忘，因而也带

来若干不良后果。在新的时代条件下，现代农业要应对人口增长、自然资源包括水土资源压力增加、生物多样性丧失以及气候变化带来的不确定因素。因此，在生态文明视域下，如何应用生态理念和原则，优化植物、动物、人与环境之间的互动，产生协同作用，一方面支持粮食生产及粮食安全与营养，同时恢复可持续农业必需的生态系统服务和生物多样性，兼顾可持续的和公正的粮食系统需考虑的社会方面，在发展农业同时，维护生态平衡，使人与自然和谐相处，是一个至关重要并且急需解决的问题，这一问题是政治、经济问题，更是伦理问题。

“民以食为天”，以农产品为主的食物是维持生命之必须，中国人自古就把饮食提升到伦理道德层面，形成了独特的饮食文化，从菜名、菜品蕴意到食物节律时令，再到食物选择、搭配，涉及食物的生产、加工、存储、销售、消费等诸多环节，无不体现着伦理的渗透，因而食物伦理是一个内涵广泛的概念。现代食品工业和工业化养殖业的发展，人类食物种类及组成远远超越农业领域变得复杂多样，食物伦理一方面与农业伦理一脉相承，密切相关，同时在内涵和外延上又不断拓展，不仅关乎生产环节，还关乎存贮、流通、消费等诸多环节，不仅与人类行为实践相联系，更触及生活观念和生活方式的选择与变革。认识和研究食物伦理这一攸关人类生存与发展的永恒主题，探讨食品安全问题性质、原因、后果，以及对人类生存和发展的现实影响和可能趋势，不仅为现存问题解决提供具体的方案或开出“药方”，提供价值取向和思维方式，并致力于把哲学和伦理学的理念、原则应用于构建食品安全伦理的价值体系，确保生命安全和公共健康，最终实现食品安全不断渐进的任务目标，即从数量的角度，要求人们既能买得到、又能买得起生存生活所需要的基本食品；从质量的角度，要求食品的营养全面、结构合理、卫生健康；从发展的角度，要求食品的获取要注重生态环境的良好保护和资源利用的可持续性[2]。

何谓生态文明视域下的农业与食物伦理？在国内学术界的相关研究有关注农业伦理、食品安全伦理的，少见农业与食物伦理的说法和专门研究。其实这一概念是沿袭联合国世界粮食与农业组织的说法，按照粮农组织宪法的序言所述该组织的建立致力于发展农业，提高人民生活和营养水平，促进粮食和农产品生产和销售的效率，改善农村人口条件，确保人民免于饥饿，此外，保护人类健康还包括确保足够的营养保障和防范不安全食品。农业是食物之源，而提供食物是农业的最重要的价值功能。农业问题和食品安全问题具有千丝万缕的联系，很多食品安全问题就是由于农业问题引起的。要解决食品安全问题，发展生态农业，就必须将农业伦理与食物伦理联系起来进行研究。沿袭世界粮农组织提出的概念，在生态文明发展的大背景下，我们把农业和食物伦理理解为人类广义的农业生产及其产出、衍生产品构成的食物所涉及的关系人与环境、人与人、人与社会的伦理问题及伦理原则、规范等。具体说来，生态文明视域下的农业与食物伦理包括农业与充足的食物保障、农业与食物产出安全、农业与自然环境保护、农业生产和食品消费适度与节制等方面的伦理要求和规范。

二、开展农业与食物伦理教育的必要性

人类的文明史就是一部生态系统的演变史。在战天斗地，其乐无穷的思维主导下，在“向大自然宣战”“征服大自然”的口号支配下，收获科技进步、文明成果的同时也展露出人类中心主义的骄狂，在骄纵陈旧观念支配下，农业和食品领域违背客观规律功利短视，道德底线常常被堕落的人性击破，因农药残留、兽药残留以及环境毒素的生物积累农产品和畜产品不安全，食品微生物污染、食品添加剂过量以及非法加工和经营造成的食品污染，更有甚者就是假冒伪劣食品出现，一桩桩食品安全丑闻，为这个时代留下了斑斑污点。透过五花八门的食品安全乱象，环视种种不容回避的农业发展困境和生态现象，检阅各类防不胜防的食源性疾病表现，个体破碎的生命呢喃中，宏大叙事表象的背后实质上存在着一个对待生命的认识和态度问题，其最根本、最深层的原因就是全社会生命伦理观念的普遍缺失和权利责任意识的淡薄[2]。面对经济全球化的席卷裹挟，在科学第一生产力权威光环下的食品选择的信息不对称，人们疑虑重重：现代农业生物技术的研究、开发及应用如转基因食物产品，是否存在可能损害或威胁生物多样性、生态环境以及人体健康和生命安全的物质，对农业和食品领域的现代新技术安全性的关注，专家、舆论和民众如何认识？全球化背景下如何加强国际合作，解决粮食供给不平衡和营养不良问题？等等这些问题的回答，迫切需要科学普及和新型文明形态观念启蒙，也需要相应的伦理法则来规整调节。

农业与食物伦理是21世纪人类以新的价值观和道德观念审视农业与食品安全生产和消费过程中道德主体行为善恶的理性选择，从法律惩戒、行政规制监管和社会道德教化等多方面重构与重建农业生产与食品安全伦理的价值内涵，结合实际规范各个环节的道德要求，体现在哲学上，其任务是要阐明我们精神的启蒙过程，在实践过程中去寻求契合理性与经验的方式。“人是文明的建设者，也是文明的产物，每一种文明形态都会通过教化塑造出相应的人格模式以获得文明发展的主体条件。”[3]开展农业与食物伦理教育需要通过社会教化宣传影响民众，涵育塑造下一代，培养主体生态文明素质和健康生活方式，引导各类人群站在生态整体主义、农业与食物伦理的高度，放弃人类中心主义的观念，强化各自应承担的社会责任，树立正确的生态价值观，追求生态系统的整体利益而非个人私利，最终恢复人与自然和谐共存的关系，这是生命伦理和生态伦理等理论的实践印证，也广大理论工作者面向生活的职责。

生态环境和食品安全是人类赖以生存的根本，农业和食品安全为人类的生产、生活提供了必不可少的生命维护系统和最基本的物质资源，也是生态和谐、环境友好的重要保障。在全球化背景下，农业和食物伦理具有无可争议的普适性，2011年联合国粮食及农业组织（FAO）将“农业与食物伦理”指定为一个跨学科重点，同时建立了专门的农业和食物伦理委员会，在全球范围内倡导开展农业与食物伦理教育，旨在提高人们对农业和食物伦理的认识，积极应对诸如食品安全问题、可持续发展问题、技术进步潜在风险问题的挑战，世界很多发达国家也形成各具特点的农业与食物伦理教育模式，而且正逐步扩大其教育范围及社会影响。借鉴域外的教育理念、模式和方法，结合中国实际，开展具有中国特色的农业与食物伦理教育，打造以生态友好和环境友好为主要特征的有机农业，是保持生物多样性、可持续发展、解决食品安全问题的一条可实践的途径，也契合全球农业发展的趋势。

因此，在生态文明建设过程中，在解决农业与食品安全问题过程中，必须将教育放在应有的高度去认识，它和当代中国农业生产和食品安全现状密切相关，和全球化背景下加强国际间农业与食物领域的合作交流有关，是探讨和解决农业与食物领域现存问题的终极和长远解决之道，是培养健康生活方式，事关永续发展的人格塑造的重要途径，同时也是新的人类文明形态启蒙和普及的必由之路。

三、农业与食物伦理教育的开展

（一）国外农业与食物伦理教育的借鉴

联合国粮食及农业组织倡导发起农业和食物伦理教育，提出了当今人类所面临的主要问题和挑战，包括对公平的、符合伦理的食品及农业系统的需求，以及发挥现代生物技术的最大潜力并尽量减少其风险而创造条件。为保障消费者的健康和确保食品贸易公平，联合国粮农组织（FAO）和世界卫生组织（WHO）共同建立了一个制定国际食品标准的政府间组织：国际食品法典委员会（Codex Alimentarius Commission，CAC），已有173个成员国和1个成员国组织（欧盟）加入该组织，覆盖全球99%的人口。1999年在欧洲成立农业与食物伦理学会，主要开展农业伦理与食物安全问题的学术研究和相关教育，通过实际案例讨论食品科技工作者合理利用生物技术、促进人类营养与健康的社会责任，要为社会培养出更多具有人文精神和社会责任感的科技工作者。英国成立食品道德委员会，提倡建立一个更安全、更公平的食品体系，以更容易获得良好食物，消除全球饥饿，提高农民和食品加工者的待遇，尊重动物福利和地球生态环境，该委员会发挥其网络教育资源丰富，网络教育水平全球领先的优势，自2000年开始了本国食物伦理教育网站建设，网络教育的内容涉及“农业生产领域的气候变化、转基因技术、粮食安全、生物燃料、动物福利、人畜共患病、过度捕捞和生物多样性；食品生产与流通领域的添加剂、抗生素、功能性食品、转基因食品、食品包装、可追溯性、废水处理、决策伦理和公平贸易；食品消费领域的食物贫乏、食物中毒、饥饿、肥胖、儿童膳食、健康饮食、食品广告和消费者选择权。[4]”网络的共享性、开放性使广大民众可以方便、平等地接受农业与食物伦理教育。该委员会还创办食物伦理学电子期刊，提供前沿的分析与辩论，设计开发供食品企业家合理决策使用的伦理工具软件，以及别具特色的消费者采购食物伦理指南。美国食品安全教育体系相对比较完善，包括职业资格教育、继续教育和远程教育、进修实习等教育模式；食品安全教育资源极其丰富，形式多样，包括电视大会、报纸、宣传手册、各类书籍教材、网站等。

美国食品安全教育强调全民教育，无论是食品生产者，还是食品消费者，无论是年轻人还是老年人，都是教育的对象。当然，不同的教育对象教育重点不同。例如“对食品工业企业员工重点进行食品良好生产规范（GMP）和危害分析和关键控制点（HACCP）的教育；对内科医生进行食源性疾病诊断、处理以及配合流行病学调查的教育；对消费者重点进行食品安全意识和知识的教育。”[5]在美国，对普通民众的食物伦理教育在内容和方式上也很有特色，美国名厨爱丽斯·沃特斯的饮食教育实践就是一个典型例子，她不仅厨艺出色、口味创新，而且作为一个伟大的厨师，她相信食物的力量，基于对生命、生活的深刻理解，她将其健康饮食理念投身于教育事业，推出“校园菜篮子计划”，先后在伯克利的马丁·路德·金中学和大学将菜园耕作纳入教学课程，教授孩子们关于农作物种植和农业的知识，让他们重新建立和大地之间的联系，推行烹饪技术及健康食品项目。她认为：“如果我们不学会成为土地的服务者，我们就无法理解食物来自何处，就有可能离环境灾难更近一步。”“我认为这个世界上的每一个孩子都需要跟土地建立联系，了解如何养活自己，了解如何融入周围的社区。”2003年还与伯克利大学以及耶鲁大学合作推行了一项名为“可持续食品工程”的先锋计划，其目的是将大学食堂变成一个“尽可能展示烹饪本地食品优越性的舞台”，并使之成为教育学生饮食重要性的讲坛。

由于食品安全关系着食品加工业作为“千年产业”以及人类餐桌的共同未来，日本在历经惨痛的食源性疾病打击后深刻反思，自20世纪60年代始，经过了近半个世纪的发展，食品安全伦理教育已逐步深入高等职业教育中，进行食品技术人员的基本义务、公众安全、健康优先原则的教育，培养既具有专业知识和技能，又有全面的伦理道德修养和较强的社会责任意识的职业人。2005年日本正式公布了《食育基本法》，并以此为指南制订了包含具体行动目标的食育推动基本计划，基于健康的食品生活培育孩子们健康的身心和体魄为出发点，从中小学校、高校导入，如东京海洋大学、北海道大学、东洋大学等高校开设了食品安全伦理教育相关课程，再向家庭和社区推广，在全国形成食品安全教育的全民运动。其中最具特色的是以日本全国农业合作协会（JA）为主体组织发起实施各项活动，具体包括：体验农业以及涉农教育，本地产农产品学校供餐，推动传统饮食文化传承，地产地销，通过乡村旅游增强生产者与消费者的交流等[6]。

（二）我国农业与食物伦理教育开展的路径

我国的农业和食物伦理的教育目前开展还不够，国内各类农业大学和有食品加工相关专业的高职院校课程体系建立也有待发展，农业和食品生产者的教育培训和从业认证开展不够，消费者教育形式和内容都比较空泛。考察和借鉴国外发达国家和地区相关教育的开展情况，应汲取其先进经验，并依据我国基本国情，探索适合我国的农业与食物伦理教育开展路径。

第一，作为有着几千年农耕文明传统的农业大国，一段时期内食品安全问题突出，国家应将农业与食物伦理的教育纳入国民教育体系，由政府牵头，政府、企业、教育组织相互协作，制定农业与食物伦理教育计划和大纲，完善我国的农业与食物伦理教育体系，积极推动农业与食物伦理教育进校园，将生态文明和生命伦理的价值观念和伦理精神、农业与食物伦理的规范等内容有规律地体现在义务教育、学历教育、职业培训教育、继续教育之中，其内容应涉及从农田到餐桌的各个环节，涵盖农业生产领域和食品生产、加工、流通、消费领域。具体来说，应包括生态环境与自然资源保护、粮食安全、科技利用、可持续发展、食品安全科学知识等方面内容。

在基础教育的学科教学中，特别是中学阶段，现在的事实是教师比较注重对学生进行知识和技能的培养，容易忽视学生在情感、态度、价值观等方面的提升，学生容易在这样的氛围下形成对科学技术万能的盲目崇拜，缺乏对生命伦理的深邃思考，对自然的博物情怀和敬畏，这种教育倾向对国家生态文明建设和社会经济发展不利，更对青少年健全人格形成和发展不利。教育要面向未来，教育更要面向生活，中国教育界多年对所谓“素质教育”的漫漫求索，等不了应试教育统一的“高考指挥棒”停下，在基础教育阶段，在保护地球、保持生物多样性、爱护环境成为时代最强音的当下，应尝试探索从教育每个孩子亲近自然，培养土地及其产出的伦理情怀，养成健康饮食习惯起步。2009 年北大附中为中学生开设的博物学课程，通过涉及地理、地质、生物、气象、天文、社会学、人类学、生态学等多个领域的跨学科课程设计，对自然做宏观层面的观察、描述、分类，教育青少年了解大自然，热爱与理解生命及其多样性，培养现代的科学与人文精神，收到较好效果。参照此类课程的开设，各级教育主管部门和学校应利用各类教育技术和资源，应针对不同年龄段的学生开设与之相适应的农业与食物伦理课程，使学生树立珍爱生命和生态文明整体意识，开发相应的教材，这种教育由于与“地方性知识”和“生活世界”密切相关，对孩子们世界观和人格养成非常重要，或许是改变当前基础教育和未成年人培养诸多问题的一个十分有益的突破口。

各类大专院校直接培养未来的农业从业者或食品行业从业者，或承担业内人士的职业培训和认证，因而是进行农业与食物伦理教育的主阵地。首先农业与食物伦理教育应该成为高校学生通识教育的重要组成部分，可以将其纳入人文素质公共课；此外各类农业、林业大学及高职院校的农业、食品加工等相关专业尤其要加强农业与食物伦理的教育，制定专门的教学大纲和培养计划，加强教材建设和师资培养，使未来的从业者打下良好的职业价值理念和道德基础；还可依托现代教育技术，开发各类相关远程教育网络慕课，发挥高校服务社会的功能，进行农业与食物领域的科普教育和观念启蒙，利用大学科研院所智力资源，加强科学技术的转化和智库决策作用，如有机农业研究和推广计划，提供生态农业社会化服务，信息、培训和咨询服务，帮助消费者了解生态食品的特点，促进生态消费等。

第二，对农林牧渔民等直接作业于自然环境的劳动者进行农业与食物伦理教育。包括农林牧渔在内的广义的农业是人类文化遗产的一个核心部分，寒来暑往的季节时令更替与作物自大地、河流中周期性生长，由自然资源中获取食物蕴含了人类农作与生物生长自然和谐的价值内涵和情感，奥尔多·利奥波德在《沙乡年鉴》中将其表述为“土地伦理”即“一种处理人与土地以及人与在土地上生长的动物和植物之间的伦理观”。有着几千年农耕文明的中国传统的农民大多具有朴素的农业土地伦理情怀，但近年来受功利思想影响，受教育程度限制，农林牧渔业片面强调眼前经济利益，生态保护意识差，竭泽而渔，农药化肥使用，导致诸多环境问题和食品安全问题。按照世界粮农组织所倡导的现代生态农业的发展路径，作为一种知识密集型农业，需要开发农民社区的生态知识和决策技能，要建设以文化、特征、传统、创新以及地方社区和生计知识为基础的粮食系统，促进聚焦于妇女和青年在农业发展中的作用的社会态势。我国强调要积极发展现代农业，培育和造就新一代“有文化、懂技术、会经营”的新型农民，对农民进行农业与食物伦理教育就成为新农村建设的应有之义。相关教育应以普及生态科学知识和农业科学技术为主要内容，通过加强国情、省情教育，使农民认识到目前存在的生态危机，推动生态文化进农村，帮助农民树立保护环境和生态、安全生产的责任意识。同时为适应我国绿色农业、生态农业、创新农业的发展建设，要积极引导农民接受、应用先进的农业生产技术，改变过去那种粗放型经济增长方式，提高农业生产效率，提高资源利用率。

进行农民教育必须首先建立农民教育主体机构，教育机构的设立一方面要注重层次性，各级正规教育机构和业余培训机构共同发挥作用；另一方面要注重多元化，完善农民培训学校网络体系，广大农民可以根据实际情况选择相应的教育机构进行培训。教育形式同样也应该多元化，既要有政府发起的自上而下的被动教育，又要有农民自发组织、接受的主动教育。如借鉴20世纪90年代初世界粮农组织及其合作伙伴在东南亚推行的农民田间学校（FFS）法，通过积极赋权和鼓励参与，以粮食生产者为主导，农业技术推广人员、非政府组织员工或受过培训的农民通过“寓学于做”积极探索农业系统运行管理和作物栽培技术等。为了落实农民教育工作，近年来，我国先后实施了诸多农民培训教育工程，如“绿色证书工程”“农业远程教育培训工程”等，但就如何提高农民教育质量，提高农业与食物伦理教育的内容和形式的有效性方面，政府仍需要进一步构建农民教育综合服务平台，建立健全农民教育激励制度和管理制度。

第三，对食品加工生产者进行农业与食物伦理教育是农业与食物伦理教育体系中的关键环节。随着社会经济发展，依靠现代科技的支持，通过加工使自然食材转化为琳琅满目的食品供广大消费者选择，食品加工业因而在各国经济格局中占有十分重要的地位。食品直接维系着生命，食品生产者责任重大，因此必须要增强主体意识，自觉承担社会责任，增强公德意识，自觉接受社会监督。新时代的食品生产者不仅要具有过硬的专业技能和知识，更要具有较高的道德素质。首先，严把从业准入关，开展职业资格培训和职业道德教育，教育的目的就是要提升食品生产者的专业技能，培养其职业道德，使食品生产者将农业与食物伦理内化于心，指导自己日常的行为。其次，进行包括伦理教育在内的食品企业文化涵育和塑造，通过价值观、信念、仪式、符号、处事方式等环节规范企业员工态度和行为，打造企业社会形象，进而提升企业影响力和知名度，保障企业的经济效益和长远发展。再次，企业应制定兼顾食品生产专业技术和伦理道德的考核机制，以提升员工对农业与食物伦理道德的重视程度，帮助员工树立农业与食物伦理意识，并贯彻到日常工作中去，更多地增进食品生产者和经营者的道德责任。最后，由国家职能管理部门、权威学术团体和行业协会等为主导，推动食品从业人员的继续学习和职业培训，无论食品产业界从业人员，还是政府职能部门的监管人员都要求参加与本岗位相关的食品安全新知识、新技术、新动态的培训，不断学习和掌握新观念和新技能，确保食品安全和健康。食品生产企业决策者必须秉承以人为本生命伦理观念，不能片面追求经济利益，确保生产良心食品。

第四，农业与食物伦理教育不仅是应对农业生产与食品安全现实状况改变的必要方案，更是一项面向全社会的观念启蒙和素质教育，是一种全民教育，也是一种全方位的教育。为解决我国当代的农业发展和食品安全问题，社会各界研究探讨提出政府监管、法律约束、道德规制、科技保障等各类解决方案，实质上从田园到餐桌，从种植到摄入，主动权还在于消费者，安全的食品虽然是生产出来的，但生产者的价值观念、劳动态度和消费者的观念导向和经验识别能力则十分重要，食物选择不当，食物结构不合理，食品营养不全面，生活方式选择不当将会导致严重而普遍的食源性疾病。在当今漫天飞舞的各类食品广告，花费数十亿美元用来打动、说服消费者，充斥在书籍、杂志和网络中的各类专家粉墨登场众说纷纭的健康建议和营养指南，其中不乏矛盾和误导，在炫耀性消费观念支配下，少数人们搜罗美食不仅仅是为了生存，而是为了满足无止境贪欲和某种消费符号带来的虚荣，耶鲁大学的科学家和食品保护主义的激进人士将这些现象统称为“不良食品环境”。如何在这种环境中保持理性的头脑，慎重地用我们手中的筷子刀叉进行食物选择的表决，做出有信息依据而正确的选择？如何看待和认识食物对人类的重要作用？这依赖于我们每个人具有健全思考的生命伦理观念、食品安全消费观念、食物营养和生命健康的知识，以及实践识别的经验感受和技巧，这一切都有赖于消费者得到的教育和指导。“生态伦理的提出，不但要求教育培养出掌握科技的人才，更要求这些人才有相当高的人文素养，有生态保护的担当感。”[7]使人们在认识和改造世界过程中对于每一个消费者而言，如果吃是一个必要条件，我们不仅要通过吃生存下去，而且要蓬勃发展和提高自己，实现我们的自主性和人的尊严，追求良善的生活，只有从成长阶段开始培养对自然、土地及其产出的浓厚感情，树立正确的生命伦理观念，善待他人，生产制作良心产品；善待自己，养成健康的生活方式；每个人都有责任吃健康和营养食品，揭露和抵制假冒伪劣食品，善待其他生命，尊重自然，才能为食品的安全和疾病的侵袭筑起牢固的堤坝，我们生活的家园才能日益美好。

在自然生态环境中春种秋收，摄取食物维持自身生命和发展，农业与食物与人类息息相关，关涉每个生命在自然生态环境中、尘世间的安顿和舒展，维持人类的永续发展和生存家园的美丽环保，建设我国生态文明社会，农业与食物伦理教育不仅不可或缺，更应进一步规划、实施和加强。

参考文献（略）

（原文刊载于《中南林业科技大学学报（社会科学版）》2018年第2期）

从动物福利、动物权利到动物关怀

——美国动物福利观念的演变研究

张　敏　严火其

【摘要】 美国的动物福利观念最早从欧洲传入。在其发展的过程中，与美国本土的各种思潮如动物解放、动物权利、美德伦理、生态女性主义等思想相互影响，走出了一条有自己特色的演变道路，即从动物福利到动物权利再到动物关怀。

【关键词】 动物福利；动物权利；动物关怀

近现代以来，在如何对待动物的问题上，英国逐渐发展出一种“现代”的动物福利观念，并影响和带动世界各国动物伦理观念的发展。在建设现代国家的过程中，美国同样也面临着如何对待动物的伦理问题。为了寻求解决这一问题的方案，美国对源自英国的动物福利观念进行了改造和发展，在如何处理人类与动物之间关系问题上，走出了一条与众不同的美式道路。

一、动物福利观念的传入及前期发展

文艺复兴以后，近代自然科学开始兴起。在此背景下，以笛卡尔为代表的机械论将动物视为没有灵魂、不能感知痛苦的机器。实验过程中动物的尖叫被比喻成失灵机器的噪音。[1]笛卡尔的动物机器论为人们任意对待动物提供了依据。人们心安理得地残忍虐待动物，包括对动物进行活体解剖。然而，在任意对待动物的过程中，人们发现动物并非是没有感知能力的机器，而是与人类一样能够感知痛苦的类似存在。洛克在《人类理解论》说：“在我看

作者简介：张敏，南京农业大学人文与社会发展学院副教授，研究方向为法律伦理；严火其，南京农业大学科学与社会发展研究所教授，研究方向为科技哲学。

来，动物界同自然中其他较低等部分所以判然各别，正是因为它们有这种知觉官能……我相信一切动物都是有几分知觉的。”[2]休谟也曾说过：“动物也可以借同情感到悲伤，而且悲伤所产生的全部结果和它所刺激起的情绪，和在我们人类方面几乎完全一样。”[3]

与此同时，宗教改革运动使欧洲人重新解读《圣经》。《圣经》中有关爱和仁慈的理念受到了前所未有的重视。新约全书最后一章《启示录》中就这样表述：“人类应当敬畏我这个至高无上的上帝，并更加友善地对待我创造的一切生命包括动物，由于我的存在而对动物仁慈。”对爱和仁慈的强调促使宗教改革以后的基督徒关爱人类，而且主张同情和善待动物。因此，在当时的欧洲，不论是对动物感知能力的认识，还是宗教改革，都要求人们去仁慈地对待动物。

按照杰里米·边沁的思想，法律应该保障快乐最大化，并促使痛苦最小化。由于动物也有感知快乐和痛苦的能力，对快乐和痛苦的计算就不能只考虑人的快乐和痛苦，而且还应该计算动物的快乐和痛苦。因此人类应该用法律的手段避免动物遭受不必要的苦难。[4]正是在此背景下，1822 年英国议会通过了禁止残忍和不当对待家畜的法案——《马丁法案》。这一法案的通过，是现代动物福利事业兴起的标志。它对世界产生了广泛的影响，促进了世界各地动物福利事业的发展。

1865 年，美国人亨利·博格将英国的反虐待动物观念引入美国，并建立起美国反虐待动物协会。他认为，今天美国人将自己视为文明社会，但恰恰是在纽约的街头每天都会发现鞭打动物等虐待动物的现象，这种现象不应再继续下去，应当通过立法去建立一个人道社会。[5]分析亨利·博格此期的言论可知，他主张善待动物的出发点是改善人类的道德，具有明显的人道主义特征。这与英国人主张的关心动物，避免动物遭受不必要的痛苦，而不是仅仅基于改善人类的道德，明显不同。英国人也认为对动物的残忍将导致对人的残忍，改变对待动物的态度有利于改善人类的道德。尽管有这样那样的局限性，亨利·博格毕竟主张人道对待动物，在美国社会中引入了动物福利观念。

亨利·博格的行动点燃了美国反虐待动物运动。不久马萨诸塞防止虐待动物协会、宾夕法尼亚反虐待动物协会、美国人道协会等各种反虐待动物组织纷纷建立起来。在动物福利组织的努力之下，纽约州很快便通过了防止虐待动物的地方性立法。1873 年，动物福利组织又进一步推动美国国会通过了

第一部全国性反虐待动物立法——《28 小时法》。按照该法规定，铁路公司不得在没有给牲畜提供水、饲料、休息的情况下连续 28 小时不间断地运输牲畜。

然而，亨利·博格等人领导的反虐待动物运动并没有成为主流，随意对待动物的观念依然盛行于美国社会各个领域。特别是在美国科学界，动物机械论长期占据了统治地位，动物活体实验方法不仅没有因为其极端残忍性而遭到普遍反对，反而被视为是一种先进的科学方法受到主流科学家的欢迎。到了 19 世纪 80 年代以后，动物活体解剖实验已经成为美国“医学院的一种时尚”，耶鲁、普林斯顿、斯坦福等知名学府都因为它们的现代生理学实验而吸引了很多优秀学生。[6] 1913 年，美国著名生物学家卡尔森（A. J. Carlson）曾这样说过：“我们坚决反对残忍对待动物……但事实上，大多数动物实验并不伴随着任何痛苦。”[7] 美国科学界对实验室动物所遭受的痛苦大体采取一种漠视的态度。

20 世纪初期开始，英国反虐待动物运动又有了新的重大发展。1926 年，为了解决人道对待实验动物与科学进步之间的矛盾，英国科学家查尔斯·休谟（C. W. Hume）提出动物的福利问题应当依靠“科学”的方法解决，并要基于最大的同情与最小的感情用事。[8] 这样，科学开始成为解决实验动物痛苦问题的重要手段。原先将对人类的仁慈与怜悯扩展到动物领域的“反虐待动物运动”，开始向以科学为依据的“动物福利运动”转变。而此时的美国则步入了一个镀金的进步主义时代，资本与科技的密切结合让其迅速崛起为西方强国。在这种背景下，反虐待动物的观念继续被美国社会冷落，很少受到普通民众的关注。

“二战”后，美国迅速成长为世界生物科技的引领者。然而，这种进步却是以大量残忍的动物实验为代价的。于是，实验室动物待遇问题迅速成为美国反虐待动物人士关注的焦点。为了在科学进步与人道对待动物之间寻求平衡，1951 年，美国人史蒂文斯女士开始将英国的动物福利规范模式引入美国。然而，史蒂文斯女士的这一努力却遭到了美国科学家们的强烈反对，他们担心对实验室动物福利问题进行规范会限制科学家的科学自由。

尽管如此，为了应对来自动物福利组织的压力，美国科学家们开始雇佣专业的兽医对“实验前”的实验室动物进行照料。1950 年，芝加哥地区的 5 位实验室兽医组建了动物关怀专家组，以确保“实验前”实验室动物能够获得适当的人道待遇。动物关怀专家组只是改善了“实验前”动物的人道照顾，在“实验过程中”，科学家依然拥有不受限制的使用动物的权利。因此，动物关怀专家组的工作虽然为改善实验室动物待遇做出了重要贡献，但却将“实验过程中”的动物伦理与价值考量排除在外。

1959 年，英国科学家罗素（Russell）和伯奇（Burch）发布了《人道实验技术原则》，提出有关实验室动物福利的减少、替代、优化的“3R”原则。[9]他们试图用科学的方法将“痛苦”“人道”等伦理词汇定量化，并探寻不人道的来源和预防方法，以此减少实验动物的痛苦，最终实现科学发展与人道对待动物之间的平衡。为了应对这一新形势，美国动物关怀专家组也开始考虑制定自己的实验室动物关怀标准。1963 年动物关怀专家组公布了《实验室设施与关怀指导规则》[10]，对实验室动物的居住条件、笼子大小、营养与疾病情况进行监测与管理。然而，该规则并没有将英国倡导的“3R 原则”明确纳入其中，因此，在规范实验室动物福利问题上作用有限。

1966 年，在一系列虐待实验室动物的事件曝光之后，美国国会在人道组织的压力之下通过了《实验室动物福利法》。至此，英国的动物福利观念才正式被美国社会所接受。然而，1966 年《实验室动物福利法》的主要目的在于规范偷窃宠物用于动物实验的行为，实验动物的痛苦这一重要问题并不是其重点规范对象。这表明美国公众关注的是宠物而非实验室动物的福利。对于绝大多数美国科学家来说，他们依然坚持认为实验过程中动物不会感知到痛苦。诺贝尔奖获得者、美国加州理工学院生物学教授戴维·巴尔的摩继续宣称，在动物研究中他看不到伦理问题。[11]75

二、动物权利运动影响下的美国动物福利观念

20 世纪 60 年代的美国，虽然在经济、科技等多个领域有了飞速发展，但由于新现实与旧制度的冲突也导致了各种矛盾的激化。在社会生活领域，功利主义的长期盛行引发了严重的社会不公，给予黑人、印第安人、妇女、儿童等少数裔群体以平等权的呼声高涨；在政治哲学领域，传统自由、民主观念的弊端遭到激烈批判，美国人开始尝试用“新自由主义”的话语及革命性手段去解构美国社会；在环境领域，人类中心主义的泛滥使得大自然中的动植物遭受了无尽灾难，美国思想界关注的问题明显出现向环境与自然转向的趋势，有关动植物道德地位的讨论大大增加。所有这些因素共同影响着美国动物伦理思想的发展。

1971 年的《正义论》中，约翰·罗尔斯首次将“平等”引入自由主义之中，用以解决功利主义哲学的不足。在动物伦理问题上，约翰·罗尔斯认为残酷地对待动物是不公正的，剿灭整个种系可能是一种极大的恶。但他同时指出，我们同动物、自然关系的正确观念，有赖于一种关于自然秩序和我们在其中位置的理论，这超出了其对正义的讨论范围。[12]虽然约翰·罗尔斯并没有在《正义论》中构建起一套有关动物伦理的完整哲学体系，但其中有关自由、平等的讨论以及人与动物、自然关系的思考，无疑对当时美国动物伦理思想产生了较大影响。

1973 年 4 月 5 日，彼得·辛格在《纽约书评》上发表的一篇文章中提出“动物解放”思想，力图把将动物权利与妇女、黑人等少数群体权利的解放运动联系起来。在《动物解放》初版序中，彼得·辛格明确指出，动物解放其实也是人类解放。[13]辛格的这些思想的基因来自 1972 年他在哈佛大学时写的有关自由、正义、平等及非暴力反抗问题的论文。[14]显然，彼得·辛格的这些哲学思考，与罗尔斯在《正义论》中探讨的问题有很大的重合性。

与传统的动物福利观念相比，彼得·辛格的动物解放思想存在明显不同。传统动物福利观念是以人道主义思想为指导，将人类具有优越于动物的道德地位作为基本出发点，认为残忍地对待动物是行为者道德败坏的表现，并会导致对人类的残忍，因此反对虐待动物。彼得·辛格的动物解放思想则是从功利主义出发，要求对所有可以感知痛苦的动物的利益都予以平等考虑，并认为将人类利益置于优先地位的动物福利观念是一种类似于“种族歧视”的“物种歧视”。为此，彼得·辛格倡导素食，并主张人类放弃对动物的使用。彼得·辛格的动物解放思想，在美国掀起了一场动物伦理革命。不久美国便兴起了一场轰轰烈烈的动物权利运动，彼得·辛格也因此被称为“动物权利运动之父”。

动物权利运动的兴起，对美国动物福利观念产生了深刻影响。为了回应社会发展带来的动物伦理变革，美国动物福利组织开始尝试从新兴的动物权利运动中吸取营养，并以此探寻动物保护的新思维。美国动物福利观念的这些新趋势，在美国动物保护实践中直接表现出来。20 世纪 70 年代以前，美国很多动物福利组织关心的重点是为动物提供兽医关怀以及给流浪动物提供家园与食物。但是从 70 年代末开始，这些动物福利组织的基本立场与战术都出现了明显转变，它们开始接受动物权利思想并与动物权利运动走向联合。为了支持动物权利运动的发展，传统的动物福利组织给新兴的小规模动物权利组织提供资金，支持它们从事游说立法、组织展览及向公众散发宣传册等活动。此外，美国一些动物福利组织与动物权利组织共用办公场所，并联合举办动物保护游行。这些现象的出现，都在一定程度上表明美国动物福利观念已经开始与动物权利思想相融合。

如果说20世纪70年代末的这种融合还只能算是一种表层的、临时性的融合，那么“新福利主义”理论的出现，则让动物福利与动物权利这两种不同的动物伦理观念，走向了更深层次的全面融合。所谓“新福利主义”是指坚持废除全部动物使用的基本立场不变，但由于这一目标无法在短期内实现，因此允许采取变通性做法，将人道主义的福利改革作为实现最终目标的一种过渡性手段，从而在短期内达到立即减少动物虐待的目的。它既坚持了动物权利运动废除全部动物使用的长远目标，同时又把人道对待动物的动物福利运动作为实现其长期目标的短期手段，从而最终实现了动物权利与动物福利的结合。

美国著名动物伦理学家罗伯特·加纳（Robert Garner）是“新福利主义”的首要倡导者。他认为动物福利运动与动物权利运动不应当二元分立，而是存在着内在相关性。不论是动物权利的观念还是动物福利的观念，都是将动物视为是有感觉的生物，这一共同点使得动物权利与动物福利之间并不存在内在冲突，有关动物伦理的社会运动可以很好地容纳这两个貌似不同的立场，同时实现促进动物权利与动物福利的双重目标。[15]因此，他主张我们应当支持废除或大幅减少动物使用的立场，与此同时我们还应当支持福利改革主义的立场，让动物使用变得更为人道。在美国，“新福利主义”的立场获得了来自学者、人道组织、企业等不同社会主体的多方面支持。

著名的动物伦理学家彼得·辛格便是“新福利主义”的坚定支持者。彼得·辛格与美国知名动物权利组织——善待动物组织（PETA）合作，迫使食品巨头麦当劳同意为其供应商的屠宰场制定与执行更高人道标准就是“新福利主义”主张的一次成功实践。“新福利主义”主张的这套标准后来又被美国其他大型食品公司所接受，比如美国快餐连锁巨头温迪（Wendy）与汉堡王（Burger King）等。[16]

美国动物权利运动的蓬勃发展，使得善待动物的观念逐渐深入人心，动物福利观念开始为更多美国科学家所关注。20 世纪 70 年代开始，美国科学界有关动物痛苦与替代性实验方法的讨论逐渐增多。1974 年，美国兽医协会曾专门组织了一次有关实验动物痛苦的讨论，这预示着在美国科学界有关实验室动物痛苦的伦理讨论已经正式开始。1980 年，美国科学家玛丽安·斯特普（Marian Stamp）的《动物痛苦：动物福利科学》一书，以科学的证据证明了动物痛苦的真实性与可测量性。受此影响，越来越多的美国科学家开始承认动物可以感知痛苦，并放弃动物机器的观念。1982 年，美国科学界第一次以动物痛苦为主题召开学术会议，后来其中的一篇文章被美国生物学会（the American Physiological Society）以《动物痛苦》的题目发表出来。[17]

与此同时，在动物权利组织对一系列虐待实验室动物现象曝光之后，美国普通民众也开始对动物痛苦给予更多的关注，有关动物福利的立法活动也因此得到美国普通民众的广泛支持。1985 年，美国再次修订《动物福利法》。在这次修订中，动物痛苦及“3R”原则被成功地写入法律。1985 年《动物福利法》的成功修订，是自 1966 年以来美国在动物福利立法领域取得的最重要成果，标志着美国科学家与普通民众已经改变对实验室动物痛苦的传统看法与态度，并开始普遍接受动物可以感知痛苦这一事实。从这时起，美国开始与很多其他国家一起，在伦理使用实验室动物领域发挥突出的作用。[11]19-23 当然，此时美国有关动物福利的讨论还依然主要局限在实验室动物领域。有关集约化养殖的农场动物福利问题在 1985 年之前还仍是一个被忽视的对象，较少受到美国公众的关注。

三、走向关怀的美国动物福利观念

动物福利、动物权利以及新福利主义，其理念虽然各有不同，但总体来看它们都是一种基于启蒙运动的个体主义伦理理论。这些理论认为关爱动物的出发点是动物的个体具有感知快乐和痛苦的能力。20 世纪 80 年代以后，这些个体主义的伦理理论，遭到了美国整体主义伦理学家的强烈批评。约翰·罗德曼将基于“智力、意识或感觉”的动物伦理视为是一种腐朽的“道德等级制”，是把大自然中的大部分存在物都置于万劫不复的境地。巴尔德·克利考特则认为个体主义动物伦理不过是一种“原子主义”，整体所承载的道德价值大于任何一个组成部分的个体道德价值。美国哲学家罗尔斯顿也认为，“对物种的义务”与“对生态系统的义务”，要比“对生物个体的义务”具有更大的伦理优先性。[18]

然而，对于个体主义的动物伦理来说，这种将整体利益置于个体利益之上的观点，也是不可想象与难以接受的。他们担心，允许用生态共同体的整体性、稳定性与美来牺牲个体成员的利益，将可能带来严重的后果。利奥波德似乎愿意容忍对个体动物的狩猎行为，以保护生态系统的整体性与稳定性。但是由于他将人类也归属为共同体的平等成员，这似乎表明为了保护共同体的整体性、稳定性及美，他也会允许对人类的屠杀行为。汤姆·雷根甚至认为，整体主义生态伦理会导致“环境法西斯主义”。[19]

为了避免上述有关动物伦理的争论，部分美国伦理学家开始从美德伦理、女性主义等视角提出新的动物保护理论，这被称为美国动物保护伦理第二波。如果说第一波动物保护伦理是以感觉、意识、道德身份、平等性为特点，那么第二波动物保护理论则以关怀的责任、整体性，以及崇高、信任及照管为特点。[20]1-5它为我们打开通向多元主体、多维价值观及整体与个体相结合的动物伦理方法，并引导我们在动物、人与自然的相互关系中去理解动物福利问题。在第二波动物保护理论中，最具代表性的便是动物关怀伦理，其理论来源主要有两个：一个是环境美德伦理，另一个是生态女性主义伦理。

环境美德伦理的核心观念是卓越的性格，它试图用一个多元的方法去讨论并评估一系列宽泛的环境问题，为我们提供了一组应对环境危机的伦理责任元素。美国伦理学家丹尼尔·埃斯特（Daniel Engster）指出，动物关怀伦理中的美德包括关注、回应、尊重等美德元素，它们共同倡导了一种善的生活方式，并培育出人与自然和谐相处的性格特征。[21]134在这里，世界的形象不再是一个有待挖掘的资源库，也不是一个避之不及的荒野，而是变成了一个有待照料、关心、收获和爱护的大花园。[22]他进一步指出，所谓的“关注”意味着移情并更好地关怀动物的需求；所谓“回应”意味着通过与动物的对话来查明动物的具体需求，并用我们的关怀对这些需求给予回应。所谓“尊重”意味着不降低动物的地位，并承认动物的能力与价值。[23]通过这一阐释，丹尼尔·埃斯特为以美德为基础的动物关怀伦理勾画出一个整体的轮廓，并给出了粗略的定义。他试图通过这一伦理学方法，克服将动物视为是机器的观念，从而构建起一套有良心的食物体系。[21]138

生态女性主义是动物关怀伦理的另一个重要理论来源。生态女性主义者则认为，我们反对动物痛苦的原因，不是因为我们希望最大化功利或将权利理论跨物种地运用，而是因为我们与动物之间存在的关怀关系。美国著名生态女性主义者玛丽·米奇利（Mary Midgley）指出，尽管很多物种并不与人类生活在一起，但人类毕竟成功驯养了很多种类的动物。适当关怀并尊重不同物种的特定属性，已经为生产者及动物福利科学所熟悉，这就在伦理与使用动物之间构建起有效的桥梁，关怀与适当尊重可以让部分使用动物的行为合法化。美国另一位生态女性主义者坎贝尔（Campbell）则认为，农场动物的饲养者应当关怀牲畜的需求，而不是使用压迫性生产方法去替代动物的天性。真正的农民应当像母亲一样去保护、保存牲畜的生命，去建设一个可以为社会所接受的农场或产品。[20]40-41

实践中，这种新型的动物关怀伦理已经被运用到美国农场动物福利管理之中，成为美国解决农场动物福利问题的一种新途径。20 世纪 80 年代开始，在市场与补贴政策的双重刺激下，美国集约化养殖模式达到顶峰。在集约化养殖模式中，农场动物被当作没有生命的机器一样对待，不仅导致了大量动物痛苦，而且引发了严重的环境及人类健康问题，农场动物福利开始成为美国动物福利运动关注的重点。20 世纪 90 年代以来，在动物福利组织的推动下，很多农场动物行业协会纷纷制定自己的动物福利技术规范标准，其中不乏以关怀伦理为基础的农场动物福利标准。

与以个体动物痛苦为核心的传统农场动物福利技术规范相比，以动物关怀伦理为基础的农场动物福利技术规范是将个体的动物福利放置在一个相互联系的整体性关系网络之中去考虑。它不仅要求保障个体动物的福利，还要求考虑动物群居、人类管理、畜牧场的环境等更为广泛的福利关切，并试图以此消除现代食物生产系统对容纳关怀美德的障碍。总体来看，以关怀伦理为指导的动物福利技术规范体系需要考虑以下几个方面。

第一，整体健康（One Health）。所谓“整体健康”是要求对畜牧生产过程中相关的人与动物的健康与安全进行整体考虑，而不是仅限于对动物个体健康的考虑。这种要求也比单纯的食品安全关切要广泛，包括消除来自生产与运输过程中产生的动物疾病与感染，停止使用抗生素以及用微生物增强抵抗力等。

第二，定制的关怀（Customized Care）。要求从畜牧业生产的整体出发，根据不同动物的不同习性和其他具体情形制定不同的动物照料规则，确保牲畜可以健壮、体面地生活在养殖场中。

第三，废弃物的控制（No Nuisance）。从环境与社会关切的角度出发，要求畜牧生产过程中应避免向环境中释放废弃物，如垃圾、噪音、难闻的废气、病原体等。这体现了畜牧生产过程中对自然资源可持续利用、生物多样性及防止土壤退化等方面的管理。[24]

目前，动物关怀伦理已经被美国部分农场动物行业协会运用到动物福利标准制定中。美国全国猪肉委员会制定的《猪关怀手册》便属于典型的以动物关怀伦理为基础的农场动物福利技术规范体系。在《猪关怀手册》中，有关动物福利的关切不仅涉及喂食、喂水、温度、疾病等个体动物的痛苦问题，还包括猪场的环境管理、猪肉的质量、猪场工作人员的具体养殖操作规范、猪的群居问题、土壤污染、害虫防治等更为广泛的关切。这些内容都不仅是从个体猪的痛苦与快乐角度去考虑，而是融合了个体猪与人类、养殖场中的其他猪及周围环境的关系等更广泛的问题，明显融入了不同于个体动物福利观念的动物关怀伦理理念。

综上所述，动物福利观念源自英国，却在世界范围内产生了广泛影响，美国的动物福利观念也深受英国影响。但由于美国的特殊国情和社会环境，美国在引入英国动物福利观念的同时并没有照搬英国模式，而是走出了一条有自己特色的道路。纵观美国动物福利事业的发展，可以发现美国动物福利观念的变迁明显表现出从动物福利到动物权利，再到动物关怀的独特发展脉络。美国的动物福利观念不断丰富，但动物关怀伦理并没有完全取代动物福利观念。事实上，作为一个多元文化的国家，在当下的美国，来自英国的动物福利观念，“新福利主义”的主张，动物关怀伦理等，都有着重要的影响。由于个体主义与整体主义的伦理争论在未来一个时期难以消除，美国社会的动物福利观念在未来一个时期还将是多元并存的。

参考文献（略）

（原文刊载于《自然辩证法研究》2018 年第 9 期）

"One Health"理念的提出及其当代价值

姜　萍　姜秋月

【摘要】通过对"One Health"理念的提出背景、发展历史的梳理，并结合我国的生态环境状况、公共卫生风险与生态文明建设战略等情况，探讨了"One Health"理念提出的内涵和当代价值。"One Health"理念包括人、动物与环境三者之间的整体健康；其当代价值在于传播了一种"万物一体、万物健康"的理念；主张建立一种包括人、动物和环境乃至整个生态系统在内的整体健康观；提出了跨学科、跨专业共同合作，应对全球生态危机挑战的战略框架；力图推动公共卫生部门、兽医部门、环境管理部门等相互协作，在"One Health"理念指导下共同应对现存的和新兴的医学挑战。

【关键词】"One Health"；万物健康；整体健康；当代价值

一、引　言

"One Health"理念是随着近年来人畜共患病等新型流行性传染病的不断增加而逐渐在西方兴起。该理念是一个针对人类、动物和生态环境的各个方面健康的跨学科协作和交流的全球战略。由于全球面临着严重的公共卫生危机，为应对不断出现的新型挑战，"One Health"理念已受到全球的广泛关注，各个国家也纷纷展开该理念的相关研究。如美国疾病防控中心建立了专门的"One Health"部门；瑞典建立了"One Health"网络；有关"One Health"的国际会议在澳大利亚墨尔本、瑞士达沃斯、南非、泰国等地区相继召开；有

作者简介：姜萍，南京农业大学科技与社会发展研究所教授，研究方向为科技与社会、农业伦理学；姜秋月，江苏产业技术研究院智能液晶技术研究所助研，研究方向为科技与社会。

关"One Health"的研究也在加州大学戴维斯分校、爱荷华州立大学、爱丁堡大学、印度克拉拉兽医科学大学等高校进行。中国高校从 2014 年开始主办 One Health 研究国际论坛以及与国外大学合作共建 One Health 联合研究中心，国内高校开始引入"One Health"理念。较之于其他国家，中国对该理念的关注较晚。

"One Health"理念为什么越来越受到国际社会的关注？究竟什么是"One Health"？它的发展脉络如何？"One Health"理念的推广和实施对解决当今人类社会面临的人畜共患病、生态危机、环境污染、食品安全等问题有何现实价值？这些问题目前成为学术界讨论的热点话题，本文选取公共卫生领域中的这个独特概念"One Health"，结合这一个概念的提出背景、发展历史、价值意义，进行综合性交叉研究与反思，对促进生态文明建设和实现美丽中国梦将具有重要的现实借鉴意义。

二、"One health"理念的提出背景

（一）中国生态环境及公共卫生现状急需解决的需要

随着我国经济的飞速发展，与高速度、高增长和高排放等发展模式相伴而来的是资源短缺、环境污染和生态破坏等种种的严重后果。目前，我国生态环境的状况是总体在恶化，局部在改善，治理能力远远赶不上破坏速度，生态赤字逐渐扩大。生态环境恶化表现为：水土流失越发严重、沙化扩展迅速、草原退化加剧、环境污染愈加严重等。在 2013 年，我国已大约有 17 个省市区（约 6 亿人）遭受了大范围严重的雾霾天气，占国土面积的四分之一。[1]

除了生态环境破坏严重外，我国的公共卫生状况也不容乐观。近年来，SARS 疫情暴发、人感染 H7N9 禽流感疫情以及近期央视报道的苏浙沪儿童尿液中含畜禽类抗生素等新发传染病和新的公共健康问题不断涌现，对公共卫生的监督管理形成严峻挑战。据统计目前全国有 500 万结核患者，居世界第二，占全球患者总数四分之一；乙肝病毒携带者高居世界第一；AIDS 病感染率以每年 3%速度上升，目前已达 100 万人。[2] 防控传染病的工作效果尚不理想，而慢性病非传染性疾病在全国又呈上升趋势。此外，职业病、人畜共患病、食品安全问题频发，这些都迫使我国公共卫生面临着严峻的形势。但一直以来在应对这些问题时，各部门也都是"各人自扫门前雪"，他们并没有意

识到这些问题之间联系密切，从而在解决问题时因缺乏合作而收效甚微。

“One Health”理念作为一个致力于人、动物和生态环境整体健康的新兴理念，恰恰是当前为解决中国严峻的生态环境及公共卫生问题所必需的。由于国人对人与动物、生态环境这三者关系整体性认识的不足，环保、公共卫生观念意识淡薄以及受利益驱动等因素，才造成了当前生态环境及公共卫生面临种种危机。因此，通过引入和传播“One Health”理念，来改变人们的观念和认识十分必要。

（二）国家发展战略与“One Health”理念契合的需要

近年来，我国有两大发展战略与“One health”理念相契合。

第一，可持续发展战略与“One Health”理念的契合。可持续发展是20世纪80年代提出的一个新的发展观。它的提出是适应时代变迁、社会经济发展需要的产物。1992年联合国环境与发展大会把“可持续发展”作为全球共同的发展战略和行动指南[3]；之后我国《中国21世纪议程》（1994）的批准、“科学发展观”的提出（2003）、到《中华人民共和国可持续发展国家报告》（2012）正式发布，可持续发展问题上升到了国家战略、政策的高度予以重视。

可持续发展是指经济、社会、资源和环境保护协调发展，它们是一个密不可分的系统，它强调人类在达到发展经济目的的同时，也要保护好人类赖以生存的自然资源和环境。这个战略所强调的“人与自然是一个紧密联系的整体，呼吁人类与自然要和谐相处”正与“One Health”理念中“人类、动物和自然环境的整体性”相契合。“One Health”理念的提出是为了万事万物的健康、为了整个人类的可持续发展这个目标，也与我国所实施的可持续发展战略不谋而合。

第二，生态文明建设战略与“One Health”理念的契合。21世纪以来，一些危及人类文明生存与发展的人口、资源、环境等全球性问题迫使人类对传统文明观重新反思，提出建设生态文明的构想。党的十七大以来，党中央站在战略和全局的高度，对生态文明建设和生态环境保护提出了一系列新思想、新论断、新要求。十七大（2007）提出：“要建设生态文明，基本形成节约能源资源和保护生态环境的产业结构、增长方式、消费模式。”十八大（2012）做出“大力推进生态文明建设”的战略决策；十九大（2017）直接把生态文明建设列入建设社会主义事业的“五位一体”的总体布局之一体。习近平主席还提出了“绿水青山就是金山银山”[4]的著名论断，由这些报告和言论可知我国政府对建设生态文明的重视以及要改善生态环境的迫切程度和决心。

生态文明建设在某种程度上可以说是对可持续发展战略的升华，它强调人与自然是生命共同体，坚持人与自然和谐共生。该战略的提出是为了应对工业化所带来的环境污染及生态破坏，是为了人类的健康、自然和社会的可持续发展。而“One Health”理念的诞生恰恰也是为了应对人、动物与环境之间出现的公共卫生危机、食品安全问题和环境问题，因此二者的实现目标一致。此外，生态文明建设与农业、工业、环境科学、生态学等各行业、各学科息息相关，要想加快生态文明体制改革，实现建设美丽中国梦想，就需要各行业、各部门共同合作以及加强各学科间的相互协作。而“One Health”正是一个主张跨地区、跨部门、跨学科（人类医学、动物医学、环境科学、野生动物和公共健康等）相互合作来共同应对全球生态危机、实现万物健康的一种新理念和新方法。

总之，推行可持续发展国策、建设生态文明、实现美丽中国梦是近年来我国政府在生态全球化背景下，及时放缓经济发展步伐，以建设人与自然和谐共生为目标而提出的国家发展战略。而“One Health”理念也是在生态全球化的背景下提出的，这正与我国建设生态文明、建设美丽中国的目标相符合。因此，“One Health”理念与方法在中国的传播和推广十分必要。

（三）人类医学、动物医学、健康科学和环境科学等跨学科合作的需要

“One Health”理念之所以在世界范围内广泛传播并得到各个国家、各界人士的认可，是因为该理念符合当前各国保护生态环境的需要。中国作为世界的一部分，现在也面临着环境污染、生态恶化和公共卫生较差的危机。但在应对这些问题的时候，许多政府、专家学者以及公民个人都没有认识到人类、动物、环境乃至整个生态系统的相关性和整体性。在解决问题时，各个国家、各个部门以及不同学科之间依然相互孤立、缺乏合作。如1986年在欧洲暴发的“疯牛病事件”、2003年在中国境内肆虐的“SARS事件”、2017年欧洲出现的“氟虫腈毒鸡蛋事件”等，究其根源不仅各地区、各部门缺乏合作，相关学科专业各自独立研究、缺乏联系、协作意识低，可以说也是不能很好解决上述公共危机事件的原因之一。“One Health”理念的传入将会让人

们认识到人、动物、环境和生态系统等几者之间的联系，从根本上转变人们以前的错误观念，进而为该理念及方法的实施打下牢固的基础。

由此可见，“One Health”理念在我国的传播仍处于起步阶段，目前只有为数不多的人类医学及动物医学的学者进行了相关研究。但中国目前不容乐观的环境污染及生态问题时刻警醒着政府、专家学者等必须加快“One Health”理念的研究、推广和实施。由于人类、动物和生态环境三者之间的整体性，各学科间、部门间及地区间的跨界合作十分必要。

综上可知，“One Health”理念的传入中国是解决中国当前环境卫生危机的需要，是中国实施可持续发展战略和生态文明建设的需要，是人类医学、动物医学、健康科学和环境科学等跨学科合作的需要。

三、“One Health”理念的发展历史

21世纪，人类进入了后工业文明时期。回顾这一世纪以来全球范围内的生态环境和公共卫生状况，可谓是越来越糟糕。随着人口剧增、全球气候变暖、生物多样性减少、环境污染加剧和食品安全问题频发等，地球上的整个生态系统、生态环境日趋恶化，这也客观上加剧了人畜共患病的滋生和传播，从而严重威胁着人类和动物的健康。同时，随着全球化进程的加快，人类、动物和环境之间的关系也日益紧密。如1986年英国暴发的疯牛病和2003年肆虐全球的禽流感病毒[5]（甲型流感病毒）等都是人畜共患病的一种。而2017年欧洲出现“氟虫腈毒鸡蛋”风波，则是由于氟虫腈被不恰当地用于养鸡场的清洁物品中，造成鸡蛋“非目标伤害”而被检出含有氟虫腈成为“毒鸡蛋”。由此可见，人类、动物和环境三者是互联互动的一个整体。

在此背景下，近几年“One Health”理念也越发受到了全球范围的广泛关注。作为一个现代术语，“One Health”是一个新的并涉及了多种学科、跨领域的研究方法和理念，也是一个为了人类、动物和环境等各方面的健康而推动各学科间合作与交流的全球战略。它致力于结合人类医学、动物医学和环境科学以改善人类和动物的生存及生活质量，从而为人类、动物和生态系统寻求最佳健康。此理念意味着人不是孤立存在的，而是现存生态系统的一部分，在这里一个成员的活动将会影响到其他成员[6]。

“One Health”虽然是一个新名词，但这一概念和理念很早就存在了。人

们早已意识到环境因素可以影响人类健康，医药之父希波克拉底曾将"空气、水、土地"记载为可以影响人们健康的环境因素[7]；德国病理学家鲁道夫·维尔肖（Rudolf Virchow）首次提出"人兽共患病"一词，并指出人类医学和动物医学之间没有、也本不应该有明显界限[8]。杰姆斯·斯蒂尔（James H. Steele）在CDC（美国疾病控制中心）创立了兽医公共卫生部门，随后该部门的兽医公共卫生原则被世界各地的其他国家所引入[8]；兽医学博士加尔文·施瓦布（Calvin Schwabe）创造了术语"One Medicine"（现在称作One Health），他是加利福尼亚大学戴维斯分校兽医学院流行病学和预防医学系的创始人[8]；2003年4月7日，华盛顿邮报的里克·卫斯（Rick Weiss）引用了兽医博士威廉·卡瑞（William Karesh）的话"人类和家禽或者野生动物的健康再也不能分开谈论了，世界上只有"One Health"，所有问题的解决办法需要我们各个学科的工作人员共同努力，在不同层次为解决问题做出贡献。"[9]在纽约的洛克菲勒大学召开了题为"在一个全球化的世界建立通往健康的跨学科桥梁"会议，建立了"曼哈顿原则（Manhattan Principles）"，形成了"One Health，One World"理念的基础[8]；2009年3月，加拿大公共卫生署食物传染、环境和人畜共患传染病中心举办了一个"One World，One Health"的专家咨询会，重要建议"One World，One Health"得到扩展；"One Health"部门在CDC建立[8]。接下来欧盟、美国、非洲、澳大利亚等国以及一些国际组织如OIE、WHO及FAO等纷纷举办了一系列国际会议，探讨了"One Health"理念、行动计划、战略和问题。

在"One Health"理念的普及传播大潮中，中国也在积极跟进"One Health"的发展步伐。近几年，越来越多的国内学者（如丁小满、陆家海、王安娜等）也开始运用该理念进行兽医、环境、人畜共患病、传染病、公共卫生等方面的研究。2013年，以"One Health"理念为基础的"一健康基金"[10]在复旦大学设立；2014年，中山大学成功举办了中国首届"One Health"研究国际论坛[11]；同年，南京农业大学与加州大学戴维斯分校（"One Health"理念的最早倡导者之一）签署了"共建One Health联合研究中心合作协议"[12]，共建高水平合作平台、深入开展"One Health"相关研究。

总之，国外对"One Health"理念的研究已有相当长的时间，并越来越受到各国政府和专家学者的关注。不论是发达国家还是发展中国家，不论是政府机构还是国际组织，“One Health”理念在各国和各组织的合作努力下不断得到推广和实施，并在疾病防控方面取得显著成效。

四、“One Health”理念的内涵

什么是“One Health”呢？按美国医学会给的定义，“One Health is the collaborative effort of multiple disciplines-working locally，nationally and globally-toattain optimal health for people，animals and our environment.（同一健康是地区、国家和全球多学科的协同合作，以实现人类、动物和环境的最佳健康状况。）”[13]它是指针对人类、动物和环境卫生保健的各个方面的一个跨学科协作和交流的全球拓展战略。到目前为止，国内关于“One Health”的翻译和解释众多，众说纷纭。如“唯一健康”“同一个健康”“同一健康”“一健康”“全球健康”“一体化健康”“大健康”，等等。究竟该如何翻译和界定“One Health”呢？

“One Health”理念若要在中国大范围地推广传播，给它确定一个合适的汉译名称非常必要。虽然目前有一些“One Health”术语的汉译版本出现，但这些版本中并无一个得到大范围地使用并用来推广“One Health”理念，可见这些译文在某种程度上有一定的不适应性。此外，这些汉译版本大多并非出自专业的科技术语翻译工作者之手，而多出自兽医学、医学、公共卫生学等相关专业的学者们。他们在翻译时可能专业知识有余而翻译知识与技巧相对不足。因此，本文根据英文的原意并结合我国的传统文化和当今的生态、环境问题，把“One Health”翻译为“万健康”。

首先，从词义上看，one 和 health 都有不同的含义，one 作名词的词义有三种：①（基数的）1；②一个人；一件东西；一件事；③一体。one 作形容词时的词义有 8 种之多：①一的；一个的；一个人的；②唯一的，单独一个的；③某一的；④一致的，同一的；⑤完整的，一体；⑥第一的；⑦（表示与其他的对照）这一个的；⑧（代替 a 或 an，表示强调）（口语）一个确实……而作为名词的“Health”也是含义多样，有 8 种之多：①健康；②健全；③健康状况；④（国家、社会的）安宁，稳定；⑤兴旺，发达；⑥治愈力；⑦保健法；（用于机构名称）卫生；⑧（祝健康时的）干杯，为（某某的）健康干杯。[14]

但是从语言、文化和生态的多种维度，把“One Health”翻译为“万健

康”则比较贴切、合适。理由如下。语言维度：将“One”翻译为“万”。从语言形式上看，译文保持了原术语语言简明的特点，同时，英文“One”的中文谐音与汉字“万”的发音也非常相似。文化维度：汉字“万”在《现代汉语词典》第六版中的释义有4种[15]，分别是：①十个千；②表示很多：万事万物；③极、很、绝对：万不得已；④姓氏。“One Health”中的“One”是指人类、动物和生态环境这个相互联系的整体。这一整体内容多、范围广，包含了世界上的万事万物。“万”字的第二个释义正好符合了“One”所指的深层含义。生态维度：“One health”理念就是为了让人们认识到万事万物间的互联性和整体性从而加强学科间的合作，进而达到整体性的健康。例如科技术语“World Wide Web（WWW）”汉译语是“万维网”，若直译为“全世界的网”，则显得拖沓、复杂、不简洁。同样地，“One Heath”译为“万健康”与“World Wide Web（WWW）”译为“万维网”也有异曲同工之妙，不仅简洁、明了、意义深远，读起来也朗朗上口。

五、“One Health”理念提出的当代价值

（一）传播了一种“万物一体、万物健康”的理念

“One Health”的提出，传播了一种万物一体、万物健康的新理念。在过去，由于人类认知水平限制、生态环境恶化程度较轻以及相关科学知识的不发达，对于人类的健康、动物的健康和环境的健康问题，人们只是单一地、孤立地看待这些问题的产生原因并寻求解决办法。但随着全球气候变化、人口流动增加及国际贸易、旅游业的发展，新发公共卫生、食品安全和环境问题愈加复杂，对人类健康、动物健康和环境健康等诸方面都构成了严重威胁。过去的、旧的观念、认识、方法已不适应全球化时代的新情况和新问题，因此，“One Health”传播的“万物一体、万物健康”的新理念恰恰为解决目前的难题提供了解决路径。

（二）建立一种包括人、动物、环境及整个生态系统在内的整体健康观

“One Health”理念的提出和传播，提醒人们需要转变过去单一、孤立的健康观，经济全球化、旅游业的发展、人口增加及环境变化（包括农业集约化、气候变化、人类入侵野生动物栖息地等）又客观上加剧了生态危机的爆发、人畜共患病的传播，这不仅对人类身心健康造成严重影响，也

会危害食品安全以及畜牧业的发展，影响畜产品的质量与安全，导致严重的经济损失。人、动物和环境的联系越来越紧密，控制人畜共患病问题显得比以往更复杂，更棘手。因此，“One Health”理念的诞生，呼吁建立一种包括人、动物和环境乃至整个生态系统在内的整体健康观，只有用整体、联系的观点看问题，才能克服解决生态、环境和公共卫生问题的“头痛医头，脚痛医脚”的弊端。

（三）提出了跨学科、跨专业共同合作，迎接全球生态危机挑战的战略框架

当前，在禽流感、西尼罗河热等人畜共患病造成空前威胁的形势下，我们更需要打破陈旧观念，鼓励并支持跨学科、跨部门、跨领域间建立信任，共同合作以应对严重危害食品安全和人类健康的传染性疾病，力图改善人和动物的生存、生活质量，以达到各自的最佳健康状态。“One Health”的理念和方法已经被联合国粮农组织（FAO）、世界动物卫生组织（OIE）和世界卫生组织（WHO）等国际组织以及部分国家机构和跨学科专业团体看作疫病预防控制策略的主要构成要素。此外，“One Health”在食品安全方面的作用也颇为重要。许多人畜共患病、兽药抗生素残留可通过食物链传播，而多数食品安全事件的发生是由于食物链中涉及的各部门，即农业部门、动物部门、食品安全部门、公共卫生部门之间缺乏合作所致。

（四）推动部门协作、指导应对现存的和新兴的医学挑战

当前，世界范围内的动物卫生和兽医公共卫生问题依然严峻，新发和复发动物疫病、人畜共患病不断出现。超过60%的人类新发传染病的病原来自动物，其中75%来自野生动物[16]，还有我国近年来出现的愈来愈严重的“抗生素污染”问题，这些不断出现的公共卫生问题没有任何一个部门有能力来独立应对。只有通过跨国家、跨地区、跨领域的协作，综合人类医学、兽医学和环境科学等研究力量来共同应对新发传染病、抗生素污染的威胁，而“One Health”理念的出现则能积极应对这些新兴的医学挑战。首先各个国家应根据自己国家的国情，制定应对这些问题的“One Health”战略框架；公共卫生及动物卫生部门应该用“One Health”方法，通过联合行动、计算机网络交流及多学科研究成立联合监测组，在动物疫病、兽药残留、人畜共患病防控中建立合作关系；在相关高校和研究机构开设了人类医学和兽医专业人员的联合培养课程；为控制如禽流感之类的传染病而成立跨部门合作委员会，如人畜共患病委员会，在较高水平上开展跨部门合作会议；支持卫生部门、畜牧养殖部门及兽医部门在疫情暴发调查、现场流行病学培训和信息共享方面加强合作。推动公共卫生部门、兽医部门、环境管理部门之间相互合作，在"One Health"理念指导下共同应对现存的和新兴的医学挑战。

参考文献（略）

（原文刊载于《自然辩证法通讯》2018年第6期）

农场动物福利“五大自由”思想确立的研究

郭　欣　严火其

【摘要】1822 年《马丁法案》通过以来，英国社会对如何关爱动物，如何处理人与动物的关系进行了长期的争论。1964 年《动物机器》一书的出版，进一步引发了社会各方长达十五年的对于农场动物福利问题的辩论。经过各方长期争论和磋商，英国最终于 1979 年确立了农场动物福利的“五大自由”思想。“五大自由”思想为动物福利科学的研究确立了基本框架，指明了发展方向，并在很大程度上影响了政府对动物生产的管理以及饲养者的生产实践，亦是动物福利立法、农场动物福利评估认证标准的重要基础。“五大自由”思想显然是在生产者、消费者、科学家、政府等多方利益、观念、知识等冲撞与磋商中形成的。

【关键词】农场动物福利；“五大自由”思想；实践的冲撞

动物福利科学是一门新兴的学科，而“五大自由”思想是这门学科的核心理论与研究框架。自动物福利科学范式形成之后，国际上已经有一些学者对其兴起的历史做了初步的研究。大卫·弗雷泽（David Fraser）等人从科学的角度对动物福利科学的发展做出了讨论，他们将动物福利科学的发展分为：动物福利伦理观念的形成、动物福利科学术语即概念的提出以及动物福利相关具体科学的发展三个历史阶段。剑桥大学唐纳德·布鲁姆（D. M. Broom）教授作为动物福利课程的创始者，从科学史的视角论述了动物福利科学的建制过程，并且着重讨论 20 世纪 60 年代动物行为学、心理学等相关学科领域的

作者简介：郭欣，南京农业大学中华农业文明研究院博士生；严火其，南京农业大学人文与社会发展学院教授。

发展对动物福利科学化的重要影响。海恩斯（Richard P. Haynes）等人从哲学角度，探讨了从一个哲学概念逐渐发展成为一个科学术语的过程。还有一些学者，分析了经济、农业发展、社会矛盾、政策变迁等多方面因素对动物福利科学兴起的推动作用。例如，牟拉（Moura）等人从动物在农业系统中地位的演变，讨论了动物福利发展的历程。一些官方机构的报告，比如 FAWC 于 2009 年发布的《Farm animal welfare in Great Britain：past，present and future》，对 1964 年之后，农场动物福利的发展进行了梳理，尤其分析了农业政策对其发展的影响。但整体来看，在国内外的已有文献中，尚未见有人从科学实践哲学视角对动物福利科学兴起和发展进行研究，而且有关农场动物福利的专门研究亦不多见。

本文试图以科学实践哲学的理论与方法，对动物福利科学中“五大自由”思想的生成进行讨论。本研究将“深描”消费者、生产者、政策制定者等各方行动者之间有关“集约化养殖”争论中的“磋商”过程，揭示“五大自由”思想作为终结争论的重要结果，是如何在各方利益“冲撞”中形成的。这可以帮助我们进一步理解动物福利科学的特殊属性及其兴起的动力学机制，从而有利于中国动物福利科学的建制与发展。

一、消费者对集约化养殖的反对

18 世纪末，英国人道主义先驱们开始关注虐待动物的问题，并坚持不懈地诉诸立法。最终，1822 年议会通过了《防止残忍和不当对待家畜的法案》（简称《马丁法案》），这是世界首个禁止人类残忍对待动物的专门性法律，标志着动物福利事业的诞生。直到 1911 年，英国议会面向动物问题前后进行了四次立法，法案内容逐渐扩展到对野生动物、实验动物等多种动物群体的保护。但是，法案中使用的“残忍”“痛苦”“不当行为”等术语具有较强的主观性，范围难以被界定，使许多行为无法被准确判罚。人们尤其是法官的主观判断，导致《马丁法案》的执行总是面临着许多的争议。1926 年，伦敦大学兽医学院的查尔斯·休谟（Charles Hume）教授提出了“动物福利”术语，并呼吁以科学方式解决动物问题。“促进动物福利，前提是对动物属性、需求和习性的深刻理解”[1]。动物福利要建立在科学的基础之上，通过科学为人们关爱动物建立客观的标准。同年，休谟发起成立了伦敦大学动物福利社团，

1938 年该社团更名为“动物福利大学联盟”（UFAW），该社团致力于为“动物福利”制定科学准则，推广其科学观念。

众所周知，生命科学的发展离不开动物实验。而在动物实验中，许多实验都在“活体”动物身上进行的，这就必然导致许多“残忍”对待动物的现象。因此，早期 UFAW 动物福利事业关心的重点是实验室动物的福利问题。在大量科学研究的基础上，UFAW 于 1959 年提出了动物实验“3R”原则，不仅减少实验动物的痛苦、维护其福利，而且提高了实验的准确性。这是第一个动物福利的科学准则，于 1986 年被英国《动物科学程序法令》所采用，并沿用至今[2]。

随着畜牧科技的进步，第二次世界大战以后，工厂化养殖方式在英国和世界范围内兴起。人们根据动物营养的理论调制出既能满足动物的营养需要又能促进其生长的人工饲料；兽医科学的发展则能成功的预防和治疗动物的各种疾病[3]；内燃机的引入极大地提高了生产量，减少了人力成本。集约化养殖的兴起大大提高了产量和效率，但也带来了严重的动物福利问题。例如，到 20 世纪 60 年代初期，英国 35%的蛋鸡养殖在“层架式鸡笼”内。“层架式鸡笼”（battery cage）是以行列方式密集排列的笼舍，空间极其狭小，每只蛋鸡的活动面积约只有 300 平方厘米，其自然行为几乎被完全限制。而由于减少食量能促进母鸡的产蛋率，农户便减少喂食，许多蛋鸡因营养不良而掉光羽毛。而 50%的肉鸡则被饲养在卫生条件极差的鸡棚里，密度高达每间 2 万只以上。为缩短肉鸡生长周期，饲养者在鸡棚内不间断照明以使雏鸡频繁进食。由于环境极差，家禽之间会相互啄羽，导致一些抵抗力较差的雏鸡死亡。为减少损失，农民又对雏鸡进行断喙及注射过量抗生素来维持其存活。集约化养殖不仅剥夺了动物的阳光、绿地等外部环境，而且几乎干扰了它们所有的自然天性。

1960 年 *The Countryman* 杂志评论道：“动物或家禽不适应集约化养殖体系，当一个养殖单元的动物数量过高，或者总体利润较低时，这些动物极少得到照料。尤其是肉鸡，因为经济价值较低，经常会在没有人注意到的状况下死去。”[4]每年大约 2.8 万只家禽因为饲养者疏于照料而死去。虽然在 1911 年《防止残忍对待动物法案》中就已经明确规定动物饲养者“不作为”属于残忍对待动物的行为，但是在集约化养殖系统下，动物数量庞大，饲养者难以做到对每个动物细致照料，忽视或者残忍对待动物的行为经常发生。由于当时还没有完善的农场法制监督体系，这些行为难以受到法律制约。

当时关于集约化农场“动物福利”问题的辩论已频繁出现，其中“板条地板”（strip floor）问题较有典型性。1961 年，一档电视节目展示牛舍“板条地板”设置技术，供农场主观摩。“板条地板”主要由硬性木质或混凝土质长条构成，板条之间存有缝隙。由此管理人员可将牛的排泄物通过冲洗的方式引排到舍外，牛舍可以保持相对干净，并且减少清扫工作，降低管理成本。但是，很多人看过节目后反对使用板条地板，认为这种装置会影响牛的健康，牛为了适应硬质地面及缝隙对行动的妨碍，被迫以非自然地方式站立或行动，从而导致跛足及腿部疾病。为此，*The Farmer and Stockbreeder Vet* 杂志对两组奶牛做了一项对比研究，一组饲养于设置板条地板的牛舍，而另一组则饲养于传统牛舍。结果表明，饲养于板条地板环境中的奶牛体重平均轻 100~200 磅，表情呆滞、产奶量减少，并伴随着严重的关节肿胀问题。[5]

这些问题引起了动物保护群体的关注，他们通过游行与发放宣传册呼吁更多公众抵制集约化养殖。鲁斯·哈里森（Ruth Harrison）读过“动物保护十字军”组织发放的宣传图册后，便决心积极投身于解放农场动物事业。她用了一年时间走访英国的农场，于 1964 年出版了对动物福利事业产生巨大影响的著作——《动物机器》。《动物机器》深刻揭露了集约化养殖中动物管理的问题，引起了广泛的关注。哈里森被称为“动物福利”的伟大预言家。伯纳德·罗琳曾说过：“哈里森是动物伦理的先知，正如马丁·路德·金是公民权的先知”[6]。她认为人们忽视动物的精神痛苦（mental suffering）也是一种残忍（cruelty），动物较高的生长率与生产率不能表明它们健康快乐，集约化养殖中动物许多的痛苦都是十分隐蔽的，饲养者应该尽可能去发现并帮助动物避免这些痛苦。尽管哈里森未明确使用“动物福利”一词，但其观点却真正体现了动物福利的内涵。1968 年版的《牛津高阶英语词典》中“welfare”（福利）有两方面的含义，一方面是：“good fortune，health，happiness，prosperity”（好运、健康、幸福、繁荣）；另一方面是：“aid provided especially by government to people in need”（政府向有需要的人提供的帮助），尤其是健康与居所。哈里森的阐释十分接近这些含义，她期待农场动物生存得健康与幸福；农场动物就像那些弱势群体一样需要支持与帮助，政府应该改善它们的生存条件，尤其是饲养环境。

哈里森认为，农场动物的痛苦来源于集约化养殖技术本身，应该彻底废止这种惨无人道的养殖系统。她主要从两个方面进行批判。首先，该技术违背了动物的自然属性，动物完全沦为流水线上被人类攫取利益的工具，丧失了生命意义。其次，该技术下的肉类产品有抗生素残留的风险，直接影响人类健康。她在书中引用《食物化学》中的数据来阐明该问题："以含有浓度为1 000毫克/千克的金霉素、土霉素、杆菌肽的食物饲喂鸡3周后，这些物质在每磅鸡肉中将分别残留0.1~0.2毫克、0.05~0.1毫克、0.07~0.09毫克。这些带有抗生素残留的肉品被人们食用后，将会对人类的免疫系统、消化系统产生危害。"[7]155

《动物机器》使公众对农场动物福利问题的关注达到新的高潮。他们自发组织活动来抵制集约化养殖，呼吁为农场动物更新立法。1964年，英国布罗姆里的Lucy Newman夫人从特拉法加广场出发，带领数百人为废止集约化养殖的请愿书收集签名。在短短的一天之内他们收集了超过25万个签名，并将其交给英国农业部。之后，农业部长索姆斯回信说道："集约化养殖可大幅度降低食品价格，出于经济压力，我们无法取缔。但是，我们必将保证集约化农场中动物得到合理的照料，我们已经委托布兰贝尔委员会对农场进行评估、设立农场动物福利的标准。政府将在收到报告后，将第一时间采取行动。"[8] 1966年，英格兰公众在各城市间组织了主题为"Critics of intensive production"（批判集约化生产）的抗议活动，他们表示集约化养殖在道德上令人厌恶[9]。1972年至1975年，Bucks Farms、Animal Welfare Activities、Animal Rights Advocates、Chattels等组织分别进行了多次抗议，批判集约化养殖对动物健康、食品安全甚至经济安全的负面作用，呼吁政府进一步细化农场动物养殖生产标准以及尽快为之立法。

在《动物机器》出版后的二十多年里，"动物福利"成为英国社会非常流行的话题。消费者们从道德、经济、食品安全等多个方面对集约化养殖进行批判与抵制，频繁集会以表明他们的决心。这有力催化了英国政府积极推动农场动物福利乃至后期将"五大自由"思想写入法案。

二、生产者对集约化养殖的辩护

《动物机器》使消费者为农场动物的生存状况以及自身的饮食安全而担

忧；但是大多数农场主则担心“动物福利”观念所引发的农业政策变化及其所带来的竞争压力与经济损失。一些因集约化养殖而受益的农民与兽医，也强调不应“强迫”牲畜或把它们当作“机器”来对待。但是，他们认为完全没有必要对集约化养殖进行行政或司法干预，因为“自然”作为自我调节的实体，会通过多种方式调节养殖业的平衡，比如动物疫病减少农场动物数量从而实现优胜劣汰。虽然他们也认同应该关注动物的福利，但却十分反感哈里森对集约化养殖“非理性”的攻击。

农场主认为哈里森及动物福利社团都是不明智的、情感主义的，而自己比这些人文主义者在牲畜养殖方面更具经验，更了解牲畜的健康。他们声称动物的生产力是测量动物健康与快乐的第一指标：“集约化养殖农场中没有残酷对待动物的行为。如果动物感到痛苦，它们就不会茁壮成长并保持高效的生产，这是我们最直接的证据。”[10]一些兽医也支持如此观点，认为“动物福利”应该是一个科学概念，“蛋白质代谢的速率”也就是动物生长及生产能力才是测量动物福利好坏的第一指标。[10]而且，一些生产者认为，相比传统方式，集约化养殖更加人道，至少动物们不须再忍受恶劣天气，也不会像以往那样被饲养于沼泽或荒野。

1964年3月25日，《泰晤士报》发表了一封来自农民的信，题目为《如果农场动物不满意》（*If Stocks Are Not Content*）。来信者反对《动物机器》的观点：“我认为读者没有做好准备接受哈里森女士所提出的超前观点。集约化生产是畜牧业不可改变的经济要求。我们为国家生产出充足、多样而且便宜的食物，却遭受到这么多的诋毁，这是多么讽刺的一件事。作为养殖者，我们一直精心照料动物，我们对农场动物投入的精力远远超过家人。我们进行集约化养殖，扩大规模、加大养殖密度是由养殖业的利润太低决定的。”[11]

当时一些农业媒体也为集约化养殖辩护。在1964年12月英国《卫报》一篇报道《工厂化农业——我们日益增长的食欲的唯一答案?》中，农业记者评论道：“不管人们喜欢还是不喜欢，工厂化农业已经开始了。这一浪潮不会因为人道主义者偏激的动物爱护倾向而受到阻碍……经济和政治发展由此而获得重大意义，因为它改变了未来的粮食供应方式。有远见的人将这种集约化养殖方式视为一个重大进步。”[12]

英国全国农民联合会（National Farmers' Union）是为集约化养殖辩护的重

要力量之一。1966 年该会向农业部提交了一份协议备忘录，旨在明确反对《动物机器》的态度。该会拒绝接受动物福利标准化强制措施，但表示可以接受一些农业部的指导方案。该会副会长帕姆（H. Plumb）指出，英国畜牧生产及管理水平比大多数国家都高，所以生产者不应被指责，相比进口，英国的动物源食品已非常安全和健康。他还指出，一些动物福利报告的测量标准缺乏现实性，比如不提及生产空间的高度而单单设置地面上的最小饲养密度；仅依靠数据测量来界定动物的福利状况，实际上是不可能的。[13]作为生产者利益代表的英国全国农民联合会，表达了农民阶层对动物福利观念的质疑，他们担忧这种舆论导向不但在实践中缺乏实用性，而且会动摇其在贸易中的利益。

如果放大考察背景，我们可以发现生产者对集约化养殖辩护的更多理由。“二战”后，英国为应对经济困难，广泛修订农业法，旨在扩张农业并发展机械化，从而保障粮食安全，降低敌对国家扼杀英国的危险。这些农业法案给生产者提出了更高的生产目标。正如詹姆斯·沃森（James Watsonand）所说：“英国的第二次农业革命的助产士是国家。而科学为农民们提供了工具。”[14]政府积极推动农业机械化、集约化，科技人员则提供更好的动物育种和饲养方法，从 20 世纪 30 至 40 年代，英国牛奶和蛋的产量平均增加了一半。

1947 年与 1948 年英国农业法案，明确提出削减从美元国家进口粮食并积极增进本国农业生产，规定政府补贴农民生产的全部成本，提高农民收益，保证他们的生产积极性。[15]因此，至 20 世纪 50 年代，英国农业包括畜牧业都呈现出极大地发展态势，生产者也因生产方式的更新而提升了收入水平。1958 年英国加入了欧洲国家联合签署的《罗马条约》，探索在区域层面上农业生产的安全保障。1963 年，该条约所设立的《一般农业政策》计划（Common Agricultural Policy，简称 CAP）提出四条原则，其中第四条为“农民收入与其他行业等同；农业产品价格合理，以便能够满足消费者需求”。由于政策鼓励，农民的粮食与各种农业物资的生产量显著增长，使欧洲摆脱了农业资源大量依赖进口的困境。正是由于 CAP 政策，英国各地中小型养殖农场获得了更多补贴，而后者主要用于购置与完善集约化养殖的设备、巩固农舍基础设施建设、提高饲料营养水平。受到经济政策巨大扶持，英国农业从 20 世纪 50

年代起一个突出表现是农业机械化的高度发展。后者从物质与技术层面彻底促进了畜牧养殖产业向集约化方向变革。“集约化养殖的肉鸡产量在1954—1965年迅速增殖，从每年两千万只到每年两亿只。”[7]41联合国粮农组织也认为：“动物的密集生产提供了食品充足与安全保障的道路。”[16]

除了政府的积极扶持，一些农业扩张所带来的负面效应也促进了集约化养殖进程。比如，20世纪60年代种植业与养殖业之间的冲突，决定了农民们倾向加强集约化养殖。1966年调查显示，英国玉米种植范围已扩展至中部和南部传统牧用草场[17]，农民可用的养殖土地越来越少。与此同时，英国为了调和与欧洲大陆的经贸与政治关系，削弱了对养殖业的保护，英国中小型农场养殖生产者，愈发难以获得政府补贴。[18]农场经营者被迫减少养殖用地，同时生产成本负担不断加重，从而导致动物饲养密度越来越高，并且缩减了对动物的照料。

总体说来，集约化养殖是生产者在各层面上综合考虑之后所选择的一条最为经济、合理的发展道路。而且，这种养殖方式也确实提高了其收入，保证了食品供应，契合了英国农业发展的战略意图。因此，不论是在国家政治层面，还是对基层农民经济利益，集约化养殖都是必要的农业生产方式。但是，以《动物机器》为代表的对“动物福利”的呼吁，依然能给政策制定者以警醒。虽不能直接取缔集约化养殖，但是可以通过技术改革及政策修订来改善农场动物的生存状况，提升其福利水平。而这些改变，需要依靠科学对动物问题认识的深化，同时体现出对生产者的利益、政策的稳定性、经济需要等各方面因素的响应（responseness）。

三、科学领域对“动物福利”认识的深化

科学领域也参与了集约化养殖争论，并且呈现不同立场。部分科学家认为集约化养殖实际上在很多方面提升了动物的福利。1967年英国部分地区兽医代表在爱丁堡召开会议，阐明支持集约化养殖的立场。他们称：“通过兽医科学与动物科学的努力，以及农场生产管理者的协作，在过去二十年中，动物的居所、营养、健康照料与疾病防控等方面，已经在集约化养殖领域取得了巨大的进展。”[19]还有部分科学家承认集约化养殖会损害动物福利，但是他们希望以科学的方式来解决这些问题，而非直接取缔集约化养殖。1968年英

国动物科学组织“Animal Restore”宣称：动物科学与兽医领域完全有能力引导与辅助农场动物养殖走向更加健康发展的道路；集约化养殖的前景不应被抹杀。[20]在该组织成员的共同努力下，英国中南部地区相当数量的集约化农场中猪的福利状况得到改善。

尽管面对争论，科学家呈现出不同立场，但是他们一致认可应该维护动物福利。究其本源，“动物福利”术语最初产生于科学领域，它代表着该领域对动物的道德关切。自1926年休谟提出“动物福利”之后，科学领域一直致力于以“动物需求”为基点，研究如何以科学方法维护动物福利。早期，科学家以生理学、生物学的传统方法来推演动物的需求，这些方法多带有“心灵主义”或“拟人论”色彩，因无法从动物本身出发，所以难以准确深入理解其需求。自20世纪50年代末期，生理学、心理学及动物行为学，开始通过直接观察动物行为及生理变化来研究其脑功能及精神或意识问题。这些研究突破了传统的局限，以更加科学、精确、定量、客观的方式探索动物的需求以及这些需求背后的生物学基础。这些方法逐渐使休谟提出的“实现动物福利的前提是对动物属性、需求和习性的深刻理解”的设想成为现实，科学领域对“动物福利”有了更加深刻的认识。

其中，有关“动机系统”的研究是科学家深入认识动物需求的突破口。1957年，米勒（Neal E. Miller）在*Science*上发表的论文[21]，论述了“动机”在行为中的重要作用。他描述了多组动物实验，讨论了饥渴、受到侵略、性行为表达受限等刺激会使动物产生恐惧、痛苦等反应，印证了“动机”对于认知和行为表达的重要作用，得出了“动物是具备动机系统的复杂决策者”的重要结论。这项研究，证明了动物痛苦的原因是多样的，动物在应对所处环境时，会受到复杂多样的刺激，从而产生多种情绪，一些“痛苦”可能十分隐蔽，饲养者难以发现。

之后，剑桥大学动物行为学家，威廉·萨普（William Homan Thorpe），进一步研究了动物如何通过反常行为表达这些隐蔽的痛苦，并发表了一篇极具启发性的论文《The assessment of pain and distress in animals》[23]。在文中他提到动物具有超过我们想象的认知与行为能力，当它们感到压力、疼痛、不适以及自然行为受限时，往往会表现出沮丧、痛苦的情绪，但是由于生产者对它们的需求、偏好和行为表达认识不足，所以很容易忽视其痛苦。实际上在非自然、集约化的养殖环境中，动物经常处于恐惧、不健康的状态。每种动物都有自己的偏好，当这些偏好不能被满足时，动物会呈现出一些反常行为。比如，候鸟的天性是在固定季节不断飞行以寻找适应的自然环境，而在笼养条件下它们因为无法完成自然行为而感到烦躁不安，整晚在笼子里扇动翅膀。被圈养在设有水泥地板肥育栏中的猪，因无法用鼻子翻拱土地而不停地撕咬栏杆。集约化养殖长期限制它们的自然行为，会引起它们强烈的情绪失调，严重损害它们的健康。因此，萨普建议使用科学方法来识别动物这些难以被察觉的痛苦和应激。萨普提出了许多测量动物应激、疼痛、不适以及沮丧情绪的生理与行为指标，其中反常行为是重要的指标之一。

萨普的贡献在于阐明认识动物“需求”（needs）以及“偏好”（preference）在实现动物福利方面的重要性。同时，萨普的研究为科学领域开辟了一条新的研究道路，将对“动物福利”的研究指向了动物个体层面。“动物福利”是每个动物个体自身的感受与状态。因此，科学研究必须回归到动物本身，必须细分到动物的种类差异、动物所处的环境差异。一方面要探究动物个体的内在需求，另一方面要探究养殖方式如何能够更加适应这种动物的需求，只有这样的研究，才能有助于制订出更加具有操作意义的指导准则。

科学领域对动物福利认识的深化，使科学家能够将人们对动物的道德关切以客观、定量、具体的方式表达出来，并且克服了争论中公众所使用的“残忍”“精神痛苦”等术语的主观性局限。比如，自 20 世纪 60 年代后期开始，科学家开始习惯于用“应激”（stress）来表征动物的精神痛苦。这一表述比之前的日常表述的动物“痛苦”（suffering）更具科学性，且指涉范围更加精确。而另一方面，科学家们对于动物“动机”“需求”“偏好”的研究，对动物的隐蔽性痛苦以及痛苦多样性的发现，也侧面证明了生产者仅以“生产效率”作为动物健康快乐的指标是错误的。总而言之，科学能够提供一种客观的“动物福利”评判标准，从而进一步帮助政策制定者们制订出更合理与具体的管理措施。因此，科学领域对动物福利认识的深化，是“五大自由”思想确立的重要基础。

四、“五大自由”思想确立及发展

英国社会“动物福利”观念已经在过去 100 多年的时间里深入人心，在这场关于集约化养殖的争论中，没有人质疑应该“善待动物”“维护动物的福利”，这是“五大自由”思想能够产生的伦理基础。争论的焦点是集约化养殖在何种程度上损害了动物的福利，以及如何改变才能在动物生产与人们对动物的道德关切之间实现平衡，即对养殖方法的争论。为此，政府、生产者及公众都将此问题委托于科学。

1964 年，英国政府成立了“调查牲畜畜牧体系中所保有动物福利的技术委员会”，委任动物学教授罗杰·布兰贝尔（Roger Brambell）带领一批科学家调查集约化养殖下动物的福利状况、起草符合牲畜福利的养殖标准，该委员会被称为“布兰贝尔委员会”。次年 12 月，该委员会发表《布兰贝尔报告》（*Brambell Report*）。该报告具有里程碑式的意义，这是官方机构首次介绍“动物福利”概念，并正式承认集约化养殖损害动物福利。报告明确指出：集约化养殖下动物表现出明显的痛苦、疲惫、惊恐、沮丧、忧虑等情绪。并且，为了回应哈里森，报告将动物的“痛苦”扩展为“不适、应激和疼痛”，即指明动物的精神痛苦与生理痛苦两个方面。

布兰贝尔委员会主要由自然科学家组成。他们更倾向以科学与理性的方式改进集约化养殖，而非直接取缔之。他们赞同政府及生产者的观点，认为集约化养殖具备经济上的必要性。然而，在考虑动物福利的本质属性及如何对其进行评估时，他们则赞同哈里森，认为考虑动物的精神感受是十分重要的，反驳生产效率是评判动物健康与快乐的唯一标准。报告指出，科学证据和人类的经验推断都能表明，动物的哭声、表情、反应、行为、健康等都应该被考虑到动物福利的标准设置中，并且这些标准应该写入立法以保护农场动物的福利。动物的痛苦应当被法律所承认，因为前者是人类对动物的一种罪行。根据调查结果，报告提出了最初的农场动物“五大自由”，即农场动物应该有站立、躺卧、转身、梳理自己、伸展肢体的自由。

但是，英国农业渔业及食品部（The Ministry of Agriculture, Fisheries and Food，简称 MAFF）作为农业利益的保护者，维护集约化养殖，并没有做好准备接受《布兰贝尔报告》提出的建议。MAFF 的官员们认为《布兰贝尔报告》中多是一些科学设想，还没有完全被验证，“动物福利”尚无明确的科学定义。他们认为自哈里森以来人们对于“动物福利”的论述多属“主观的”、过于“情感主义的”，在有更充足的科学研究与论证之前，应该坚持把生产力作为衡量动物福利质量的唯一标准。由于 MAFF 的反对，就是否将“五大自由”思想写入立法的提议，人们开始了长达七年的辩论。

1968 年，英国立法部门着手起草新的农业法时，召集了四名科学家、四名对动物福利感兴趣的社会人士（包括哈里森）、四名农民、一名兽医以及另外两名全国农民联合会成员，来共同商议法案的内容。成员中大多数人认为应该启用并进一步发展“五大自由”，将其作为农场动物的福利标准。但是，皇家学院的动物学教授汉弗莱·席尔（Humphery Hewer）作为此次会议的主席，站在 MAFF 一方，并且接受委托，试图在会议中改变哈里森等人的思想，抵制将“五大自由”写入关于动物福利标准的法案。但经过充分讨论，最终结果是席尔教授被说服接受“五大自由”。

直到 1971 年，英国议会针对修订 1968 年农业法的提案进行了多次辩论，最终认为应该“以科学合理的方式向前迈进，而不是在没有客观观点的事务上踌躇不前”。[10]由此可知，议会也认识到，应该修改法律以保障农场动物的福利。只是这种修订要科学合理，要有客观的依据。因此，新的农业法案开始围绕“五大自由”思想提出一些动物福利的保障措施，关于农场动物的一系列规范逐渐形成。

随着研究的深入，休斯（Barry Hughes）、布鲁姆（Donald Broom）等部分生物学家、兽医学家揭示出动物福利水平与其所处环境的密切关系，提出应该给予农场动物一种“它们可以适应的”“可以使其身体和精神保持稳定”[23]的生存环境，这种环境应该尽可能减少对动物的有害刺激，比如病原体；同时保证对动物有益的刺激，比如幼畜吮吸乳头、群居动物之间可以相互陪伴等一些自然行为。而另一方面，随着萨普等人关于“动机系统”的研究进一步深入，他们提出，动物福利的测量应该从极差到极好之间设置多个维度，评估标准也应涉及动物在适应环境过程中所需协调的行为、生理、免疫、感觉等多方面。

根据科学研究新的成果，1979 年英国农场动物福利委员会（FAWC）在借鉴布兰贝尔报告的基础上，重新表述了农场动物的“五大自由”：①免于饥饿和口渴的自由，动物随时可以获得新鲜饮用水和食物来保持充分的健康和活力。②免于不适的自由，为动物提供适当的环境，包括住所和舒适的休息区。③免于痛苦、伤害或疾病的自由，对动物进行疾病预防、快速诊断和治疗。④表达自然行为的自由，为动物提供足够的空间、适当的设施以及同类伙伴。⑤免于恐惧和焦虑的自由，确保动物能够避免精神痛苦的条件与治疗。

新的“五大自由”思想表明，动物福利不仅包括生理福利，也包括心理福利；不仅包括对动物生存环境、疾病防治的考虑，而且包括对动物自然行为的考虑。它为人类保障动物福利提出了努力的方向，构成了一个较为全面且符合科学研究成果的，用于分析、测量、改善动物福利的基本指导框架。“五大自由”思想最初在英国确立，随后传播到整个世界，成为许多国家和地区在农场动物方面立法、经贸以及农业发展的重要基础。而在科学领域，世界各地的科研机构，有关动物福利的教学都体现出“五大自由”的思想，关心动物福利的科学家们也都在“五大自由”思想的框架内从事相关研究。

“五大自由”是一套关于人类如何人道对待农场动物的理想标准。动物原本就可以在没有人类帮助的情况下生活在适当的环境中，它们可以自我满足相关的需求。但如果人们为了自己的利益而去限制动物，那我们就有义务，去了解并尽可能满足它们的需求，给予其本应有的“自由”[24]（“自由”是一个个体或团体对其他个体或团体授予行动的可能性），从而保证它们获得好的福利。然而，满足动物这些基本自由的基础，仍须落实到以科学方式对动物需求的深入认识中。“五大自由”思想的突出意义表现为：第一，它是一套以动物为本（animal-based）的评估标准，第二，它表明动物福利可以被科学评估。尽管“五大自由”各项内容具体生产实践中仍有完善的空间，但是它已经成为一切有关农场动物养殖实践的指导与评判的标准；并且，随着人类认识的进步和观念的变化，在其指导下，对每一种动物的各项具体标准将变得越来越科学，越来越能够体现和保障动物福利。

自1964年哈里森出版《动物机器》到1979年农场动物“五大自由”思想正式确立，英国社会就相关问题经历了长达15年的辩论。其间，生产者、议会、政府、农业部、动物保护群体、消费者等多方群体都积极参与。“五大自由”思想是政治、农业经济、伦理等多方面宏观冲撞的结果，是各方利益所交织而成的网络。

农场动物“五大自由”思想之所以能在英国产生，在于其具有特定的社会根基，即“动物福利”观念早已获得共识。关于农场动物集约化养殖的福利问题，并非停留于讨论“是否要善待动物”的问题，而是对真正实现善待动物、维护动物的福利实现方法的探索。科学在这场争论中扮演了客观标准的角色，帮助人们走出各自主观性的局限。在不同的关切维度如伦理、经济、政治、社会等诸多力量之间，科学成为良好的“公约数”，使得多方得以对话协商并达成妥协，促成了“五大自由”思想的诞生。

参考文献（略）

（原文刊载于《自然辩证法通讯》2019 年第 2 期）

物种保护三种道德理由的反思

孔成思　焦国成

【摘要】物种的价值以及人们对不同物种（尤其是濒危物种）负有何种道德责任，构成了物种保护伦理问题的研究基点与主旨。以动物权利论、终极价值论、道德情感论作为道德理论的基础，个人主义、整体主义和达尔文主义分别在三种不同层面论证了物种保护的道德理由。对这三种理由合理性与适用性的勘察和反思，既有助于物种保护相关伦理问题研究的深化与展延，也能对物种保护实践提供重要的理论支撑。

【关键词】物种保护；动物权利；终极价值；道德情感

物种保护是环境伦理学的前沿问题之一。近年来，关于物种保护的伦理问题主要围绕物种价值、物种道德身份、物种平等性、外来物种迁移、人造物种划界等问题展开。而在环境伦理学的框架下，系统地梳理物种的价值以及有关人对物种的道德责任的探讨，则是物种保护伦理问题无可规避的研究基础。以往环境伦理学的研究对象虽然也涉及物种保护，但主线是通过赋予动物、生物、生态以道德地位的方式来扩展道德共同体，而缺乏对物种保护道德辩护的针对性研究，更没有形成可供公众和政府参考的系统化物种保护的伦理理论。

物种保护所涉及的伦理问题受环境伦理自然价值论的影响，其主流价值立场仍是以非工具性价值为导向。在此基调下，动物权利论和终极价值论分别阐明了物种保护的道德理由，但都难以两全。道德情感论则试图以人的道

作者简介：孔成思，中国人民大学哲学院博士生，研究方向为环境伦理学；焦国成，中国人民大学哲学院、伦理学与道德建设研究中心教授。

德情感为基础扩展道德共同体，从而达到对物种保护道德理由的论述，却也由于道德情感根基的薄弱而难以实现。通过对这三种学说关于物种保护道德理由的考察与批判，不仅细化并补足了环境伦理的研究对象，也有助于深化和推进有关物种保护的道德实践。

一、物种保护伦理问题的缘起

20世纪70年代，在美国出现了一起濒危物种蜗牛镖（Snail Darter）“压倒”大坝的经典案例，这在某种意义上也成为物种保护伦理问题的缘起。在泰利库大坝（Tellico Dam）修建之前，美国联邦政府主持修建了成千上万的大坝，从未受到过阻碍。但就在这座大坝修建过程中，生物学家发现大坝的建成将对田纳西河里的一种濒危鱼类蜗牛镖的生存造成极大威胁，为了保护这种濒临灭绝的鱼类，法院最终裁定停止修建田纳西河上已投入巨额资金的泰利库大坝。泰利库大坝的建成无疑会为当地带来可观的经济回报和缓解能源供应短缺问题，但蜗牛镖这种既没有重大的经济价值也并未明确其生态价值的濒危物种却最终胜诉[1]。

在蜗牛镖的案例中，发人深思的不仅仅是大坝的修建与否与人类的利害得失的关联性，更是人类应该如何回应物种价值与人类利益之间的冲突问题。由此便引申出一系列问题：物种以及濒危物种的价值究竟是什么？何为保护物种的伦理基础？濒危物种的价值是否高于普通物种？人类是否应该尽可能多地保护濒危物种免于灭绝？人对不同物种负有何种道德义务？

在关于为什么要保护物种的问题上，人们达成的普遍共识是物种具有工具价值。比如，物种满足了人的自然物质所需，物种多样性有利于生态系统稳态的维护。然而这种回答却造成了物种保护（尤其是濒危物种保护）方面的困境：其一，如果单凭物种所具有的工具价值来作为保护物种的理由，那么那些难以断言有工具价值的物种就会被大量排除。其二，拥有工具价值的物种其价值高低也存在巨大差异。如生态学提出的“关键物种”（keystone species），即对维持生态群落结构的稳态起着关键性作用，并对该生态群落的其他相关生物的种群和数量起着决定性影响的物种，在物种总量中只占极小的比例，这也意味着真正能体现物种多样性价值的物种是极少的一部分。

由此不难推断，单以物种的工具价值作为衡量物种是否应受保护的标尺难免有失偏颇。如此一来，对物种终极价值（final value）的探讨也就变得不可或缺了。按照罗纳德·桑德勒（Ronald Sandler）对终极价值的定义：终极价值即“是其所是的价值”（something has for what it is）。[2]17终极价值就是指非工具价值。人就是拥有终极价值的最典型代表，也就是康德强调“人是目的，而非手段”意义上的价值。但值得说明的是，虽然终极价值与内在价值有相同之处，两者所指均包含“非工具价值”这层意思，但由于内在价值还强调价值的客观性以及与他物的非相关性特质，而终极价值却可以是主观性的且有评价者的参与，故两者不可混为一谈。桑德勒在《物种伦理导论》一书中系统梳理了物种终极价值的类别。根据终极价值的源起，他将其分为客观终极价值与主观终极价值。前者强调终极价值的客观性，是弃绝一切偏好、态度、意见、情感等因素的纯粹价值；后者则坚持价值与价值发现者不可分离，即人作为价值发现者并不创造终极价值，但这种价值判断需要人的参与[2]18。在很大程度上，物种保护的伦理问题就是基于对物种终极价值的探讨而展开的，其主要旨趣就是要打破经典原伦理学中的人本位传统，建构基于终极价值的物本位伦理学，以协调人与物种（尤其是濒危物种）的关系。

由于生存环境的丧失或破碎化、环境污染、外来物种的入侵以及人类的过度利用等原因，地球正在进入第六次生物物种大灭绝时期。面对严峻的物种灭绝危机，物种保护的伦理问题研究始终围绕这样一个议题：什么是人保护物种（濒危物种）且对其负有道德责任的伦理根据？环境哲学家的不同回答能反映出对待物种上截然不同的道德立场：一些人认为物种（甚至是濒危物种）不同于组成它们的个体生物，是不能拥有内在价值的，实际上只有极少数的个体生物应该被保护，而判定的依据是该生物是否拥有感知能力；另一些人的看法与第一种刚好相反，他们认为正是物种（包括濒危物种）所拥有的内在价值才是它们值得被保护的合理依据；还有一些学者认为人的“道德情感”才是人决定濒危物种是否该被保护的直接推动力。他们依据达尔文的伦理思想考察人对濒危物种的道德责任，并尝试透过道德情感论将人的道德责任扩展至濒危物种。相应地，这三种回答又是物种保护三种不同道德理由的直观体现，它们分别为：个体主义的动物权利论；整体主义的终极价值论；达尔文主义的道德情感论。在此需要说明的是，学界对于物种的概念并没有一个统一的定义，基于生殖隔离、系统演化、生态位、基因、形态等不同的层面，所定义的物种概念差异巨大。但这些分歧大体上可以分为两种：一种是关于物种概念是一元论还是多元论的争论；另一种是关于物种概念是实在论还是约定论的争论[2]4。而环境伦理探讨物种概念所涉及的分歧主要是在本体论层面，动物权利论与终极价值论中对物种的定义就较典型呈现了这种分歧。前者认为物种是通过组成它的个体特征体现的，后者则认为存在一个整体概念的物种。道德情感论受达尔文进化论的影响，对物种概念的理解是以生态学的相关理论为基础的。虽然三种学说对物种概念的理解有所偏差，但并不影响理解它们对各自物种保护道德理由的辩护。

二、个体主义的动物权利论

动物权利论者，也称个体主义论者，最具代表性人物当属皮特·辛格（Peter Singer）与汤姆·雷根（Tom Regan）。个体主义论者把是否具有感知能力看成是一个事物是否具有内在价值的根据。他们之所以将关注的重心集中在感知能力上，是因为他们认为，对非人类内在价值的确证需要通过寻找它们所具有的那些与人的内在价值相类似的特质。在他们看来，由于人的内在价值就是通过自我意识以及对生活有欲望和信念等因素促成的，因此最有可能获得内在价值的非人类对象便是那些有知觉的动物。辛格声称一些有知觉的动物也同样具备人的那些作为重要道德考量的能力，如能知觉并具有自我意识等，道德关怀的范围自然也应该包含这类动物。雷根认为动物也有对生存的渴求，因为只有当动物有认知能力时，才能在思想实验的意义上说这类动物能期许未来，会关注自身生活的好坏，从而成为生命主体，拥有生命不受侵害的基本权利。无论如何，个体主义下的动物权利论对保护濒危物种的态度只会根据生物个体的感知能力做抉择，而并不考虑个体是否从属于特殊群体。也就是说，他们达成共识的观点是：濒危物种自身数量的稀缺并不能作为该物种中的个体应优先受保护的理由；物种不是个体概念，也根本不可能有感知能力，因而也没有任何内在价值可言。

但在现实情境中，这种方式会得出一系列让人怪异的结论。首先，如果遵从动物权利论的主张，那就只有极少数的生物能纳入被保护的对象，毕竟只有少数高等动物才能有与人类似的认知能力。在《美国濒危物种保护法》所罗列的濒危物种名单中，绝大多数濒危物种都是鸟类和鱼类，它们都不能满足个体主义挑选保护对象的条件。其次，相较于不同的物种而言，个体主义对待濒危物种的理念与常理不符。由于完全不考虑生物个体所属种群的特殊性（如该种群的稀缺性），个体主义的观点通常不利于濒危物种的保护。相较于种群数量充足的物种，更易灭绝的濒危物种将不会获得任何特殊待遇。雷根在一个思想实验的案例中指出：当面对一个从属于种群数量庞大的生物个体与两个从属于濒危物种的生物个体时，若前者那一个个体的死亡所造成的伤害远大于后者两个个体死亡所造成的伤害的话，那么动物权利论便主张保护前者[3]。再次，就同一物种而言，个体主义也无法调和物种的种群利益与该物种个体利益之间的冲突。由于种群中个体利益之和并不等于该种群的整体利益，因此保护物种可能会牺牲该物种个体的福祉。例如，为增加某种群的数量以保护该物种免于灭绝，就要对该种群的个体成员采取一些必要手段以促进繁殖率，比如对个体成员的卵子发育进行人为干预，实施胚胎移植手术。这就使得种群的个体饱受痛苦，甚至造成不可逆的伤害，但个体的这种牺牲却促进了该物种的可持续性[4]。

总之，动物权利论只专注于那些所能获得与人类似的道德权利的物种个体，拒斥作为整体概念的物种的权益，从而也就无法调和物种个体与整体利益之间的冲突。针对这种缺失，终极价值论试图将物种整体的终极价值作为论证基础，从而在整体主义视角下为物种保护提供道德理由。

三、整体主义的终极价值论

与个体主义论者的路径相反，整体主义者十分强调濒危物种的终极价值以及物种多样性的重要性。但受环境伦理学主流的内在价值论影响，整体主义更偏向于对客观终极价值的考察。根据奥尔多·利奥波德（Aldo Leopold）提出的生态整体主义的核心准则，物种多样性有助于“维持生命共同体的和谐、稳定和美丽”[5]，由于濒危物种更易于消亡从而会消减这种多样性，因此濒危物种个体的内在价值高于普通物种个体的内在价值。个体会因所处种群的特殊性而造成个体内在价值的差异。但根据乔治·摩尔（George Moore）对传统内在价值的释义，濒危物种里的个体并不能拥有比其他物种个体更多的内在价值。“说一类价值是‘内在性’，即指询问事物是否有内在价值，在何种程度上拥有内在价值的问题，其实仅是取决于该事物内在特质是什么。”[6]

也就是说，价值的内在性根据的是事物某种“是其所是”的特质，并不涉及内在价值本身程度上的差异。因此，整体主义路径下濒危物种保护观点的确定，首先需要重新定义内在价值。

罗伯特·埃利奥特（Robert Elliot）就将传统内在价值重新定义为：某物的内在价值由某些“价值增加”和“价值减少”的性质决定。“若价值增加的性质大于价值减少的性质，那么该事物就有内在价值；如果情况相反则该事物内在价值减值。否则该事物就是价值中立。”[7]根据埃利奥特对内在价值的定义，在其他方面都相同的情况下，濒危物种的个体之所以比其他数量充足物种的个体具有更多的内在价值，是由于前者拥有一定的外在特性，例如濒危物种数量稀少的特性。

在内在价值重新定义之后，就是对作为个体形式的物种进行内在价值的论证。早在20世纪70年代，大卫·赫尔（David Hull）就声称物种是一个连续的实体，物种并非因个体结构相似而结合在一起，而是通过血亲间基因不完美复制的繁衍过程而形成的。劳伦斯·约翰逊（Lawrence Johnson）认为物种就是一种个体形式，它连续不断的演化进程构成了生命实体[8]。在此基础上，霍尔姆斯·罗尔斯顿（Holmes Rolston）走得更远，他进一步说明物种本身就代表了生命史的一种特殊形式，它既代表了生命持续繁衍的过程，也是生命体进化过程中不可或缺的助推力，相当于一个超级个体的生命形式。因此“毁灭物种如同从一本尚未阅读的书中撕掉一些页码”[9]。物种的灭绝与物种中个体的死亡不同，摧毁生命个体所终止的只是个体短暂的生命年限，它并不会对该物种中的其他个体造成影响，也不会对长远的发展潜能造成影响。然而，对物种的摧毁切断的则是数千年的生命历程，从此以后该生命形式的潜在发展再无任何可能性。“物种灭绝如同一种大屠杀，杀害形式（物种）远大于杀害物种中的个体。消除‘本质’远胜于消除‘实在’，‘灵魂’与‘肉体’之间也可同理类比。”[9]若根据此观点来回应之前雷根的那个思想实验的案例，当面对一个从属于种群数量庞大的生物个体与两个从属于濒危物种的生物个体时，对后者价值的保护都是远胜于前者，因为失去后者就意味着进一步增加了该物种消亡的概率，从而失去的将不仅仅是个体生命，同时也极有可能失去作为超级生命体的物种。

即使接受整体的物种概念作为个体形式且具有内在价值，也同样面临诸多现实问题的挑战。虽然濒危物种由于外在特性而比普通物种享有更多的内在价值，从而为保护濒危物种提供了理据，但对于同样拥有这种外在特性的濒危物种，在它们之间的抉择依然十分困难。本·布拉德利（Ben Bradley）根据蜗牛镖案例改编出一个思想实验：假设有两个世界分别为 W1 和 W2，只生活着 100 条蜗牛镖 S1-S100，且内在价值完全相同，唯一不同之处是 W2 里还额外生活着 100 条蜗牛镖 S101-S200，若修建大坝，将导致两个世界里的 S1-S100 都死亡，而 W2 里的 S101-S200 却能存活下来。大坝应该建于哪个世界呢？鉴于两个世界的蜗牛镖都有完全等同的内在价值，终极价值论者很难为任何一种抉择提供合理解释。[6]不仅如此，我们还可以将这个思想实验再进行改编：世界 W1 仅生活着濒危物种蜗牛鳔 S1-S100，而世界 W2 则生活着数以万计普通物种的鱼类 X+∞，若大坝的修建将导致两个世界里的 S1-S100 和 X+∞ 都死亡，大坝又该建在哪个世界呢？即使终极价值论者认为濒危物种比普通物种有更高的内在价值，但似乎人们的道德直觉还是会倾向于保存数量巨大的后者。

濒危物种的内在价值理论与人们道德直觉的反差则使得道德情感论的作用凸显出来，该学说诉诸达尔文主义用以考察道德的根基，从而将道德责任延伸至濒危物种成为可能。

四、达尔文主义的道德情感论

前两种学说提供的道德理由都是诉诸物种中的个体或物种种群的终极价值而使其获得道德地位，从而为物种的基本权益不受损害提供了合理依据。道德情感论则是诉诸人的道德起源，通过达尔文的伦理思想探寻引起人类道德情感的机理，从而将人对他人的道德责任扩展至其他物种提供有力论证。克里考特（J. Baird Callicott）就是这种学说的典型代表。他采纳达尔文关于社会本能（也就是现代生物学家称为道德本能）的学说，认为道德情感，包括同胞情、同情感、仁慈之心、喜爱之情、慷慨之义等与类人猿社会共同进化[10]。克里考特认为达尔文主义伦理思想阐明了几乎所有哺乳动物的道德情感都源于父母与子女间血浓于水的亲情。这更能解释在进化论框架下，这种情感是如何助推了父母身上有利于生存的基因传续至后代以及如何促进种群的繁衍壮大。以亲情为纽带形成的小社群会因为物种基因的突变而得以扩展，这不仅极大地丰富了物种原本的基因库，也在一定程度上消解了原本只存在于直系血亲间的社群界限[11]。血亲之情渐渐演变成种群之情，而不断扩大的种群比小社群更有助于社群成员的生存繁衍。因此，达尔文认为这种升华后的情感普遍存在于社群之中，是一种社会的道德情感。它在促使种群得以续存发展的同时，也增进了该种群个体的存活率，使种群与其个体在良性互动中演进。因此，基于达尔文的道德起源和进化论学说，克里考特认为道德情感是将人的道德义务扩展至非人类的重要基石。道德情感论说明了根植于人内心的道德情感是道德的起源，为人的道德责任扩展至物种提供了可行性基础。然而，这样的学说也同样面临诸多理论困境。

一种反对观点认为，将达尔文进化论机理作为解释道德起源的核心理论，本身就并不可靠。菲利普·基切尔（Philip Kitcher）认为，对于进化论与伦理学关系的解释有两种传统方式：一种传统为择优性解说，强调进化机理，旨在说明进化过程中呈现的一些关键性道德特征与达尔文物竞天择概念之间的一致性；另一种传统则为系谱性解说，它更多关注的是生物之间的关联性，认为既有的证据说明进化论做出的解释只是一种假说。[12]由于自然选择并非是形成道德特征的唯一因素，文化选择同样在道德特征的选择上起着重要作用，达尔文的进化论机理并不能完全涵盖所有的道德特征，因此基切尔指出，第二种传统才是更合理的方式，这也就意味着达尔文的进化论与伦理学之间的关系是一种通过推理的可能性假说，达尔文进化论对道德起源的解释也只能是“可能性”推理，而非事实性陈述。

另一种反对达尔文主义路径的声音来自对道德情感论的质疑。假定达尔文进化论能证实道德的形成是源于人最初的道德情感，但仍然无法证明这种道德情感所涉及的道德关怀对象能无限延伸。也就是说，人对于他人的道德情感，包括同情感、仁慈心等，并不能直接延伸至濒危物种。因为，人与濒危物种之间所存在的物理距离与心理距离是阻碍这种扩展的双重障碍[13]。

一方面，人的道德情感是与物理距离相关联的，而绝大多数濒危物种的栖息地实际上是远离人类社会生活区域的，这就使人对大多数濒危物种产生陌生感。人的这种道德情感与其周遭的人和事物必然呈现亲疏远近的差等关系，投射到大多地处偏远的濒危物种身上的道德情感就十分有限。另一方面，人的道德情感也受心理距离影响。心理学家乔纳森·格洛弗（Jonathan

Glover）声称，由于部落制度的存在，使得一群有着不同种族、信仰和文化的人，即使彼此所处的物理距离很近，也可能有心理距离的隔阂。但是，享有同样种族、信仰和文化的人，即使彼此相隔甚远，也会因心理距离的亲近而相互关心[13]。这种心理距离的差异一定程度上可透过道德情感间接影响人对他物的偏好。就物种而言，受心理距离影响的道德情感，使人更偏向于保护那些能与自己在某些方面产生共鸣的物种（如北极熊，老虎），而非那些在心理上就有恐惧或厌恶感的物种（如蛇、鳄鱼）。因此，试图诉诸道德情感来论证人对濒危物种的道德义务，也会受到心理距离的限制。

五、评价与反思

动物权利论、整体主义、达尔文主义为物种保护所提供的这三种道德理由，依序而言，后者都是对前者遗留问题的补足和深化。但它们在研究理路上又存在明显差别：前两种学说的中心都是物种，它们更偏向于由外向内的推进方式，通过论证物种与人同质的内在价值，使其在道德共同体中获得道德身份，两者只是在物种个体与整体权益问题上存在分歧；第三种学说则诉诸人自身内化的道德情感，它采取由内向外的推进方式，试图将人的固有道德情感作为纽带，把人际间的道德责任进一步扩展为对更远物种的道德责任。虽然三者在研究内容和出发点上不尽相同，但它们却有着共同的主旨，即在当今以工具价值观为主流的时代，如果除去物种的工具价值，是否还能在“是其所是”的终极价值论框架下反思保护濒危物种的意义。虽然这三种学说在一定程度上都为濒危物种的保护提供了伦理依据，但在真正面对现实濒危物种保护的诸多拷问时却产生了理论困境，这主要表现在以下几个方面。

其一，物种价值与价值评价的混淆。仅仅强调某物具有某种“是其所是”的价值其实质是同义反复，即某物的价值是某物本身的代名词。杜威（John Dewey）就表达过内在价值既不能用于比较也不能划分等级，因此是无法评价的。他这样说道：“价值就是价值，指事物直接拥有一定的内在特性。其中，作为价值，它相应地没有什么可说的；他们是他们自己而已。”[14]而价值评价则不同，评价中的价值并非是那些事先已规定好的静态存在，而是一种在不断选择和动态权衡之后才会产生的结果。价值评价不会孤立地谈终极目的的价值，而是将目的与手段联系起来，用以解决待评价的对象间的价值冲突。也只有当价值相互冲突时，价值评价才变得有意义。这恰好呼应了濒危物种保护对道德实践力的要求。当面对保护濒危物种的问题时，人有限的能力根本不允许保护所有的濒危物种。因此，为保护濒危物种所需的抉择是价值评价而非价值本身。

其二，物种稀缺性与保护优先性的不等值。虽然大家普遍认同物种灭绝会对物种多样性造成破坏性影响，但是数量稀少的外在特性并不能作为优先保护濒危物种的充分条件。由于物种间存在的关联性，使得一些物种的灭亡会导致相关物种的灭绝，而大规模的物种灭绝又会加速对生态系统稳态的破坏，但这种论断并不是没有争议，也有人指出在一定情况下，物种灭绝也会起到遏制其他相关物种的灭绝的作用[2]21。因此，保护濒危物种优先性不可能仅凭物种稀缺性来决断，它还应该包括物种的工具性价值、整体性价值等其他诸多价值因素。有些物种之所以受到人的偏爱，在于它们既能丰富人的经验世界，修正人的审美观，甚至也有助于人形成崇高的理想。即使这类物种并不是濒危物种，但也会受到相关群体的重点保护。而另一些物种即使数量极其稀少，也不会成为优先保护的对象，例如会传播病毒但濒临灭绝的某种老鼠。

其三，道德责任扩展与发展过程之间的失衡。物种保护的伦理理论将濒危物种的价值问题作为其核心议题无可厚非，但试图以确证濒危物种的某种终极内在价值，或以人固有的道德情感作为扩展道德共同体范围的做法，却常常被质疑为一种“环境乌托邦”。谱系性解说的传统十分推崇作为一种假说的达尔文道德进化论，是因为它能为人类道德生活起源做出最合理的诠释。根据达尔文的观点，群居必然导致利益冲突和矛盾，最初道德共同体的形成便是出于生存的需要，是为克服人对他人道德责任的局限性而博弈出来的一种互利共存的行为方式和相处模式，其目的就是为了更有利于社群的存活。因此，伦理中道德责任的扩展并不是崇高的道德理想使然，也不是为追寻美德促成的必然结果，而是为调和利益共同体中的冲突而自然发生的过程。若忽视对人与物种之间相互影响、共同生存等实践问题的考量，仅片面地就人或物种本身来构建物种保护的伦理，那就必然会导致物种保护的自然发展过程与道德责任扩展之间的错位，使得物种保护的核心理念失去道德实践力，从而沦为一种空洞的口号。

综上所述，物种保护的伦理建构仍处于发展阶段，还有很大待完善的空间。但不可否认的是，随着气候变暖、臭氧层被破坏等问题的加剧，全球性环境危及的对象将不再仅仅是某些非人类物种中的个体，更是作为种群或集体概念的物种。物种保护牵涉的相关工作，如濒危物种法案的建立和完善、濒危物种保护名单的选定、物种迁移性保护的准则以及人造物种的规范等问题，都离不开物种保护的相关伦理理论的指导和修正。

参考文献（略）

（原文刊载于《中州学刊》2018 年第 5 期）

食品安全规范的历史及其伦理思考

李建军　史玉丁

【摘要】食品对人类的生存与发展起着至关重要的作用，食品安全规范理应成为社会共同关注的重大公共治理问题。纵观古今中外，关于食品安全规范的伦理争辩一直持续。中国政论者、谋士和思想家将农业生产和食品安全保障提升为富国强民的基本国策，并作为礼仪文化和社会伦理建构的社会基础。西方社会对食品安全治理规范和相关伦理问题的讨论主要基于权利理论，强调政府在确保人体的人的安全食品获取权以及相关的知情权和选择权方面的责任和义务。食品安全的诉求和相关的社会治理亟须将价值和伦理引入农业发展决策之中，以使现代农业创新和产业进步能够形塑一个负责任的、健康的、可持续的农业和食品生产体系。

【关键词】食品安全规范；历史；伦理；食品安全治理

“民以食为天”，食品对人类生存至关重要，它不仅能够提供人体生存、生长和发育必不可少的蛋白质、碳水化合物、脂肪、维生素和微量元素，还具有重大的社会和文化意义，因此，食品安全规范成为所有社会高度关注的重大治理问题。考察食品安全规范的历史，追问其背后的伦理思想，可能为现代社会食品安全治理提供经验参考和伦理框架。本文首先考察中国古代社会形成的食品安全思想及其规范历史，其次分析西方社会食品安全规范的历史及其伦理争辩，并在此基础上讨论构建负责任的、富有人道关怀的食品安全伦理体系的可能性和重要性。

作者简介：李建军，中国农业大学人文与发展学院教授、博士生导师，农业伦理学与公共政策研究中心主任；史玉丁，重庆旅游职业学院副教授，中国农业大学人文与发展学院博士生。

一、中国古代社会食品安全思想及其规范历史

中国是一个历史悠久的农业国家，人口众多，农业生产和粮食安全保障一直是历代政治家和思想家思考治国理政的重大问题。首先，许多政论者和谋士将农业生产和食品安全保障提升为富国强民的基本国策，提出了许多影响国计民生的重要表述，如“足国之道，节用裕民而善藏其余”（《荀子·富国》）、“衣食者民之本，稼穑者民之务也，二者修则国富而民安也”（汉·恒宽《盐铁论·力耕》）、“王者以民人为天，而民人以食为天”（《汉书·郦生陆贾列传》）、“古之善政贵于足食，将欲富国必先利人”（《旧唐书·韦坚传》）、“思富国便民之事，莫若端本，尊以农事”（宋·王溥《唐会要》卷六十六）[1]、“王者以民人为天，而民人以食为天”（司马迁《史记》）[2]、“凡五谷者，民之所仰也，君子所以为养也。故民无仰则君无养，民无食则不可事”[3]“民莫众于农，治国莫重于农事。农者，所以为食也。无食则不能生。故称‘农用八政’，而先之以‘食’也。此先王治民之要务”[4]，等等。其次，一些思想家还将农业生产和粮食安全保障作为礼仪文化和社会伦理建构的社会基础，如“夫礼之初，时诸饮食。其燔黍捭豚……犹若可以致敬于鬼神。及其死也，升屋而号，告曰：皋某复，然后饭腥而苴孰”（《礼记·礼运》）[5]5、“仓廪实则知礼节，衣食足则知荣辱”（《管子·牧民》）等。正是基于对农业生产和粮食安全保障与社会治理的重要相关性的认识，中国古代多采取“重农抑商”的国策，且将农业定位于“辟土殖谷曰农”，营造了精致完善的农业社会，而使农业生产的其他部门，尤其是动物性生产进一步被忽视，农业生态系统被严重阉割[6]57。

不仅如此，考虑到食品和社会安危、国民健康和道德修养的关系，中国思想家还留下许多关于食品生产和消费思考的精彩片段，如“食不厌精，脍不厌细。食饐而餲，鱼馁而肉败不食。色恶不食。臭恶不食；失饪不食；不时不食；割不正不食；不得其酱不食；肉虽多，不使胜食气；唯酒无量，不及乱；沽酒市脯不食。不撤姜食，不多食；祭于公，不宿肉；祭肉，不出三日，出三日，不食之矣”（《论语·乡党》）[5]16，饮食不嫌舂得精，鱼和肉不嫌切得细。不吃陈旧变味的食品和腐烂的鱼和肉，不吃变色变味、烹饪不当和违背时令的食品……不食搁置三日以上的祭肉，等等。《周易》和《淮南

子》分别有“噬腊肉，遇毒，小吝无咎”“古者，民茹草饮水，采树木之实，食蠃蠬之肉，时多疾病毒伤之害。于是神农始教民播种五谷，相土地宜，燥湿肥墝高下，尝百草之滋味，水泉之甘苦，令民知所避就。当此之时，一日而遇七十毒”（《淮南子·修务训》）的描述和记载。这些文献为我们了解古代人对食品安全的防范策略和认知态度提供了重要的线索和参考。

特别地，基于食品安全及其社会重要性的考虑，历代政府都对食品交易和食品安全明确提出了一些限定性的规范和伦理准则。《礼记·王制第五》记载了周代有关食品安全保障的规范：“五谷不时，果实未熟，不粥于市”；“禽兽鱼鳖不中杀，不鬻于市”，即不到成熟季节的粮食、水果以及没有按照时节捕杀的猎物等严禁进入市场交易，以免引发食物中毒，这一规定被认为是中国历史上最早的有关食品安全管理的规范。两汉时期，食品交易活动非常频繁，交易品种空前丰富。为杜绝有毒有害食品流入市场，汉朝《二年律令》规定：“诸食脯肉，脯肉毒杀、伤、病人者，亟尽孰燔其余。其县官脯肉也，亦燔之。当燔弗燔，及吏主者，皆坐脯肉臧，与盗同法”，明确提出对质量不合格肉品处理办法，即对于因腐败而致人中毒的肉类应当立即焚毁，否则将对包括官吏在内的相关人给予处罚[7]。北魏时期，鲜卑族入主中原，也非常重视食品安全。贾思勰在《齐民要术》中记载了淀粉的加工过程，包括浸米、淘米、熟研、袋滤、杖搅、停置、清澄，并指出不照此工序生产的淀粉，是不允许销售的。

盛唐时期，商品经济高度发展，食品交易活动非常频繁，交易品种空前丰富。中央政府因此也加大了与食品安全相关的处罚力度，严厉杜绝有毒有害食品流通。据唐代法典《唐律疏议》记载：“脯肉有毒，曾经病人，有余者速焚之，违者杖九十。若故与人食并出卖令人病者，徒一年。以故致死者，绞。即人自食致死者，从过失杀人法。盗而食者，不坐。……其有害心，故与尊长食，欲令死者，也准谋杀条论；施于卑贱致死，以故杀法”[8]，要求知道肉品有毒且已致人受害者尽快销毁剩余肉品，否则责杖九十下；明知有毒而出售致人生病者处一年徒刑，致人死亡者受绞刑；导致他人误食而致死者按过失杀人罪处罚……将有毒食品献给尊长食用意欲谋害尊长者按故意杀人论处；施于卑贱者造成死亡者以故意杀人罪处罚。为杜绝宫廷之内食品安全问题的发生，唐代还颁布了一套确保皇帝御膳食品安全的专门法令，在宫廷设置尚食局，专门负责皇帝膳食。据《唐六典》记载："尚食掌供膳羞品齐之数，惣司膳、司酝、司药、司饎四司之官属。凡进食，先尝之。司膳掌割烹煎和之事，司酝掌酒醴酏饮之事，司药掌医方药物之事，司饎掌给宫人廪饩、饮食、薪炭之事"。

北宋时期，开封的新郑门、西水门和万胜门水产事业非常发达，每天有千担鱼运来，但同时也有各种制假、掺假食品和不安全食品混迹其中，如给肉中注水、以沙石塞入鸡鸭腹中增加分量，牟取暴利等[7]。《清波杂志》记载，淮南的虾米用席裹入京，保鲜水平不够，到了京都早已枯黑无味，但小贩用"粑粑"浸一宿，早晨用水洗去就红润如新，照样在城里销售。为了加强管理和监督，宋代政府颁布法令让商人们组成"行会"，按行业登记在册，否则就不能从事经营活动。同时在法律继承唐律的规定，对腐败变质食品的销售者给予严惩。

明清时期的食品管理更精细，法规更严谨，对违法商贩依情节轻重，比照杀人、伤人等罪来处理，其中不乏被斩首者；即使无意使顾客食物中毒，后果严重的也难免一死。在清代，茶叶贸易市场空前繁荣，造假贩假也非常严重。为了杜绝茶叶造假贩假现象，清朝加大了对茶叶的监管力度，具体措施包括实行茶叶执照经营，要求茶商必须持有清政府颁发的"经营执照"和"注册商标"；任命官员专门负责抽查，对茶叶的包装、品牌以及质量进行彻底抽查，对不符合规范的茶商和茶品进行相应的处罚。光绪年间，中国茶叶出口大幅增加，清政府随之加大了茶叶的质量监管力度。如果外商前来购买茶叶，政府要抽查产品，主要采取滚水泡茶和化学试验两种办法进行检验。一旦发现产品有问题，就将该批次茶叶全部充公。清朝后期还制定了茶叶质量标准，有实物标准样品作为对照，让生产厂家加工有所依据；对于销售茶叶的商家，对照样品审评检验，符合标准的放行，否则一律扣留、充公或焚毁。

需要指出的是，中国农耕社会的医家和养生家还基于万物交感、人与自然和谐共生的观念，形成了十分丰富的"食医合一"的文化传统和伦理智慧，非常注重人与自然的和谐和人体机理的协调来规范饮食行为，注重节令变化进食，重视味型与季节变换和进食者的食欲与健康的关系，指出"凡食之道，无饥无饱，是之为五藏之葆。口味必甘，和精端容，将之以神气"，强调

“甘、酸、苦、辛、咸食料如果不加节制，无厌摄取”“五者充形，则生害矣”以及“口不可满”“足用则止”[5]7-10，等等，充分体现了农业伦理中的“时”“地”和“度”等基本原则对食品行为规范的意义。这些伦理智慧和儒家所倡导的“君子谋财，取之有道”“诚善于心”“诚实无伪”[9]158-177的规范意识和责任德行相互融合，杂糅生成独具特色的中国本土化的食品伦理体系。

二、西方社会有关食品安全规范的历史和伦理思考

考古发现和历史学研究表明，从人类文明萌芽开始，先民就开始尝试发明各种食品保存、加工的方法，如烹饪、熏制、冷冻、风干等，以防食品“变坏”或变质。但是，最初所有的这些尝试都是经验性的，直到 19 世纪法国化学家巴斯德·路易斯和德国细菌学家罗伯特·科赫发现微生物在有机物变质和疾病传播中的重要作用[10]3。随着科学和技术的进步，各种能够预防食品变质、改善食品色香味的食品添加剂相继发明。与之同时，各种食品掺假和非法添加、制假的事件时有发生。

基于公众健康利益和社会稳定的考虑，西方各国政府开始出台相关的规范性法令和行为规范。早在 14 世纪，英国爱德华一世就颁布法律，规定如果面包师掺假，就把假面包挂在他的脖子上，从市政厅一直沿街拖到他的店铺；如敢再犯，面包师将受到戴枷示众的处罚；如第三次再犯，面包师将被剥夺从业资格，炉灶将被砸毁。与之同时，意大利通过法律禁止在酒里掺水。1574 年，法国通过法律禁止在糕饼中添加食物色素冒充鸡蛋。1641 年，美国马萨诸塞州法院制定法律，对面包产品的大小和成本进行规范，明确对违犯该条例的面包作坊生产的所有面包进行销毁处理。当时也制定了禁止乳制品生产者在黄油中掺假的法律规范。1860 年，英国议会通过了历史上第一部食品法，起因是德国人弗雷德里克·阿卡姆对伦敦出售的许多面包进行了化学分析，并在 1820 年出版《食品掺假以及监测方法》一书，指出在面包中使用明矾漂白可能带来的种种问题。不幸的是，在英国磨坊主、面包店老板和其他食品供应商的联手迫害和群起而攻之的情况下，阿卡姆最后被大英帝国驱逐出境，被迫返回德国[10]4。

19 世纪后期的美国很快由传统的农业社会转型为工业社会。随着农业工业化进程的加快，美食品的生产、加工和消费的链条迅速拉长，致使整个产

业链条各个环节的透明度日益弱化，监管成本迅速加大，食品造假事件相继出现，挤奶工为增加稠度在奶油中混进添加剂（通常会加入牛脑）、店员在沙拉酱里加入矿物油、在廉价的苹果酒中加入黄丹色素冒充“红酒”、将硼酸加入蜂巢蛋糕，等等。1862 年，美国时任总统亚伯拉罕·林肯任命化学家查尔斯·M. 威斯利尔在新成立的农业部任职，开始分析食品、肥料、杀虫剂和其他农产品的化学成分。19 世纪末，美国政府开始重视对食品和药品的监管和立法。时任美国农业部化学局局长的哈维·华盛顿·维莱在《食品和食品造假》一书强调指出，要制止食品生产过程造假，减少食品中对人体有害甚至能导致死亡的化学物质，国家必须制定严格的法律。1902 年，他亲自主持组织了有关食品添加的毒性试验，结果引起公众和立法者的高度关注[10]7-8。1906 年，作家厄普顿·辛克莱（Upton Sinclair）根据其在芝加哥一家肉食加工厂的生活体验写成纪实小说《丛林》（The Jungle），向公众揭示了美国食品加工厂生产的黑幕。据说时任总统西奥多·罗斯福（Theodore Roosevelt）边吃早餐边读，突然“大叫一声，跳起来，把口中尚未嚼完的食物吐出来，又把盘中剩下的一截香肠用力抛出窗外”，并随后推动通过了《纯净食品与药品法》（*Pure Food and Drug Act*），并因此创立美国国家食品和药品管理局（简称 FDA），负责对美国境内所有人食用的食品和药品进行安全评估。

20 世纪 80 年代中期以来出现的转基因食品，无疑是食品安全监管和规制史上具有里程碑意义的事件，其不仅要求加强食品安全风险评估和安全监管规制，而且引发了有关食品伦理和消费者主权等方面的社会争辩。农业转基因技术创新引发的公共辩论将食品安全相关的价值冲突和伦理规制问题充分展现出来，要求我们在憧憬农业转基因技术可能带来的粮食增产、成本降低等创新红利和经济效率时，审慎考虑这种技术创新的正当性和合法性，比如是否会带来不可逆的生态灾难、造成严重的健康伤害或其他社会后果，是否需要考虑和尊重消费者的知情权和选择权，以及社会公众对相关技术分析的认知和态度，等等。基于对转基因食品安全等重大食品安全问题的治理，欧洲的食品安全机构开始面临很大挑战，不仅需要有效应对各种食品安全丑闻和公共关注，还必须建立更加透明的、具有广泛参与性的决策机制和流程。迫于公众对食品安全问题，尤其是转基因食品安全的关注以及相关的食品安全规制的不信任，欧盟各成员国的食品安全部门都不得不进行改革，其核心举措是分置食品安全风险评估和风险管理部门以确保科学风险和咨询的独立性和客观性，为此，欧洲议会通过《食品基本法》（*General Food Law*），设立欧洲食品安全管理机构（the European Food Safety Authority，EFAS），努力推进食品安全风险规制和管理的民主化，通过信息公开和改善决策的透明度来广泛获取利益相关者的观点和伦理诉求，以应对科学的不确定性，解决公众高度关注的食品安全问题[11]。

事实上，食品安全关注和相关的伦理争辩还出现在由明显的现代食品体系缺陷引发的社会运动之中，尤其在英国，由于疯牛病的失控以及2007年口蹄疫暴发造成的显著影响和其他食品安全事件，公众已联合起来通过第三方的食品标准认证（the third-party certification of food standards）谋求动物福利和公平贸易的改善。在每一种情形下，消费者都被要求通过其合乎道义的食品购买行为来激励生产者“做正确的事”。在那样的政治环境中，探讨什么是合乎道义的食品购买行为的伦理争辩被认为是对工业化食品体系及其公司行动者的一种回应。同时，社会科学家甚至在无须阐述和审视其基础性承诺的情形下应用社会科学理论以巧妙地方式推进这些食品运动的规范性目标。

Marion Nestle 在著作 *Safe Food: The Politics of Food Safety* 和 *Food Politics* 中指出，“食品伦理的概念是基于这样的假设：遵循饮食指导增进健康和幸福。如果伦理被看作是以好的举动对付坏的，那么，选择健康的饮食—并劝告人们这样做—将似乎是有道德的行为”[12]，问题是这样的饮食指导仅仅基于科学证据或事实是否足够？食品是一种身份和文化，消费者除了关心食品自身的营养价值和安全外，还可能对食品生产过程及相关的风险决策过程表现出极大的关注。他们依照权利理论的道德诉求，主张任何个体总体上不应违背其意愿而被置于某种健康和安全风险之下，政府有道德责任来确保市场流通和供应中的食品安全。问题是决定食品安全的因素是相当复杂的，“安全”意味着一种价值判断，即潜在的伤害应被充分评估且任何存在的风险应在“可接受”的范围之内，这种判断并不意味“没有风险”。事实上，使食品安全成为一种伦理上有争议的主题的原因在于，出于对更广泛的公共安全目标的考虑，政府有时候必须允许某些风险出现并将其强加给消费者，比如，为了防止甲状腺肿大疾病的出现，政府依据科学证据强制要求市场供应“加碘盐”，但这可能对某些个体消费者的自主选择权构成某种侵犯，甚至带来某种健康风险，因此引出针对相关食品安全规范的功利主义和权利主张之间的伦理争辩。

需要强调的是，食品安全作为伦理问题，部分原因首先在于现代食品生产—运输—批发—零售产业链的延伸，完全可能让食品暴露在化学制剂或微生物病菌中或者被不当处置。尤其是现代食品生产和供给体系不透明，消费者可能不知道或不可能被告知他们购买和吃的食品可能或让他们罹患疾病或出现过敏反应。现代食品生产体系的复杂性和缺乏透明性需要类似食品和药品监管局、环境保护署那样的政府监管机构来发挥作用，以确保食品安全。其次，偶然出现的食品安全事件也彰显出食品监管体系的“缺位”或“不足”，使社会公众质疑食品安全风险分析和评估的适当性和充分性，要求采用“预警性方法”（precautionary approach）进行食品安全评估（环境风险评估），主张风险分析应该详尽无遗（exhaustive），只有在被评估的产品能被确定在使用和消费者没有风险时才能被认为是“安全”的。在一定意义上讲，要求对某些化学品和转基因食品实施更严格的评估、对食品加工厂和杂货店进行更严格的监管以及实施全面的产品标签的诉求，反映了公民社会以权利为基础的伦理主张，即消费者应当被保护免于暴露在真实的或想象的食品安全风险之中[13]。

总体而言，西方社会对食品安全治理规范和相关伦理问题的讨论主要基于权利理论，强调政府在确保人体的人（或所有人）的安全食品获取权以及相关的知情权和选择权方面的责任和义务。西方围绕食品安全治理所提出的增加食品安全风险评价的透明度和公正性、提供食品利益相关者的社会参与机会、主张采取“预警性方法”来确保食品安全的种种举措，都是基于这种以权利为基础的公共伦理分析和相应的伦理争辩。

三、构建负责任、富有人道关怀的食品安全治理体系

随着科学技术的迅猛发展、市场经济的主导和消费社会的形成，食品安全已成为食品生产、流通、监管和消费的最基本的价值诉求，并直接涉及人类的生产与发展、生命的权利与价值、社会的秩序与和谐，以及人类的现在和未来、代际关系的公正与正义[12]、食品利益相关者的社会责任等一系列亟须系统研究的重大伦理问题。食品生产经营者、食品安全监管者、食品安全

消费者，均需要食品安全伦理作为一切活动的前提[14]。因此，有关食品安全的伦理评价（食品的价值、增强福利、人类健康、自然资源和自然）已写入粮农组织宪章的前言之中[15]。

从2001年开始，世界粮农组织发布一系列报告，致力于农业和食品中的伦理学探讨[16]。正如在第一部报告中所指出的那样："粮农组织受国际社会委托提供用于国际论坛的工具和机制，旨在保护和促进和农业与食品相关的全球公共产品的同时讨论并采取行动平衡各种利益关系。此外，粮农组织有道德义务确保其行动是负责任的、透明的和可问责的，以及提供有关农业与食品相关的伦理学问题和不道德行为争辩和对话的论坛。这些工具和机制可用于打造一个解决上述问题和挑战的公平的、基于伦理的农业和食品体系"[17]。依照这一主张，伦理学在粮农组织中被确立为多学科行动的优先领域。世界粮农组织为此在设立了农业和食品伦理学委员会（Committee on Ethics in Food and Agriculture），旨在为粮农组织使命相关的伦理问题提供指导和决策服务。该委员会将食品安全置于一个综合性的优先研究领域，组织各领域的学者就转基因问题、粮食生态问题、消费者权益问题、食品伦理问题等进行广泛的讨论。

食品安全事关人民群众的身体健康和生命安全，是关系人民福祉、关乎民族未来的一项重要民生工作。随着农业和食品产业发展出现的变革，政府对食品安全生产和消费问题也高端关注。为保证食品安全，保障公众身体健康和生命安全，全国人民代表大会常务委员会于2009年2月28日发布《中华人民共和国食品安全法》。2015年4月24日，第十二届全国人民代表大会常务委员会第十四次会议公布新修订的《中华人民共和国食品安全法》。《中华人民共和国食品安全法》颁布和修订，对规范食品生产经营活动，防范食品安全事故发生，强化食品安全监管，落实食品安全责任，保障公众身体健康和生命安全提供了重要的法律依据，有利于加强我国的食品安全监管理能力建设，推动农业和食品行业的健康发展。

近年来，中国食品行业发展迅速，产业结构不断优化，品种档次更加丰富，但食品行业整体的规模、水平还不是很高，规模化、集约化的生产方式在整个食品行业中所占比重不高，小作坊、小企业众多。颁布并修改食品安全法，可以更加严格地规范食品生产经营行为，促使食品生产经营者依据法律、法规和食品安全标准从事生产经营活动，在食品生产经营活动中重质量、重服务、重信誉、重自律，对社会和公众负责，以良好的质量、可靠的信誉推动食品产业规模不断扩大，市场不断发展，从而更好地促进我国食品行业的发展。一些专家在强调法律规范对食品安全治理意义的同时指出，“改革开放以来，我国食品产业的内涵与外延发生了历史性的变革，已从‘加工业’扩展到了‘大食品产业体系’时代，应该将企业社会责任与企业战略结合起来，以企业社会责任为出发点，讨论中国企业在经济全球化条件下，在经营管理活动中的企业社会责任等问题”[18]。

2011 年 4 月 14 日，时任国务院总理温家宝同志在同国务院参事和中央文史研究馆馆员座谈时强调，“近年来相继发生‘毒奶粉’‘瘦肉精’‘地沟油’‘彩色馒头’等事件，这些恶性的食品安全事件足以表明，诚信的缺失、道德的滑坡已经到了何等严重的地步。一个国家，如果没有国民素质的提高和道德的力量，绝不可能成为一个真正强大的国家、一个受人尊敬的国家”。[19]

需要指出的是，在公共政策话语中，“食品安全”通常指能够减少世界营养不良的人数的新食品体系，但受工业化和全球化食品生产体系的影响，与食品相关的健康与环境问题也包含其中。1996 年，世界粮食首脑会议通过的《世界粮食安全罗马宣言》，表达了各国政府对世界粮食安全的关注和解决粮食问题的决心，重申人人享有免于饥饿、获得充足食物的基本权利。该宣言强调，当所有人在任何时候在身体上和经济上获得充足、健康和营养的食品来满足其过一种积极健康的生活的日常需要和食品偏好时，粮食安全才会实现。用西方自由主义伦理学的话语讲，当只有男人、女人和孩子，无论孤独还是与其他人生活在一个社区，在任何时候都能在物质上和经济上获得充足的食品，或有购买食品的方式和渠道时，拥有充分食品的权利才可能实现[20]，国家和政府对此负有首要的责任和义务[21]。不仅如此，像加拿大世界食品联合会那样的非政府组织认为食品安全还涉及如下原则：食品生产和分配的方式和手段应尊重地球的自然过程，是可持续的；食品的生产和消费都建立在公正、平等以及道德等社会价值的基础之上，并受这些价值约束；食品本身富含营养，从个人和文化的焦点都是可以接受的；食品的获取方式体现了人类的尊严[22]，等等。

食品安全关乎所有人的美好生活，需要从社会公共伦理层面上考虑各种治理的规范和行动策略。米歇尔·科尔萨斯在《追问膳食：食品哲学与伦理学》中分析说："如果一种在常规情况下提供的食品是不安全的，那这种安全的缺乏就代表一种风险，其不仅针对明确选择消费这种食品的群体，而且针对那些偶然选择这种食品的人。如果一种食品或其生产危害环境，其他人也将受到影响。这些问题，如安全、健康、动物福利、环境……可纳入改善美好生活的原则中加以规范"，这些原则包括正义和公民参与社会治理等，涉及食品安全标准或规制的设置、公众对食品安全体系的信任、对食品选择的机会均等以及市场准入权、退出权和话语权等，应该对政府有关食品安全的决策和标准化政策产生影响[23]。在他看来，对食品安全和健康的认知本质上总是一种被价值驱动的过程，政府应该在尊重公民/消费者的个人隐私和社会参与权利的基础发挥作用，如设置食品安全和质量标准、要求食品标识和进行食品安全风险评估和检测，等等，而且应该关注公众对食品安全的伦理诉求和意见表达。政府有责任促进各种食品观点之间的和平竞争，创造各种条件鼓励消费者和生产者之间进行更多的沟通和交流，而不应该基于对卓越或完美的考虑而只考虑一种食品观点。

发展伦理学家德尼·古莱认为，"有三种价值观是所有个人和社会都在追求的目标：最大限度地生存、尊重与自由。这些目标是普遍性的，虽然其特定方式因时因地而异，它们涉及所有文化实体和所有时代都有表述的人类需要"[24]。其中最大限度地生存涉及人民对食物、居所、医疗或满足生存基本需要的一切食物，尊重涉及人们对自身受到尊重、他人不能违背自身意愿而用以达到其目的的感受，自由至少意味着各个社会及其成员有更多的选择以及其在追求美好事物时受到较少的限制。具体对食品安全之法而言，首先，政府和社会必须尽最大努力保障所有人，包括农业生产者，尤其是小农户能够通过自食其力或社会援助满足基本生计需要，这是任何国家和社会都必须履行的基本的道德义务和责任。其次，社会公众和消费者必须尊重农业生产者，尤其是小农户，不能仅仅贪求廉价农产品而不能公平对待辛勤劳作的农业生产者，同时也必须尊重与食品生产相关的动植物等其他生命体，尤其是具有感知能力的动物，给予这些生命体以必要的道德关怀和基本的福利关照。还有，负责任的、富有人性关怀的食品生产体系一定是多样化的食品供给体系，而不是单一的转基因食品生产体系或完全商业化、标准化的食品供给体系，政府应该在食品安全治理中为传统饮食和文化预留必要的拓展空间，以满足社会公众多样化的食品需要和偏好。再者，可持续性和可持续农业作为一种规范性观念也可为食品安全治理提供一种合理参考，其中包括含混的道德直觉，如代价公平、资源的合理使用等，重要性源于对农业资源的掠夺性开发以及人类生命和福祉有赖于农业和食品生产的基本信念。可持续农业目标旨在保持食品、纤维和其他必须农产品生产的能力，以永续满足人口的基本需要和福利。不过，实现可持续农业的义务可能与其他义务相冲突，这就需要决策者及早甄别这些冲突，并通过适当机构协商解决这些冲突。

总之，食品安全的诉求和相关的社会治理亟须将价值和伦理引入农业发展决策之中，以使现代农业创新和产业进步能够形塑一个负责任的、健康的、可持续的农业和食品生产体系。一种整合强调“食医合一”和“诚善于心”等重要理念的中国传统食品伦理智慧和西方权利主导的食品安全治理方法的、更富有包容性的食品伦理学框架，可能为中国乃至世界的食品安全治理提供重要的道德基础和行动指南。

参考文献（略）

（原文刊载于《中国农史》2019 年第 1 期）

历史视野中的欧洲食品安全

Katarzyna J. Cwiertka 吴晓雪（编译）

在欧洲、北美，20 世纪末常被描述为“一个公众焦虑的时代”。自“二战”结束后，多数欧洲社会生活水平稳步提高，携手并进的是几乎各个方面人们自由选择权的不断发展。近 20 世纪末时，海外旅游的持续增长、进口食品的广受欢迎给人以一种全球联通感，人们日益认识到发展正越出国界，甚至到了地球的另一边，而所有这些会影响当地人们的生活。全球化和繁荣是 20 世纪下半叶欧洲社会发展的一大特点，而同时伴随而生的是人们潜在的焦虑，并表现为失控感。这一感觉源于人们不断认识到日常生活中即便非常普通的方面，例如购买食物，都已经变得极其复杂，要受到公众视线外超乎人们理解和想象的多方面因素的影响。

在欧洲，公众对食品安全与日俱增的关注已发展成为有力阐述“世纪末的焦虑”的主要途径。而这焦虑和一系列发生在 20 世纪 90 年代的肉类食品丑闻密切相关。诸如禽肉中二噁英含量超标、禽流感、猪瘟、手足口疫的暴发皆与人们在工业化畜牧业中进行的新的实践做法相关，他们以为欧洲民众大量提供廉价肉为目标。而这些食品丑闻中最引人注目的是 20 世纪 90 年代初暴发于英国的 BSE 疫情。BSE，俗称“疯牛病”，是一种中枢神经系统病变的疾病，因给动物喂食“肉骨粉”这一蛋白质饲料而传播开来。

20 世纪 80 年代末，英国出现“疯牛病”疫情，并在其后短短几年内发展到令人难以置信的地步。到 1993 年，英国超过半数的牛感染这一疾病。然而，三年后，当人类罕见致命的脑疾病“克雅氏病（CJD）”，被证实和英国牛群的“疯牛病”有关后，这一丑闻才登上了全世界的新闻头条，这一发现导致

作者简介：荷兰莱顿大学东亚研究中心研究员、教授，研究方向为日本现代史，物质文化与消费、战争与殖民以及食物历史与人类学等；吴晓雪，中国杭帮菜博物馆。

整个欧洲禁食英国牛肉达10年之久。更为重要的是“疯牛病”丑闻成为公众食品认知的转折点，大大动摇了人们对食品供应链安全性的信任。而媒体对欧洲20世纪90年代肉类食品丑闻的揭露，使“食品安全”成为从先前限于卫生部门和营养专家到现在全民探讨的话题。

2002年2月，欧洲议会和欧洲理事会制定了所谓的《通用食品法》，以响应民众对食品供应安全持续增强的不信任感。这部法律对欧洲内部市场食品流通安全方面提出了严格要求，关注包括可追溯性、标签、包装等一系列和食品、动物饲料安全有关的问题。同年，欧洲食品安全局（EFSA）成立，这一独立机构致力于在所有涉及影响食品安全领域提供整合性科学意见和技术协助。而与公众交流、沟通食物链的风险、评估消费者在相关食品安全问题上对政府机构的信心亦是EFSA成立之重要目的。带着这一想法，2005年，EFSA在欧盟所有27个成员国2.6万人中进行了两次有关食品风险的公众调查。继2005年后，2010年又进行了第二次调查。两次都与消费者面对面用母语交谈，第二次调查的结论之一是消费者对食品安全的关注度高于2005年，达到欧盟平均值的37%。有趣的是，比起细菌污染或相关健康、营养问题，那些过去关注潜在食品风险的人更趋向于担心食品化学污染。

水果、蔬菜、谷物的农药残留问题受到12个成员国受访者的最大关注，这也证实了欧盟公民最担忧农药残留问题。拉脱维亚（94%）、立陶宛（88%）、爱沙尼亚（74%）、西班牙（80%）、葡萄牙（86%）、丹麦（77%）、马耳他（77%）、爱尔兰（66%）这8个成员国的受访者最关心食品质量和新鲜度。瑞典（74%）、芬兰（66%）、英国（67%）民众对动物福利问题最为关注。保加利亚（84%）、捷克（77%）、斯洛伐克（72%）这三个中欧国家的人们，讨论最多的是鸡蛋中的沙氏门菌、奶酪中的李斯特菌之类的细菌引起的食物中毒。塞浦路斯（92%）、波兰（79%）、罗马尼亚（70%）和荷兰（63%）民众最担心的分别是食物、饮料中色素、防腐剂、调味剂等添加剂问题和肉类中抗生素、激素等残留问题。而调查涉及的17项风险中有9项不属任何欧盟成员国最关注问题。我们注意到，恰恰是这9项未被列出的在今日人们眼中相对不那么重要的问题中涉及的疯牛病和猪流感、禽流感之类的新型病毒感染问题，却构成了20世纪90年代期间欧洲民众关于食品安全大讨论的基础。

这一调查令人感兴趣的点是未涉及食品掺假。而在欧洲，自19世纪起食品掺假就是一重要的食品安全问题。贸易协会旧的监管体系的衰退及迅速增长的城市人口在物资供应来源方面对零售商的依赖，导致了欧洲市场在现代形式的政府法规就位前处于一种近无政府状态。事实上，我们很难找到一种在某种程度上不掺假的食品。人们有对各种食物和饮料掺假的策略。例如，产品增重增体积，加色素、防腐剂延长保质期。19世纪中期，有关食品掺假性质和范围的调查发现糖中掺沙，红酒、苹果酒中掺铅，朗姆酒、啤酒中掺铜的现象，经常食用这些掺假的食品不利于健康，甚至会引起中毒。比如在英国，生产商在面粉、啤酒中掺杂小剂量的砷，无视其危险性。在欧洲，脱脂乳、水，有时面粉、糖，甚至肥皂、土豆淀粉、骨胶都会被蓄意混入全脂乳中以增强其黏稠性。苏打水、硼酸、过氧化氢是久经考验的可减缓牛奶乳酸发酵进程的添加剂。

在维多利亚时代的英国，茶叶因价格高昂，位列最有利可图的欺诈商品行列，回收泡过的茶叶本身也是一个重要产业。1843年的调查发现，仅在英国就有八家相关的工厂雇佣很多人去酒店、咖啡馆收集用过的茶叶，在茶叶中加树胶，干燥处理。至于红茶，便加粉红色和黑色的铅以增强其色泽度，经分析发现几乎所有绿茶、约四分之一的红茶样品掺含杂质。30%～50%的咖啡中掺了菊苣或烤玉米，而菊苣本身又掺有根茎类蔬菜、橡子甚至抹布灰。

出生德国的科学家Frederick Accum被视为公众在食品安全领域斗争的开路先锋。1820年，其著作《论食物掺假和烹饪毒药》在英国出版，这也标志着关于掺假食物、饮料对人体有害问题的公众意识开始增强。而在政治实践领域，更有影响力的是Arthur Hassall和Henry Lethanby进行的医学及科学调查，其引发了1855—1856年有关食物掺假的首次议会质询，并促进了1860年第一部《食品与药品法》的通过。制定这一法案的目的，在于保护公众免受零售商、贸易商售卖掺假、甚至有毒食物、饮料的不当行为带来的伤害。在1868年的普鲁士，统一的政府食品法规以对肉类食品进行强制性实行开始；1879年，德意志帝国通过了第一部综合性法案，第一次使保证统一的食品控制、惩处掺假行为成为可能。

自最初进行食品质量和安全监督的尝试到2002年2月签署《通用食品法》这一复杂的法案，其间走过了很长的一段路。欧洲食品安全局（EFSA）

于2010年开展的相关食品风险调查结果表明，多数受访者对欧盟当局处理食品安全问题的方式感到满意，66%的受访者认为欧盟有严格的法律保证食品安全，而63%的人认为欧盟内部市场的食物安全性高于外部。较之2005年，人们在这几方面的认同度明显提高。然而，当涉及今昔比较时，低于42%的受访者赞成今日食品安全优于10年前，而51%的人不同意这一观点。因而，在欧洲，消费者关于食品安全的焦虑程度仍居高不下。虽然生活相对富有，食品安全相对有保证，当局也明显加大食品风险控制的努力。然而，欧盟的政策能保证我们食品的安全吗？还是说这一行动注定会失败？怀旧人士似乎对其想象中的过去日益充满渴望：一个不存在食品工业、连锁超市，农药、抗生素、添加剂，动物不受苦难，食物天然且有益健康的没有食品安全这一概念的过去。

（原文刊载于《楚雄师范学院学报》2013年第8期）

全球替代性食物体系综述

司振中　代　宁　齐丹舒

【**摘要**】在世界各地，农业食品领域的工业化造成了日益严重的环境、经济和社会问题，如环境污染、大量碳排放、食品安全危机、小农边缘化和小农生计的难以维系。为了应对这些问题，多个国家的不同群体建立了多种多样的替代性食物体系，如社区支持农业、农夫市集、共同购买、社区菜园等。替代性食物体系自 2009 年进入中国至今已有十年，获得了较大发展。然而，国内研究较少关注国际替代性食物体系产生的背景及理念。文章从替代食物体系的产生和发展、主要特征、国内外差异以及学术界的批判等几个方面进行概述，全面介绍相关的关键问题和概念，为推动国内替代性食物体系研究的发展助力。

【**关键词**】替代性食物体系；社区支持农业；农夫市集；乡村发展；食品安全

替代性食物体系（或替代性食物网络）（alternative food networks，以下简称 AFN）是指在食物生产者、消费者以及食物供应链中的其他角色之间形成的有别于常规食物供应链的新的食物系统[1]。在 2009 年出版的《人文地理学国际百科全书》中，大卫・古德曼与迈克尔・古德曼将 AFN 定义为：“食物经济中一个新的快速主流化的空间”，包括激增的有机、公平贸易、本地化、高质量、地方特色食品的生产和消费[2]。已有研究表明，AFN 与常规食物供

作者简介：司振中，加拿大巴尔西利国际关系学院（Balsillie School of International Affairs）博士后；代宁，加拿大滑铁卢大学环境学院博士研究生；齐丹舒，加拿大滑铁卢大学环境学院博士研究生。

应体系的区别主要表现在食物的生产方式、食物的属地（territorial）价值、食物价值的再分配和生产者权益的保护、生产者和消费者之间社区和信任关系的重构、食物供应链条的本地化（food localization）以及食物系统的自我组织和管理几个方面[3]。正是这些不同才使得AFN在促进可持续的食物生产与消费、社会正义以及重建消费者信任等方面体现出独特的创新性价值。

2000年以来，国际农业与食物研究（agrifood studies）和乡村研究（rural studies）领域出现了大量关于AFN的研究。这些研究从人文地理学、社会学和政治经济学等多个角度探索了AFN的产生、内涵和发展，并对不同国家的案例进行了批判性分析。此外，由于AFN与乡村发展和可持续发展的密切相关，国际发展和乡村发展研究领域也对AFN予以关注。目前关于AFN的研究可以归类为如下几个主要方面：关于“替代性”（alternativeness）的讨论、AFN的产生机制和案例分析（包括运行原则、策略和政策环境的解读）、消费者参与AFN的动机和需求、AFN对食物系统演变、乡村发展和可持续发展的意义，以及对AFN研究的反思和批判。本文不对这些研究进行详细讨论，而是基于已有研究讨论AFN的产生和发展、主要特征、国内外AFN的差异以及学术界对其价值取向的批判。作者希望通过本文全面介绍AFN的基本内涵、意义和发展方向，为推动中国AFN研究的发展助力。

一、替代性食物体系的产生和发展

（一）类型和产生背景

按照对AFN内涵的广义和狭义的理解，可以将AFN分为不同的类型。广义上来讲，所有区别于常规农业的农业体系都可以称为AFN，例如生态农业、有机农业、短链农业。狭义上来讲，AFN强调的不仅仅是农业生产方式的不同，更是食物供应渠道的创新。狭义的AFN主要包括社区支持农业（community supported agriculture，简称CSA）、农夫市集（farmers'market）、共同购买（buying-club）、巢状市场（nestedmarket）、社区菜园（community garden）、租地种菜（garden plotrental）、“从农场到校园”项目（farm-to-school program）等。

AFN是与现代常规食物供应体系相对立的替代性食物供应体系。它的产生与常规食物体系尤其是工业化农业产生的一系列生态环境和社会经济问题存在不可分割的紧密联系。西方国家的农业系统在20世纪通过规模化、机械化和产业化扩大生产、提高产量、增加了农业附加值。在产出大量廉价农产品的同时，农业工业化也造成了严重的资源环境问题，表现在食物生产能耗的增加、土壤和水资源污染以及农田生物多样性降低等多个方面[4]。工业化农业也给现代食物供应链的产生和发展提供了条件。超市的发展延长了食物生产和消费之间的供应链长度，增加了食品公司在食物供应中的角色和权重。食品公司取代农场主安排生产和销售计划，不断加剧土地和食品的商业化，将生产者在食物系统中逐渐边缘化。食品公司也通过市场推广改变了消费者的饮食习惯，由此造成了一系列公共健康问题。研究显示西方国家流行的高盐高糖高脂肪饮食和日益严重的肥胖症、糖尿病、心脑血管疾病等慢性病显著相关[5]。

（二）国际发展状况

因为上述问题，日本、瑞士、德国等发达国家率先于 20 世纪 60—80 年代发起了抵制农业工业化的食物运动，即替代性食物运动（alternative food movement）。此运动专注于推动可持续的本地化食物生产和消费、重新连接生产者和消费者并增强小农在食品经济中的地位。在 20 世纪 60 年代的日本，替代性食物运动主要以女性主导的“Teikei”体系（意为在食物上看见生产者的脸）为主。因为在当时的日本社会，料理食物和照顾家庭的责任主要由女性承担。通过与生产者建立正式的合作关系，她们逐渐形成了消费者联盟来规避食品安全风险。Teikei 体系同时建立了生产者和消费者的直接联系、缩短了食物供应链，并且向孩子提供食物和农耕教育[6]。

在欧洲，AFN 的诞生与可持续发展的哲学理念密不可分：一方面，欧洲是生物动力农业（Biodynamic）的起源地，其反对化学农业对精细元素的单一追求，提倡对农场动植物和微生物等生命体的融合统一，例如对土壤健康的关注，这些理念为欧洲替代性食物运动提供了生态上的哲学基础；另一方面，对于土地权利和经济结构的思考则为 AFN 的发展提供了政治经济上的哲学基础。1920 年代鲁道夫·斯坦纳提出，由绝对价值主导的古典主义经济学并不适用于经济全球化时代，并提倡新的互惠性的经济关系。受其影响，一些土地运动倡导者们号召农用地的所有权应该偏向于做生物动力学农业的农户，并在土地使用的关系模式上以合作关系代替雇佣关系[7]。这不仅能够有效的保护土壤的生态平衡，更能削减土地关系中的不平衡，减少大企业垄断土地使用以及边缘化小规模农户的情况。据欧盟研究统计，欧洲近 15%的农场参与短链农业[8]。

在北美，AFN 的发展不仅受到欧洲对农民“赋权”（farmerempowerment）理念的影响，同时还从 20 世纪 80 年代以来的有机运动（organicmovement）中汲取力量。有机运动的主要背景是工业化食品体系带来的食品安全危机和浓厚的公民社会诉求，例如环保主义、消费者权益和动物福利等[9]。在北美这种广泛且积极参与社会事务的社会环境中，AFN 得到了快速且多样化的发展。以社区支持农业为例，不完全统计显示，1986—2009 年，美国社区支持农业农场发展到了 2 932 家[10]。据美国农业部统计，2015 年，超过 11 万家美国农场直接向消费者销售食物，总销售额超过 30 亿美元[11]。

由于公众对于食品安全问题的高度关注，社区支持农业和农夫市集作为最主要的 AFN 类型近年来在国内也得到了快速发展[12-14]。据不完全统计，自 2009 年首家公开以社区支持农业名义运行的农场出现以来，我国现有社区支持农业农场超过 300 家，分散于若干主要城市的生态农夫市集十几家[15]。AFN 在我国经过近十年的快速发展，数量和规模仍远低于欧洲和美国。这主要是由于 AFN 在中国起步晚、历史短，不过中国农业人口总数高于美国和欧洲务农人口总和，以中国消费者不断增长的经济实力和农业人口向高品质食物生产转型的趋势来看，中国 AFN 发展潜力巨大。

二、替代性食物体系的特征

AFN 的“替代性”体现在哪些方面一直是本研究领域的热门话题[16]。根据已有研究，图 1 总结了 AFN 在生态、经济、社会和政治四个方面区别于常规食物体系的属性。这四个方面的特征构筑了文本的讨论基础，并支撑了 AFN 与占据支配地位的工业化食物供应体系之间的差异和冲突。

AFN 表现出的生态性是第一个使其区别于常规食物体系的显著特征，尤其是广泛采用有机或可持续农业的生产方式以及通过缩短食物供应链条（食物里程）减少食物运输中的碳排放。生态农业通过用有机肥替代化肥、用生物农药和物理控虫技术取代化学农药，实现了土壤肥力的保育并减少了化石燃料的使用。通过生态农业，“自然”作为一个主体，摆脱了工业化农业中提供简单投入品的角色，被重新纳入食物系统中。AFN 的生态性还表现在对反季食品和肉食为主的饮食习惯的反思，和对“食在当地、食在当季”以及植物性饮食（plant-baseddiet）的推广。

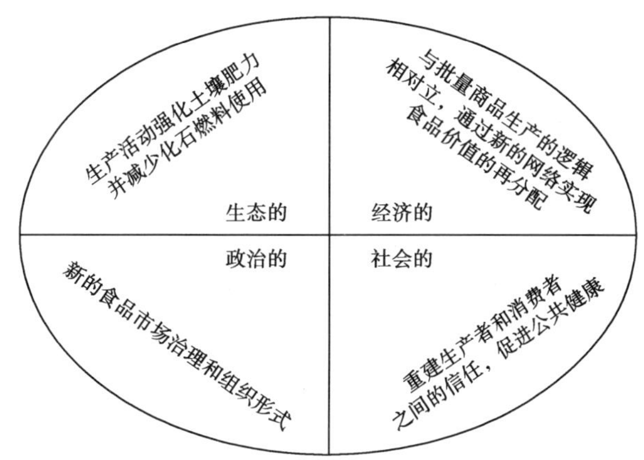

图 1　替代性食物体系区别于常规食物体系的四个主要特征

AFN 第二个方面的替代性体现在对食物价值的再分配，即将食物价值更多分配给小农，而不是食物价值链上的其他群体。常规食物链条中的多级经销商以及食品零售部门在食品定价中有绝对的权力并获得了食物价值的大部分，生产食品的农民则被边缘化，且只能拿到食品销售额的很小一部分。与常规食物体系不同，AFN 减少甚至完全绕过食物价值链上的中间环节，通过“短链农业”直接建立小农和消费者的联系，从而给小农提供了稳定的食品销售渠道，增强了小型生态农业在经济上的可行性。尽管在不同国家开展的案例研究发现，AFN 并不能保证本地小农能获得更多的利润，但是 AFN 对于小农利益的强调是其区别于常规食物体系的重要特征[17]。

AFN 第三方面的替代性特征是其对生产者和消费者信任关系的重建。AFN 强调本地化的食物生产和消费以及消费者和生产者的面对面接触。这种面对面的直接交流把常规食物系统中陌生人之间的交易关系私人化为个体之间的交流。信任由此有了更为坚实的基础，不再依托第三方存在。这种信任使交易关系变得丰富生动，并重新“嵌入”（re-embed）当地的社会关系和经济环境。正是这种生产者和消费者的“重新连接”（reconnection）促使农业食物研究把信任作为主要的研究议题[12]。“本地化”成为对抗工业化食物体系的阵地。地方（place）的微观政治和社会关系成为 AFN 特征研究的一个主要切入点。

第四个使 AFN 区别于常规食物体系的特征表现在政治意义上的创新，即食品市场治理机制和市场组织形式的创新。世界各地 AFN 的发展都伴随着新的社会组织的诞生，例如为政府决策提供支持的食品政策委员会（food policy council）。AFN 被认为具有颠覆现有食品供应制度的潜力。食品政治领域不同的角色在相互博弈中不断重塑着食品生产、消费和监管体制。例如，对美国和加拿大农夫市集的研究均发现，农夫市集为试图改变食品政策的社会活动人士提供了社交和合作的空间[18-19]。学者们也探索了新的食品政策的可能性，例如，建立机构性采购（institutional procurement）机制。AFN 在政治上的创新意义使得 AFN 的发展具有了对抗主流食物流通体系以及变革现有食物制度的意义。

三、国内外替代食物体系比较研究

英文文献中关于国际 AFN 发展状况的研究十分丰富，而中国 AFN 则起步较晚。学界普遍认为，2009 年中国才出现首家以社区支持农业形式运营的农场[20-21]。在谷歌学术中以“China”和“alternative food”“community supported agriculture”为关键词检索发现，讨论中国 AFN 的英文文献数量少于 10 篇[3,12,20-25]。在知网通过相应的中文关键词检索，可得超过百篇和 AFN 有关的文献，但是少有文献比较中外 AFN 的差异。本章节希望通过对中外 AFN 发展的比较分析更加详细论述 AFN 的创新性和其发展的社会经济文化背景，也为中外 AFN 彼此借鉴发展经验做铺垫。本文主要从以下三个方面对比中外 AFN 的差异：源起与诉求、参与主体及其关系以及政策环境。

（一）替代性食物体系的源起与诉求

1. 西方对于食物质量的多维度理解

前文提到，西方国家 AFN 受食物主权运动、环保运动与和有机食物运动等思潮影响。这些思潮和观念尚未完全融入中国本土的政治经济环境。在消费端，西方 AFN 发展也有独特的市场驱动力，即“质量转向”（a turn to quality）。具体而言，AFN 的出现标志着西方生产者从追求食物产量和生产效率向追求食物质量和减轻环境影响转变。西方国家 AFN 的发展受追求高质量食品以外的多重价值观的驱动。对消费者而言，AFN 模式下本地产的后工业化食物质量优于工业化食物的质量，但消费者对食物质量的感知受多重因素影响[2]。

以美国消费者在本地化食物运动中的参与为例。调查显示，消费者选择本地食物的主要原因是蔬菜新鲜度，其次为支持本地经济，再次为食物口味以及明确食物来源[26]。中国消费者获取新鲜食物途径多样。传统食物零售渠道例如流动摊贩和农贸市场提供了比超市更新鲜的食物。和中国不同，美国食物供应链经过几十年现代化进程，发展出冷链运输、冷藏储存、冷柜销售为主的零售模式。据报道，美国超市的苹果在上架销售前通常在仓库中冷藏了半年到一年[27]。对食物新鲜度要求较高的消费者需要借助农夫市集、农场自提、社区支持农业、本地共同购买菜团、社区菜园等方式获取新鲜蔬菜和水果。

2. 对本地食物和小型生态农场的支持

促进本地发展、保护本地农业等是西方国家替代性食物运动的主要倡议。以美国为例，在2000—2010年，美国消费者对本地食物的需求显著上涨，“土食者”（locavore）在2007年被牛津词典评选为年度热词。以促进本地社区发展为目的的食物消费在概念上被抽象为一种投票活动，不过这种投票方式是用现金。消费者希望通过购买本地食物和参与AFN的方式表达对本土小型生态农场的支持。

产地是决定食物质量的重要标准。西方AFN的发展伴随着对地方特色食物价值的再发现，学术界称为食物质量的“重新地方化”。以欧洲国家为例，索尼诺和马斯登指出，在意大利、西班牙和法国为主的西欧、南欧国家，AFN食物质量和食物产地密切相关。类似“一方水土养一方人”的说法，西欧国家特定地区的风土条件（terroir），如气候、地形、本土食物知识等因素成为评价食物质量的重要标准。食物质量的内涵已经远远超越了安全健康的范畴，表现出本地化、小型、环境友好、地方特色、农民个人化等多重维度。

3. 中国消费者对食品安全的追求

多个研究指出，不同于西方，中国AFN从无到有的过程主要受食品安全因素驱动[3]。如果西方国家AFN的产生用“质量转向”（turn to quality）归纳，那么中国AFN的产生则是“安全转向”（turn to safety）。从2000年起食品安全事件在中国频繁出现。媒体关于食品安全问题接连不断的报道也损耗了消费者对食品安全监管系统的信心。学者指出，中国的食品监管部门陷入了塔西陀陷阱，即无论监管部门用何种手段验证食品的安全性，公众始终保持怀疑[28]。由此，参与AFN成为获取值得信任的食物的渠道。

总结而言，西方国家AFN的参与者在信任和食品安全以外，表达了追溯食物产地、保护农耕环境和支持本地经济的意愿。而AFN在中国的产生主要因为对常规食物市场失去信任的消费者需要替代平台来重新构建信任。信任建构成为刻画中国 AFN 生产者—消费者关系的关键因素[29-30]，下面本文将讨论 AFN 中生产者—消费者关系在西方国家和中国的不同内涵。

（二）参与者及其关系

1. 参与者的差异

纵观国内外 AFN 的发展进程，不同的社会群体在推动替代性食物运动中独具一格。如上所述，日本 Teikei 体系主要由女性消费群体推动，欧洲 AFN 的迈进离不开社会运动家和坚持可持续农作的农民群体的工作，而环保人士、消费者组织和社会运动家则是北美 AFN 发展的中流砥柱。根据前人的研究和我们对 AFN 的探索，中国 AFN 的参与者主要是崛起的中产阶级精英。首先，作为消费群体，中产阶级对有机食品和生活方式有比较高的经济支付能力；其次，我们发现大多数生态或有机农场，包括社区支持农业农场的创办者都是“新农人”群体，他们的共同特点是有着较高的教育水平或资本积累。对于食品安全和环境健康的担忧以及对重建乡村、建立信任的渴望使他们投身到 AFN 的实践中。新农人群体发起的 AFN 推动了公众对食品健康和安全、可持续的生产生活方式的认知，并在一定程度上促进了乡村发展，帮助一些传统意义上的农民提高了收入水平并带来了更健康的生活方式。值得注意的是，在未来纳入中产以外的更广泛的消费者和生产者群体是中国 AFN 进一步发展的重要因素。

2. 参与主体关系的差异

除了参与群体的区别之外，中外 AFN 的生产者—消费者关系也存在显著差异。经济社会学家格兰诺维特在波兰尼“嵌入”概念（embeddedness）的基础上提出社会嵌入（social embeddedness）的理论，被学者广泛用以解释 AFN 的产生机制。格兰诺维特提出不同于常规经济学的假设：交易产生于人际网络（interpersonal network）而非抽象的市场秩序。AFN 中食物的交易不只是理性人围绕食物的价值交换，还包含建立在食物生产过程和价值导向之上的群体共识和认同感[31]。这类共识和认同促进了社区（community）的建立。社区支持农业中“社区”两字，其内涵不同于中文理解的依照街道划分的空间片区，而是一个集体的概念，指社区支持农业关系网络中参与者之间的关系[23]。围绕食物形成的社区内，消费者不是食物关系的被动接受者，而是主动同其他社区成员结成同盟，实现共同目标。在某种意义上，AFN 中的社区是公民组织，组织目标是改变小农经济困境、加快农业绿色化。这种公民运动衍生出的 AFN 经济模式，有些学者称之为道德经济。

大卫·古德曼和迈克尔·古德曼提出，北美和西欧 AFN 的理想模式满足“道德经济”的特征。道德经济中，消费者不仅购买商品和服务，而且主动承担社区责任和义务[2]。不少北美国家的社区支持农业消费者主动与生产者分担农业生产和市场价格波动的风险，并在农场从事志愿服务工作。中国还缺乏这种状态运作的社区支持农业案例，主要原因是中国生产者和消费者之间以市场关系为主。中国消费者在 AFN 的参与行为以个体和家庭为基础，较少自发和生产者组成食物社区。社群主义（communitarianism）、本地化食物运动、可持续消费等运动在中国并未出现同等程度的发展。群体中中国消费者参与 AFN 普遍是种个人行为，而不是抵抗食物系统工业化的群体意识。司振中等人发现，中国 AFN 的食物生产者试图推动的环境社会价值较少被他们的消费者理解。虽然不少生产者带有保护土壤、修复生物多样性、建立公平食物体系的愿望，消费者只关心食物的农药残留和营养价值，对生产者的环境和社会贡献支付意愿不强[3]。也有研究指出，生产者和消费者参与目的不同，阻碍长期稳固合作机制形成，而且两方缺乏沟通，不能有效交流传播信任和价值[21]。

3. 社会文化背景的差异

国内外 AFN 的诉求差异还源自不同的社会文化背景。近代的西方传统基于以多元主义为主的价值观，通过积极参与式环境来塑造社会的组成和互动方式，强调个人主义和由此产生的多元社会团体的价值[32]。在国外 AFN 中，“群体参与”“自我决策”“公平分配”等都是构成替代性食物运动的理念，并吸引了不同的消费者团队积极参与其中。“小而美”已经成为西方社会流行文化中的一个要素，促使公众对于大规模工业化农业进行反思。对消费主义的反思也逐渐成为文化转向的重要内涵。这些被广泛传播的社会理念都强化了 AFN 支持小型生态农场的价值取向。而中国的传统的儒家价值观强调以集体利益和和谐为主的人际关系。消费者更习惯于以集体为主的生产和消费安排。在当前快速变化的社会中，集体诉求主要体现在对食品安全和食品质量的担忧，也塑造了中国 AFN 发展的推动力量。在“顾客就是上帝”的消费主义大行其道的今天，消费者把自己置于高于生产者的地位，普遍歧视农民尤其是小农，增加了 AFN 推动公平贸易的困难。

总结而言，虽然 AFN 在西方的产生是为了构建一种新型的打破纯粹市场经济逻辑的经济形态，但中国 AFN 仍然遵从市场经济的逻辑。与西方消费者追求国产和本地产食品相反，在中国日益发展的市场经济中，消费者主导 AFN 参与者的关系，强调食物的物美（安全）价廉（低价），追求新奇食品、进口食品，限制了生产者生态农业理念的实践。后文在针对 AFN 模式的批判性研究一章中，对生产者和消费者的不对等关系会进一步展开讨论。

（三）政策环境

1. 国际上对 AFN 的支持

欧盟所有成员国统一实施的“共同农业政策”（Common Agriculture Policy，简称 CAP）中“改善农业环境和减少地区贫困”的改革目标和 AFN 农业食物运动相呼应。例如，CAP 要求农场必须满足交叉遵守条件（cross-compliance），良好农业和环境条件（Good Agricultural and Environmental Conditions），设立专项基金，统筹农村地区农业和非农经济项目。这些措施和工业化时期的农业政策不同：不只强调产量、机械化、标准化，还突出绿色生产和区域可持续发展目标。类似政策也出现在日本和美国。

日本政府对 AFN 尤其是本地食物运动也有政策支持。比如日本政府每五年更新的农业发展纲领“农业—粮食—农村基本计划”，将地产地销（chisan-chisho）的思想纳入农业发展目标。借此计划，日本政府鼓励学校和社会组织宣传消费本国本地食物的好处，推广本国饮食文化，普及本地食物运动对公共健康和生态系统的益处。

大部分 AFN 项目由公民自主发起，政府直接参与度较低，但“从农场到校园”项目在北美和欧洲大多由政府牵头。以美国为例，“从农场到校园”项目是联邦政府福利项目的延伸。“从农场到校园”项目不仅为学生的食品安全和营养提供保障，同时惠及本地的中小型农场。和美国类似，欧洲国家也有“从农场到校园”的项目。意大利罗马的项目执行比美国更为严格。罗马的学校按数量分片区，由农场和公司竞标为片区供菜，但每家公司最多只能供应一个片区的蔬菜，避免大公司垄断，为当地小农场和小型食品公司创造机会。

除了“从农场到校园”项目，政府对都市内部的社区菜园也有扶持政策。作为 AFN 的一种类型，社区菜园在北美历史久远。20 世纪 30 年代，美国和加拿大因为战争和经济萧条，城市供粮成为难题，社区菜园成为解决城市饥饿的方法。当时的城市菜地，又称为 reflief gardens 即“（饥饿）解除花园”。政府通过鼓励市民在城市中种菜，缓解了失业、饥饿和贫穷等问题。美国农业局在 2009 年推出了“人民菜园”项目，资助城市社区菜园的发展。加拿大多伦多的“食物分享”组织（Food share）同样得到多级政府的资助，在多伦多市区周边开发多家社区菜园。截至 2014 年，美国和加拿大拥有超过 1.8 万个都市社区菜园。

2. 国内 AFN 的支持政策

相较于西方国家政府对 AFN 的支持和补助，中国政府对 AFN 的直接支持比较罕见。我国目前已有的社区支持农业、农夫市集、农场直销、共同购买采购团等 AFN 尝试主要是非政府组织或个人自愿自费成立，政府资助主要流向规模化、集约化的设施农业，比如温室建设和农机补助，还有大市场的流通路径如农村电商发展[22,33]。研究发现的政府支持限于个例，比如海淀区政府对小毛驴市民农园提供的土地优惠和贵阳市在生态文明建设规划中的“社区支持农户”提法[21]。

虽然目前中国政府对 AFN 的直接支持不多，但 AFN 的发展目标与中国政府的宏观发展计划相吻合。中国政府计划在 2020 年消除贫困。乡村发展和减轻贫困可以通过开拓符合村民利益和技能的 AFN 项目实现。例如中国农业大学人文与发展学院发起的巢状市场项目，与河北村民合作，为城市消费者提供较少化学投入品的食物，提高村民收入，改善乡村环境，同时保障了食品安全[34]。又比如，教育部推出学生营养改善计划，帮助贫困地区学生改善膳食营养。此计划可与实验地区本地小型生态农场合作。合作关系不仅能帮助学生改善营养状况，还能鼓励本地农业生产向可持续转型，提高农民收入，减少农村劳动力流失，缓解空巢老人和留守儿童等社会问题。

四、学术界对替代性食物体系的批判

（一）对“常规—替代”二元划分的批判

虽然替代性食物运动对常规工业化食品体系进行了反思，也提供了多种重塑生态环境和社会关系的可能，学术界仍然对 AFN 及其理念提出了非常有意义的批判性讨论。一些文章讨论了 AFN 概念本身的模糊性，聚焦于“常规—替代”这一二元划分。部分学者认为“替代性”这一名称是对于常规食物体系及其背后的资本主义、新自由主义和生产主义经济逻辑的主导地位的让步。本质上说，这些学者试图挑战以经济标准作为衡量所谓的好与坏、强与弱的唯一标准，倡议将更丰富的标准容纳到衡量新的农业生产的模式中，例如，社会公平、环境正义、食品安全、生物多样性等标准[35]。另外，学者也从更加现实主义的角度指出了“常规—替代”的模糊性还在于其非黑即白的二元对立。而现实中，大多数生产者和消费者在销售或购买农产品时常常采取混杂的方式：部分通过常规市场，部分通过替代性市场渠道。

（二）对“替代性”的反思

除了对于“常规—替代”二元对立概念的批判以外，已有研究也指出，过分强调 AFN 在四个主要方面的特征忽略了不同政治社会经济环境下，AFN 的不同案例在多种替代性维度上表现出来的差异。尤其是新近出现的 AFN 案例，并不一定表现出所有上述四个特征，反而体现出了每个特征内部更加细微的差别。因此，他们提出将这四个特征细分为八个维度来刻画具体的 AFN 案例。这八个维度又可以归为两类：食品本身的特征，包括健康（无农药、激素、抗生素污染）、生态、当地、当季；各参与者之间的关系，包括农业生产的小型化、对社会联系和个人关系的推动、社会正义的体现和政治意义上的创新[3]。采用这八个维度来度量 AFN 的替代性凸显了 AFN 的多样化以及其在政治经济环境中的重新“嵌入”。

已有研究也对 AFN 的“替代性”本身也进行了批判性讨论，尤其是其对社会包容、社会正义和生态保护的影响。例如，有学者认为，尽管促进社会包容是 AFN 的一个主要价值取向，但是很多西方 AFN 案例的参与者都以有良好教育背景且相对富裕的白人阶层为主。关于中国社区支持农业的研究也发现中高等收入的中产阶级家庭是社区支持农业农场的主要会员群体。学界也对 AFN 的生态性以及促进社会正义的特征提出了质疑[36]，并指出，保持 AFN 的生态性与其促进社会正义的原则在某些情况下存在矛盾，即小农场生产和本地化消费并不一定是更生态的选择。此外，何为 AFN 所强调的“本地食物”也是一个有争议的话题，即“本地”是一个特定的地理范围的界定还是一个相对的概念。在消费者日益多元的食品需求压力下，生态小农场如何在保证食物本地化的同时维系相对稳定的顾客群体是一个巨大的挑战。

（三）AFN 的常规化与“本地陷阱”

一些学者深入探讨了常规食物体系和 AFN 的关系及其演变，并强调应该深入把握它们之间的本质区别。一方面，常规农业可以通过武装上“替代性”来为自己正名。例如，一些有机农场虽然成功规避了直接的环境危害和食物化学残留等问题，但仍然可能存在对生产者待遇不公以及长食物供应链的高碳排放问题。另一方面，则是 AFN 常规化（conventionalization）的问题，其中一个主要议题是“本地陷阱”（localtrap）。本地化生产和消费是 AFN 所强调的一个重要特点，它不仅指在物理空间上缩短食物产地和消费地之间的距离，从而减少碳排放，保证食物的新鲜和安全；还包含了在社会维度上减小生产者和消费者之间的心理距离，从而促进信任和增强消费者对 AFN 的参与感。在不断全球化的背景下，本地感、社区感和地域感的淡化，地理特征的消失以及社会、经济和文化的同质化，成为越来越严重的人文担忧[37]。AFN 所强调的本地化正是对于此问题的回应。“本地陷阱”则是利用了这样的保护主义地域感（defensivelocal）使对本地食物的追求，成为新的帮助精英群体刺激消费和攫取利益的手段，而这样的“资本狂潮下的地域划分”本质上对平等、环境和分配等问题是漠不关心的，学者们因此呼吁更加深入和全面的了解 AFN 及其理念，从而避免对其过于简单的解读。

五、总结与讨论

AFN 作为对抗常规工业化食物体系的替代性食物体系，在西方得到了广泛发展并引起了学术界的持续关注。AFN 的发展保障了食品安全、促进了生态可持续、推动了对于小农和弱势群体的社会正义。AFN 表现出的生态、经济、社会和政治四个方面的替代性特征构筑了其变革现有食物系统的潜力基础。作为西方的舶来品，AFN 在 2009 年被正式引入中国，起步晚、实践项目的数目较少、也缺乏直接的政策支持。AFN 发展的主要市场动力是城市中等及高收入家庭对安全食品的需求。虽然食物质量也是欧洲和北美国家消费者参与 AFN 的原动力，但消费者对 AFN 保护本地经济和本地农业环境有较高的认同。相比之下，消费者主动支持 AFN 生产、与 AFN 农场主共同承担环境责任和农业风险的现象在中国没有明显体现。中国 AFN 生产者和消费者在交易活动中持有不同的价值和目标，较少以共同目标组成社区。在市场经济框架内，消费者需求主导导致生产者价值理念传播受阻。令人欣慰的是，中国的社区支持农业农场和社会组织正通过多种方式和消费者沟通，并开展了丰富的消费者教育活动，推广可持续消费和“良知消费”（ethical consumption）理念。

AFN 除了保障食品安全、促进生态可持续和小农的社会正义以外，还对乡村发展具有重要意义。欧洲乡村社会学学者对 AFN 在乡村发展上的意义进行了深入探讨，指出 AFN 是乡村发展范式由“生产主义”范式向遵循可持续发展理念的新范式转变过程中的“开路人”和“引擎”。同时，AFN 也是新乡村发展范式的重要组成部分[1,38]。然而，学术界对于中国 AFN 与乡村发展关系的研究还较少。中国 AFN 的发展受到了各种社会力量（例如新乡村建设运动）的推动，AFN 发展如何与乡村发展的社会力量相互促进或制约是非常值得探讨的话题。另外，AFN 的发展受到了各种社会经济条件的影响，中国特定的经济社会条件如何塑造 AFN 的发展轨迹和方向，也是值得进一步研究的问题。将中国的 AFN 与西方成熟的 AFN 从多个角度进行对比，是一个很有价值的研究视角。除此之外，AFN 内部不同参与者之间统一价值观念的沟通、建立过程，政府对 AFN 发展的影响以及 AFN 在促进社会自组织能力建设上的意义，都是值得继续研究的问题。中国 AFN 的进一步发展除了需要消费者的理解，更需要政府的政策支持。生产者追求的环境和社会公平是一种社会公共品，与中国政府的脱贫以及生态文明建设目标相符。然而，政府对 AFN 的政策支持薄弱，农业补贴主要流向大规模机械化的设施农业。在中国得到发展的 AFN 农场，主要依赖于高校、非政府组织和公益基金的资助。政府可以借鉴西方国家的经验设计有助于推动 AFN 发展的政策。在可预见的将来，一方面，农业人口继续向城市迁移，务农人口减少、农业资源压缩，可能严重冲击中国农业生产和国家粮食安全；另一方面，城市居民膳食习惯的转型导致对高质量、可信赖的食物要求越来越高。AFN 是否能够持续有效地提升农业对劳动人口吸引力、实现资源可持续利用、重建生产者和消费者信任、鼓励消费者尝试环境友好的饮食习惯、提高农业政策的效率都值得学界继续探讨。

参考文献（略）

（原文刊载于《中国农业大学学报（社会科学版）》2018 年第 4 期）

引进与重构：全球农业文化遗产“日本佐渡岛朱鹮—稻田共生系统”的经验与启示

卢 勇 王思明

【摘要】 日本的本土朱鹮虽然在21世纪初灭绝，但是中国陕西洋县朱鹮的发现和人工培育成功，给了日本人重构佐渡岛稻田—朱鹮共生系统的希望。他们分批次从中国引进朱鹮培育繁殖，在佐渡岛再现了朱鹮与人类共生的和谐状态，并借此于2011年申报成为联合国粮食及农业组织的全球重要农业文化遗产（GIAHS）。日本通过对中国朱鹮的引进与组织重构，重新补全了GIAHS所需的重要元素，同时注重打造复合生态系统，保护生物多样性与系列产品开发相结合，这些都给我国的农业文化遗产事业发展很大的启示。

【关键词】 朱鹮；日本；引进重构

2002年，“全球重要农业文化遗产系统”（GIAHS）项目在联合国粮农组织的大力倡议下启动，该项目旨在全世界范围内寻找和建立具有代表性的重要农业文化遗产以及与之相关的景观、知识和文化保护体系、生物多样性等，并在全世界组织开展了试点性选拔与保护工作，期望能实现可持续发展的基础和典范。自实施之日起，该倡议就受到了各国政府和学界的广泛关注，迅速掀起发掘和保护的热潮，截至目前，共有13个国家的31项农业文化遗产被评选为全球重要农业文化遗产（GIAHS）。近些年，

作者简介：卢勇，南京农业大学教授、博士生导师，研究方向为水利史、生态环境史、农业遗产保护；王思明，南京农业大学中华农业文明研究院院长，教授、博士生导师，研究方向为农业科技史、比较农业史、农业遗产保护。

日本的全球农业文化遗产事业发展迅猛，2011 年 6 月，第 3 届全球重要农业文化遗产国际论坛在北京召开，代表日本申报的佐渡岛朱鹮——稻田共生系统、能登半岛山地与沿海乡村景观一举获得批准，日本因之成为首个拥有 GIAHS 项目的发达国家[1]。2013 年 5 月，日本借承办第 4 届全球重要农业文化遗产国际论坛的东道主之利，又将大分县的国东半岛林—农—渔复合系统、静冈县的传统茶—草复合系统以及熊本县的阿苏可持续草地农业系统成功申报为 GIAHS 保护试点。短短数年，日本已拥有 GIAHS 项目 5 项，位居全球第二，在全世界范围内仅次于中国。日本与我国一衣带水，地少人多、精耕细作的农业国情也颇为类似，他们在农业文化遗产的保护与开发利用领域的成功经验有不少可资学习之处，特别是 2011 年申报成功的日本佐渡岛“朱鹮—稻田共生系统”极具典型性，对于我国全球农业文化遗产的申报与保护很有启示。

一、日本朱鹮的灭绝与中国种群的再壮大

朱鹮，学名为 *Nipponia nippon*，属于鹮科，又叫朱鹭、红鹤、美人鸟、吉祥鸟，是亚洲的一个特有种。朱鹮体长 67~69 厘米，体重 1.4~1.9 千克，全身洁白如雪，脸朱红色，虹膜橙红色。嘴黑，长而下弯，尖端红色，颈后饰羽长，呈柳叶形，腿短，绯红色[2]。朱鹮鸟性格温顺，中日韩民间都把它看作是吉祥的象征，有“东方的宝石”之誉。朱鹮喜欢觅食泥鳅、螺蛳、小鱼、虾蟹等水生动物，不避人类，经常在村庄附近的稻田、溪流或湿地内涉水漫步，在村落周围的高大树木上休息及夜宿，筑巢繁衍时则往往选择海拔 1 200~1 400 米的稀疏森林地带。

（一）日本朱鹮的灭绝及其原因

朱鹮在日本曾经有大量分布，翱翔漫步在关东、东北、北海道、北陆的广大地区。直至江户时期，包括佐渡岛的东北北陆依然很多，据江户中期贝原益轩所著的《大和本草》中描述：“（朱鹮）关东很多，西土较少。”八户藩日记则有 1669 年、1737 年，甚或有大群（朱鹮）飞来，危害稻田，政府因此派员猎杀的记载。可见当时朱鹮的数量之多。江户时期，仅有上级武士才有狩猎资格，1868 年日本明治维新后，杀生戒律渐渐放松，狩猎成为平民权利，于是朱鹮、鹭鸶、丹顶鹤等鸟类遭到了大量捕杀。明治末期，政府对朱

鹮的保护开始重视，1908 年设《农商务部令》（第 18 号）禁猎杀朱鹮；1930 年将石川县部分地区划为 10 年禁猎区。1931 年，爱鸟人士在佐渡岛金泽村发现 2 只朱鹮，随后又有 27 只在新穗村生椿被发现。据估测当时的日本仍保有 30~60 只朱鹮，也有学者评估可能达到 100 只[3]。朱鹮的再次被发现使之立刻身价倍增，获得“天然纪念物”的美称。可惜此后“二战”爆发，日本政府醉心于扩军备战，朱鹮少人问津，数量不断下降。从“二战”结束到 20 世纪六七十年代，日本政府片面追求经济高速增长，漠视生态与环保，加上朱鹮的生存习惯和现代化的发展模式差异很大。农民为了经济效益，多打粮食，持续增加化肥农药的施用量，使得农田及周边生态严重恶化，小鱼虾、泥鳅、蛤蟆、田螺等朱鹮赖以生存的水生生物显著减少，这给日本朱鹮以致命一击。后来的研究显示：野生鸟类的数量种群往往取决于觅食地的质量与面积，朱鹮种群在日本灭绝的重要原因就是觅食地的丧失[4]。1953 年，日本全境的朱鹮还有 22 只，但是到 1975 年仅剩 5 只，已属极度濒危，日本朝野一片恐慌，决定捕获孵化的雏鸟进行人工饲养，但不成功。无奈之下，1981 年，日本政府决定施行人工圈养，将境内剩余的 5 只朱鹮全部抓捕，豢养于佐渡岛的繁育基地。至此，野生朱鹮在日本宣布灭绝。朱鹮从定名到野生种灭绝，在日本经历约 150 年。人们普遍认为朱鹮的灭绝在朝鲜半岛是缘于绵延的战火，在日本主要原因是人为捕杀。但实际上，包括日本在内的整个东亚范围内的朱鹮突然灭绝，其根本原因在于当地经济快速发展带来的生态破坏与环境恶化，让朱鹮无法保有基本的栖身与繁衍之所。有日本媒体发表评论指出，朱鹮鸟的绝灭让人类经济社会发展与野生动植物共存共生的问题更加凸显，为取得今天的所谓繁荣，日本失去了太多东西，作为名列全球前茅的发达国家应该警醒起来，赶快有所作为。

（二）中国朱鹮种群的发现与保护壮大

正当日本各界对抢救朱鹮陷入绝望，采取非常措施把野外最后 5 只朱鹮抓捕起来进行人工饲养之际，中国这边出现了转机。20 世纪 70 年代末，中国科学院动物研究所刘荫增教授项目组受国务院重托，行程 5 万千米，跨越 14 省，历时 3 载，终于在 1981 年 5 月 21 日下午 15 时有了重大发现。他们在陕西省秦岭南麓的洋县境内追踪到了朱鹮鸟的 2 对成鸟、3 只幼鸟，共 7 只。从而宣告全球仅存的最后一个野生种群朱鹮在中国被重新发现[5]。

此后，中国各界对朱鹮的繁衍保护付出了艰辛努力，开展了很多行之有效的工作。在就地保护方面，朱鹮保护工作小组在考察队发现野生朱鹮后就宣告成立；1983 年，朱鹮保护观察站在洋县设立；1986 年，陕西朱鹮保护观察站正式成立；2001 年，汉中朱鹮自然保护区（省级）建立；2005 年 8 月 9 日，经国务院批准，汉中朱鹮生存区域又被列为国家级自然保护区。

在人工繁育方面，北京动物园走在了前列。他们在朱鹮发现的当年就开始尝试朱鹮的人工繁育技术，8 年后，人工孵化获得成功，1990 年，洋县朱鹮站也开始进行人工繁育。1995 年，在众多鸟类科技工作者的不懈努力下，人工繁育朱鹮技术获得重大进展，为拯救这一珍禽带来了希望，此后人工繁育的朱鹮逐年增多。

在异地保护方面，2002 年经国家林业局统一部署，30 对朱鹮从秦岭南麓洋县来到秦岭北麓的周至楼观台落户，2013 年 6 月又从陕西省汉中朱鹮国家级自然保护区精心挑选了 32 只朱鹮，到达 300 多千米外的铜川市耀州区柳湾林场进行秦岭以北的野化放飞，继续扩大野外种群。

至此，经过 20 多年的艰苦努力，无数科技工作者的心血投入，朱鹮这一濒临灭绝的物种已经得以保存和壮大。截至目前，我国的朱鹮数量已近 2 000 只，其中有野生朱鹮 700 余只，人工种群 3 个、1 200 余只，其濒危级别已从极危的 CR 级调整为濒危的 EN 级[6]。IUCN 琵鹭、鹮和鹳专家组多次赞扬我国在朱鹮保护和繁育领域的成绩，称之为全世界保护濒危物种的成功典范，中国的工作得到了全世界的高度关注与广泛认可[7]。

二、引进与重构：日本佐渡岛稻田—朱鹮共生系统

佐渡岛位于日本本州以西日本海中，东距新潟市约 45 千米，面积 855 平方千米。佐渡岛的地形由山地和平原组成，呈东北—西南向平行的两山地中间是平原，最高点 1 172 米，平原位于两道平行山脉——大佐渡山地和小佐渡丘陵之间。岛内竹林遍布，气候温和，多湖泊山泉，朱鹮曾经在此广泛分布，后由于环境恶化和肆意的捕杀而数量锐减。1981 年经慎重考虑，日本政府全数抓捕了野外仅存的 5 只朱鹮，集中到佐渡岛繁育基地开展人工饲养研究，但未获成功，反而日渐凋零[4]5。朱鹮在中国的重新发现，在日本国内立刻引起高度重视。1985 年，日本向中方再三申请，希望给本国朱鹮“招赘”，以续香

火。同年10月22日，18岁的日本朱鹮“阿金”迎来了年方5岁的中国朱鹮“华华”，但相守三年，却未有子息，“阿金”也在2003年死去。从那一年起，朱鹮的日本种族彻底灭绝[8]。

另一方面，全面引进中国朱鹮日益被日本提上日程。1987年，应日方强烈要求，《中日共同保护研究计划确认书》在北京签订，标志着日本环境厅和中国林业部联合对朱鹮鸟的保护繁育进行专题研究的开始。1994年9月，我国又将一对朱鹮“凤凤”与“龙龙”送往东瀛，供其研究人工繁殖，但仍未成功。1999年，中国再次赠送给日本一对朱鹮，名叫“友友”和“洋洋”，被精心饲养在佐渡岛保护中心，在中国科研人员十余年的大力协助下，日本的朱鹮人工繁殖终于取得成功，数量与日俱增。2008年，日本开始在佐渡岛推进野化放飞工作，先后有65只朱鹮在此放飞。2012年4月22日，一对放飞的朱鹮首次在野外孵化出了幼鸟，消息传来，日本举国欢腾。

朱鹮喜欢以泥鳅、螺蛳、小鱼虾等水生生物为食，兼食蛤蟆、昆虫，是一种涉禽。据观测统计，朱鹮每年需消费约67.5千克食物（约为每天185克），即平均每天须捕食大概25条泥鳅才能满足日常所需[9]。因此，为了保护放飞的朱鹮，佐渡市政府号召当地的农民在种植水稻时尽量不使用农药，为朱鹮提供可以找到食物的环境。在政府的引导和扶持下，朱鹮觅食区的水路被当地农民重新整修，即使冬天收获后的空田里也被放上水，这样稻田里的小鱼虾、泥鳅、贝壳等水生生物逐渐增多。此举不仅保护了朱鹮，而且使得佐渡岛的生物多样性也得以慢慢恢复。

经过20余年的努力，以实现地域经济循环持续发展和生物多样性为目的的“与朱鹮共生的城乡建设认证制度”在佐渡岛建立起来，一种以人类与朱鹮共生为基础的体系在佐渡岛慢慢显现，该项体系主要包括以下几个要点。

1. 建立配套设施，确保水田湿地的生物多样性

主要内容包括：①“E”技术和类似冬灌的传统技术的运用，“E”就是在丘陵和山区，围绕水田挖掘的“E”形沟渠，在这里，冬天枯水期的水也可留住，成为水生生物的栖生地。“E”的出水口将有效提供一个泥鳅和蝌蚪等生物的栖息地，达到加强生物多样性保护的目的。②建立鱼道。当某地进行大规模水稻开发时，修建鱼道是为了保护有通道可以让小鱼、泥鳅和其他水生生物从小溪转移到稻田。③建立起与水田相关的群落生境。

2. 建立生态农民认证制度

一切科技政策的实施和推广，最根本的因素还是农民。佐渡岛的农业文化遗产保护中充分体现以人为本，同时下大力气有意识地对旧式农民进行针对性的培训改造。培训后需经过认证考试，只有通过认证的农民才能持证上岗，进行农业生产和开发。

3. 推广传统生态种植方式

激励当地农民减少化肥和农药的使用，如非特需，严控农业化学用品入田，恢复具有传统文化色彩的生态耕作体系，为朱鹮生存繁衍提供良好环境，同时提升农产品的质量。根据当地制订的标准，佐渡岛的化肥和农药的使用量要比实施前降低了50%，而农产品的质量显著提高。

4. 完善评估和退出机制

两年进行一次生态评估，不符合条件的认证农户和农田要求整改或退出。据佐渡市国际交流员吴丕介绍，由于朱鹮需要在干净无污染的水稻田里捕食鱼虾及昆虫，当地农民在种植水稻时都刻意减少化肥尤其是农药及其使用量，其所产大米被誉为“朱鹮之乡大米”，品质全球一流，蜚声海外，显著增加了当地农户收益。参与“朱鹮”品牌稻米认证的农户逐年递增，2008 年共有 256 户获认证，认证面积 426 公顷；到 2013 年已有 622 户获得认证，认证面积达 1 334 公顷。冬天灌水的水稻田面积也显著扩大，从 2008 年的 361 公顷扩大至 2013 年的 1 152 公顷；创造群落生境面积从 2008 年的 1. 1 公顷扩大至 2013 年的 1. 5 公顷；鱼道面积从 2008 年的 0. 9 公顷扩大至 2013 年的 51. 4 公顷；有水湿地面积从 2008 年的 73 公顷扩大至 2013 年的 535 公顷，上述面积之和已占到佐渡岛种植总面积的 25%[10]。

经过政府和民间有识之士数十年的艰苦努力，日本终于在佐渡岛重新构建起了一个人与朱鹮共生的和谐乐园，鹮翔蓝天、鱼稻飘香，一派传统田园景象。2011 年，联合国粮食及农业组织在北京会议上正式认定佐渡岛的“稻田—朱鹮共生系统”为全球重要农业文化遗产（GIAHS）。

三、经验与启示

众所周知，稻田在中国及东南亚一带极为常见，佐渡岛稻田—朱鹮共生系统能够得到海内外的高度认可，并获批为 GIAHS 项目，其中最为关键的因素就是朱鹮。朱鹮本来已在日本本土灭绝，但日本多年来不遗余力地从中国引进，并结合朱鹮在佐渡岛的繁殖地生态环境，构建起由多种元素组成的动态社会生态系统，形成一种鸟飞稻香的诗意画面，给人以很强的视觉冲击力，从而有效地保护和推广了本土文化，这些经验很值得我们学习。

（一）朱鹮引进是佐渡岛全球农业文化遗产得以重构的基础

朱鹮在中国的重新发现与人工培育的成功使得日本有了一个弥补和改进的机会。日本政府和民间对此非常珍惜，积极创造条件，日本环境省专门系统编制了保护规划与行动计划，通过施行“生物多样性十年”项目对传统农业系统和农业生物多样性的保护传承给予鼎力支持。地方政府和民众也给予朱鹮保护极大的爱心与支持，加之中国政府和科学家的努力协助，因此佐渡岛“朱鹮—稻田”共生系统得以在朱鹮灭绝 20 多年后重现日本且更具影响力。在对濒危物种的保护与管理上，日本政府与人民表现出来的重视及为之付出的努力是值得肯定与学习。在管理理念上，日本采用特别保护地的管理办法，根据朱鹮繁殖期活动范围大小，结合营巢地自然条件，划定范围，采取特殊措施加强保护管理，使每一个巢区环境得到政策化、规范化、科学化的综合管理。如与区内居民签订环境保护承包责任制，给予特殊的优惠政策和经济上的补偿，保障朱鹮营巢繁殖和觅食环境始终处于良好状态，打造一个有利于朱鹮繁殖的良性循环自然生态小区。

日本佐渡岛在环境资源利用和农业生产方式上也进行了一系列改革。当地农业一直采取小范围集体劳作的方式，每个村庄管理合作社都建立起专用的农业用水和农业道路，还包括改善土壤、水和环境及农业设施的管理，这种合作体系跟社区力量紧密结合，成为推动和维护生态农业制度的驱动力。为保护生物多样性，近年来当地还推出了“Wildlife-Friendly Farming”政策，鼓励农户用传统生态方式耕作，并从 2010 年起对认证农户给予补贴，每 1 000 平方米可得到 2.7 万日元的补贴。事实证明，这一方法在经济上和生态上都有极大的实效。因为减少了农药的使用，环境得到了保护，认证农户的稻米价格比普通米贵一倍，据统计显示，认证农户如果只使用一半的农药生产 5 千克的大米需花费 2 980 日元，而等量普通大米需要成本 4 000 日元[10]。截止到 2013 年，认证的稻田占佐渡岛稻田面积的 24%（表 1[11]），这样一来，朱鹮的生存环境就有了保障。

表 1　日本认证农户和认证农田数量（2008—2013）

Fiscalyear	Certifiedfarmer（N）	Certifiedpaddy（ha）
2008	256	426
2009	510	862
2010	651	1 188
2011	685	1 307
2012	684	1 367
2013	622	1 334

中国境内的珍禽异兽很多，有些和人类也有友好相处、良性互动的关联。如江苏射阳保护区的丹顶鹤，也是广为人知的一种涉禽，和朱鹮的生活习惯区域等颇为类似，民间更有“仙鹤”之称。丹顶鹤保护区周边内所产的射阳大米闻名遐迩，是中国地理标志产品，但一直未能如日本佐渡岛打开思路和市场，这几年已渐渐式微，殊为可惜。

（二）构建动态生态系统，变单一环境为多样化生态景观

联合国粮农组织的全球重要农业文化遗产（GIAHS）不是指的单一农产品、动植物资源或传统意义上的风景名胜区等，它强调的是一种“独特的土地利用系统和农业景观，这些系统与景观是当地农村与其所在环境长期动态适应、协同进化的结果，不仅可以满足当地社会经济与文化发展的需要，而且具有丰富的生物多样性，对促进区域可持续发展极为有利。”[12] 日本朱鹮保护与利用的成功，在于契合联合国粮农组织的宗旨，用复合生态系统的理念来治理和保护当地的农业生态环境，“稻田—朱鹮”共生系统目前看来，收到了可观的生态效益与经济效益，保护了复合生态系统涉及的关键资源包括水资源、农田资源以及森林资源。佐渡岛 GIAHS 项目以朱鹮栖息地区域为核心，农田、水域、森林以及整体环境组成了该项目的生态子系统。中央及地方政府通过高品质农副产品保护区内的农户认证、生态种植当地居民政策干预法规制定模式引导资金扶持土地利用系统和农业景观（GIAHS），为朱鹮提供觅食、营巢、繁衍的环境。佐渡岛还大力推广有利于生物多样性培育的生态恢复措施和农耕法，如保护有水湿地，修建土质沟渠，田块之间修建鱼虾通道等，为虾蟹、贝壳、泥鳅等小水生生物提供必需的生存环境。每年秋天水稻收获后在水田重新灌水，为田间生物保留宜居的生活环境，也为朱鹮提供过冬和觅食的场所；在水稻田旁边，人工建造池塘湖沼，为水生生物提供长期庇护，与稻田环境互为补充调节，这些措施大大丰富了当地的生物多样性，也创造了可持续发展的宜农宜居环境。

反观我国，现在的朱鹮保护依然停留在物种保护加主要栖息地保护的低级阶段，而且我国朱鹮的主要栖息地陕西汉中地区经济比较落后，居民仍普遍以传统的农耕为主，当地社会经济生活，对朱鹮的繁衍生息有着很大的干扰作用，如耕作以及林木、薪柴的使用。所以我们应首先加强对关键资源的保育，一方面增加当地民众经济收入，当务之急首先要通过煤气、电能输入减少农户对林木、薪柴的依赖；其次需要加强规划，采用模拟生态原理，系统控制农、林、牧、副、渔各业生产要素，建立一套合理的生态代谢链网，一方面减少农药、化肥的使用，另一方面提高资源转化效率，建立起一个有利于朱鹮繁衍和当地群众生产、生活的良性循环的自然生态系统[13]。

（三）加强引导和倾斜，提高全社会对农业文化遗产的重视

珍稀生物保护不能停留在阳春白雪的小众阶段，要吸引包括政府在内社会各界的广泛参与与支持。日本以朱鹮保护为契机，以此入手，注重城乡联动，开展多种类型的科普和教育活动，调动全民族的共同参与，既教育了群众也收到实效，他们的主要措施经验如下。

1. 推广和普及城市居民认养制度和志愿者制度

日本国内的有识之士积极鼓励年轻人参与到 GIAHS 保护工作中去，他们和有关大学及科研机构联合开展培训，出版了大量的宣传册、图书、邮票、视频等，提高全社会对朱鹮和 GIAHS 的认知。志愿者制度吸引了大批在校学生和青年志愿者的加入，不仅提高了农业文化遗产在城市青少年中的认可度，而且年轻人的积极付出与青春朝气也大大缓解了佐渡岛人力资源不足的尴尬。

2. 设立“野生动物调查日”

2010 年 6 月 13 日，当地政府宣布设立“佐渡岛野生动物调查日”，规定每年六月的第二个星期日和八月的第一个星期日两天为调查日，当地农民、青少年、城市居民都可参加，以此加强民众的生态知识普及，并有效促进城乡交流。目前，朱鹮的灭绝与恢复的案例正慢慢演变成为一股日本国内调查珍稀生物现状与保护的热潮。

3. 开展系列主题活动

例如针对当下的徒步旅行热，2012年，“佐渡岛徒步旅行”活动隆重召开，主办方从报名者中挑选三百名合格者，徒步穿越稻田，近距离考察朱鹮和生态环境。当然这一切都是在专家和农业遗产地相关人员监测下进行的，确保既实现了旅行考察，又不惊扰到朱鹮等野生生物；同时，当地还建设有供人们观赏的朱鹮广场等，让全社会了解朱鹮保护的意义和GIAHS项目的重要性。

目前，我国的保护区与当地居民生产生活的矛盾是造成保护困难的重要原因，由于我国志愿者制度刚刚起步，尚未成熟，民众的动物保护意识相对低下，毒杀天鹅、捕猎熊猫的事情仍时有耳闻；同时由于我国的野生动物肇事赔偿机制尚未健全，难以合理及时地赔付农户损失，这些都极大地挫伤了当地民众保护朱鹮的积极性。因此，在目前状况下，诸利益相关者基于不同利益和目标诉求往往引发博弈诸方出现利益冲突，导致生态系统逐渐脆弱乃至失衡破坏，因此我们要实现保护和发展的目标就一定要处理好保护和发展诸方面的利益关系[14]。

因而在政策予以适当的引导和倾斜是目前我们需要思考的关键所在，要以GIAHS项目申报为契机，吸收多方力量的参与，注重城乡联动，开展多种类型的科普和教育活动。既要发挥志愿者的优势，也可以利用农遗所在地林木资源多的特点，扶持群众发展包括绿色农产品开发、休闲农业与文化产品打造、乡村旅游等，使这些附加产业成为当地群众致富的主要途径，否则单纯依靠政府力量，难免失之于偏颇。

（四）注重综合保护与系列产品开发相结合，变死保为活保

日本对照联合国粮农组织的要求，根据全球重要农业文化遗产的系统性、复合性特点，注重生态环境、农业生产、乡村文化、乡村景观、水土资源以及农户的统筹保护。尤其特别重视农业生物多样性的保护，以及日本传统的农耕技术、传统农耕习俗的传承，在此基础上加强特色农产品的保护与开发推广。目前，佐渡岛借助GIAHS的金字品牌和优秀的生态环境资源，开发出了丰富多彩的特色农副产品，如朱鹮大米、能登海盐等，不仅传承了传统文化，也显著增加了农户收入。与此同时，日本注重将农业文化遗产旅游纳入国家旅游发展规划中，充分挖掘传统农业体系的文化价值，利用诸如歌舞、手工艺、民俗、山水景观等，全面推进乡村旅游与休闲农业。比如他们发掘和弘扬了当地特有的一种戏剧——Noh 歌剧（当地称之为能剧），因为该剧独有的鲜明传统农业特点，颇为引人入胜，现在几乎成为到访者必看的一个标志性节目。

经过近些年持续不断的努力，在我国不少的农遗所在地，我们欣喜地看到人与自然和谐共处，环境友好型社会已经初步显现，为绿色农产品的生产提供了品牌依托与优良环境，从而为大力发展绿色养殖业与种植业打下了坚实基础。陕西洋县为切实提高农产品的品质，适应食品安全消费需求，一方面加强朱鹮的保护与宣传，另一方面全力推进农产品的标准化生产。该县先后组织进行了多次大规模农户技能培训，印发了《绿色无公害种养技术》等数十种农业生产标准化学习资料。尤其是从 2002 年开始，朱鹮保护区联合当地农民启动了绿色大米种植计划，借助“朱鹮牌”有机大米的生产、加工、认证与营销，把因减少农药化肥施用造成的减产损失通过提增农产品附加值来补偿。随着项目的推进，当地逐渐进入良性循环的轨道。一方面朱鹮保护区内的生态破坏得到有效遏制，觅食地的环境质量现状显著提高；另一方面，环境的改善反过来又带动了农产品品质和价格的显著提升。但是，跟国外各遗产地及保护区相比，我们在传统农耕技术、农业习俗、乡村景观、传统文化的挖掘等系统性、复合性方面依然滞后，绝大多数地区处于保护成功、利用不足的尴尬境地，这些都是今后很长一段时间我们工作的重点。

总之，日本通过引进与重构，借助中国力量，重新补全了“朱鹮—稻田”系统的最重要元素。同时日本注重打造复合生态系统，保护生物多样性与系列产品开发相结合，终于成功地将之申报成为全球重要农业文化遗产，为今后的保护和发展奠定了良好的基础。相比较而言，我国虽然在朱鹮鸟的拯救和保护中付出很多，成就很大，但是在如何进一步发展的问题中依然没有能够拓宽思路，尤其是没有足够重视联合国粮农组织的 GIAHS 项目，使得我国在此项活动中落后一步，被日本占据了先机。他们用从中国引进的朱鹮，结合当地的传统稻作技术，成功地申报了全球农业文化遗产，我们的辛劳只是替他人做了嫁衣，个中的经验教训，值得国人深思。

参考文献（略）

（原文刊载于《云南师范大学学报（哲学社会科学版）》2016 年第 2 期）

“弱者道之用”：农业起源的人类主观因素分析

樊志民　李伊波

【摘要】关于农业起源的环境变化说、人口压力说、技术进步说，都未能就农业的起源形成令人信服的结论。在前农业时代，在很长的历史时段里人类很可能是以整个生物界中相对弱者的身份或地位出现的。生存劣势迫使人类积极探寻有别于其他生物的生存能力与生存空间，此或是原始农业起源的契机之一。在满足基本饮食需求以维持生命的问题上，人类被迫接受“广谱采猎”模式，起初只是对不稳定的食物资源的一种动态适应而已。人类选择生存环境不太严酷的中纬度地区，在资源的供给与胁迫交互作用下，迫使人类在采集渔猎之外谋求新的生存途径与方式。“弱者道之用”，人类的农业活动是基于自身的弱质性而被迫采取的应对外在自然环境的一种生存方式，是权衡利弊得失之后自我选择之结果。

【关键词】体能弱质；生存劣势；广谱采猎；善假于物；农业起源

新石器时代的农业起源对人类历史产生了深远影响，关于农业何以起源的问题也引起了学术界的长久关注。截至目前，虽然关于农业起源的问题形成了诸多学说与见解①，客观地说都未能就农业的起源形成令人信服的结论。在距今大约 1 万年前后，世界各地在合宜的地理条件下，几乎同时出现了不同

作者简介：樊志民，西北农林科技大学中国农业历史文化研究所教授、博士生导师，研究方向为中国农业史；李伊波，西北农林科技大学中国农业历史文化研究所专门史硕士研究生，研究方向为中国农业史。

① 参见胡效月、安成邦：《中国农业起源研究综述》，《安徽农业科学》2007 年第 25 期；古为农：《中国农业考古研究的沿革与农业起源问题研究的主要收获》，《农业考古》2001 年第 1 期。

类型的人类农业生产活动。它表明农业起源可能是人类发展到某一时间节点上出现的产物，否则难以解释何以在这一时期农业起源，而不在于此前或此后。当然作为人类的产业活动，最应关注的恐怕还是人的主观因素在农业起源中的作用与影响，而此前往往过分强调了客观环境的作用而恰恰忽略了人类自身。

在农业起源进程中，人类自身的主观因素与作用有必要厘清，也就是说必须对人类在当时自然界中的地位以及人类应对自然与维系生存的能力，要进行深入的分析与探究。在前农业时代，人类的自然生存能力与当今人类在自然界的地位不可相提并论，而在很长的历史时段里人类很可能是以整个生物界中相对弱者的身份或地位出现的。知不足而后进，生存劣势迫使人类积极探寻有别于其他生物的生存能力与生存空间，此或是原始农业起源的契机之一。本文试图在对现有的关于农业起源问题的诸多解读进行分析的基础上，着重阐释人类主观因素在农业起源中的地位与作用，从而对农业起源问题提出一些有别于既有观点的认识与看法。

一、农业起源理论的质疑与思考

学术界对于农业何以起源已经有了很多种较为流行的理论成果，摘其要者，大体有以下几种。

（一）环境变化说①

主张环境变化说的学者认为，农业产生于新石器时代，而伴随旧石器向新石器时代转变的外在客观环境是全球性的气候变暖，农业正是在这样一种优越的自然环境下，伴随人类采集食物和狩猎动物能力的加强而出现。这一观点固然对全球各地大体在相同的时期产生农业的客观现象有着较强的解释

① 参见邹德秀：《绿色的哲理——对农业的起源、演化、体系及农耕文化、农业社会学的新探索》，农业出版社，1990 年，第 4-5 页；中国农业百科全书总编辑委员会农业经济卷编辑委员会：《中国农业百科全书·农业经济卷》，农业出版社，1991 年，第 426 页；徐旺生：《中国农业本土起源新论》，《中国农史》1994 年第 1 期；刘志一：《关于稻作农业起源问题的通讯》，《农业考古》1994 年第 3 期；陈淳：《最佳觅食模式与农业起源研究》，《农业考古》1994 年第 3 期；孙声如：《关于稻作农业起源的断想》，《农业考古》1998 年第 1 期；徐旺生：《论原始农业起源过程中的“观念农业阶段”》，《中国农史》2001 年第 1 期；苏秉琦：《中国远古时代》，上海人民出版社，2014 年，第 57 页；徐海荣：《中国饮食史》卷 1，杭州出版社，2014 年，第 162 页；曹幸穗：《大众农学史》，山东科学技术出版社，2015 年，第 3-4 页。

力。但气候变暖带来的重要变化是动植物资源的进一步丰富与充足，一个很可能的客观结果是人类更进一步有赖于采集渔猎，而不一定要通过艰苦的农业活动以维持自己的生存。农业的起源很可能是环境供给与胁迫双重因素交互作用的结果，过于丰饶的自然反倒不利于农业的起源与发展。

（二）人口压力说①

主张人口压力说的学者认为，农业是伴随早期人类数量的急剧上升，为解决食物不足的现实情况而产生的。然而目前对于新石器时代早期即农业起源阶段人口总数的量化估计，学术界尚难给出比较客观、准确的结论。过分强调人口压力，意味在人类的初始时代简单的采集渔猎活动就已经超过了自然资源的再生、自补能力，这样的说法显然有夸大人力作用之嫌。在这一前提之下，人口压力的因素或不宜被过分夸大，食物资源短缺的现象是否在人类早期历史中出现过，亦值得进一步讨论。

（三）技术进步说②

主张技术进步说的学者认为，人类在旧石器时代已经掌握了诸多利于维生的技术，例如对火的利用，制造简单石器的技术等，进入新石器时代，在环境变化的过程中，可以狩猎采集的动植物种类得以增加，农业正是在人类技术能力的不断提升之中得以产生的。固然技术进步说或是农业起源的契机之一，但是人类何以没有依赖技术进步提升采集渔猎能力，而选择了对自己

① 参见［美］马克·纳森·柯恩：《人口压力与农业起源》（王利华译），《农业考古》1990年第2期；中国农业百科全书总编辑委员会农业经济卷编辑委员会：《中国农业百科全书·农业经济卷》，农业出版社，1991年，第426页；［加］布莱恩·海登：《驯化的模式》（陈淳译），《农业考古》1994年第1期；王建革：《人口压力与中国原始农业的发展》，《农业考古》1997年第3期；颜家安：《海南岛原始农业起源的几个问题》，《古今农业》2005年第3期；郑建明：《西方农业起源研究理论综述》，《农业考古》2005年第3期；陈淳、郑建明：《稻作起源的考古学探索》，《复旦学报（社会科学版）》2005年第4期；张修龙等：《西方农业起源理论评述》，《中原文物》2010年第2期；［美］劳伦斯·基利：《狩猎采集者的原初农业实践——一个跨文化的观察》（黄可佳译），《南方文物》2016年第1期。

② 参见邹德秀：《绿色的哲理——对农业的起源、演化、体系及农耕文化、农业社会学的新探索》，农业出版社，1990年，第3–4页；中国农业百科全书总编辑委员会农业经济卷编辑委员会：《中国农业百科全书·农业经济卷》，农业出版社，1991年，第426页；刘兴林：《史前农业的发展与文明的起源》，《农业考古》2004年第3期；潘艳、陈淳：《农业起源与“广谱革命”的理论变迁》，《东南文化》2011年第4期；何红中：《全球视野下的粟黍起源及传播探索》，《中国农史》2014年第2期；曹幸穗：《大众农学史》，山东科学技术出版社，2015年，第5–6页。

来说相对陌生或比较艰苦的农业生产活动？如果不能比较圆满地解释这一问题，技术进步导致农业起源说则难以自立。

二、体能弱质与广谱采猎

在极为漫长的旧石器时代，人们尽管初步掌握对火的利用技术，也能够制造一些简单的石器加以利用，然而依然过着采集渔猎的生活，其生命过程与野兽没有根本区别。在农业产生以前，尚不具备“人猿相揖别”[1]的主客观环境与条件。

人是自然界的一部分，早期人类在相当程度上虽然具有动物的共有属性，但是在猎食动物与采食植物的能力方面人类与动物相比又往往显得优势不足。当时居于食物链最高端的肉食猛兽，猛兽者虎豹熊罴之属也，它们凭借凶猛的性情、强健的体魄、尖利的牙齿，可以猎食到任何它们所钟爱的食物。植食性动物如牛羊马鹿兔等，虽然与肉食性动物相比属于弱者，但是它们通过臼齿磨食、复胃反刍，对纤维素具有更强的消化能力。自然界中广泛生长的、产出量较大的草类植物，提供了它们取之不尽、用之不竭的食物来源。唯有人类介乎二者之间，在狩猎动物方面，早期人类对于大型猛兽一般是避而远之，即便偶有捕猎活动也往往需要采取群体行为加以围猎而不能独立完成，并且经常伴随着不可预料的意外与危险。所以人类早期的狩猎活动，更多地侧重于捕食一些较为温顺的、宜于获取的中、小型草食动物。在采食植物方面，或与人类自身的体质结构相关，一般无法直接食用植物茎叶，而仅仅能够食用植物某些特定的籽实、块根等。由于受到植物生长、成熟周期的影响，籽实、块根类食物的供给往往呈现出明显的断续性特征，并不是每时每刻即可获取的。据此而言，在历史早期人类维持生存的能力与其他动物相比便体现出了自身固有的弱质性。

在满足基本饮食需求以维持生命的问题上，人类对自然资源的利用空间是相对狭小的。人类不可能像肉食或草食动物一样选择某种相对单纯的觅食对象（或肉食或草食），而被迫接受“广谱采猎”模式。所谓的广谱采猎，实际上就是有什么吃什么，包括采集植物果实、根茎、籽粒，河湖中的鱼蚌水产，陆地上的畜禽动物等。具体情形可以多种多样，依各地的自然条件而定。广谱采猎，其中所蕴含的困难与危险是显而易见的，什么能吃什么不能吃需要有一个漫长的探索过程。《淮南子·修务训》："神农尝百草之滋味，一日而遇七十毒"[2]，令人有"哀民生之多艰"[3]之叹。

这种广谱采猎形式，起初只是对不稳定的食物资源的一种无奈的动态适应而已。但人类缘此而接触与认识了多样的自然界，而没有像其他动物那样"单科独进"，多了进化过程中的多样性选择。复杂的采集渔猎对象、不稳定的食物来源，迫使人类强化了对某些动植物资源的特别关照与培育，并由此迈出了走向农业起源的具有转折性意义的一步。

三、生存弱势与中纬度选择

在农业历史研究中，有一个值得注意的现象就是世界各地的早期农业文明基本都产生在中纬度地区。何以如此？或与早期人类的地理环境选择有关。

《礼记·礼运》讲到，"昔者先王未有宫室，冬则居营窟，夏则居橧巢。未有火化，食草木之食鸟兽之肉，饮其血茹其毛，未有麻丝衣其羽皮"[4]。未有宫室、未有火化、茹毛饮血，较多地反映的是原始人类的社会发展水平，唯有"未有麻丝衣其羽皮"揭示了人类原生性的生理与体质制约。兽有毛、禽有羽，覆于身而护于体，给了它们较大的生活、活动空间，而人类的生存与活动范围则受到了诸多限制。一方面，人类个体的孩提时代相对于大部分动物显得更为漫长一些，婴儿在较长的时间里无法自理生活，需要成人的更多照料；另一方面，人类迁徙移动的能力或亦与动物存在差距，人类无法像走兽一般轻易地穿越丛林，不能像所有飞鸟那样翻越山岭，不能似鱼鳖那样游弋江湖。因此在采集渔猎时代，人类除非以某种不可抗拒的原因而被迫迁徙外，一般都具有相对稳定的居住与生活区域。

无论是海拔还是纬度因素形成的高寒地区，相对严酷的地理环境条件构成人类生存活动的重大制约因素，所以在人类早期除了个别特殊的狩猎部族以外往往是人迹罕至之地。低纬度地区湿热资源丰沛、植被茂盛，草木之食不艺而用，蠃蛤之肉不贾而足。过于丰饶的自然使人离不开自然之手，仿佛儿童离不开引绳一般。采猎资源的相对充裕，反倒在客观上推迟或延缓了农业发生或进步的历史过程。最为关键的是低纬度地区的蛇蝎猛兽、霉腐蚊蝇、瘴疠疫疾对人类的生存与健康安全构成了严重的威胁，故至秦汉唐宋仍有谪戍江南以为惩戒者。

在未有麻丝之前，人类不可能皆"衣其（兽禽）羽皮"而用之，所以他们比较着意于选择不太严酷的生存环境，中纬度地区相对温暖的气候环境乃其首选。相形之下，中纬度地带的生物多样性介乎高纬度与低纬度之间，既能提供人类生存的某些基本条件，又存在着某些明显的制约因素。资源的供给与胁迫交互作用，迫使人类在采集渔猎之外另要谋求维持生存的途径与方式。中纬度地区四季相分，动植物的蛰兴荣枯周期显明，人类在这样的气候环境条件下，对于生物的生命过程的观察易于细化、深入，从而也更能深刻地了解动植物生长发育的客观规律，为农业在中纬度地区的产生提供了观念认知上的前提，这或是此后世界各地早期农业文明基本产生于中纬度地区的契机之一。

四、知不足与"善假于物"

人类最初或许并不是自然界生存或适应能力最强的动物，然而"弱者道之用"[5]也，正是这些不足留给了人类更大的进化与发展空间。

在弱肉强食的洪荒时代，残酷的物竞天择规则往往使能者升华而不肖者瓦解。人类要变被动为主动，就必须不断地弥补、提升、发展自己的应对与生存能力。"生于忧患而死于安乐"[6]285，为了弥补个体能力之不足，人类选择了聚处群居。通过社会群体协作以应对比较严酷的生存与自然环境，它使社会内部个体的生存能力远远超过脱离社会的个体的生存能力。人类奔走不及鹿兔、格斗难敌虎豹，然而合众围猎却可以做到以弱胜强、以慢胜快。《韩非子·五蠹》记载，上古之世"民食果蓏蚌蛤，腥臊恶臭而伤害腹胃，民多疾病。有圣人作，钻燧取火以化腥臊，而民说（悦）之，使王天下，号之曰燧人氏"[7]。清末著名学者尚秉和先生说，"及得熟食，肉之腥臊者忽馨香矣，草木实之淡泊寡味者忽甘腴脆美矣，水之冰者可燠饮，居之寒者可取温矣"[8]。至于焚荒而猎、刀耕火种，则使"鸟兽之害人者消，然后人得平土而居之"[6]101，用火甚至成为有效的攻防手段与生产方式。恩格斯在评价人类用火的成功时就说，"就世界性的解放作用而言，摩擦生火还是超过了蒸汽机，因为摩擦生火第一次使人支配了一种自然力，从而最终把人同动物界分开"[9]。

荀子《劝学》曰："吾尝跂而望矣，不如登高之博见也。登高而招，臂非加长也，而见者远；顺风而呼，声非加疾也，而闻者彰。假舆马者，非利足也，而致千里；假舟楫者，非能水也，而绝江河。君子生（性）非异也，善假于物也。”[10]善假于物，或是人类在生物界逐渐改变劣势而进一步提升能力的有效途径之一。六畜除有肉食之用外，犬可狩猎、鸡可报时、牛马可役使，成为人类生活、交通甚至生产活动的好帮手。而武器、工具之运用，极大地提升了人类的攻防与生产水平。

人类早期的渔猎活动虽然充满刺激与风险，但是它毕竟能给人类带来肉食的美味；人类早期的采集活动虽然乏味与单调，但是它毕竟能让人类享用一份难得的闲暇；而动物之繁育、作物之种植，往往需要人类付出艰辛的劳动和漫长的时间等待，也就是说在一般情况下人类是不会主动地选择农业活动的。人类的农业活动，也正是基于自身的弱质性而被迫采取的应对外在自然环境的一种生存方式，是权衡利弊得失之后自我选择之结果。

单凭采集渔猎的生活方式，把维系人类生存的希望寄托在对自然界的随机性利用上，具有很大的不确定性。即使在自然界食品供应总量盈余的情况下，季节或周期性的食品短缺仍会给人类的生存安全造成重大威胁。为了保障食品的不间断与平衡性供给，促使人类根据自身的捕猎能力，有选择性地驯养较为温顺的狗、猪、牛、羊、鸡等畜禽动物。既能满足肉食美味的需求，又可规避在狩猎过程中遭受凶猛动物的攻击性伤害。选择性地关照、种植一些可供采食的植物资源，虽然没有单纯采集那样轻松愉快，但是毕竟缘此可减少频繁的迁徙过程。正是在这一层次上，人类凭借特有的智慧使他们和其他动物相区别，跨出由利用自然到改造自然的关键性一步，并由此导致农业的起源。

五、“弱者道之用”与农业起源

“弱者道之用”，柔弱之道在道家学说中占有十分重要的地位，这一思想的产生可能源于直观的自然现象。“天下莫柔弱于水，而攻坚强者莫之能胜”[5]214；“人之生也柔弱，其死也坚强。草木之生也柔脆，其死也枯槁。故坚强者死之徒，柔弱者生之徒”[5]208。柔弱则长生、长存、长久，柔弱即不争，“柔弱者道之所常用，故能长久”[11]。莎士比亚说过，“人是宇宙的精华，万物之灵长”[12]，由此在人与万物间划出了一条不可逾越的红线。受此思想认识与价值取向之影响，在人类发展历史的研究中，人类至上主义往往成了预设的前提与条件。其实人类初始阶段的弱质与劣势性毋庸讳言，“弱者道之用”或正是阐释农业起源问题之正解。在弱肉强食的自然时代，弱者为了谋得生存，会想出很多的办法、做出许多应对性的设计，甚至不惜退而求其次。大概就是这等原因，人类才会一步步进化发展到今天，以至于以“柔弱胜刚强”[5]100。

当前学术界关于农业起源的流行观点，无论是环境变化说、人口压力说，还是技术进步说，都是基于客观因素的影响而忽视人类主观因素所起的作用，因而具有局限性。农业起源的主观因素在于人类自身的弱质性特征。由于自身的弱质性特征，可供利用的自然资源空间相对狭小，且面对着复杂的采集渔猎对象和不稳定的食物来源，人类不得不强化对某些动植物资源的特别关照与培育；同样，由于自身的弱质性特征，人类大多居于宜于生存的中纬度地区，这里四季相分、动植物的蛰兴荣枯周期显明，既有自然供给又有自然胁迫，利于农业的发生；此外，由于自身的弱质性特征，人类形成了“善假于物”的生存智慧，为保障食物的不间断与平衡性供给，有选择地驯育草木鸟兽，走向了农业生产的历程。“弱者道之用”，正是人类的弱质与劣势性特征，最终促成了农业的起源。

参考文献（略）　　（原文刊载于《中国农史》2018年第5期）

土族传统村落文化景观及其变迁研究

王国萍　闵庆文　成　功　薛达元

【摘要】 我国少数民族分布地区，形成了数量众多、类型多样、特色各异的传统村落文化景观，被称为民族文化的活化石。文章结合景观生态学、保护生物学以及文化景观的相关概念和理论，以互助县土观村为案例研究，通过识别土族传统村落——土观村的村落文化景观核心构成要素，构建了土观村村落文化景观体系，分析土观村文化景观在时空尺度上的变化。结果表明：土观村文化景观斑块随时间变化。在空间上呈现破碎化的趋势，斑块内的多样性（即文化景观异质性）降低，与之相关的土族传统知识也随之消失。同时文化景观中的非物质类景观相对于物质景观，在时间尺度上更具有稳定性。土族传统知识与村落文化景观之间具有正反馈作用，传统知识作为土族传统文化在社区的"文化基因"（内在核心要素），对传统知识的保护能有效促进文化景观的保护和发展，而村落文化景观作为为土族传统文化在社区的"文化生态系统"，对其的保护为传统知识的传承创造了更好的"生境条件"，从而更好地促进传统知识的保护和发展。

【关键词】 村落文化景观；传统知识；土族；土观村

作者简介：王国萍，中国科学院地理科学与资源研究所博士研究生，主要研究方向为生物多样性相关传统知识、农业文化遗产保护；闵庆文，中国科学院地理科学与资源研究所研究员，博士生导师，研究方向为农业文化遗产保护、资源生态安全与区域可持续发展；成功，中央民族大学生命与环境科学学院讲师，硕士生导师，研究方向为民族生态学，生物多样性与文化多样性；薛达元，中央民族大学教授，博士生导师，主要研究方向为生物多样性保护，遗传资源及相关传统知识保护与惠宜分享。

一、研究背景

“文化景观”一词最初出现在地理学领域，强调人与自然的互动性[1]。1927年，苏尔（Sauer）对文化景观的概念进行阐释，即“文化景观是附着在自然景观之上的人类活动形态”，是由特定的文化族群在自然景观中创建的样式，文化是动因，自然地域是载体，文化景观则是呈现的结果[2]。随着人们对于人与自然关系的认识不断深入，文化景观（cultural landscape）的概念被引入遗产保护中，1992年在美国圣菲举行的第16届世界遗产大会上，正式引入“文化景观”的概念，将其作为一个新遗产类型纳入《世界遗产名录》，成为继自然遗产、文化遗产、自然与文化双遗产之后的第四类世界遗产类型，联合国教科文组织世界遗产委员会在文化遗产的定义中强调：文化景观是人和自然的共同作品，是架构自然遗产和文化遗产的桥梁，反映区域独特的文化内涵，特别是在文化、宗教、社会方面，并受到环境影响与环境共同构成的独特景观[3]。村落文化景观（village cultural landscape，VCL）是指以农业经济为基础，以村落为中心的一种文化景观类型，是自然与人类长期相互作用的共同作品，是人类活动创造的包括人类活动在内的文化景观的重要类型[4]，是传统文化在特定地域的空间表现形式和载体（图1）。

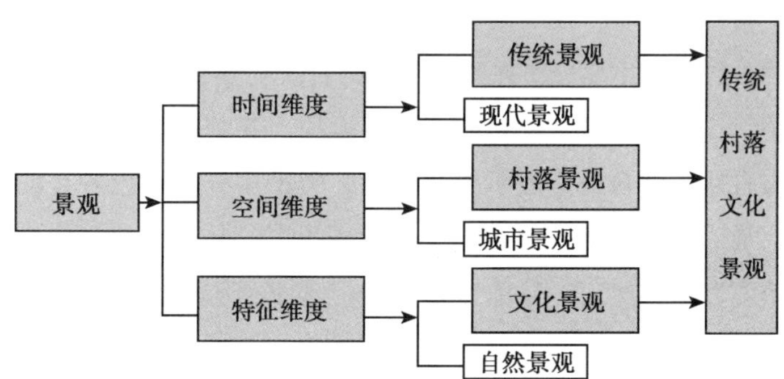

图1　传统村落文化景观概念图（来源：作者自绘）

我国村落文化景观的研究起步于21世纪初，2007年，颁布了《中国景观村落保护公约》，2008年，联合国教科文组织世界遗产中心北京办事处联合相关单位在贵阳会召开“村落文化景观保护与可持续利用国际学术研讨会”，在客观上促进了我国村落文化景观的研究与进展。

纵览我国村落文化景观的相关研究，主要可分为以下四个方面：第一是村落文化景观的保护与开发研究，是我国村落文化景观研究的重点内容，主要探讨村落文化景观保护的管理模式、技术以及村落文化景观的开发利用模式等。刘艺兰通过多学科理论整合的方法，将村落文化景观遗产保护与民族村寨的研究有机结合，通过民族生态旅游开发，实现文化景观的可持续保护[5]；李丹则通过对鄂西滚龙坝古村落文化景观的研究，将其保护开发模式定位为土家族村落文化景观参与性深度体验型模式[6]。第二是村落文化景观规划与设计研究，主要涉及规划设计理论研究和案例研究。2012 年欧阳锋勇等提出编制乡村文化景观名录和构建乡村景观规划体系；赵鸿炜以具体村落为案例，探究村落文化景观保护与规划设计[7]。第三是村落文化景观演化研究。范长风通过研究青藏高原东北边缘纳浪藏族村落文化景观的变迁[8]，发现文化景观的外表之下，是文化认同的构建和权力下沉的诉求。第四是村落文化景观感知研究。如刘沛林、胡最等通过景观基因法[9-10]，研究传统村落景观的内在特质、外在表达及其传承特点，建立了区域聚落景观的识别系统，促进区域景观建设和文化多样性保护。

综上所述，我国的村落文化景观研究目前正处于起步阶段，对于村落文化景观内容的研究限于村落文化景观物质层面的研究，而对于文化景观所包含的社会、精神内涵等，以“人”为核心的非物质要素缺少必要的关注。

我国的少数民族主要分布在民族聚居的传统村落，这些村落分布在高原、平坝、丘陵、江河谷地等多样化的自然生境中，各个民族在长期的生产生活中，通过与自然的融合，形成了数量众多、类型多样、特色各异的传统村落文化景观，被称为民族传统文化的“活化石”[11]，是当地社会和文化可持续性发展的重要资源。然而，目前许多民族村落都面临着巨大冲击，一些村落原有的社会结构和传统文化在现代文明的冲击下迅速解体，独特的民风习俗渐趋消亡。

土族，青海 5 个世居少数民族之一，分布于青藏高原东北部，据第六次全国人口普查数据显示，全国土族总人口有 289 565 人，占全国总人口数的 0. 0216%[12]，主要聚居在青海省互助土族自治县、民和回族土族自治县、大通回族土族自治县，其分布格局呈现出“大杂居、小聚居”的特点[13]。土族传统村落也正处于传承和变革的矛盾之中，因此，本文拟通过探究互助土族传统村落——土观村传统村落文化景观的变迁及原因，为土族传统村落文化景观的保护提供建议。同时，拟探讨村落文化景观与传统知识之间的关系，通过传统村落文化景观的变化趋势及变化原因来表征传统知识在其具体的实体存在单元中的变化趋势和原因，进而探讨传统知识的社区保护策略，为土族传统知识和村落文化景观的保护提供参考。

二、土观村概况

土观村位于互助土族自治县五十镇。互助土族自治县位于青海省东北部湟水流域，为全国唯一的土族自治县，也是最大的土族聚集区，土族在县域内的分布区从海拔 4 200 米多的高山区直到 2 200 米的川水区，土族主要分布在互助县加定、五十、东沟、松多等乡镇。

五十镇位于互助县东南部，土观村位于五十镇政府西约 1 千米处，属于自然村，海拔 2 576 米，东至桑士哥村，南至桦林村，西依群山，北至荷包村，土观村于 2012 年入选《中国传统村落名录》，为青海省首批入选该名录的传统村落。

三、土观村村落文化景观要素识别及体系构建

景观生态学基本理论指出组成景观的结构单元包括斑块（patch）、廊道（corridor）和基质（matrix）。斑块泛指具有一定的内部匀质性的空间单元，与周围环境在外貌或性质上不同[14]，故本研究中将土族传统村落民居聚落、农田视作景观斑块。廊道是指不同于周围景观基质的线状或带状的景观要素，一般可分为线状廊道、带状廊道和河流廊道，研究以村级道路、河流和社会关系网为村落文化景观廊道，廊道将性质相似的文化景观斑块连接为整体。基质为景观中连通性最好，面积最大的景观要素类型，本研究将视为包含着村落文化景观斑块及廊道的村落自然环境和土族传统文化环境作为文化景观基质。

（一）村落文化景观基质

1. 自然环境基质

在土观村所在的互助土族自治县境内，祁连山支脉——达板山，由西北向东南横贯全境，山川相间，属于高原大陆性气候区，气温垂直变化明显，日较差大，年较差小。年降水量为 250~500 毫米，具有干燥、少雨、寒冷多风，日照时数长等特点。地处黄土高原与青藏高原的过渡镶嵌地带，县域内

山川峡谷纵横交错，自然景观受海拔影响显著，农业生产呈立体分布，复杂多样的自然环境造就了当地多样的文化景观。

土观村域面积 14 平方千米，地处半浅山地区，地势北高南低，南北向的红崖子沟河从村中穿过，将村落分为东西两部分，民居依山而建。

2. 人文环境基质

互助县所处的河湟地区因其特殊的地理位置一直是中原文化、吐蕃文化与西域文化三者交汇的地区。县域内有汉族、土族、藏族、回族、蒙古族等民族，少数民族传统文化丰富多样。

土观村中共有村民 263 户，并且 99. 7%的村民为李姓土族人，属于典型的土族单姓聚居村落。土观村土族传统文化浓厚，村民日常交流使用土语，以农业生产为主要的生计方式，伴有少量的畜牧业和传统手工业。

（二）村落文化景观斑块

根据文化景观的定义，将土观村的村落文化景观的组成要素分为物质类文化景观要素和非物质类文化景观要素，并根据文化景观的构成要素及其功用进一步划分，物质类文化景观要素分为民居聚落斑块、农业生产斑块和传统生活斑块；非物质类文化景观要素分为文化宗教类斑块和社会经济类斑块。从空间和时间两个尺度对村落文化景观的构成和现状进行分析，在空间尺度上，按照村落内部尺度以及民居单元尺度对土观村的村落文化景观构成进行概述和分析。

1. 物质类文化景观

物质类文化景观即组成村落文化景观中的有形的文化景观要素，主要分为民居聚落斑块和农业生产斑块、传统生活斑块，如村落的布局、建筑以及农田格局、传统服饰、饮食等都是村落文化景观的物质类组成要素。

土观村村落的内部景观格局呈现以山体、河流及公路为村落的边界，以寺院、土观堡、奔康以及打麦场为村落分布的核心景观节点，以民居和农田为景观斑块，沿道路和河流顺应地势延伸布局的特点。

（1）民居聚落斑块

①民居聚落斑块内部格局：以核心景观节点为中心，南北展开。土观村民居聚落斑块中，有三个核心的景观节点，以此为中心形成了村落主要的民居聚落斑块，核心景观节点一为村口的“奔康”，位于民居与耕作层

之间，为村落集体性宗教建筑，在村民的社会、宗教、文化生活中扮演着重要的角色，是村落的活动中心，民居以此为中心布局。核心景观节点二为下土观城堡，历史上为土观村军事防御性建筑，下土观民居围绕城堡向周围延伸扩展。核心景观节点三为上土观寺，民居围绕土观寺而建，为上土观的中心。

②民居聚落斑块内部组成单元：土族传统民居院落。土族传统民居院落又称“土庄廓”，院落整体上外封内敞，为正方形合院，墙体用黄土夯筑，用白泥抹光，墙四角放置白石。庄廓内部平面布局中轴对称，房屋为土木结构的平顶房，正房作为庄廓核心部分，坐北朝南或坐西朝东，三开间，中间为中堂，安四扇格子门，放置装粮食的木柜，其上摆有供奉神灵及家谱的佛堂。南北房沿轴线分列两侧，一般也为三开间，正房的台基地高于其他侧的房屋。

庄廓内宗教色彩浓重，主要表现在院落中央的花园，又称中宫，一般用黄土筑成正方形，大小为 2 米×2 米，靠近正房一侧的园墙顶部设有煨桑炉，用以祭祀，其上竖有嘛呢旗杆，上挂经幡。花园种植的花卉主要有芍药、牡丹、川百合、荷包牡丹、金莲花等多年生草本植物，其中芍药、牡丹、金莲花等都为佛教中的“神圣”之花，具有特殊的宗教寓意。

在庄廓内，因地制宜地将其周围的空地开辟出来作为菜园，种植的蔬菜主要为当地传统品种，并且一些蔬菜在当地有特殊用途，如甜菜为土族传统宴席中做素包子最主要的原料，一般嫁女或娶亲的人家会大量种植甜菜。红花是当地村民制作花馍的主要染料，每户都有种植。

（2）农田斑块

农田斑块主要位于村庄周围的开阔地带以及山坡上相对平缓的地带，与民居形成了斑块镶嵌的格局，按其所处的位置可以分为山地和川水地。作物的耕作格局主要有大田混作、小田混作、梯田单作以及混植。大田混作主要在川水地区，土地广袤连片，每户根据自家生计的需求而选择种植作物的种类、数量和比例，将其分配种植在不同地段。小田混作也主要在川水地，在大小不一的田块中，种植不同的作物，作物的种类及品种丰富。田地周围种植林木，维持了小区域内较高的生物多样性。梯田单作以及混植则主要在山地、梯田按等高线分布，田块面积较小，种植的作物为单一品种，方便种植和收割。而混植则是一些牧草的种植方式，如燕麦豌豆混植。

（3）传统特色生活景观斑块

①土族传统服饰。土观村的土族传统服饰中最具代表性的为妇女的五彩花袖衫，该服饰的袖筒用红、黄、蓝、绿、黑五色绸缎夹条缝制而成，其中，红色象征太阳，黄色象征五谷和丰收，蓝色象征青天，绿色象征草原，黑色则象征土地，白色象征乳汁和纯洁。土观村妇女平时身着汉装，头裹蓝色或红色头巾，一般于重大集会活动、婚丧节庆、宗教活动等时身着传统服饰。

②土族传统饮食。土观村村民的传统饮食，既保持了土族先民游牧生活的传统，又有农耕生活的特点。其饮食主要分为六类：肉食、面食、汤食、炒菜、茶类以及小吃。其中，以特色小吃最具代表性，如哈里海，又称宣麻口袋，为土族传统美食，哈里海为多年生野生草本植物荨麻（*Urtical Aetevirens Maxim*）的土语俗称，茎叶带刺具微毒，在全国大部分地区都有分布，但哈里海在土族地区经土族人特殊的烹制后，不仅可作为小吃食用，还可入药防治痢疾肠炎；关于哈里海治病的说法在土乡被编为“哈里海的故事”而不断流传，哈里海文化是土族传统饮食文化的具体化。

2. 非物质类文化景观

非物质类文化景观即组成村落文化景观的无形文化要素，主要分为文化宗教类景观斑块和社会经济类景观斑块，如传统民俗活动、民族节日、民间文学、舞蹈、传统手工艺技术等。土族拥有独特的民族、民俗文化特色，现已被列为国家级非物质文化遗产的共有九项：土族安昭舞（图 2a）、土族丹麻

a. 土族安昭舞（来源：察罕慕容摄）　b. 土族盘绣（来源：王国萍摄）　c. 土族婚礼（来源：王国萍摄）

图 2　土观村现存的部分土族国家级非物质文化遗产

花儿会、土族盘绣（图2b）、土族纳顿节、民间文学《拉仁布与吉门索》、民间舞蹈土族於菟、土族婚礼（图2c）与土族轮子秋、土族传统服饰。这些非物质类传统文化是土族文化景观的内生动力和基因。

（1）文化宗教类景观斑块

①民俗活动。民俗是各个民族在物质生活和精神生活方面广泛流传的风俗习惯，它表现在民族的衣、食、住、行、婚、丧、节、庆、娱乐、礼仪等诸多方面，土族传统民俗中，最具代表性的有土族纳顿节、土族婚礼、丹麻花儿会等。在土观村，除以上的民俗活动外，沙瓦会为该村所特有的重要的民俗活动，于每年的农历二十九日举行，为土观村村庙庙神——土观娘娘的生辰纪念日，沙瓦会当日，村民身着盛装在村庙进行祭祀、许愿等活动。

②传统艺术及文学。土族传统的艺术、文学具有很高的观赏性和多样性，由舞蹈、歌曲、史诗、民间传说等组成了土族传统文学艺术的丰富内涵。在土观村，最具代表的为安昭舞和土族“花儿”。安昭舞，又名圆圈舞，是流传于土族地区的民间传统舞蹈，是一种集词、曲、舞为一体的集体圆舞，由领舞者和伴舞者组成一圆圈，按顺时针方向，由领舞者唱词，伴舞者和以衬词，边唱边舞边转圈。土族人一般于节庆集会、婚礼等庆典中跳安昭舞。

③宗教信仰。土族民间信仰为多神信仰，有多元、多源、杂糅的特点，除信仰佛教外，还有萨满、苯教、道教以及祖先崇拜和万物有灵信仰。这在土观村内也有较为明显的表现，入村口建有“奔康”，村庄后山上设有鄂博，村内有寺院，内供有佛像。另外，村内还有村庙，供奉庙神。村民家中中堂神龛供奉先祖或家神，灶房供灶神，每逢初一、十五及重大节庆都要焚香、祭拜，村内的传统宗教信仰的氛围较为浓厚。

（2）社会经济类景观斑块

历史上土族先民以游牧为生，后逐渐转为农业生产，由此形成了现在“以农为主，以牧为辅”的生计结构。农业由大田农业、精耕细作的庭院农业和畜禽养殖组成，主要养殖的种类有猪、鸡、狗、猫等。牧业以牛羊为主，为半散养式，冬春季在家中圈养，夏秋季散养于附近山野，牧业除满足日常生活所需外，主要用于出售（表1）。

表 1　土观村传统养殖的动物种类及用途

品种名称	养殖地点	养殖方式	主要用途
大通马	山野、家中	放养（夏秋）、圈养（冬春）	交通（马车）、耕种山地
青海毛驴	山野、家中	放养（夏秋）、圈养（冬春）	交通、货物驮运
青海藏羊	山野、家中	半放养	售卖、食用（过节用）、羊毛
葱花土鸡	家中	放养	获取蛋、肉（待客用）
八眉猪	家中	圈养	食肉（过年用）、农家肥
本地牛	山野、家中	半放养	耕种田地、获取奶、肉、粪
本地狗	家中	圈养	看家护院
本地猫	家中	放养	个人喜爱、捕鼠

（三）土观村村落文化景观廊道

1. 物质类文化景观廊道——村内道路及河流

土观村村民的生产生活均沿三条廊道展开，即村内南北向的主路、流经村落的南北向的红崖子沟河和宁互高速公路，在三条主要的景观廊道之间，形成了村落的民居聚落斑块、农田斑块及其他的非物质类文化景观斑块，村落的自然环境为村落景观的基底。

2. 非物质类文化景观廊道——村落信息通道

土族自然村落在土语中被称为“阿寅勒”，是以家族为基本单位的自然村，几个同宗的阿寅勒构成一个自然村落[15]。土观村作为土族单姓聚集村落，主要由上土观和下土观两个阿寅勒构成。村民日常交往以“情”“礼”为首要的原则，村落“社会交际通道”呈现出以家族血缘关系为主导，邻里关系为辅助，并伴以结群化的朋友关系，这三条主要的关系通道，成为村落信息流通和传播的主要通道。

家族关系的紧密程度主要以血缘关系和地缘距离的远近来决定，主要体现在节庆活动中往来的密切程度和优先顺序，家族成员之间往来的密切程度以及时间的先后顺序为：高血缘+近地缘关系>高血缘+远地缘关系>低血缘+远地缘关系。邻里关系的紧密程度主要以地缘的远近程度来决定，主要体现在生活生产中的互助及信任程度，农事生产时相邻或相近的三四户人家自发组成农事生产小组，相互之间完全依靠信任和关系，协调生产小组各家的作物收获时间，避免因不同作物、不同品种的农作物生长季和生长状况的差异而造成的收获时间空当问题，充分有效利用收获时间抢收作物。如此邻里之间便形成了一个自发的、相互帮助的信任网络。

朋友关系的紧密程度与地缘关系有关，但非主要因素，主要由村民个人爱好、性格等多种因素决定，但在朋友关系中，因受传统家庭礼制等原因，男性和女性表现出不同的特征，土观村中男性之间朋友关系的建立主要以酒为介质，通过生活以及宴席中的高频次豪饮、长时间畅谈、饮酒助兴、唱酒令等，以时间成本、经济成本和健康成本来建立群体之间的信任网络，并形成了日常交往的人际关系网络。而女性之间的朋友关系或者说是女性的关系网络则主要以地缘和家族为纽带，地缘临近的女性通过长时间一起的相互的陪伴、帮助、技艺的学习（如相互交流刺绣的技艺）等来建立相互的信任和关系网络，同时在同一家族中的妯娌也是女性关系网络中的重要组成部分。

（四）土观村村落文化景观体系

根据以上对于土观村村落文化景观要素的识别和分析，构建土族传统村落文化景观体系。传统村落文化景观类别为物质文化景观和非物质文化景观，其要素由斑块、廊道和基质组成，其中既包括自然要素，也包括人文要素，共同构成了土族传统村落文化景观体系（图3）。

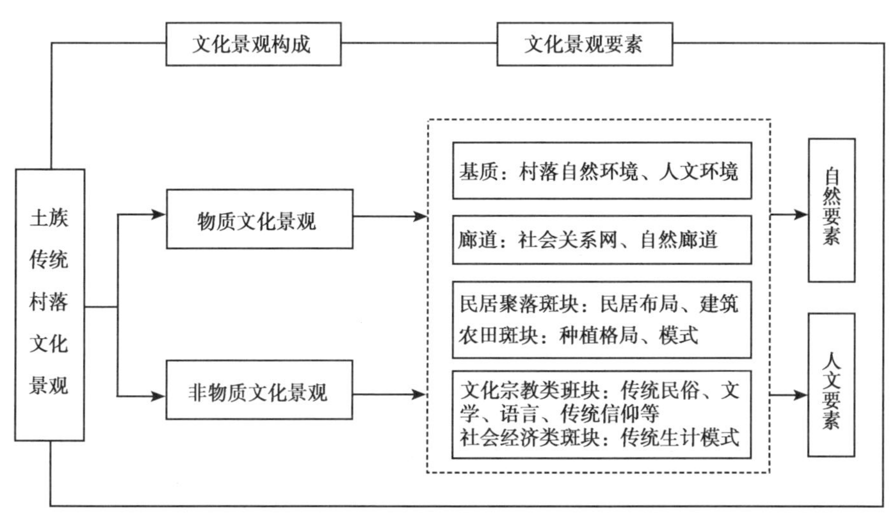

图3　土族传统村落文化景观体系（来源：作者自绘）

四、土观村村落文化景观变化趋势及原因

文化景观的形成和变迁受多种因素的影响，但由于文化景观主要是由人类活动的影响而形成，所以文化景观的变化也主要表现在受人类活动干扰显著的区域，在土族传统村落中，这主要表现在村落的聚落、土地利用、传统文化以及生计的变迁。本研究以 30 年前、10 年前、现在这三个时间节点变量，以土观村村落文化景观要素中的民居聚落景观斑块和宗教文化景观为例，分析土族传统村落文化景观随时间的变化趋势，探讨其变化的主要原因。

（一）土族传统民居聚落景观的变化趋势

在物质文化类景观要素中，以民居聚落的变化最为明显，聚落的变化主要包括聚落的空间布局变化以及传统民居单元的变化。

1. 传统民居聚落的空间布局变化

根据问卷调查和访谈，总结出土观村土族传统民居聚落的空间布局在 30 年前、10 年前、现在这三个时间节点的变化趋势如下。

（1）民居聚落

绕核心景观节点块状分布→沿景观节点片状分布→沿道路近乎均匀化分布。

（2）变化趋势

绕核心景观节点块状分布→随机块状分布→随机点状分布。

在传统民居聚落景观斑块内部，随时间的变化，民居数量大量增加，但土族传统民居的数量呈现出先增加后减少，土族传统民居聚落景观斑块的变化趋势从绕核心景观节点块状分布到随机块状分布再到随机点状分布，传统聚落景观斑块呈现出逐渐破碎化的趋势。根据景观生态学的理论可知，斑块内部的破碎化加剧，斑块的功能和结构稳定性减弱，从而会加速斑块的破碎化，导致土族传统民居的消失。

2. 传统民居单元变化

传统民居单元的变化主要表现在民居单元的建筑材料、民居装饰以及空间布局三个方面，变化趋势为：建筑材料从同环境相和谐的传统建筑材料（如柳木、泥土）转变为砖瓦、钢筋、玻璃、铝合金等现代建筑材料，民居单元的外观、色彩等发生变化。民居装饰中的传统元素减少，木雕、砖雕逐渐消失，室内的传统家具和装饰逐渐被现代化的家具家电所取代。在其房屋的

布局及功能上，房屋的布局简化，院落的宗教、农业生产、贮藏等功能弱化或消失（表2）。

表2 土族传统民居变化趋势

时间节点	建筑材料	民居装饰	空间布局及功能	民居照片
30年前	柳木、白土、灰砖、草秸	房屋木雕、砖雕、嘛呢台、经幡、煨桑炉、灶台连炕、神龛、大红色面柜	民居坐西朝东，西侧为主房，三合院或四合院，厨房为与西北侧，北为厢房，南为畜禽棚圈、仓库或菜园，东侧为大门、柴房，院中心有中宫	
10年前	柳木、白土、砖瓦、水泥、玻璃	木雕、嘛呢台、经幡、煨桑炉、神龛大红色面柜	民居一般坐西朝东，以西房为主房，三合院，北侧为厢房，南侧为畜禽棚圈、仓库。房屋布局主要考虑宗教礼制因素以及经济安全性	
现在	松木、钢筋、砖瓦、水泥、铝合金、玻璃	玻璃封闭、煨桑炉、神龛、现代家电	民居一般坐北朝南，以北方为主房，三合院，西侧为厢房，南侧为农械库房及仓库，房屋布局及装饰主要考虑采光条件以及舒适性、美观性	

（二）宗教文化类景观变化趋势

在非物质文化类景观要素中，以宗教文化类景观的变化为例，来分析土观村村落文化景观的变化趋势。宗教文化景观的变化以一年内，土观村村内举行的宗教庆典数、村落内部人员的参与数以及村落年轻人（10~30岁）参与度的变化来表征宗教文化的变化趋势，其趋势如图4所示。

相比于民居聚落景观，宗教文化景观随时间尺度的推移变化较小，其中村落参与人员比例和年轻人参与度小幅的减少，但总体的传承状况较好，宗文化得到了较好的传承和保存，并且在土观村，奔康、土观堡、土观寺等宗教建筑得到了很好的保护和修缮。由此可得出的结论是：土观村宗教文化得到了较好的传承，与之相关的宗教建筑也得到了很好的保护，从这点可初步推断对于宗教文化及其相关传统知识的保护和传承，可促进相关宗教建筑的保护，而这又反过来促进了宗教文化景观的保护和传承。

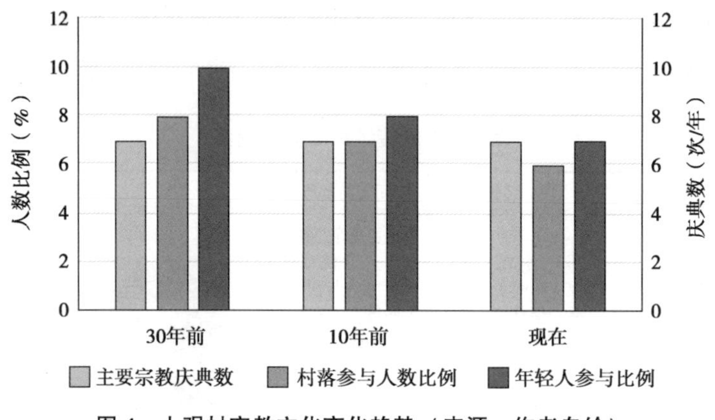

图4　土观村宗教文化变化趋势（来源：作者自绘）

五、结果分析与讨论

随着时间尺度的推移，土族传统民居聚落斑块内部呈现破碎化的趋势，传统民居数量大量减少，并且随着传统民居的消失、建筑装饰的改变，以传统民居为依存的传统技艺（如木雕、砖雕技艺）也伴随消失。另外，随着传统民居院落功能的转变，院落传统的宗教、社会、生产功能弱化和转变，伴随其传承的文化也相继消失。因此，其文化景观空间分布的连续性和文化景观组成元素的丰富性大大降低，传统知识的多样性降低，也即景观内部的异质性降低，而这将加速传统民居聚落斑块的消失，进而加速与之相关的传统知识的消失。

而宗教文化景观在时间尺度上，随着时间的推移，其传统知识得到了较好的保留和传承，其文化景观内部的多样性未发生明显变化，在时间尺度上的匀质性较好。

由以上分析，可得出初步结论：土族村落文化景观与传统知识之间具有明显的正反馈作用，文化景观的消失伴随并加速传统知识的丧失，而文化景观的保护和发展则能够在一定程度上促进传统知识的传承和保护。

根据保护生物学的理论，对于生物的保护，不仅要保护生物物种本身，同时还要保护物种所栖息的生境，也即具体物种赖以生存的生态系统，保证其生存所需的环境。据此理论，土族传统知识可视为土族传统文化在社区的“文化基因”，也即文化的内在核心组成要素；村落文化景观则可视为土族传统文化在社区的“文化生态系统”，因此对于传统知识的保护，不仅要保护知识本身，还要保护其所存在的“生态系统”，也即传统村落文化景观。因此，对传统知识的保护能有效促进文化的保护和发展，而对文化景观的保护可为传统知识的传承创造更好的“生境条件”，从而更好地促进传统知识的保护和发展，因此对于两者的共同保护可促进传统知识与文化景观的可持续发展。所以在传统知识与村落文化景观的保护中，要注重传统知识与传统村落文化景观的并重保护。同时，文化景观中的非物质类景观（也即无形景观）相对于物质景观（即有形景观），在时间尺度上，更具有稳定性，与之相关的传统知识传承的延续性更强。

六、土观村村落文化景观变化原因及保护

随着时间的推移，物质类的文化景观斑块尤其是传统民居聚落文化景观斑块呈现破碎化发展，斑块内部的文化景观多样性降低。而相比于物质类的文化景观斑块，土观村内非物质类的文化景观斑块尤其是宗教文化类景观，随时间尺度的推移，其变化较小，得到了较好的保护和传承。

为何在同一村落中，这两种类型的文化景观表现出不同的变化趋势，根据访谈结果，总结原因如下。

第一，对于传统民居聚落斑块，其变化的主要原因可总结为外部因素和内部因素。外部因素为传统民居聚落受到了来自村落系统外的外力——新农村建设的强力干扰以及地区经济发展的冲击，使得传统民居逐渐被现代化的建筑所取代。内部因素为村民对于现代化生活和物质水平的追求，有改造房屋的需求，另外，村民对于本民族传统知识和文化的传承意识薄弱；因此，本文建议在民族地区传统村落制定和实施相关的村落政策时要首先将对传统知识和传统文化景观的保护放到首位。

第二，对于宗教文化类景观，其得到较好传承主要为内部因素。根据问卷及访谈结果，因宗教文化在土观村的受重视度高，宗教文化的家庭传承良好，宗教活动的社区参与度高，因此在当地长期的发展中不断被传承和发展。同时与之相关的相关宗教建筑也得到了很好的保护和修缮，进一步促进了宗教文化的传承。从这里可以看出在传统知识和传统文化景观的保护中，社区自主的保护和活态传承具有非常强大的保护和传承力，因此本研究建议在传

统知识的保护中，要注意增强传统社区居民的文化自信，以提高传统知识的社区认可度、重视度和参与度。同时，要注重传统知识在社区的活态传承，另外，要注重传统知识的家庭日常教育，在日常生活中潜移默化。

参考文献（略）

（原文刊载于《遗产与保护研究》2019 年第 1 期）

中国传统文化视野中的“生态文明”

杰里·A. 麦克贝斯　珍妮弗·H. 麦克贝斯　袁　方　于　水

【摘要】建设生态文明成为中国最重要的国家目标之一。根据人类与自然之间的不同关系，存在三种不同类型的西方环境伦理，即人类中心主义、感知主义和生态中心主义。儒家经典文化中存在丰富的生态思想，既有表现人类中心主义的内容，也有表达动物福祉、生态系统和“天人合一”整体融合的内容，基本属于弱人类中心主义。在实践中，将中国传统文化与“生态文明”结合起来还存在一些障碍，但是经过改良的儒家思想能够极大地促进传统思想发生转变，从而在个体和社会层面上解决中国面临的巨大环境问题。

【关键词】生态文明；儒家文化；道家思想；环境伦理

近年来，中国的环境退化现象日益加剧，民众（还有邻国和国际社会）要求解决环境问题的压力不断增大，作为回应，中国领导层已经提出号召，要建设一种新的“生态文明”。胡锦涛总书记在2007年中国共产党第十七次全国代表大会上的报告中就使用了这个术语。国家主席习近平也在其施政过程中推行了这一理念，并将其与“中国梦”以及在2049年中华人民共和国成立100周年时需要实现的诸多国家目标并列在一起（例如，国内生产总值和城乡居民人均收入翻一番，把中国建设成为“人与自然和谐发展”的社会主义现代化国家）。但是，生态文明这个术语的含义宽泛且模糊，从而导致对它

作者简介：杰里·A. 麦克贝斯，美国阿拉斯加大学政治学系；珍妮弗·H. 麦克贝斯，美国阿拉斯加大学高纬度农业和自然资源系；袁方，北京高校中国特色社会主义理论研究协同创新中心（中国政法大学）、中国政法大学马克思主义学院副教授，哲学博士，研究方向为马克思主义基本原理、社会发展理论；于水，对外经贸大学英语系。

存在多种解读。

其中一种解读方式就是将“生态文明”与马克思主义生态思想联系起来。近年来，关于这一主题已经发表了大约 12 本专著和 600 多篇文章。其中一些作品批判了资本主义及其对环境的过度利用；还有一些作品在马克思（和恩格斯）的著作中寻找生态文明观念的起源，比如《资本论》《德意志意识形态》和《自然辩证法》等；其他作品则试图将马克思主义与新自由主义结合起来。

我们将采用不同的维度进行解读，力图在中国传统思想中找到生态文明的根源。在过去的 10 年中，儒家思想作为国家的道德之锚在中国再次复兴，为“具有市场特色的社会主义”的物质主义提供了合法外衣。尽管儒家思想已渗透到生活的方方面面，但是我们在本文中只讨论儒家思想与环保主义的关联性。我们也将讨论其他思想体系，如道家思想，它与环保主义也有很深的渊源；但是，由于该哲学传统（自汉朝初期开始）缺乏国家支持，因而其重要性处于儒家思想之后。况且，正如下文所述，我们后来已经很难区分儒家与道家的影响，因为二者已经不再是截然可分。

一、西方环境伦理与中国传统生态思想

伦理有许多定义，但是大多数人将其定义为行动或者行为的道德倾向。伦理的主体是人，被认为是理性且利己的。环境伦理的客体是广阔环境中的一种或多种要素，例如动物、其他生物（如植物）、无机物（如土壤、水）、群落（如生态系统）、地球，甚至宇宙。环境伦理需要回答的第一个问题是，谁居住在道德世界？人类是道德世界中的唯一成员，还是说其他要素单位也是成员或者拥有成员地位？如果说只有人类是道德公民的话，那么就要提出一个相关问题：其他要素单位是否应该具有一定的道德可考量性（moral considerability），也就是说，它们的利益虽然没有内在价值，但是否也应该予以考虑？

（一）西方环境伦理的构建

西方环境哲学家经常将这些问题的答案归类，形成了人类与环境之间不同的相互作用类型。其中一个分类框架就是：人类中心主义的、感知主义的和生态中心主义的。在人类中心主义的类型中，只有人类是道德公民，拥有

内在价值（以及与人类成员有关的问题，诸如年龄、种族、性别等）。正如亚里士多德在《政治学》中所指出的那样，只有人类才具有以复杂的方式进行思考和交流的能力。所有其他要素单位的存在都是为了服务于人类的需要，只具有工具性功能。

大多数传统的伦理理论（也包括宗教）都属于人类中心主义的阵营。但是，最近几十年来，人类中心主义伦理学中也出现了一些分化，因而我们可以根据其程度来指出一种道德是“强”的还是“弱”的人类中心主义。弱人类中心主义与强人类中心主义的主要区别在于是否将道德考量延伸到人之外的动物或者物体。因此，“善待动物”可能意味着，即使不把它们当作目的本身加以尊重，也几乎可以像对待人类一样去对待它们。此外，弱人类中心主义承认人类的利益远不止经济利益，还包括环境的福祉。

感知主义容纳了更多的要素单位。功利主义伦理学的创始人杰里米·边沁（Jeremy Bentham）认为，一个物种能否思考并不重要，重要的是它能否感受痛苦或享受愉悦。所有这样的要素单位——包括人类和动物（拥有中枢神经系统的）——都是道德世界的公民。关于人类是否一定要将人之外的动物仅仅作为目的，而从不当作手段，因而不能将其猎杀当作食物，感知主义内部对此有着很大分歧。这与人类中心主义的强弱之分很相似。一个人或许尊重动物，但是可能需要将其用作食物来避免饥饿，就像人类在其精神系统中也利用动物一样，例如印第安人或中国人的精神信仰。

最后一种类型有多种名称——生物中心主义、浅层生态学或深层生态学、生态中心主义。这一类型与人类中心主义是对立的，其所定义的道德世界也拥有最多的成员。生物中心主义强调众生平等，它被人们认为是一种极端学说，因为人类仅被看作是巨大的生物链中的一部分，并无任何特殊地位。与此相关的一种观点则没有那么极端，被其创始人奥尔多·利奥波德（Aldo Leopold）称为“大地伦理学”。对利奥波德而言，这一概念：将（土地）共同体的界限扩大为包括土壤、水、植物和动物或者整个陆地集合体……（它）改变了现代人类在土地共同体中的角色，人类从土地征服者的角色变成这个共同体中的普通一员[1]194……当一个事物有助于维持生命共同体的和谐、稳定和美丽时，就是正确的，当它走向反面时，就是错误的[1]213。

不同于禁止物种间相互杀戮的深层生态学，在不产生浪费的前提下，大地伦理学并不禁止在有需求时利用动物。

（二）中国传统哲学中的生态思想

中国学者任俊华在2010年曾提到，中国第一本关于生态和哲学的书籍直到1989年才出版，这本书强调了在中国延绵5000年的文明中所发现的传统生态价值。毋庸置疑，生态观念对中国学者来说并不陌生。实际上，在很多学者看来，不朽的经典《易经》不仅是传统哲学（包含形而上学）思想的表达，也是生态思想的表达。

作为古代中国的智慧象征，《易经》中含有丰富的有关生态伦理的主题和例子。首先，它将宇宙的和谐与人类精神中的道德张力联系起来，阐明了人类与自然相统一的生态理念。其次，它敦促人们关爱自然，反对浪费和破坏自然资源。最后，《易经》还描绘了一幅理想的社会蓝图，即“生态幸福”，进一步推进了人类与自然之间的和谐理念。

儒家经典阐述了诸多道德准则和伦理文化；它们都体现出人与人之间的关系，但也探讨了人与自然之间的联系。孔子在“大同”概念中最突出地阐述了这些联系。孟子则强调“仁民爱物”，即热爱人民和万物。不同于西方哲学将人与环境分离，在中国传统哲学中人与自然是统一的，二者的关系是和谐的。

中国传统哲学中的很多观念都强调可持续性和保护物种及生态系统的必要性，而不一定将其视为具有内在价值的。孔子曾对渔网的大小评价，孟子也建议人们不砍伐幼苗。在那时，人们虽穷，但能维生；他们过着幸福而有道德的生活。

现代的可持续观念本身就能与中国传统道德哲学产生很好的共鸣；在儒家思想和道家思想的发展过程中，每个主要人物都有一些关于保护物种和生态系统的伦理道德方面的论述。尽管古时人们未能避免森林生态系统遭到破坏，但从古至今，可持续理念在儒家思想传统中都占有极为重要的位置。

因为古代中国曾经历过群雄割据的动荡时代，传统思想体系变得更加多元，成为多个流派的综合体。荀子的思想可能最清楚地表达出这种多元融合的观点。荀子认为，古代学说告诉人们应如何节制和发展自身的欲求和需求，并使其与自然的力量相协调。这种信念是荀子关于“有教养的人应实现‘天地人三位一体’”观点的基础。许多中国当代学者都将荀子视为生态环境保护的开创者。

在儒家思想中，孟子和荀子都引领着不同的学术宗派，后者的观点被认为更有深度。因而，荀子好像是中国首位“绿色”理论家的最佳人选。

二、儒家思想中的人类—环境关系

儒家思想既是一套哲学体系，又是一种社会伦理学说。它设想人类处于宇宙价值体系的中心位置，而且最为珍视人与人之间的关系以及人所创建的各种制度。但是，儒学是一个极其丰富的哲学体系，经常被重新解释以适应不断变化的时代要求。因此，尽管儒家伦理似乎确实属于人类中心主义，但是它也可以适用于高阶动物和生态系统，下文将会举例说明这点。我们将按照上文提及的西方分析类型，来探讨儒家思想中关于人类和自然的诸多论述。

（一）人类中心主义

《大学》第一章比儒家经典中的其他任何篇章都更好地诠释了人文主义的本质。该章将人文主义描述为一种结构合理、体系完整的自我修身模式，它与家庭生活和国家制度直接相关：古之欲明明德于天下者，先治其国；欲治其国者，先齐其家；欲齐其家者，先修其身；欲修其身者，先正其心；欲正其心者，先诚其意；欲诚其意者，先致其知。致知在格物。物格而后知至，知至而后意诚，意诚而后心正，心正而后身修，身修而后家齐，家齐而后国治，国治而后天下平。自天子以至于庶人，壹是皆以修身为本（《礼记·大学》）。

因为提及“天”，似乎给这段儒家伦理的论述带来某种宗教和彼世的蕴涵。但是，它并没有提及任何造物主，相反，宇宙却被认为是一个自生的有机系统。这表明，它强调的重点在于人与人之间的基本关系以及向重要人物阐述诸如致知、诚意、和谐和正心等基本美德。《论语》中的一段话进一步阐述了只存在于人类中的美德的重要性：子张（孔子早年弟子）问仁于孔子，孔子曰：“能行五者于天下为仁矣。”请问之。曰：“恭、宽、信、敏、惠。恭则不侮，宽则得众，信则人任焉，敏则有功，惠则足以使人”（《论语·阳货》）。

修身（隐含着严于律己）是儒家传统中一种非常重要的思想，隐含着人与天、地之间的一种创造性关系。通过在内心播种美德的种子，人类参与有序的修身转化过程，这一过程与人们想象中的宇宙演化过程相一致。

孟子是孔子的杰出传人，他将动物和环境置于为国家经济发展和民众生活提供给养的背景下：若民，则无恒产，因无恒心。苟无恒心，放辟邪侈，无不为已。……五亩之宅，树之以桑，五十者可以衣帛矣；鸡豚狗彘之畜，无失其时，七十者可以食肉矣；百亩之田，勿夺其时，数口之家可以无饥矣；谨庠序之教，申之以孝悌之义，颁白者不负戴于道路矣。七十者衣帛食肉，黎民不饥不寒，然而不王者，未之有也（《孟子·梁惠王上》）。

正是由于这样的内容，儒家经典才被认为属于人类中心主义，即认为其他动物和无机物都应该为人类所用，而没有内在价值。然而，下面我们会看到，儒家经典内容丰富，含义复杂，这使得我们可以对人类与环境之间的关系有其他解释。

（二）关于动物福祉的论述

在上述著作中，有许多儒家经典的内容从孔子自身出发，讨论了人类与动物之间的关系。论语中有两篇的内容表达了人类对非人类物种的态度：子钓而不纲，弋不射宿（《论语·述而》）。厩焚，子退朝，曰：伤人乎？不问马（《论语·乡党》）。第一句话表明人类应该关注其他生物的福祉，但也可以用它们来维系自身生存。这与西方禁止虐待动物的原则不谋而合，反映了一种保护自然的伦理道德观。第二句话显示出动物王国中的清晰秩序，即人类排在等级制度的最顶端。这两句话都符合人类中心主义的世界观。

孟子对人类与动物和生存环境之间的关系进行类似的评论：不违农时，谷不可胜食也；数罟不入洿池，鱼鳖不可胜食也；斧斤以时入山林，材木不可胜用也。谷与鱼鳖不可胜食，材木不可胜用，是使民养生丧死无憾也。养生丧死无憾，王道之始也（《论语·述而》）。

郭沂将孟子的观点解读为：人类与动物之间只存在微小的差异，而且人类能够理解动物。他将《孟子》中的上述段落解释为旨在避免过度捕杀动物和乱砍滥伐树木而提出的一种警告，因为这样做将危及人类的生存。郭沂在朱熹的理学典籍中也发现了类似的论点，即人类可以将某些有限的德行归于动物。

其他儒家学者关于动物的诸多观点可以归为弱人类中心主义。唐纳德·贝莱克里（Donald Blakeley）着重关注了《论语》《孟子》和一些理学典籍中关于动物的伦理意义的阐释。在他看来，道德约束走向人性化，不仅包括尊重作为目的本身的他人，而且还要尊重自然界中的一切生物，特别是动物。

同样，姜新燕也认为，孟子的人类中心主义色彩不像人们通常所认为的那样浓厚，因为他提倡对人之外的动物要有同情心。姜新燕注意到，尽管孟子不是一个素食主义者，但他承认人与动物之间存在友爱关系的可能性（例如，与宠物的关系）。在这样一种关系之下，人类对待人之外的动物就可能仁慈。

罗德尼·泰勒（Rodney Taylor）坚定地认为，人类必须与自然界、特别是与人之外的动物和睦相处。他的观点受到了《论语》《孟子》和《荀子》以及理学家的形而上学模式的深刻影响。

最后，杜维明认为，儒学家们用五个相互联系的观点给人下了定义，其中第一个观点便是：人类是感性的存在。他们不仅能在两个人和更多人之间形成内在的共鸣，也能在其他动物、植物、树木、山川、河流直到自然整体中形成内在的共鸣[2]。杜维明这段论述的意蕴至少表明，儒家思想是一种弱人类中心主义理论体系。

（三）关于生态系统和整体融合的论述

或许是在人类与自然（广义的理解）的相互关系方面，儒家思想展开了最具有深远意义的讨论。最关键的概念就是“天人合一”，它被大致理解为天与人的统一，或者宇宙与整个人类的一体化。

以下两段来自《中庸》的摘录，是儒家经典中最早提到天人合一的文献：唯天下至诚，为能尽其性。能尽其性，则能尽人之性；能尽人之性，则能尽物之性；能尽物之性，则可以赞天地之化育；可以赞天地之化育，则可以与天地参矣（《礼记·中庸》）。第二段摘录则更详细地强调了人类与环境之间的联系：今夫天斯昭昭之多及其无穷也，日月星辰系焉，万物覆焉。今夫地一撮土之多，及其广厚载华岳而不重，振河海而不泄，万物载焉。今夫山一卷石之多，及其广大，草木生之，禽兽居之，宝藏兴焉。今夫水，一勺之多，及其不测，鼋、鼍、蛟、龙、鱼、鳖生焉，货财殖焉（《礼记·中庸》）。

儒学研究者张岱年发现，“天人合一”的概念源自西周时期。他通过引用《诗经》指出，人是“天生烝民，有物有则；民之秉彝，好是懿德”（《诗经·大雅·烝民》。

孟子强调，自我实现对于充分理解自己与天和地之间的关系至关重要：尽其心者，知其性也。知其性，则知天矣。存其心，养其性，所以事天也。夭寿不贰，修身以俟之，所以立命也（《孟子·尽心上》）。

上述摘录中的自我意识包含着培育一种人与自然的和谐关系；它与“征服自然”和把人类意志强加给天的观念是明确对立的。相反，它认识到人是嵌入在自然之中的，白诗朗（John Berthrong）这样的学者将这一点称为“人与自然相互作用的儒家环保观”。

荀子把所有的物质分成四大类，并通过等级秩序来表达它们之间的关系：“水火有气而无生，草木有生而无知，禽兽有知而无义，人有气、有生、有知，亦且有义，故最为天下贵也。”（《荀子·王制》）可见，人类还是宇宙生命的一部分。

荀子在《天论》中进一步阐述了自然按其固有规律运行、不受人类社会影响的思想。但是，自然能够根据人类对其采取的态度产生反应。如果人类善待自然，自然也善待人类；反之，人类滥用自然，结果可能就是环境灾害。当然，这段内容是儒学思想中论及“天命”理念的重要阐述之一，被用来证明古代中国的老百姓在出现干旱、饥荒、瘟疫和其他自然灾害的情况下反抗帝国王权的合法性。

几个世纪以后，理学家张载的《西铭》重新强调了天、地、人的统一。乾称父，坤称母；予兹藐焉，乃混然中处。故天地之塞，吾其体；天地之帅，吾其性。民，吾同胞；物，吾与也[3]。正如杜维明所指出的那样，这一段落描绘了一种道德生态，其中，人类是宇宙进程中“值得尊敬的儿子或女儿”；这也使得儒家思想与道家的不干涉思想和佛教的超然思想隔离开来。

在理学家王阳明的《大学问》中，或许能够发现最能引起共鸣的人类与自然相融合的例证：是故见孺子之入井，而必有怵惕恻隐之心焉，是其仁之与孺子而为一体也。孺子犹同类者也，见鸟兽之哀鸣觳觫，而必有不忍之心，是其仁之与鸟兽而为一体也。鸟兽犹有知觉者也，见草木之摧折而必有悯恤之心焉，是其仁之与草木而为一体也。草木犹有生意者也，见瓦石之毁坏而必有顾惜之心焉，是其仁之与瓦石而为一体也（《大学问》）。

中国和西方的儒学研究者们都认为，儒家思想绝不是一种强人类中心主义的伦理学。如上所述，鉴于儒家思想对待人之外的动物的态度和对环境保护主义的更加广泛的关注，大多数学者倾向于相信该种伦理学属于一种弱人类中心主义。例如，范瑞平论证道，儒家伦理学认为内在价值主要存在于人类之中，尽管它指向了某些宇宙准则。陶黎宝华（Julia Tao）认为，儒家伦理强调人类与自然之间的相互依存，这对培养平衡和谐的相互关系是有益处的。像其他许多儒学研究者一样，姜明戈（音译）着重强调儒家思想与现代可持续性观念的可兼容性。在她的著作中，她认为孔子和孟子都提出了如下观点，即人类应该认识并尊重自然，反对无休止地消耗自然资源：人类不能在适宜的时机之前就收获自然的馈赠。

其他儒学研究者也坚决支持将“天人合一”理念运用于一般性的环境理论当中。例如，拉尔夫·韦伯（Ralph Weber）广泛地思考了人与天的统一对道德和精神信仰的含义。玛丽·伊夫琳·塔克尔（Mary Evelyn Tucker）则呼吁在全球伦理中考虑“天人合一”，这种思考将消解生态危机。她受到宇宙是一个动态的综合有机体这一理学观点的影响。祝士明、曲铁华和袁媛认为，根据儒学思想，生命的本质就是再生。人类应该追求对生命的热爱，并应促进自然的可持续性。

最后，杜维明为儒家环境伦理的新标签——人类宇宙综合体——进行了辩护。他的这个概念所表明的是天、地、人之间的关系是动态的和相互促进的。杜维明从如下方面解释了这个概念：天人合一的观念意味着人类境况中有四个不可分割的层面：自身、社群、自然和上天。每一层面特征的充分展开都能够促进而不是阻碍四个层面的完全整合。自身作为关系的中心，通过与群体的互相作用来建立自己的身份，从家庭到地球村甚至更为深远。人与自然之间的一种可持续的和谐关系不仅仅是一个抽象的概念，也是对生活的具体引导。人心与天道的互动是人类繁荣昌盛的终极道路[4]。

杜维明接着列举了构成他称之为“新儒学生态观”的四个特征：①自身与社群之间富有成效的相互作用；②人类与自然之间可持续的和谐关系；③人心与天道的互动；④知性、修身以达到三才同德[4]。

这种方式将儒家环境伦理纳入生态中心主义的广泛领域，但是与深层生态学家相比，其所采取的措施的对抗性要低得多。杜维明关于儒家人本主义的概述令人产生共鸣：因此，就是说，人对自然的改造，意味着有节制的利用环境维持基本生计；同时也意味着学会协调地生活在自然环境中，进行一种整合性的努力。剥夺自然的观念，与儒家对道德自我发展的关切不相容，因而被抛弃[5]42。

（四）道家思想中的人类—环境关系

虽然道家思想经常以儒家思想的对立面出现，但是我们最好把两种哲学的世界观描述为共通的。一个略显老套的说法是，儒学官员在结束一天的工作回府后，就进入了一个自然和自发的世界，所有的一切都遵循着“道”的创造冲动。儒家思想与道家思想确有许多不同之处，其中最重要的不同或许就是道家学说提出了一种人类不要干涉非人类世界的愿景，正如《道德经》中的下述内容所提及的那样：载营魄抱一，能无离乎？专气致柔，能如婴儿乎？涤除玄鉴，能无疵乎？爱国治民，能无为乎？天门开阖，能为雌乎？明白四达，能无知乎？(《道德经》)

道家思想并非只是基于老子那些众所周知而又“似非而是”的沉思，庄子也做出了重大的贡献。但是，随着作为一种哲学体系的道家思想的逐步发展，道家思想与儒家思想之间的相似性逐渐多于差异性。因而，以宋代理学家周敦颐为例，他在解释人类与自然界的道德关系时，强调了宇宙、修身和伦理的相互关联性。

由于最近儒家思想被反复提及——几位权威学者将之称为“新儒学”，人类中心主义（传统儒家思想）与生态中心主义（传统道家思想）之间的区别实际上已经消失。新儒家对道家思想和佛家思想的影响持有更加开放的心态。杜维明谈到，人类与石头、树木和动物有机地联系在一起。在评论张载对“大同”的概念阐释时，杜维明表示：在他（张载）看来，气是宇宙的本体，气的细蕴形成了山川河流、花草树木、石头动物以及人类各种能量物质的生命形式，象征着道家的创造性转化无处不在[4]。

三、儒家思想与环境政策

伦理道德是指导主体行为的内在声音，因此人们可能期望儒家的伦理道德（包括道家思想和佛家思想的诸多贡献）能够对当今中国在环境问题上的政策制定具有重要意义。但是，有几个因素限制了中国传统环境伦理的影响力。

第一，在20世纪的大部分时间中，儒家思想和道家思想等传统哲学在中国都不被信任和推崇；其复兴只是最近才开始的。

第二，作为占主导地位的传统思想，儒家思想对国家政权而言在维护社会秩序、脱贫等国内政策的制定方面更加有用，因为这些问题而非环境问题在国家层面更具有优先性。

第三，儒家思想要与其他更受领导人和公众欢迎的环境伦理展开竞争，比如体现在国家经济发展战略中的强人类中心主义。虽然过去中国经济的快速发展在一定程度上以牺牲环境为代价，但是至少有 2.5 亿人脱离了贫困——此为世界历史之最。

第四，儒家思想在中国的复兴并没有突出那种最有可能导向环境可持续性的儒学类型。吉尔伯特·罗兹曼（Gilbert Rozman）区分了儒学的五种类型——皇权儒学、改良儒学、知识分子儒学、商人儒学和大众儒学，它们属于行为范式，而非思想的哲学性建构。皇权儒学代表着一种国家意识形态。就传统而言，它包含了在仪式上对帝王权力和代表国家行使权力的那些人员的支持。自始至终，这都是一种保守主义的做法。改良儒学则是对上述保守主义思想的平衡。

在 18 世纪和 19 世纪，日本儒学家试图根据儒家的愿景进行社会改革，特别着眼于根除社会制度中的腐败现象。在中国，五四运动则是改良儒学传统的表现。知识分子儒学代表着中国传统的士大夫阶层和日本武士阶层的观点。商人儒学（部分地由托马斯·勒伦［Thomas Rohlen］提出）则是一套关于商业组织的理论和实践。大众儒学是包括农民在内的广大民众所信奉和实践的一种儒学。

在 21 世纪，尤其是在中国，皇权儒学和知识分子儒学都支持党和国家的存续，大众儒学则在维持社会秩序方面给予政府积极支持。即便商业儒学也有改善劳资关系和保持商业稳定的优势。改良儒学的拥护者寥寥无几，但它独自承诺，要认真解决中国环境恶化的结构性原因和体制内的腐败猖獗问题。儒家环境伦理丰富了领导者的话语修辞，但却没有根本影响决策者的行为。

中国的环境危机还没有得到有效解决。在中国的大部分地区，土地、水和空气的退化仍在继续；这影响着公共卫生和土地生产力，并加剧了气候变化。物种每天都在消失，生态服务的价值也在下降，鱼类等自然资源正在枯竭。

中国领导人至少从两个方面利用传统思想来解决环境问题。第一，在近30年的经济增长造成交通瓶颈以及经济过热引发通胀后，时任国务院总理温家宝曾呼吁要“平衡增长”，并加大对环境问题的关注。第二，在2007年中国共产党第十七次全国代表大会上，胡锦涛总书记和温家宝总理都要求共产党员支持建设和谐社会。

此外，在2015年，中央下发《中共中央、国务院关于加快推进生态文明建设的意见》，通过公布标准、机制和评估来消除政策执行面临的障碍。例如，放弃将经济增长作为衡量政府官员政绩的唯一标准；相反，建立了“终身问责制”，用以确定政府官员的行为是否推进了环境目标的实现，其中也包含公众参与（包括非政府组织参与）的内容。

中国已经加入诸如“21世纪议程”等环境改善项目，并采纳了可持续发展的理念。儒家思想——虽然带有弱人类中心主义的偏见——应当成为环境可持续理论的合法性基石，但这一点尚未实现。直至今日，传统环境伦理仍然缺乏影响力，这是不正常的，因为我们的研究显示，博大精深的中国传统文化中有许多内容对于建立可持续发展的未来极具价值。

在结束有关传统思想的话题前，我们还应当承认：在世界范围内，将环保理念（正如环境哲学和环境价值观所阐述的）付诸环保行动时都存在重重障碍。比如，詹姆斯·布莱克（James Blake）指出了三种行动障碍，他将其定义为个体、责任和实践性，这些障碍在那些不甚关心环境的人身上体现得尤为明显。在个体层面，其他需求和欲望很容易战胜环保意识，比如，为了养家糊口，必须在一家高污染的工厂工作。责任则是指经典的搭便车问题：在个人的单独行为不太可能影响环境问题的情况下，一个人何必还要采取环保行动呢？这个问题对于那些对制度缺乏信任的人来说尤甚。最后，实践方面的限制——诸如缺乏时间、金钱或信息等——也可能阻碍一个人实现其环保初衷。

四、结　语

鉴于西方富裕国家对环境问题高度重视，并且已经就导致环境退化的意识形态和哲学根源进行了系统研究，因此我们在本文中将西方环境伦理与中国的主流传统哲学进行了对比分析。我们对中国传统的环保观点进行了简短且极为粗浅的分析，并以儒家思想为核心论证了其与当今盛行的“生态文明”

理念之间的联系。我们指出了带有人类中心主义、感知主义和生态中心主义倾向的诸多元素。总体而言，我们初步发现，与西方历史上许多主流的环保范式不同，儒家思想属于一种弱人类中心主义的环保伦理。儒家经典思想的新近发展，特别是许多遵循理学传统的研究者，都具有了一种宇宙维度。儒家“天人合一”的理念可以为新兴的、强调可持续性的全球环境伦理做出贡献。

同时，我们也必须指出将传统理念当作环境伦理的实践局限性。因此，我们应当谨慎对待以下观点：儒家思想的复兴已经对（或者将会对）大众在改变环境乃至支持环保行为的态度方面产生了全面而巨大的影响。尽管如此，中国传统哲学博大精深，几个世纪以来已经高度适应社会、经济和政治上的诸多变化。中国的未来可能变得更加多元化，这将使儒家思想和其他传统文化发挥更大的作用。我们认为，经过改良的儒家思想能够极大地促进传统思想发生转变，从而在个体和社会层面上解决中国面临的巨大环境问题。

参考文献（略）　　（原文刊载于《国外理论动态》2018 年第 8 期）

牧业文明与草地健康：认识草地畜牧业自然生态—人文社会耦合系统

董世魁　任继周

【摘要】气候变化、人口增长、经济发展、土地利用变化等全球变化现象严重威胁着草地畜牧业的发展，导致了草地退化、牧民贫困、文化断代等环境、经济和社会问题，甚至危及全球草地畜牧业的存续。对于全球化背景下的草地畜牧业危机，需要自然科学家和社会学家的密切合作，共同开展多方位、多尺度、多领域的综合性研究和管理实践，构建草地畜牧业生产和牧业文明可持续发展的自然一人文耦合系统模式，促进草地畜牧业的恢复力。

【关键词】牧业文明；草地畜牧业；草地健康；全球变化；自然生态—人文社会耦合系统；可持续发展

草地畜牧业是长期历史演化过程中在全球干旱、半干旱、高寒、干热地区形成的草地、家畜与人之相互依存、相互影响的自然资源管理系统，具有移动性、适应性、灵活性、本土化、多样化、共同支持、有效保护的特点（图 1）。草地畜牧业的定义因目的、对象不同而千差万别，一般而言，可以从生产或生计方式两个维度来理解。在生产方式上，草地畜牧业可以定义为农业生产的主要组成部分——草地家畜生产，即放牧家畜的牧养、管理和利用；在生计方式上，草地畜牧业可以定义为以草地家畜牧养为主的自给自足的生计方式或在贫瘠土地上牧养家畜以维持生计的有效生活方式。由于草地

作者简介：董世魁，北京师范大学环境学院教授、博士生导师，研究方向为生态学；任继周，兰州大学草地农业科技学院教授、中国工程院院士，研究方向为草原学、草原调查与规划、草原生态化学、草地农业生态学系统和农业伦理学等。

畜牧业兼具自然、经济、社会等多重属性，因此草地畜牧业可以理解为农业生产中的一类自然生态—人文社会耦合系统。目前，从非洲大陆、阿拉伯半岛到亚洲和南美洲的高原地区，全球25%以上的土地、一百多个国家（包括部分发达国家和地区如澳大利亚、新西兰和北美洲西部）都经营草地畜牧业。在全球尺度上，草地畜牧业在历史上发挥了或当前正在发挥着承载草原牧业人口、提供生产和生态服务、保障草原牧区人口的生计和生活、传承历史悠久的牧业文化和文明等多重功能[1-3]。然而，全球范围内的案例研究表明，气候变化、人口增长、经济发展、土地利用变化等全球变化现象严重威胁着草地畜牧业的发展，使其向更加脆弱的方向发展[1]。受损的草地畜牧业自然生态—人文社会耦合系统导致了草地退化、牧民贫困、文化断代等环境、经济和社会问题，甚至危及全球草地畜牧业的存续和维持[4]。因此，认识草地畜牧业文明的发展历程、存在价值和重要功能，阐明草地畜牧业持续发展面临的风险与挑战，提出维系草地畜牧业文明的思路和策略，保护草地畜牧业这一无价的社会、经济、文化、生态资产刻不容缓[1-3]。

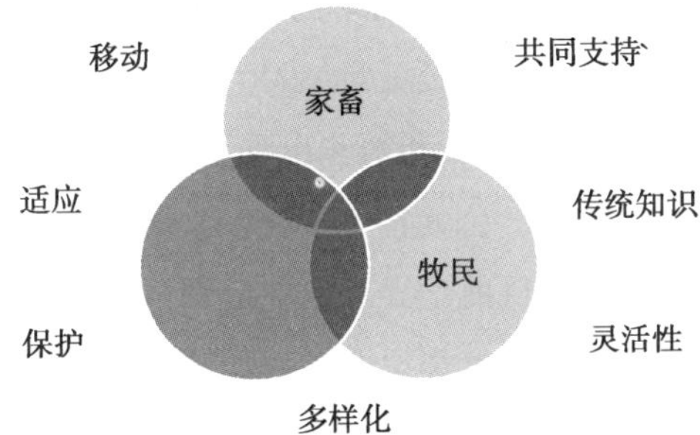

图1　草地畜牧业的组成要素（家畜、草地、牧民）及其特点

一、草地畜牧业文明的发展过程、主要特征及重要作用

对于畜牧业的起源，目前主要存在两种观点：狩猎起源说和农业分离说[5]。前者认为：草地畜牧业由原始的狩猎进化而来，猎人不断驯养幼兽、弱兽或病兽，并繁衍成群；或者由于原始社会人口数量不断增加，但生产技术却得不到改进，社会大众不得不谋求多样化的生存手段，例如他们学会了栽培植物和饲养动物，其后部分人群逐渐走向游牧生活。后者则认为：原始社会中农人开垦、种植作物，同时牧养少量家畜，牧人逐渐从农业生产中脱

离、分布出来，开始专业牧业生产；或者由于气候干旱化导致作为狩猎对象的动物群消失，狩猎者只有通过从事原始农业和饲养无处觅食的野生动物来获取生活资料。对于草地牧业起源地的认识，也有两种不同的观点：单中心起源说和多中心起源说。前者认为，牧业的起源与人类起源一样，最早起源于北非地区，然后随着牧业人口的移动，逐渐向南扩散至西非、东非和南非，向东扩散至近东、中东、中亚和东亚、东南亚，向北扩散至东欧、俄罗斯，其后跨越白令海峡扩散至美洲大陆（包括南美洲）。后者认为，牧业起源于多个中心地带：非洲大陆的撒哈拉沙漠以南至非洲大裂谷一线的东非热带草原区，撒哈拉荒漠和阿拉伯沙漠区，地中海沿岸经安纳托利亚高原、伊朗高原至中亚山区，黑海延伸至蒙古的欧亚大陆草原区，青藏高原及其邻近山区高原地带，欧亚北部高纬度冻原区，南美安第斯高原地带。相应地，对于牧业起源的时间也存在不同的观点：部分学者认为，公元前 9000 年左右非洲东北部最早出现全球最早的草地畜牧业——牛的牧养；另有部分学者认为，全球各地牧业起源的时间不尽相同，公元前 9000 年前西亚南部（伊拉克和伊朗地区）出现了牛、山羊和绵羊的牧养，公元前 6000 年左右南美洲安第斯山脉出现了羊驼的牧养，公元前 6000 年左右俄罗斯西南部出现了马的牧养，公元前 4000 年左右东非和西非出现了牛的牧养，公元前 4000 年前羌塘高原出现了牦牛的牧养，公元前 3500 年前高加索地区的雅利安人将牧业带到了次印度大陆。尽管目前学界对牧业起源的方式、地点和时间尚无统一的认识，但是不同学者的观点都说明了原始牧业的适应性和灵活性，即牧业人群根据自然条件（如气候变化）、社会变革（如生产方式变革）等内外因素的变化而灵活变化，形成高度适应环境变化（包括自然环境和社会环境）的生产、生活方式。

原始牧业在不断演化、发展的过程中，根据当地的环境条件和社会经济发展状况，形成了本土化、多样化的牧业生产模式（表 1），即无定居游牧、半定居游牧、定居放牧和草地农业。无定居放牧模式下，牧民居无定所、“逐水草而居”，随不同季节牧草的生长和水源的变化而不停游走，每年的迁徙路线不一定相同，根据迁徙的方向可分为垂直迁徙（不同海拔高度的迁徙，如中国新疆伊犁地区的哈萨克族游牧）和水平迁徙（不同维度的迁徙，如中国内蒙古高原的蒙古族游牧）。半定居游牧模式下，牧民有固定的居所，家庭成

表 1　全球主要畜牧业的类型及其分布区域[6]

畜种	拉丁名	主要牧业区域	牧养方式			
			游牧	半游牧	半农半牧	圈养
羊驼	*Lama pacas*	安第斯山区	-	+	+	-
双峰驼	*Camelus bactrianus*	东亚、中亚	+	+	+	-
水牛	*Bubalus bubalis*	伊朗、印度	+	+	+	?
黄牛	*Bos taurus*	欧洲、西非、西亚	-	+	+	+
瘤牛（黄牛）	*Bos indicus*	非洲、中亚	+	+	+	+
驴	*Equus astinus*	非洲、亚洲	+	+	+	-
单峰驼	*Camelus dromedarius*	非洲、西亚	+	+	+	-
山羊	*Capra hircus*	非洲、欧洲、亚洲	+	+	+	+
马	*Equus caballus*	中亚	+	+	+	-
驯鹿	*Rangifer tarandus*	欧亚北极地区	+	+	-	?
绵羊	*Ovis aries*	非洲、欧洲、亚洲	+	+	+	+
牦牛	*Poephagus grunnies*	中亚高山、青藏高原	-	+	-	-

员有所分工，放牧者一般夏季游走、冬季在居所周围放牧；留守者夏季在“圈窝子”种草，冬季照顾病畜、弱畜和幼畜；牧业群体有自己的组织单位——社区，负责牧民的放牧管理制度和社会行为规范，这种模式主要存在于南美、中亚和非洲的草原区。定居放牧模式下，牧民有固定的居所，甚至有固定的土地和牧场，牧民根据畜群大小将牧场划为不同的放牧单元，实行划区轮牧，并从市场购买精料或粗料（青干草、青贮料等）对畜群进行全年或季节性（如冬季）补饲，这种模式主要存在于澳大利亚和北美的天然草地分布区（中国目前也向这种模式发展）。草地农业是一种“高产人工草地+高效家畜饲养”的集约化草地畜牧业模式，主要以人工草地放牧为主、辅以青贮牧草和精料舍饲（冬季），高度集约化经营，其特点为高投入、高产出，这种模式主要存在于欧洲（尤其是西欧）和其他畜牧业发达国家（如新西兰）。在本土化、多样化的牧业生产模式下，社区等牧业团体发挥了组织、管理和协调的功能，实现了牧业群体的共同支持、协作互助，牧业群体利用传统知识、乡俗民规、法令制度保障了牧业资源的合理利用与有效保护。正是由于其移动性、适应性、灵活性、本土化、多样化、共同支持、有效保护等诸多

优良特性，才使牧业文明延续几千年（甚至上万年）而经久不息、影响深远。

二、全球变化背景下草地畜牧业文明面临的挑战和威胁

全球范围内，草地畜牧业文明正面临全球变化（包括气候变化、人口增长、土地利用与覆被变化、经济发展、社会转型、政策体制变化等）带来的挑战和威胁，严重影响了草地畜牧业的可持续发展。我们应用“压力—状态—响应”模型和“农牧系统—牧民生计—体制机制”三维模型，评估了全球六大洲（非洲、亚洲、欧洲、北美洲、南美洲、大洋洲）主要牧区的草地畜牧业文明面临的危机，发现尽管全球不同牧区草地畜牧业面临的困难和问题不尽相同，但是全球变化已经给草地畜牧业可持续发展带来了极大的压力，而且在未来将会带来更大的压力[3]。非洲萨赫勒地区的案例分析表明，由于降雨增加为主要特征的气候变化使农业生产不断向草原（荒漠）区扩展，草地畜牧业生产逐渐被农业生产取代，加剧了草地农业系统的脆弱性；政府强调的农业生产为主的产业政策使牧民不断边缘化，加剧了牧民生计的脆弱性（大饥荒、牧民流失）；政府倡导的以经济增长为目标、加速“现代化”建设的发展模式忽略了当地传统的生产方式（牧业生产），弱化了牧业群体的本土组织机构、乡俗民规在自然资源管理中的作用，加剧了牧业体制机制的脆弱性。这些变化的综合作用结果是，非洲萨赫勒地区的草地畜牧业生产和牧业文明正日趋衰退。中亚地区的案例分析表明，苏联公有体制解体后草地资源的私有化降低了牧业体制机制应对危机的能力（如国家草地管理体制的解体、民间草地管理体制的弱化等），造成草地农业系统因管理不善（过度放牧或放牧不足）而加速退化，牧民的生活水平下降、生计得不到保障。在这些变化的综合作用下，中亚地区的牧业生产和牧业文明也日趋衰退。欧洲阿尔卑斯山区和北欧高原的案例分析结果表明，在区域发展政策的引导下，天然草地的牧业利用方式被摒弃（如传统牧场变为滑雪场和度假胜地），不仅引起草地灌木化等生态系统退化的问题，而且导致牧民的生计和生活方式被彻底改变。其结果是，该区的草地牧业生产和牧业文明日渐式微。南美洲玻利维亚和秘鲁安第斯山区的案例分析结果表明，农业改革加大了牧业社会的不公平分配，导致部分牧民贫困化加剧，造成草场因超载过牧而日趋退化，加剧了该区草地牧业生产和牧业文明的脆弱性。美国大平原地区的案例分析结果表明，气

候变暖使该区草地农业生态系统向脆弱化方向发展，牧场主得不到优良牧草来饲喂放牧家畜，草地牧业生产受到一定的不利影响。澳大利亚昆士兰地区的案例分析结果表明，“生产主义模式”（productivism model）限制了牧场主/牧户的自主选择能力，一定程度上增加了牧户水平管理体制的脆弱性，对草地牧业生产也造成了一定的不利影响。

同样地，中国的草地牧业生产和牧业文明也正遭受着全球变化带来的威胁和挑战。在青藏高原高寒牧区，近年来迅速增长的人口及家畜数量加重了载畜压力，造成了草地资源的过度利用[7]。由于超载过牧，青藏高原高寒牧区的草地资源将面临严重退化的后果[8]。据报道，过去 40 年中，该区 50%以上的高寒草地已经发生退化，约有 26%的高寒草地已经严重退化为没有植被覆盖或仅有毒杂草生长的“黑土滩”或“秃斑地”，对草地牧业生产造成严重不利影响[7]。气候变暖对高寒牧区的草地质量和数量产生了不利影响：Klein 等在青藏高原东北部青海省海北州高寒草甸定位试验站开展的控制实验显示，气候变暖会降低高寒草甸和高寒灌丛的植物生物多样性，尤其是优良牧草种类和数量的减少[9]；Baker 等用定点摄影技术，揭示了气候变暖对青藏高原东南边缘——滇西北部的影响，即冰川退缩、雪线上升、树线上移、草地减少[10]；Yu 等研究发现，气候变暖使高寒草甸和高寒草原植物的生长季变短、生物量下降[11]。此外，高寒牧区的多重发展政策或草地管理政策也对草地健康、牧民生计产生了一定影响[12]。自 20 世纪 80 年代以来，中央和地方政府先后在牧区推行草地家庭承包、牧民定居、草原围栏、“退耕还林还草”“退牧还草”等政策措施，但是这些政策措施并没有达到预期的生态、经济和社会效应，在一定程度上影响了该区草地牧业生产、生态和生计功能的良性互动发展[12]。对于这些政策的影响，内蒙古高原干旱半干旱草原区的影响已经显现，部分学者认为该区草地荒漠化与草地承包到户、牧民定居、草原围栏建设、退牧还草政策等密切相关。正如草原生态和草地牧业专家刘书润所讲：“我们刚到内蒙古的时候，老觉得蒙古人怎么这么落后，原始放牧，逐水草而居，到处游荡。住蒙古包，风刮得挺冷的，放牧蒙古羊，原始的生态。那么一群土羊赶不上一头澳大利亚羊产值高，这怎么行？太落后了，要改善他们原始落后的面貌，一般刚去的人都是这个概念，于是我们做了好多工作——把家畜改良，让牧民定居。结果怎么样呢，造成现在大家知道的恶果（草地荒漠化）。好心办坏事的原因何在？我们对游牧文化的理解出了问题……人类社会由游牧到定居，到农业，到工业，到城市化，好像是人类发展的必经之路，草原也不例外，理应如此；其实这是偏见，小农的偏见；游牧呢，就经过多年选择，利用草原最经济、最实惠，而且是效率最高的一种经营方式，却被我们消灭了……”[13]这种现象可以用甘肃农业大学蒲小鹏副教授近期在网络发表的一首诗来反映：“天人关系不分明，杞人忧天不是痴；生态能源危机在，知其不可而为之”。对于游牧文明的重要性，同处于旱半干旱草原区的蒙古国居民亦有深刻认识，正如文沁在蒙古国开展的调查中，一位接受采访的牧民达娃所述：“对于牲畜来讲，逐新鲜水草而牧是非常重要的。放牧的草场是要精心选择的，为了给牲畜提供最好的采食条件，我们会经常更换草场……不以移动来更换饲养环境，牲畜是不会健康繁殖的……只有健康的牲畜才能提供健康的肉食和奶食，所以牲畜的健康是所有的前提……我们的电视里经常有介绍中国内地和内蒙古的报道，今天中国的经济发展很快，人们的生活水平在不断提高。据说内蒙古的畜牧业已经走向了定居，尽管生活可能会变得舒适一些，但在我看来这种做法对草原、特别是对牲畜的健康会产生不良的影响”[14]。

三、草地畜牧业自然生态—人文社会耦合系统的维系策略

对于全球化背景下的草地畜牧业危机，近年来部分学者提出了用自然生态—人文社会耦合系统的理论和方法来找到解决途径[1]，在草地畜牧业管理政策或决策的制订过程中，需要自然科学家和社会学家的密切合作，开展生态、社会、经济等全方位的分析，以便全面认识内外因素对草地生态系统和牧业文明的各种影响，找出草地畜牧业变化的驱动机制和应对策略。正如Liu等指出[15]，自然科学和人文社会科学的综合研究可以揭示自然生态—人文社会耦合系统的复杂格局和过程，而自然或人文科学家的单方面研究无法实现这一目标。为了应对全球变化给草地牧业生产和牧业文明带来的挑战，需要整合多学科（自然科学、社会科学、管理科学等）、多部门（科研部门、管理部门、技术推广部门等）、多相关利益群体（政府部门、科技社团、农牧民群众、非政府组织等）的力量，共同开展多方位、多尺度、多领域的综合性研究和管理实践，构建草地畜牧业生产和牧业文明可持续发展的自然—人文耦

合系统模式，将全球变化的挑战变为机遇，从而促进草地畜牧业的弹性力/恢复力。

同时，全球变化背景下的草地畜牧业可持续发展还需要加强以牧民为主体的公众参与及传统知识、民间组织、乡规民约的作用。我们在尼泊尔北部开展的草地资源管理体制研究结果表明，当地牧民群众利用传统的牧业知识、有序的社区管理机构和有力的民间制度体系，保障了草地资源的永续利用和草地畜牧业的可持续发展，而且充分保障了牧民生计和牧业文明的延续[16-17]。正是在这种良好的自然生态—人文社会耦合体系保障下，几千年来当地牧民群众将脆弱、边缘化的生存条件变成了自然资产和生存机会。这是全球高寒、干旱半干旱草原区普适性的规律：草地生态、家畜生产和牧民生计休戚相关，三者在历史长河中相互适应、协同进化，以自然生态—人文社会的耦合体系存续、发展，维系了草地健康和牧业文明。这种关系可以用牧民朴实的话语加以实证，正如文沁采访的蒙古国牧民达娃所言："我从小也是游牧环境中长大的，蓝天绿地，郁风香草，开阔的视野，安心食草的牲畜……大家都乐在其中。这里没有都市的喧嚣和令人不快的汽车尾气，更没有化肥农药的潜在危害……我们拥有世界上最安详、最健康的牲畜，它们在辽阔的草原上随时采食着自己喜欢的植物；就凭这一点，可以说我们过着非常奢侈的生活"[14]。

综上所述，我们可以得出，在应对全球变化背景下的畜牧业危机时，需在自然—人文耦合系统模型框架下，设计新的草地畜牧业研究和监测项目，厘清自然、社会、经济因素对草地畜牧业的综合作用，并通过跨学科的综合性研究找出适应或减缓措施。同时，全球背景下草地畜牧业的弹性力/恢复力需要长时间尺度的调查研究，需要研究结构和监管部门进行长时间序列的数据和信息收集管理。此外，传统知识、民间组织、乡规民约在草地畜牧业发展的历史长河中至关重要，可持续草地畜牧业牧业政策的制定、牧区发展项目的推行，应充分考虑牧业社会传统文化和体制机制的作用，并将其纳入草地畜牧业可持续发展的科学研究和政策制定实践中。

参考文献（略）

（原文刊载于《兰州大学学报（社会科学版）》2015年第4期）

学术动态、会议综述和书评

乡村振兴的伦理之维

——“乡村振兴与乡村伦理”高层论坛综述

杨伟荣

2018年1月20日，由中国人民大学伦理学与道德建设研究中心和南京师范大学公共管理学院、国家社科基金重大招标项目“中国乡村伦理研究”课题组共同主办的“乡村振兴与乡村伦理”高层论坛在南京师范大学召开。来自中国社会科学院、北京大学、中国人民大学、湖北大学、首都师范大学、天津社会科学院、湖南师范大学和南京师范大学等高校和科研院所的近30名专家学者围绕“乡村振兴与乡村伦理”这一主题，对乡村振兴战略实施背景下的乡村伦理问题展开了多维度、深层次的探讨。

一、以“产业兴旺”为重点，聚焦乡村经济伦理转型

社会转型时期的经济伦理重塑问题，是经济伦理学研究中长期受到关注的问题。本次论坛上，学者们又针对农村产业转型和企业发展过程中的经济伦理问题进行了探讨。首都师范大学王淑芹教授强调通过完善社会诚信体系，推动农村现代转型、实现乡村振兴。她认为，推进农村产业转型升级是实现农村产业兴旺的重要举措，而产业转型升级必须营造公平竞争、诚信经营的市场环境以激发产业主体积极性。她指出，未来农村真正的、普遍的诚信意识提高，要通过完善社会信用体系来整体推进。引导农村诚信信息从私信走向公信，形成信用记录、监管、服务、教育等一系列社会诚信机制，以克服熟人社会的诚信品评与惩治局限。

作者简介：杨伟荣，南京师范大学公共管理学院。

北京大学卢晖临教授特别关注农民的价值观念在农业现代化发展中所发挥的作用。他认为，是农民前所未有的创新意识和协作精神推动了我国农业企业的发展，而农业企业正是现代农业产业体系中最具活力和创新力的主体。他指出，农民的创新意识和协作精神由乡土社会的“韧性”发展而来。这种“韧性”最初以农民的家庭价值和人情关系为核心，在完整的村落形态、深厚的儒家文化和健全的集体制度中得到强化，最终确定了农民习惯于在关系和人情中确立自己身份、行为以及价值的认知取向，也决定了乡土韧性在现代社会的特殊作用。

南京师范大学李志祥教授通过分析新兴经济生活和新型产业发展推动下的农民经济理性扩张问题，提出我国农民正处于从传统经济理性转向现代经济理性的发展转型期。他认为，生产经营市场化将农民和农业纳入市场体系，进城务工、外出打工、返乡创业等现代经济活动使农民内生出符合现代精神的经济理性。农民的经济理性问题在本质上是农民精神的现代化问题，主要包括农民经济动机、经济美德以及经济认知三个层面的转化问题。传统社会的经济理性与现代社会的经济理性混杂在一起，互相争斗，互助补充，共同构成了当前我国农民经济理性发展的特色与困境。

二、以“生态宜居”为关键，立足乡村环境伦理建构

乡村生态环境在振兴乡村和推动新型城镇化发展中有何作用？如何激发乡村环境伦理建设主体的积极性？上述问题涉及乡村“生态宜居”建设的伦理意义与实践要求，受到与会学者广泛关注。中国人民大学葛晨虹教授指出，以往的城镇化建设在取得巨大成绩的同时，也对生态环境产生了明显的胁迫效应。生态危机也正是从生态环境对农村经济增长和农民全面发展形成制约的角度表现出来的，乡村振兴战略融入生态环保理念与实践是客观所需，农民所盼。她强调，以绿色发展推动乡村振兴已经成为城镇化迈向高质量发展的必由之路，在绿色发展理念和生态文明建设的推动下，中国的新型城镇化建设也将会进入一个新的发展阶段。

南京师范大学曹孟勤教授从乡村环境伦理的视角，阐述了中国乡村环境伦理建构的必要性、必然性和主体自觉性等问题。他在总结国外“逆城市化”趋势和国内农转非退热现象等一系列农村发展问题之后表示，当社会财富比

较丰盛、人们过上富裕的生活之后，追求较高的生活质量即追求环保、绿色、舒适的生活就成为必然。而乡村环境伦理建设要落到实处，必须充分激发建设主体的积极性。提高农民的社会地位和社会声望、增加农民的经济收入则是激发农民建设美丽乡村自觉性的必由之路。

三、以“乡风文明”为保障，注重乡村家庭伦理培育和道德建设

提高农民道德素养是家庭伦理建设的重要方面，也是强调“乡风文明”的重要目的。本次论坛上，学者们从家教家风、乡贤文化、核心价值观引领等方面探讨如何加强农村思想道德建设。湖南师范大学李桂梅教授认为，家庭和家族是乡村伦理的根据地，家风会在人们的生活实践中向民风辐射，展现于乡风。增强家庭个体成员践行家庭伦理的能力是推进乡村道德建设、塑造文明乡风的首要工作。她特别强调，将农村家庭道德建设与法治文化建设协同推进，能为家庭美德的传播与弘扬开辟新的道路，进而使良好家风成为淳朴民风和文明乡风的优良培育资源和有效贯通机制，提高乡村社会文明的过程同时也成为践行乡村家庭伦理的过程。

天津社会科学院杨义芹研究员强调多途径探索新时代乡村思想道德建设实践路径的必要性。她对家训家风、乡贤能人和民间组织在改善社会风气、传播社会正能量过程中发挥的建设性作用表示认同。同时，她也指出，既要推进农村诚信体系建设以规范农民的行为习惯，也要加强社会主义核心价值观对农民道德观念的引领，以优秀传统文化基因促进乡村道德教化。中国人民大学牛邵娜博士依托广泛而深入的农村家风调研，阐述了家教家风在中国社会的特殊地位和作用，揭示出家风与乡风、市风以及整个社会风气之间的密切关系。她呼吁乡村伦理关注优良家风培育，以推动乡风、市风和整个社会风气的改善。

四、以“治理有效”为基础，提出自治、德治、法治相融合的有效路径

治理有效，要求创新乡村治理机制，实现自治、法治和德治的有机结合。本次论坛上，学者们就乡村自治的伦理困境、“三治融合”的实践路径等问题

展开热烈讨论。浙江师范大学李建华教授通过对乡、村治理的差异性描述，揭示了基层自治实践的伦理困境。他指出，当农村自治组织和组织中的个人在角色扮演、利益获取、权力构成与道德选择等方面，与上级政府、村民的期待不同或冲突时，自治实践的伦理困境就产生了。他认为，差序格局未打破、制度设计不科学、道德权威虚置化等是造成乡村自治困境的主要原因。他提出，治理有效是在自治、德治、法治“三治融合”新格局中的综合考量，但问题在于，由于制度设计等方面的问题，可能导致“三治断裂”，如何统一、如何结合、如何协同，需要严肃思考，认真对待。

中国社会科学院孙春晨研究员认为，健全乡村治理体系需要传承发展我国农耕文明中的优秀传统，注重现代治理理念、手段和传统治理资源相结合。他立足乡村振兴的道德之维指出，当代中国乡村社会道义小农与理性小农并存，乡村振兴面临极其复杂的道德文化环境，将德治纳入乡村治理范畴，用“三治”相结合的理念创新乡村治理体系，具有重要的理论和现实意义。但在市场经济社会，面对具有市场经济理性意识的新农民，如何最大限度提取农耕文明遗产和道德文化资源，实现德治春风化雨的有效作用，则需要在进一步的乡村治理实践中加以探索。

五、以“生活富裕”为根本，引入乡村发展的伦理目标与道德评价

乡村发展伦理既是当代中国乡村伦理研究必须面对的重要理论问题，也是乡村经济社会全面发展中的重大现实问题。一些学者从乡村的发展主体、发展方式、发展原则及发展目的等方面提出了新的思考。湖北大学江畅教授认为，传承发展提升农耕文明是实现农业强、农村美、农民富的乡村全面振兴的关键。他从经济、政治、文化三个方面提出传承、发展、提升农耕文明的实践要求，鼓励提高农产品价格，重视农耕文化的参与和体验，注重引导农民调整生活节奏，平衡农民主体实现生活富裕与建设田园式家园之间的价值诉求，倡导人们追求自然、闲适、从容的生活状态。他指出，当生活富裕成为生产发展、生活和谐、生态美好复合系统形成的自然结果时，便不再仅仅作为一个经济概念而存在，它的实现方式和发展过程会被赋予更多的道德内涵与伦理评价。

南京师范大学王露璐教授提出，探讨乡村发展问题，应当首先确立以农民为本的发展伦理，并在价值目标、伦理根基和道德评价三个层面给予体现。农民的“美好生活”，是确定乡村发展目标的价值指引；农民的主体性及其发挥，是实现乡村发展的伦理根基；农民的全面发展，则是对乡村发展进行道德评价的根本原则。构建以农民为本的乡村发展伦理，才能保证作为乡村主体的全体农民在共建共享中不断增强获得感、幸福感和满足感，从而真正实现农民的全面发展和乡村社会的全面进步。

（原文刊载于《伦理学研究》2018 年第 3 期）

探问中国农业伦理之道，寻求农业可持续发展之途

——中国农业伦理学研究会成立大会暨“农业伦理学与农业可持续发展”学术研讨会会议综述

方锡良　姜　萍

2017年9月21—24日，中国草学会农业伦理学研究会成立大会暨“农业伦理学与农业可持续发展”学术研讨会，在南京农业大学学术交流中心隆重举行。本次会议由中国草学会主办，南京农业大学中华农业文明研究院和兰州大学草地农业科技学院承办。来自中国社会科学院、中国人民大学、浙江大学、山东大学、北京师范大学、中央民族大学、兰州大学、中国农业大学、南京农业大学、西北农林科技大学、东南大学、南京师范大学、山东农业大学、青海省畜牧兽医科学院、荷兰乌得勒支大学和中国国家图书馆、中国文化管理协会新农村文化建设管理委员会等20多家高校院所及相关机构的100余位代表参加会议。本次会议还收到欧洲农业与食物伦理协会、北京自然辩证研究会、中国科学技术史农业史专业委员会和《中国农史》杂志社等国内外学术机构热情洋溢的贺信。

9月22日，大会举行开幕式，南京农业大学中华农业文明研究院院长王思明教授主持开幕式。中国工程院任继周院士、兰州大学党委书记袁占亭教授、南京农业大学副校长丁艳锋教授、中国农业大学人文与发展学院李建军教授、兰州大学草地农业科技学院侯扶江院长和雷晓云书记等出席开幕式。丁艳锋副校长致欢迎词，侯扶江教授代表中国草学会宣布批准中国草学会农

作者简介；方锡良，兰州大学哲学社会科学院副教授；姜萍，南京农业大学政治学院教授。

业伦理学研究会成立以及研究会领导班子组成，任继周院士发表题为《为建设中国农业伦理学大厦》的开幕讲话，兰州大学袁占亭书记和荷兰乌德勒支大学 Franck L. B. Meijboom 教授分别致贺词。之后，任继周院士和 Franck 教授分别做题为《地的农业伦理学诠释》《Cooperation as a Key to Agricultural and Food Ethics》的主旨报告。

引言：通过追问、探究与合作搭建“中国农业伦理学”交流合作平台、构建学术共同体

9 月 22 日上午的开幕式主旨鲜明、内涵丰赡，通过任继周之问、“地”的农业伦理学诠释与强调“合作”三个维度，向我们充分展现了中国农业伦理学研究会的主旨意向、眼界抱负、素养积淀、内在要求与积极影响，研究会将通过时代追问、深入探究与交流合作，来搭建一个思想学术界、农业相关领域从业者与机构以及政府之间开展学术研究、交流合作的开放、创新平台，积极构建一个具有思想活力、时代意识与历史责任的学术共同体。

袁占亭书记讲话中所提炼的“任继周之问”① 在与会代表中引发了广泛的共鸣和热烈的讨论，任继周院士在开幕讲话中进一步结合自己多年科学研究和实践探索，我国农业领域三次结构大变革的经验教训与时代挑战以及陈建平院士等人提出的“现代农业综合体建设与示范建议”，高屋建瓴、精到简要地阐发了“任继周之问”的探寻路径、深层根源和解决之道；任院士疾呼要大力开展农业伦理学的教育教学、科学研究与探索实践，以提升全社会的观念意识与自觉行动，扩展我们的伦理学容量，积极构建新型农业伦理学，为即将到来的农业现代化和现代中华文化保驾护航，为解答构建世界命运共同体这一宏大命题贡献相应的智慧与担当，一言以蔽之，与会同人应为构建中国农业伦理学大厦而努力奋斗。

如果说袁占亭书记与任继周院士的开幕讲话向我们提出了一个极富时代气息与历史责任感的追问（任继周之问）和命题（构建中国农业伦理学）的

① 任继周之问，简而言之，在大国崛起的背景下，缘何出现了举国为之忧虑的“三农问题”？其形成根源和解决之道何在？具体而言，如何破除城乡二元社会结构壁垒、缩小城乡差距，如何确保农业与食品安全，如何促进农民有效就业、提升农民的收入和获得感，如何改善农村生产生活环境、修复和保护农业生态系统？从而有效解决“三农问题”、促进农业健康可持续发展、提升农业与农村的吸引力与凝聚力。

话，那么任继周院士大会主旨发言，则进而具体对“地”这一核心范畴进行了深入细致的农业伦理学诠释，任院士一方面从中国传统文化中“厚德载物”“三才之道”“道法自然”等角度探析中国传统农业伦理资源，反思其不足之处；另一方面又结合农业生态系统，以“土地类型维”为中枢，从四个角度来深入阐发土地的伦理学认知：一为地境的地理带性之伦理学认知，二为地境的类型学之伦理认知，三为地境的生态学伦理认知，四为地境的土地耕作之伦理认知。其农业伦理学内涵逐层加深，环环相扣，逐渐构建完整的农业伦理学系统。接着 Franck 教授的主旨发言，充分阐发了农业伦理学中“合作（cooperation）”这一观念，他从伦理反思之必要性、综合性研究之方法以及合作之重要性三个角度展开分析。Franck 教授认为，尽管人们通常从一种经验生活或技术挑战的视角去看待农业问题，而现代农业和食物生产也需要一系列科学技术支撑，但是如果缺乏伦理学观照，则现代农业无法实现健康可持续发展。这些伦理学维度包括：权力与社会地位（选择的自主权与自由度）、价值（社会的、历史的和文化的）、道德问题（基于价值冲突和新型情境）。当今时代，由于社会发展变迁而来的农业领域价值冲突和新道德问题较为突出，表现为伴随着技术进步、人口增长和气候变化而来的食品安全、食物保障、公共卫生、生物多样性、文化传统与可持续性问题，这些问题非常重要，事关人类整体福祉，必须加以伦理反思；同时又由于关涉到公共领域—私人领域、地方性—全球性两个维度而变得更加复杂。因此，我们必须对它们采取综合方法（integrated approach）进行研究，我们不仅需要关注人类、动物和自然的存在价值和相互关系这类综合伦理问题，还要关注从农田到餐桌整个产业链的系列伦理问题。这些问题远远超出单个个体或机构的研究能力，所以它迫切需要建立起学术界之间的合作关系，以及农业食品链条和政府之间的伙伴关系，开展跨学科、综合性交叉研究。

开幕式上的时代追问、深入探索与交流合作，激发了此后的学术研讨热情，将农业伦理学的研讨推向多维交锋和深入探讨。本次学术研讨会以“农业伦理学与农业可持续发展”为主题，从哲学、伦理学、历史学、生态学、农业、畜牧业等不同角度，结合古今中外的思想资源，展开跨学科、多维度的分析研究，相关话题具有开放性、探索性和启发性。

研讨会首先对农业伦理学的理论方法、思想资源、规范原则和学科体系展开广泛探讨，并结合生态文明建设分析生态农业的趋势、挑战与对策，探究农业可持续发展理念与路径，同时通过研究伦理学容量、传统农学与农业伦理思想、动物福利和人工智能等主题展现了农业伦理学思想与科学的多重维度与交叉融合，最后，通过对乡村环境伦理、农耕伦理、特色小城镇建设、梁漱溟乡村建设等论题的分析，探讨了新型农业发展与乡村建设的伦理观念与发展模式。

根据大会主题，本次研讨会设置了四大议题：农业伦理学学科体系与学科发展、农业与可持续发展、农业伦理学思想与科学、农业伦理学与乡村发展，下面分别加以概述。

一、农业伦理学与学科发展

相对而言，农业伦理学的研究要新颖而晚近得多，而中国农业伦理学在学科体系建设与发展上，尚处于起步阶段，本次学术研讨会正好借助研究会成立之机，开展相关研究交流。这方面的研究涉及农业伦理学的可能性、基础探源、理论与方法、中外思想资源、特征与学科体系等。

东南大学陈爱华教授追问“农业伦理何以可能?”这一追问意味着要深入继承和发扬各类农业伦理思想，推进各类农业发展主体的伦理责任自觉，并对现有农业发展模式展开伦理反思，深入思考人与自然之间伦理秩序，明确人对于自然“能做”和“应做”的界限，培育一种负责任的伦理精神。这一追问具体分为三个问题：首先追问农业伦理历史生成，探究历史悠久的中华农耕伦理文化，如“道法自然”“注重时禁”“惜生仁爱”“参赞天地化育”等观念。其次探问农业伦理何以必要?主要是因为需要梳理和研究农业发展中的多重伦理关系与多重伦理悖论，规避其中的伦理风险。最后是如何研究农业伦理?包括农业伦理史学维度，农业发展的生态与环境伦理维度，农业发展模式的伦理维度，农业的科技伦理维度和农业发展的生命伦理维度等。

呼应“农业伦理学何以可能?”的追问，兰州大学方锡良副教授结合中外农业伦理思想资源和历史发展进程开展了一种“基础探源”工作：在农业领域复杂问题谱系与矛盾处境中，在时代发展变革趋势和农业生产生活实践中，深入思考农业领域的基础问题与发展方向，敏锐感受农业的现代化与生态转型主导趋势，提升自己的伦理洞察力与决断力；进而我们还需要在历史文化传统中进行追根溯源，以千年文明为尺度，追溯至先秦时期“神农、后稷”和古希腊农业女神德墨忒尔的故事传说与文化意象，深入理解农业与文化、伦理之间的内在紧密关联，澄明农业所蕴含的丰富哲学内涵与伦理意蕴。最后，结合中国农业文化传统与农业生态系统规律，来探究中国农业伦理学的观念奠基与规则导引，其中基础观念包括：道法自然、三才相谐、谨守法度、诚仁护生、健进不息、日新又新，规则导引如任继周院士提出的“时、地、度、法”四维体系和樊志民教授所强调的“诚、仁、中、和”等主观规则体系。

这种基础探源工作，力图深入农业生产生活的底基，澄明人类的农业伦理直觉与观念意识，指导伦理教育、农业决策及其论证。这种奠基、澄明和指导作用，将激发更多的关注与讨论，并逐渐为普通民众所发现和认可，从而积极构建活态的农业伦理学。

农业伦理学的相关研究，在国外开展得较早且较为广泛深入，中国农业大学李建军教授以一篇非常翔实有力的《农业伦理学与研究方法》报告，向我们清晰展示了国外农业伦理学的兴起背景、基本主旨、研究状况与研究方法，具有较强的指示与启益作用，应予重视。农业伦理学兴起，既源于农业和食品生产领域出现的诸多伦理悖论，也与当代农业和食品生产体系的明显失败相联系。它旨在重新反思农业和食品研究与生产相关的道德信念、价值观念与道德规范，构建条理分明、原则统一的伦理学框架，以指导相关农业决策和创新战略的审慎开展。

农业伦理学的学科化与建制化，源于一大批具有人文情怀的农业科学家和敏感于农业及食品问题的哲学伦理学家之间的紧密合作与积极推动，罗伯特·齐达尔、保罗·汤普森、本·梅普姆和米歇尔·科尔萨斯等专家学者，密切关注与研究讨论农业与食品领域的伦理悖论与道德难题，建立“农业、食品和人类价值研究会”和“欧洲农业和食品伦理学研究会”等研究机构，创办《农业和人类价值》和《农业和环境伦理学杂志》等学术期刊，搭建起相关专家学者、生产实践者及管理者开展跨学科、综合性交流合作的平台，不断推动农业伦理学的研究、教育和决策咨询工作，有力推动了欧美农业伦理学的发展。

鉴于农业伦理问题的综合性、繁复性与道德悖论，其研究经常需要诉诸一种复杂的理性均衡机制，均衡考虑伦理直觉、道德规范与问题情境，综合运用后果论、道义论和德性论等道德理论来分析相关农业伦理问题或公共决策。进而正视这些道德理论的潜在冲突，反思功利主义研究方法的不足，采用“伦理矩阵”等综合方法和“可持续性发展”等核心理论来开展系统研究与规范分析，通过相应的伦理论证、规范分析和沟通交流服务于公共决策。

李建军教授的报告使得我们对国外农业伦理学的发展进程、理论与方法有了一个全面扼要的把握和理解，极具指引作用，与之相呼应，不少学者分别从环境伦理学、分析哲学和公共卫生等角度深化或拓展了农业伦理学的学术研究。

北京林业大学周国文教授从现时代工业化、城市化、全球化和技术化的发展趋势出发，结合利奥波德的“大地伦理”来思考农业伦理，分析大地伦理所强调的“重视生命（生活）共同体、尊重自然存在物的内在价值与基本权利、人类应尽可能维护大地之完整与美丽”等观念，能否以及如何作为一种普遍伦理扩展到农业伦理上去。思考我们应如何有效控制农业生产生活行为，保持大地或自然的生态多样性、完整性和美感，我们如何才能真正有效“回归大地”，构建充满和谐之美的农业生活共同体？

南京农业大学阎莉教授以卡尔纳普的逻辑实证主义和高度逻辑化的物理学为参照系，分析农业为何是“非逻辑的”：农作物的生命特征与发展过程，无法用逻辑进行构造；农业生产过程，事关人类生存与发展的根基，各种自然因素、社会因素与历史因素繁复交织，难以用逻辑语言进行重构；农业知识也难以借用精确的概念进行表述，难以简单地还原为少数几个概念，难以借助逻辑语言对其形式化和重构。阎莉教授的分析提出了一个非常值得深思的问题——“农业为何是非逻辑化的？”

南京农业大学姜萍副教授则选取了公共卫生领域中的一个独特概念“One health”，结合这一个概念的提出背景、发展历史、价值意义，进行综合性交叉研究，尤其是结合我国的生态环境状况、生态文明建设战略与公共卫生风险等，探讨这一概念的当代价值和实施路径：其当代价值在于破除孤立、单一的研究方法与健康观念，迎接全球性生态危机和卫生健康风险方面的挑战，开展综合性、交叉研究，树立“万物一体、整体健康”的理念；其实施路径是借助于农业、食品、卫生、检验检疫、疾控中心等相关机构之间的合作，以及兽医学、医学、环境、野生动物和公共健康等不同专业之间的合作，沟通兽医学、人类医学和公共健康等不同科系，最终达至一种“整体健康观”。姜萍副教授的分析，启示着农业伦理学研究既可以开展视域融合与综合交叉，也可将理论与实践密切结合，具有极强的理论指引作用和现实观照意识。

如果说前面几位学者（李建军教授、周国文教授、阎莉教授和姜萍副教授等人）的研究偏向于现代的或国外的相关研究，那么西北农林科技大学的齐文涛博士与中国农业大学的刘巍教授，则分别从古代思想探源和学科体系建设角度展开阐释，使得我们更加全面地了解了农业伦理学的学科体系与学科发展情况。齐文涛博士分别从农业生产和农业经营两个层面分析了中国古代农业伦理思想，其中农业生产层面，包括“顺天时，量地利”的种植伦理思想，“心怀爱重”和重视放养的养殖伦理思想，“禁发有时”和“数罟不入洿池”的伐猎伦理思想。农业经营层面，包括以“以农为本，兼顾求利”“宁可少好，不可多恶”“农桑并举”甚至“四农必全”为代表的政策、规模、对象等维度的伦理思想。其现实启示是，现代农业应具伦理维度，现代农学应受伦理规范。

刘巍教授从学科性质、研究领域和主要任务等角度，初步阐发了有中国特色的农业伦理学学科体系：农业伦理学作为应用伦理学的分支，具有哲学性、交叉性、系统性和实践性等学科性质；其研究领域和方向，主要包括农业科技伦理学、农业经济伦理学、农村治理伦理学、农业环境伦理学、农业伦理思想史、农业伦理教育学等。作者认为，必须要结合中国特色社会主义建设任务和我国农业具体实践，以马克思主义伦理思想为指导，以中国传统农业伦理思想为思想渊源和历史依托，借鉴国外农业伦理学的最新研究成果，用生态文明建设引领中国农业伦理学研究，构建有中国特色的农业伦理学。

二、农业与可持续发展

作为农业伦理学的根本主旨和核心规范，农业的可持续发展是本次学术研讨会的重要议题之一，得到广泛深入地探讨，如分析可持续发展的绿色理念（林坚）与人性基础（苏百义、林美卿），辨析环境史与农业史之间的异同（高国荣），探究常规农业的生态转型（彭光华）与生态农业面临的挑战与突破路径（刘魁、李安君），分析草地农业的战略地位与重要作用（林慧龙、任继周）并探究草地生态畜牧业的现状与对策（董全民），还可结合具体的地区（湖州，汪浩、姚红健）、对象（南瓜，李昕升、吴昊）和话题（宗教领域中的食物禁忌，陈坚）来开展丰富多样、引人入胜的讨论与交流。

中国人民大学林坚教授，深入阐发了农业可持续发展中的绿色发展理念。绿色发展理念事关我国发展全局，有助于实现人民富裕、国家富强、中国美丽、人与自然和谐以及中华民族永续发展。贯彻绿色发展理念，对农业可持续发展具有重要意义：树立绿色环境理念、大力发展生态农业；贯彻绿色经济理念、促进农村经济发展；树立绿色生活理念，改善农业生活水平。绿色发展有利于“三农问题”的有效解决，是实现生产发展、生活富裕、生态良好的文明发展道路的历史选择，是通往人与自然和谐境界的必由之路。

坚持绿色发展理念，促进农业可持续发展，是生态文明建设的题中应有之义，循此，山东农业大学林美卿教授和苏百义副教授更进一步分别从生态文明与人性的关系、困境与超越三个角度来开展对“生态文明建设的人性思考”。通过对生态文明与人性之间内在关系的积极思考，通过对生态危机重要根源——人性异化的深入剖析，通过对自由选择论、劳动创造论、自然生成论等理论的分析来揭示人性超越维度，我们将真正感悟到生产生活的基本宗旨与合适路径，深入思考人与自然之间的内在关系，担负起生态文明建设的责任与使命。

中国社会科学院高国荣研究员对农业史与环境史之间异同展开辨析，二者联系在于：农业史是环境史的重要源头和重要研究领域，二者合作交流一直存在并且呈增加趋势；二者区别在于：传统学科与新兴学科的差别，中心主题的差别，价值判断的差异，与现实的关联程度不同。这一基础性的异同辨析有助于我们更好地理解农业、农业伦理学的性质与特征。

如果说前面几篇文章更多从理论层面对农业的可持续发展进行分析的话，那么其他专家学者则结合社会历史发展与生产生活实践进一步展开分析探讨。

中国农业大学的彭光华副教授探讨了“常规农业的可持续发展转型与伦理反思”问题，包括传统农业和现代工业化农业在内的“常规农业”面临着“生态破坏、资源耗竭、环境污染、农民增收、食品安全”等方面的挑战，同时时代发展也提出了“食品安全、身心健康、休闲旅游、养老观光”等更高品质的要求，常规农业的可持续发展转型势在必行；依照国家“五位一体”

建设布局和绿色发展理念，我们需要遵循自然规律，充分利用科学技术，因地制宜，改造升级常规农业，促进其朝着多元化、功能化、信息化和生态化方向发展，积极探索“田园综合体、生态农场”等农业可持续发展的新模式，探索农业可持续转型的新路径。

东南大学刘魁教授与李安君博士结合现实情况开展了“中国生态农业面临的挑战与突破路径研究”。生态农业虽然在中国农业整体发展战略中居重要位置，但在资金、技术、人力等方面比“石油农业”要求更高，面临着如何提高生产率、维护农业生产条件、保障食品安全等一系列问题，且与其他社会问题交织在一起，所以面临不小挑战。中国生态农业的发展应汲取传统农业的生态思想资源，协调各种生态农业类型之间的关系，创新政府介入的力度与方式，强化国内外农业技术的交流合作，从而更好地实现农业的生态和可持续发展。

草地农业生态系统与草地生态畜牧业在本次大会上也得到了积极关注与深入分析。兰州大学林慧龙教授、任继周教授在《草地农业是生态安全、伦理周延和农业供给侧改革的突破口》的报告中，强调生存权和发展权是任何农业生态系统的基本要求，生态安全、伦理周延、供给侧更新（即适时做适应性调节）是其保证条件。伦理学周延是生态和生产中以人为本的出发点，在这一基础上农业生产才能持久开展，生存权和发展权才有保障。草地农业作为遵循生态经济规律，并与中国农业现实紧密联系的农业生产方式，将会成为新常态下实现我国农业供给侧结构性改革的有效途径，也是实现农业发展与农业伦理周延、保障生态安全的有效措施。这篇文章从战略层面高屋建瓴地阐发了草地农业的重要作用，对于拓展农业伦理学的研究视域、提升农业伦理学的战略高度具有示范效应。

青海省畜牧兽医科学院董全民研究员结合三江源地区家畜生产系统现状来探讨草地生态畜牧业的发展对策。从能量转化效率和产出出发，牦牛在放牧条件下早期出栏能够获得适合的经济效益；藏羊在舍饲育肥下对资源利用效率最高，经济效益也最高；现行传统放牧方式的饲料报酬最低，资源消耗最大，能量转化和产出效率低。在此基础上他提出相应的草地生态畜牧业发展措施与对策：强化草地生态建设，提高草地生产力；发展生态畜牧业，大力调整产业结构；因地制宜，建立不同生态区草地畜牧业优化生产模式；建立生态教育机制，提高人口素质；开拓新型产业，寻求经济发展与环境保护相协调的切入点；引进生态补偿机制和资源有偿使用机制。

农业的健康可持续发展，作为农业伦理学的永恒话题，还可以从更加多样而具体的视角来加以探讨分析，如结合地域状况、作物演变和宗教禁忌等角度来开展分析。湖州师范学院的汪浩、姚红健老师则结合具体案例来开展“湖州市现代生态循环农业发展研究”。报告在分析湖州市发展现代生态循环农业优势条件的基础上，冷静分析其发展过程中的不足之处与制约因素：整体实力不强、相关农业支持政策有待完善或落实、观念认识和理念创新受限、科技支撑、产业发展水平与主体积极性有待提升。在此基础上提出了相应的对策建议：统一思想认识走内涵式发展道路，“治、防、建”三管齐下进行全面协调推进，制定合理规划，加强组织管理，强化科技与人才支撑，完善制度和机制保障、加强政策支持力度，实施创新驱动。

南京农业大学李昕升博士后与吴昊博士后则从一个非常具象的角度，探讨“明代以降南瓜引种的生态适应与协调”问题。南瓜是“哥伦布大交换”中的急先锋，最早进入中国且迅速推广，作为救荒作物影响日广。个中要义在于南瓜是典型的环境亲和型作物，高产速收、抗逆性强、耐贮耐运、无碍农忙、不与争地、适口性佳、营养丰富等。在环境史视野下观之，南瓜衍生了丰富的生态智慧，在“三才”理论体系下，南瓜展现了人与自然的和谐统一。从整体史观的角度考察南瓜的生命史，贯穿了地宜、物宜的生态思想，体现了自然与社会二重属性的统一。这篇论文从一个非常感性的作物——南瓜入手，结合其引种的历史，考察南瓜与自然环境、南瓜与人之间的适应亲和关系，揭示了培植食用南瓜过程中所蕴含的亲切生活生命体验与丰富生态智慧，报告以小见大，极富启发意义。

山东大学陈坚教授则从人类食物文明发展演变角度探讨了“农业生产和宗教禁忌”的主题，文章首先探讨了食物之于人类文明发展的基础地位，强调“民以食为天”的重要性；接着考察了“伊甸园农业与宗教精神”的关系，神在“伊甸园农业”中为即将创造出来的人预备丰富的食物，这体现了神对人类的无限大爱以及在天地间所展示出来的崇高宗教精神；进而通过宗教中的“食物禁忌”来理解“宗教与农业”之间的矛盾张力关系，在提供食物与限制食物的“一阴一阳之道”中体会人类文明健康可持续发展之道。

三、农业伦理学思想与科学

无论是农业伦理学的学科体系建设还是农业的健康可持续发展，都离不开农业伦理学相关思想和科学的研究与支持，所以本次会议从多个维度展开阐发。既有从战略高度开展的探讨（任继周、方锡良、林慧龙），也有从哲学角度和技术变革挑战角度展开的追问与分析（肖显静、陆群峰、刘战雄），还有从中国古代文化传统与农业生产生活角度展开的分析探讨（吴昊、卢勇、孙金荣、陈玲），以及从动物福利或保护动物角度展开的广泛研究（张敏、孙振钧、严火其、郭欣）。

兰州大学任继周院士、林慧龙教授和方锡良副教授合作探讨“伦理学容量与中国农业现代化”关系，高屋建瓴、引人深思。报告结合社会系统耦合与系统相悖并行发生的实情、城乡二元社会结构状况、中国农业结构的三次转型过程、耕作农业对草地农业生态系统的侵蚀等重大问题，着重阐释了伦理学容量的基本含义，分析伴随着社会的进化而来的伦理学容量扩增趋势，揭示了伦理学容量扩容之需必然倒逼农业结构转型。

伦理学容量意指社会伦理观对各类社会组分的系统性包容，借以保持社会稳定。伴随着全球一体化、后工业化和城市化的来临，社会巨生态系统中同时发生的巨量系统耦合和系统相悖，尤其是系统相悖受益较少的农村与农民承受的压力超越社会伦理容量阈限，这种非正义现象严重阻滞了社会的发展，亟须扩展农业伦理学容量，而城市作为社会系统各类产业与思想系统界面汇聚中心，恰恰为社会伦理学扩容提供适当的环境。

伴随着十九大的召开，城乡二元社会结构壁垒将逐步消除，目前我们正面临着社会伦理学容量扩大的良好机遇；而陈剑平等 24 位工程院院士所提出的《关于推进现代农业综合体建设与示范的建议》，涵括绝大部分社会系统，内涵扩大社会伦理学容量的必要素材。这些必将促进社会系统协调进化和结构转型升级，既促进现代化农业，也将带来农业伦理学容量的飞跃式扩容，一个全新的农业伦理学已经曙光在望。

中国社会科学院肖显静教授的报告《人类应该给予生态系统以道德关怀吗?》结合生态系统的性质、特征的认识及其深化，深入考察人与自然之间伦理道德关联的内在理路。从斯坦利的“准有机体”思想、林德曼的“营养动力学”概念、奥德姆兄弟的“生态系统能量说”、帕滕的“生态网络分析理论”到乔金森的“生态系统‘系统论’”，最终落脚到生态系统是一个生命性的存在或者是一个“超级有机体”，凭其自身就拥有道德地位，生态系统理应受到人的尊重与关怀。借助于西方学者对生态系统概念的层层深入分析，尤其是对比分析还原分析论和有机整体论，人类对大自然、生态系统的道德责任和关怀观念从学理上逐渐明晰和确立起来，这一点对于我们解答“农业伦理学何以可能?”这一问题，或许有所启益。进而肖显静教授又分别从“遗传、物种与生态划分”“等级结构与组成成分划分”“过程与生物完整性划分”以及“天然（自然）与人为之间划分”等角度全面探讨了“生物多样性”问题及其哲学伦理意涵，也启益我们要关注和保护农业生态系统的生物多样性。

湖州师范学院陆群峰博士结合农业发展的进程与农业活动的本质，探讨农业与自然之间的关系，提出了“走向‘适度’非自然性的农业”这一论题。报告结合传统农业文明向现代工业文明转变过程，尤其是结合现代技术在这一问题上所带来的挑战与风险，强调现代农业的发展，既不可能走纯任自然的道路，更不能走违背自然的道路，而是采取“适度”非自然的方式，在人工与自然之间保持恰当的张力和合适的度，既要采取负责任的培育方式与生产技艺，又要改变我们的生产生活方式与消费观念，以保持农业的可持续性发展。这篇文章启示我们应结合时代发展变化，尤其是结合工业文明与科学技术的影响，来深入思考人与自然、农业与自然之间的内在关系，将引发更深入的思考。

南京农业大学刘战雄博士从农业伦理学的视角考察“人工智能对农民工的影响及其应对”，由于务工农民基数大、受教育水平较低、学习能力较弱、接受职业技术培训较少，其所从事的工作越来越容易被人工智能新技术所取代，在人工智能技术创新过程中，必须超越单纯的技术理性与经济逻辑，主动关怀作为重要利益相关者和弱势群体的农民，恰当把握使用人工智能技术替代农民的时序和程度，保护农民工的就业权与生存发展权，同时积极利用人工智能技术来提升农民的科技素质，并加强社会保障措施，以实现人工智能技术与农民就业创业的合理耦合。刘战雄博士的报告启示我们作为以人为本的农业伦理，应积极关注科技发展对农民的影响，推进负责任的技术创新，拓展农业伦理学与时代发展的密切联系。

南京农业大学吴昊博士后和卢勇教授从汉代经学的视角探析农业伦理学思想，该报告通过对西汉五经和东汉七经的文本书写对校与分析稽核，从文献学、版本学、训诂学等方法角度发掘两汉时期的汉儒农业伦理学思想，从思想溯源、思想基础和思想核心几个部分来引申出汉儒对农业生态伦理思想、生态保护思想、农业经济思想、农业社会思想等观点，进而总结两汉时期农业整体思想特点。这一经学考察路径较为独特，可资借鉴。

山东农业大学孙金荣教授着重分析了“《齐民要术》天地人和合思想及其文化意义”，从上古天命观中就已经孕育出来的天地人和合思想，是中国传统文化的精髓。《齐民要术》继承这一思想传统，并在农业生产实践中加以总结和推广。其中，顺天应时、因地制宜，合理种植与养殖等思想，是中国农业史的宝贵思想文化资源，对后世的农业科技思想、农业生产的理论与实践产生了积极影响，对现代农业生态文明发展有着重要意义。

厦门大学陈玲教授以“农畜牧品种的改良；群策群力治理蝗灾；疏理河渠，完善灌溉，化水害为水利”等几大主题为例，阐发了“唐代农学思想”，认为它们体现出唐代将发展农业作为壮大国力措施的重要观念，对我国形成重农传统有巨大的影响。这个传统对今天解决“三农”问题，也具有一定的参考价值。

“动物福利或保护动物”，作为农业伦理学的热点话题，在本次大会也得到了较为广泛的分析讨论，既包括概念演变，也包括产业发展，还包括科学伦理。南京农业大学张敏副教授结合欧洲动物福利观念的发展演变历史，深入探讨美国动物福利观念的演变历程：从基于动物疼痛基础上的实验室动物关怀观念、非人类中心主义的动物权利，到融合动物福利与动物权利的新福利主义，以及融合了生态女性主义、美德伦理学和科学观念等更加完整系统的动物关怀等伦理观念。在处理科技进步与人道对待动物问题上，美国走过的独特道路，可资借鉴。

中国农业大学孙振钧教授的报告《基于动物权利的有机畜牧业》，结合中外动物权利思想演变、我国畜牧业发展现状及其伦理反思，尤其是结合草地生态系统的均衡协调、草畜之间动态辩证关系和轮牧传统，在尊重自然、爱惜生灵、健康可持续发展的理念指引下，承认动物自身权利和生存方式，促进有机畜牧业的发展。

南京农业大学严火其教授与郭欣博士则从动物福利科学兴起的角度探讨了科学与伦理的融合问题，该文首先结合反对虐待动物观念的兴起、“动物福利”概念与“3R”原则的提出，以及集约化养殖过程中的动物伦理问题等，探讨动物福利科学的发展历程，其宗旨在于用科学的方法测量动物的福利水平，在深入理解动物生物需求的基础之上全面提高动物的生存质量；进而，文章在反思西方近代以来科学与伦理二分之弊端的基础上，探讨了动物福利科学在融合科学与伦理上的贡献：将求真与求善融为一体，科学研究负载伦理诉求，搭建起科学与伦理之间的沟通桥梁。

四、农业伦理学与乡村发展

作为“三农问题”的主要维度之一，乡村的治理、建设与发展，也构成了农业伦理学的重要论题，在本次会议上得到了集中探讨。这方面研究，既有从传统文化与生活角度深入探讨“中国农耕伦理”（曹山明），也有从现代生产生活冲击而聚焦“中国乡村环境伦理”建设（曹孟勤）；既有借鉴前人思考实践来推动乡村建设（崔树芝），也有聚焦少数民族宗教文化传统和农业生产生活来拓展农业伦理学考察视角（赖毅）；而特色小城镇建设作为近年来解决“三农问题”的重要模式，也得到了深入的探讨，既有冷静的理性分析（史玉丁），也有结合各地案例所开展的农村空间重构分析（王景新）。

中国文化管理协会新农村文化建设委员会曹山明研究员的《中国农耕伦理的探讨》，以传统儒释道文化为基础，紧密结合传统农业生产生活经验，提出农业伦理学研究应遵循“众生平等”“得其所”和“生生不息”三个原则，其伦理核心在于“心安、积德”，而根据中国养育文化和西方制造文化的差别，可以明确农耕伦理是中国传统伦理的基础。

南京师范大学曹孟勤教授聚焦探讨“中国乡村环境伦理”：现代化进程和工业生产方式的冲击，使得广大纯朴自然的乡村地区受到严重的环境污染与生态破坏，而城市病则强化了人们对美丽纯朴乡村的向往之情，为了修复和保护乡村自然生态，建设美丽乡村，极有必要建构中国乡村环境伦理，为美丽乡村构筑一道社会文化与伦理道德的坚实屏障。为此，需要充分开拓和发展生态有机、休闲观光农业产业，促进农民增收致富，提升其社会地位和声望，从而激发农民建设美丽乡村与生活家园的自觉性与主动性。

贵州省委党校崔树芝副教授分析了“梁漱溟乡村建设的理路与启示”，在梁漱溟那里，乡村建设事关中国向何处去的问题。就当下的乡村治理而言，乡村建设仍旧有诸多启发意义。就乡村建设的具体组织而言，其核心是要发挥农民在乡村治理中的主体地位，变消极被动为积极主动。就乡村建设的基本途径而言，则是具有先进知识技能的知识分子与农民打成一片，知识分子积极帮助农民发挥其自主力量。乡村建设也是社会整体建设的重要环节，乡村的健康发展关系到整个社会大生态系统的和谐，应结合时代发展趋势予以重新思考与探索。

云南农业大学赖毅副研究员集中研究藏族“聚”观念的农业伦理意涵。在原始宗教、苯教和佛教的影响下，借助于人们共同业力所形成的“央”，藏族形成了以自然“精气”“精华”为存在根本，注重提升道德修养和维护生存环境的“聚”观念。这一观念蕴涵着注重“农业生产的节制性、生产的多样性、农业与自然的互哺性以及生产活动的统一性”等农业伦理观念。藏族“聚”观念的农业伦理思想将自然的完整性与人类利益相结合，有助于促进农业生产生活与保护自然生态之间的和谐一致，但在现代以人为本可持续伦理原则指引下，这一伦理还需在现代市场经济环境中加以转化。

中国农业大学史玉丁博士从社会伦理的角度分析我国特色小镇建设过程中的现状与迷思，这一过程中政府、市场、公民社会的权利与义务的“越位”与“缺位”，往往影响特色小镇功能的有效发挥。要想发挥小城镇的作用，应以社会伦理原则为指引，因地制宜，实现政府、市场、公民社会之间权利与义务的良性互动，通过“善治”来促进特色小镇的可持续发展。进一步他从“自律”与“他律”之间有机结合的角度，探讨了特色小镇建设中伦理治理的转型与发展，如价值观念从“政府汲取”向“政府服务”的转变，行动主体从“政府管制”转向“社会共治”的互动，社会关系从“政府动员”转向“主动回应”的重构等。

浙江大学王景新教授从农村空间重构角度来分析特色小城镇建设与农业农村复兴之间的关系。王教授的基本判断是：中国已进入农业产业拓展融合、农村地域空间重构、农民市民差距全面缩小的阶段。为此，王教授列举了东阳花园村、兰溪诸葛村、深圳华侨城、山东德州市等案例加以验证，表明特色小镇与美丽乡村同建，可以有效推进农村地域重构，加速“三农”现代化。

最后政策导向是："城乡一体化"应该以县域为单元，以特色小镇建设和美丽乡村同建为重心。

五、结　语

中国农业伦理学研究会成立大会暨"农业伦理学与农业可持续发展"学术研讨会成功召开，与会专家学者围绕着"农业伦理学学科体系与学科发展、农业与可持续发展、农业伦理学思想与科学、农业伦理学与乡村发展"几大主题，结合古今中外思想文化资源和生产生活实践，积极回应社会发展与时代变迁所带来的挑战与机遇，进行深度追问，充分展开分析阐发和探讨交流。循着"任继周之问"，我们进一步思考：农业何来？该往何处去？该如何有效解决"三农问题"，推进农业现代化，建设美丽乡村，促进农业健康可持续发展？

中国农业伦理学研究会将提供一个开展相关学术研究交流、分析讨论各类农业伦理问题的创新平台，通过认真发掘各类文化传统，总结相关实践经验，聚集不同专业、领域的专家学者与从业者进行开放性、国际化的对话讨论、交流合作，拓展农业的伦理学容量，积极回应和有效解决现代农业发展过程中的各类伦理悖论与道德难题，提供合宜的伦理规范与方法模式，促进相关教育教学、科学研究和交流合作，推动公共政策的合理优化，最终服务于农业的现代化与健康可持续发展。

我们相信，在推动中国现代化、实现中华民族伟大复兴和构建人类命运共同体的伟大进程中，农业伦理学一定会有所作为。

（原文刊载于《中国农史》2017年第5期）

农业伦理学的新起点和前沿动态

——首届“农业伦理学与生态文明研讨会”综述

李建军　赵　冰

2016年7月22—23日，由中国农业历史学会农业伦理学研究会（筹）主办，中国科学史学会农史专业委员会、中国农业大学农业伦理学与公共政策研究中心、南京农业大学中华农业文明研究院、兰州草地农业科技学院、石台秋浦慢生活庄园有限公司等多家单位协办的首届“农业伦理学与生态文明研究会”在安徽省石台县慢生活庄园顺利举行，来自中国人民大学、清华大学、兰州大学、中国农业大学、南京农业大学、西北农林科技大学等全国著名高等院校的30多位研究者和国际友人参加了本次学术研讨活动。本次会议安排有主题发言、专题讨论和茶业文化遗产考察体验等，涉及议题包括农业伦理学与现代农业、农业文明史和文化遗产、农业的多功能性与生态文明等。中国工程院院士、兰州大学草地农业科技学院教授任继周为本次研讨会发来贺信。兰州草地农业科技学院党委副书记雷晓云女士、安徽石台县主管农业的副县长杨普先生和安徽天方茶业集团的董事长郑孝和先生莅临会场并发表致辞。研讨会得到安徽天方茶业集团慷慨资助和大力支持。

南京农业大学中华农业文明研究院院长王思明教授主持了研讨会的开幕式。雷晓云副书记首先代表兰州大学草地农业科技学院宣读任继周院士的贺信。任院士在贺信中指出，“中国是以农立国的文明古国。中国有着丰富多彩的自然生态系统，并在此基础上取得了农业成就。我们积累了丰富的农业生产经验，同时也积累了丰富的农业伦理知识。正是这些农业伦理的智慧引导中华民族创造了悠久而光荣的历史……三十多年来我国改革开放，高速发展，走过了相当世界工业化和后工业化的300年历程。当我们取得骄人成绩的同时，回顾来路，令人惊讶地发现，我们走得过于匆忙，几乎遗失了农业伦理这一重要维度。当医学伦理学和工业伦理学等学科都已在大学里阔步前进的时候，我们却没有一所农业大学开设农业伦理学课程。原来我们行走在农业伦理的盲区，令人不寒而栗。这个失误使得我们的水土资源和生物资源蒙受巨大损失，我们的生存环境面临威胁。我们主要农产品的生产成本远高于舶来品的到岸价。于是发生了举国为之忧虑的'三农问题'，对此曾经有过多种解读和对策，却很少触及农业伦理学这个最根本的原因"。他说，本次研讨会的召开"是中国农业发展史上的一件大事"，"我衷心盼望这次会议在科学交流的同时，构建我国农业伦理学委员会框架，团结我国农业伦理学科学工作者，同心协力，焕发农业伦理学的智慧之光，使我国农业发展远离盲目和曲折，增加一些伦理认知，踏踏实实地走向农业现代化。"

杨普副县长在致辞中介绍了石台县农业发展和农村经济发展的基本情况以及茶业发展的悠久历史，他说，石台县的产业创新和乡村发展亟须转变观念和智力支持，感谢来自全国各地专家在百忙之中汇聚石台慢庄，共同探讨事关中国农业和农村可持续发展的重大问题，希望与会专家为石台县社会经济发展提供宝贵意见和建议。预祝大会圆满成功。董事长郑孝和在致辞中热情欢迎来自海内外的专家学者，并简要分享了天方集团在打造茶业产业链、创办慢生活庄园和引领村民脱贫致富的创新实践和深刻感悟，强调人文情怀和伦理思考在茶业拓展和乡村发展决策中的重要作用。他真诚地感谢各位专家学者来天方集团进行学术研讨，期望会议研讨能为天方集团乃至全国农业和农村发展做出贡献。

中国农业大学人文与发展学院的李建军教授在致辞中说，农业伦理学研究是一个跨学科研究领域，需要多学科、多领域的研究者和实践者共同努力才可能有所推进。本次研讨会的顺利举办，得益于前期的系列筹备工作和偶然的"机缘"。2009 年，我们和荷兰乌德勒支大学合作在中国农业大学举办了首届"中—荷生命伦理学会议：涉及实验动物的伦理学问题和公共政策"。2014 年秋，在任继周院士的倡导和推动下，兰州大学草地农业科技学院率先在全国高校开设"农业伦理学"系列讲座，逐渐汇聚国内专家学者和研究资源，以创建农业伦理学的新学科。2016 年 3 月 12 日，天方茶业集团董事长郑孝和先生在北京参加"两会"期间，受蒋劲松教授的特意邀请在清华大学"动物伦理学与护生文化系列讲座"上做题为《人大代表郑孝和的动物情怀和思考》的报告，我非常荣幸地接受邀请做本次报告的评论者。在报告中，郑先生通过诸多人与动物和谐相处的生动故事阐述了保护动物与人类追求美好生活的道德相关性，并呼吁公众和农业生产者加强伦理修养，谨防对消费者健康、动物生命和自然生态造成严重危害的“互害社会”的出现。郑先生的报告与我们之前在学术圈内讨论的诸多观点产生强烈共鸣，我在评论和互动环节中提到我们在任院士支持下正在进行的农业伦理学研究计划，并提议他资助我们组织一次研讨会。郑先生当即慷慨允诺，同意资助我们在安徽石台举行首届农业研讨会。我衷心感谢郑先生对中国农业伦理学研究事业无私奉献和大力支持。

李建军教授主持了本次研讨会的主题报告会和“农业伦理学与现代农业”专题讨论会。中国人民大学一级教授刘大椿先生首先做了题为《从生态文明的视角看人工自然》的主题报告，讨论了构建农业伦理学和生态文明的理论基础和基本立场。他说，人与自然的协调发展，关键在于天然自然与人工自然的协调发展。长期以来，人们把自然视为“取之不尽”的原料库和“容量无限”的消化器，盲目地索取天然资源，又把大量的废物和垃圾投向天然自然，从而导致人类及其人工自然和天然自然的对立。对人与自然关系短期的、局部的、狭隘的理解，把个人利益、当前利益和局部利益放置在人类整体利益之上的文化观，是构成人工自然危机的文化根源。他认为，要摆脱当前人类发展面临的困境，必须实行一种深刻的文化战略转变，具体包括把握人工自然发展的自然限度、主动高扬人类的主体创造力和反思精神以及构建人工自然发展的全球范畴，等等，其中的关键在于抓住自然发展是人类发展的前提，认识到自然的内在价值和基本权利。他强调说，在根本意义上，侵犯自然是侵犯人类的共同权利，也即侵犯人类的基本权利。比较而言，侵犯人权容易中止与弥补，即使无法弥补，历史更新时限也短。而侵犯自然的后果却很难消除，可能造成历史性灾难。

王思明教授在《农业文化遗产：保护什么与如何保护》的主题报告中分析说，联合国粮农组织关于“全球重要农业文化遗产（GIAHS）”提出的是一个项目遴选的概念，强调农业文化遗产在农业生产系统、生物多样性和生态可持续发展方面的价值，具有可操作性，但这并不代表它就是农业文化遗产的全部内涵。借鉴中国农业文明史研究先驱者的理论贡献和国际社会对文化遗产的多种理解，他认为，农业文化遗产是人类文化遗产的重要组成部分，是不同历史时期人类农事活动发明创造、积累传承的，具有历史、科学及人文价值的物质与非物质文化的综合体系。完整的农业文化遗传应该是一个“五位一体”的复合系统，既包括农业生产的主体（农民）、农业生产的对象（土地）、农业生产的方式方法（技术）、农业生产的组织管理（政策和制度）以及农业生态生产所依托的生态环境。具体来说，农业文化遗产可细分为 10 大类：即包括有形物质遗产（具体实物），也包括无形非物质遗产（技术方法），还包括农业物质与非物质遗产相融合的形态，如农业物种、农业遗址、农业技术方法、农业工具与器械、农业工程、农业聚落、农业景观、农业特产、农业文献、农业制度与民俗。关于农业文化遗产的保护，他强调应注意八大关系，即传统农业与现代农业的关系、农业遗产保护与农民利益的关系、生产生态功能与文化功能的关系、保护主体与多方协调的关系、理论研究与实践推进的关系、现实保护与记忆留存的关系、政策导向与制度建设的关系、保护主体与社会大众的关系。他说，农业文化遗产保护并非要阻止人类现代化进程或用传统农业取代现代农业，而是希望继承传统农业所蕴含的生态智慧和伦理思想，确立农业文明可持续发展的新航向；农业遗产的创造者和传承者是农民，保护主体是农民，遗产保护必须尊重农民选择、鼓励农民参与、调动农民的积极性，不损害农民利益；农业文化遗产的价值和魅力在于其千百年来孕育的生产功能、生活功能和文化功能的统一。保护多元农业文化遗产，就是保护我们文化的根脉及未来文化创新的重要资源。希望农业伦理学研究者、农业文明史专家和其他社会同人一起，共同努力，认真研究和发掘农业文化遗产的宝藏，为守护人类的精神家园和推进人类文明的可持续发展多做贡献。

来自波兰华沙大学生命伦理学和法学中心的帕瓦特·武科夫（Pawel Lukow）在题为《多功能农业的伦理学——一种参与式方法（The ethics of multifunctional agriculture-a participatory approach)》的主题报告中说，过去一个多世纪，将乡村活动几乎完全限定为农业生产的观念主导了整个西方社会：农村被看作是“食品和纤维工厂”，乡村生活被简化为农业活动，农业目标几乎完全指向可商品化的物品。然而在多功能农业的概念出现在欧盟政策表述之时，以上观念发生了急剧变化。“多功能农业”出现在高补贴农业经济体如欧洲之中，意在论证补贴政策的合法性。欧共体委员会在 1988 年发布的报告《乡村社会的未来（The future of rural society）》中指出，农业部门可对辖区内的经济发展、环境管理和乡村社会的发展做出多重贡献。1992 年“地球峰会”通过的《21 世纪议程（Agenda 21）》第 14 条强调，农业政策必须考虑农业的多功能性。1993 年，欧洲农业法理事会推荐将多功能农业作为欧洲农业法律体系协调的工具和可持续农业发展的合法性基础。随后，欧洲委员会、经济合作与发展组织（OECD）等正式采纳农业多功能性的概念，并在此基础上强调农业政策的集成性特征，其中必须包括农业的转型和发展、经济多样化……自然资源管理、环境功能的增强和文化、旅游和休闲的推广等丰富内涵。他分析说，农业的多功能性是“通过农场活动而创造的所有物品、产品和服务”。农业活动不限于食品和纤维的生产，也提供各种具有非商业特征的产出，如文化的、社会的和保护（存）性的利益。有关农业多功能性的经济学方法通常将农业生产视为农业和农村发展公共决策或个体行动的重点，倾向于忽略或低估农业多功能性所包含的核心伦理和文化价值。受这种经济学方法的影响，农业经济快速发展或产量显著增加多数情况下会以自然景观和乡村文化的严重破坏为代价。他认为，农业可持续发展亟须一种整体性方法作为设置发展优先性和公共决策的适当框架，以权衡各种不同的优先项，如伦理的、文化的、美学的和经济的等，但其在哲学和政策层面面对的挑战主要是：谁将参与相关的决策过程和决策应该如何进行，这两者都是规范性问题且涉及伦理对话的本质，因而需要引入参与式的方法以解决公共决策和个体行动中可能存在的价值冲突。

在“农业伦理学和现代农业”专题讨论中，清华大学的卢风教授首先做了《生态伦理与农业伦理》的发言，他说，大量使用化肥、农业的大农业是不可持续的，现代工业文明把文明与自然之间的冲突空前地凸显出来。建设生态文明不可不发展生态农业，发展生态农业不可没有农业伦理。在他看来，任继周院士以“时、地、度、法”四维构建的农业伦理系统属于宏观农业伦理，其核心思想可概括为：敬畏自然、与时俱进、服从天命、遏制贪欲、取予有度。这些观念与生态哲学完全一致。任院士的农业伦理是返本开新的努力：以现代科学（特别是复杂性科学）去诠释中国传统天人合一、道法自然、与时俱行、取用有度的生命智慧。兰州大学哲学社会学院的陈春文教授在发言中说，任继周院士是中国农业伦理学发展的思想坐标，其在几十年的草业科学研究和实践中提炼的草粮农业耦合共存的大农业战略与中国农业伦理学体系，是我国农业发展的宝贵财富，值得我们从多个层面进行阐述和探讨。南京农业大学的严火其教授在题为《人类何以关心动物福利》的发言中说，人类关心动物福利的理由很多，大致包括对食品安全的现实需要、保障科学研究质量和伦理观点的变化等。西北农林科技大学的郭洪水教授讨论了“农村生活世界的瓦解和重构”，他说，农业伦理学的基本尺度首先是大地伦理，发现大地和荒野作为意义涌现的丰盈性。其次是生命伦理，绽露存在的真理。最后是生态伦理，让丰富的生活体验和审美经验实现长距离和代际的传承。农业伦理学不再是多数人的功利主义选择，不再是德性论的绝对命令，而恰恰是这样的选择和命令的前提和重新定义的基础。农业伦理学旨在构建一种绿色的“可能生活”，它是慢节奏、低风险的，以让此在的生命之河不断流淌。

西北农林科技大学的齐文涛博士在发言中认为，“守候与照料”是农业伦理的基本原则，理由是“守候”规定了人之有所作为的前提，“照料”规定了人之有所作为的限度。以此为引导，可构建有人参与的可持续、无污染的农作生态系统。他说，“守候与照料”并非无源之水，中国几千年的传统种植业主张“顺天时，量地利”、养殖业强调“必怀爱重之心”且重视放牧散养，均体现了“守候与照料”的伦理精神。他指出，基于“照料和守候”的原则，可提出评价农作活动伦理正当性的两种方法，即理念分析法和三维分析法。前者考察农作活动是否“敬畏自然”“顺应自然”和“仅取盈余”，后者考察农作活动是否维护生态平衡，有益系统生态和生命健康。西北农林科技大学中国农业历史文化研究中心的樊志民教授对此评述说，“守候和照料”作为一种伦理原则需要进一步界定和细化，这种伦理观具有某种程度的保守性，可能难以对现代农业实践发挥规范和引导作用。他认为，任继周院士积数十年之大成构造的以“时”“地”“度”和“法”为伦理四维的农业伦理体系，是一种客观论或本体论意义上的农业伦理学。如果从主体论或能动性意义上去挖掘，我们还可以构建一种以“敬”“和”“因”“为”为伦理四维的农业伦理学体系。中国农业大学的李建军教授在讨论中指出，任继周院士和樊志民教授所提出的中国农业伦理学体系有异曲同工之妙，都是对中国传统农业发展智慧高度凝练的思维成果，明显带有中国文化所特有的实用理性的特征。其中包含的伦理规范不仅对于我们破解当代农业发展的难题有规范价值，而且可能对人类社会应当气候变化等大尺度生态问题有启发作用。如果我们能集中精力和资源对这些中国特色农业伦理学体系中所包含的微言大义进行深入阐发，并尽可能地在世界论坛上去传播和表述，我们完全可能以我们独特的伦理智慧和生态思想对世界农业和文明进步做出应有的贡献。近年来，西方应用伦理学，包括农业伦理学开始出现从传统的道义论和权利论意义上的伦理学向强调德性和公共善意义上的伦理学转向，比如注重对“可持续性”“团结”等伦理规范的讨论，意在为全人类共同面对的挑战做出建设性回应。基于中国传统农业文化资源的农业伦理学思想在这一发展向度上无疑具有得天独厚的文化优势和理论自信，应当作为我们构建中国农业伦理学体系的重要方向。

清华大学蒋劲松教授在题为《虫害控制策略的动物伦理学》的发言中指出，现代农业不仅应增加农作物产量，提升产品品质，减少对环境的破坏和污染，改进生态，还应减少对动物的伤害，前瞻性地适应动物保护运动带来的巨大变化。他说，农作物应对虫害控制的策略，无论是采用农药、杀虫剂还是抗虫转基因技术，都是基于人类与昆虫互相对抗的战争模型。人类在这种彼此对抗的战争中很难一劳永逸地获胜，而且技术与昆虫演化之间无止境的军备竞赛最终会导致一系列环境问题。为此，他从动物伦理学的角度追问，农作物虫害控制的模式是否可调整为人类与昆虫耦合共享农作物生态系统的模式？这要求人们不再将可能食用作物或粮食的昆虫看成敌人，而是当作与共同生活的同伴、邻居和亲人，看成审美对象或必须道德关怀的对象。如此一来，虫害控制就变成了人类与昆虫协商对话的过程，共荣共活就成为虫害控制的目标。他说，昆虫本身不是灾害，只有生态系统失衡导致昆虫数量剧增，进而对农作物生长构成严重威胁时才是灾害。这种灾害不仅是人类的灾难，也是过度繁殖的昆虫的灾难，是整个生态系统的灾难。对这种过度繁殖的限制既是对人类利益的保护，也是对昆虫利益和整个生态系统的保护，其伦理正当性应该能得到动物伦理学的辩护。中国社会科学院哲学研究所的肖显静教授在题为《科学之于环境：从“规训”走向“顺应”》的发言中，以贵州省黎平县双江乡黄岗村的“糯改籼”“籼改杂”的例子讨论了实验室科学应用于地方农业实践方面存在的局限性。他主张农业科学应该因地制宜，立足于地区生态，通过构建地方性的自然科学化解科学和环境、生产和生态之间的矛盾。兰州大学哲学社会学院的方锡良副教授在发言中说，改革开放以来，我国农业在粮食增产丰收与安全保障等方面取得了显著成就，但由于“农药、化肥、杀虫剂、生长素、调节剂、农膜”的大规模和长期使用，造成了严重的农业面源污染和食品质量风险，对土壤、水体和人体健康等带来巨大的潜在的危害，我国农业现代化进程的推进迫切需要农业伦理学提供决策支持。他认为，传统农业文化遗产，如浙江青田稻鱼共生系统、甘肃迭部扎尕那农牧复合系统等生态共生系统中所蕴含的生态智慧和伦理思想，可为中国农业伦理学思想体系的构建提供重要的文化基础和精神资源。农业伦理学是一个涉及农业科学、生态学、历史学和伦理学等多学科研究领域，其所具有的综合性和现实性特征以及强调社会—自然生态系统耦合的思想有助于理性地反思和回应“农业应该往何处”等重大战略和公共政策问题。中国农业大学刘巍教授发言说，要以马克思主义农业伦理观为基础，继承中国传统的农业伦理思想和道德观念，开展当代农业伦理学研究，充分发挥农业伦理学在当代中国发展中的社会功能和导向作用。海南师范大学杨英姿教授在讨论现代农业所带来环境问题的基础上说，旨在将农业从资本和工业的绑架中解放出来的生态农业具有双重的伦理蕴涵。从人与自然的关系而言，生态农业强调农业生产必须注重农业用地和生态环境的可持续性，强调人对自然生态的责任和义务；从人与人的关系讲，生态农业增进了消费者和小农户之间的密切联系，内化了当地人对子孙后代的社会责任，维护了代际公正。南京农业大学姜萍副教授在发言中重点讨论了集约化农业引发的伦理问题，她说，集约化农业因其高产出、高效率而成为各国农业争相发展的目标，但其在给人类带来巨大利益的同时也引发了许多值得关注的伦理问题，如环境污染、小农户的权利、动物福利等问题。现代农业的发展必须确立协同治理的意识，重视伦理问题的化解和利益相关者的参与。南京农业大学中华农业文明研究院的吴昊在发言中阐述了《齐民要术》中的农业伦理思想，主张农业伦理学的研究必须重视研读传统农书和经典，以提炼和发掘其中的生态智慧和文明思想。中国农业大学吕文林副教授、尹北直博士在发言中分别讨论了“马克思的土地伦理思想”和“中国传统园篱文化中的伦理价值”，尹博士说，中国传统园篱的植物造景手法和经济、生态功能传承至今，其所承载的伦理之美是中国非物质类文化遗产的重要组成部分，其中所集中体现的生产、生活、游憩为一体的“诗意栖居”理想，可为传统农业伦理学的研究提供重要启示。

中国人民大学王鸿生教授、西北农林科技大学樊志民教授主持了“农业文明史与文化遗产”专题的研讨会。南京农业大学中华农业文明研究院的惠富平教授在发言中说，农业自然资源开发利用是人类社会最重要的经济活动，也是影响生态环境变化的重要因素。随着社会历史的演进，人类对农业自然资源利用的广度和深度不断增加，由此造成的生态影响也在不断扩大。参照农业文明进化的丰富历史，农业伦理学应该首先重视农业生产实践活动积淀下来的生态智慧，讨论人与自然的多重关系，确立人对自然的道德立场。其次应该关注具体历史条件下的人类生存状态，以负责任的伦理态度处理好农业生产、农民生活和农业生态的关系。最后，在出现人的利益和其他生物利益相互冲突的情境下，应该首先关注人的利益，当然也应该考虑农业生产的长期影响，关注子孙后代的利益。王鸿生教授在题为《农业文明视野里的中国人和土地》的发言中说，受“以农耕为本”和“以农立国”等重农文化的影响，中国农业文化总体上呈现出“安足静定”的特征，中国人因此也多具有“安土重迁”的乡土情怀。在多数情况下，中国人依赖土地解决其生活和生产问题，过着简单而和谐的生活。但在不同的历史时期，为解决人口增长的压力不得不进行大规模的农业拓荒垦殖和移民，如明代除向战乱之后人口骤减的中原农耕区大规模移民外，还向北部边疆地区进行屯田移民。在灾荒之年，为了活命养家不得不离开家乡逃荒要饭，因为人们赖以生计的土地和自然资源暂时无法提供必需的生存和生活的基本条件。当然，也有因战乱或社会动乱而迫使中国人别离故土，远走他乡的艰难时期。这些独特的生命体验使中国人的农业伦理观烙上了深深的眷恋土地且照料土地的道德情怀。南京农业大学卢勇副教授在发言中讨论了农业文化遗产保护的价值和日本、韩国在农业文化遗产保护方面的成功经验。他说，各国在农业文化遗产保护与开发方面的通行经验是，在注重特殊农产品保护与开发的同时，加强对作为其基础的传统的农耕技术、农耕习俗的传承和农业生物多样性的保护。日本佐渡岛利用全球重要农业文化遗产的金子品牌和良好的生态环境，开发出各类特色农产品，如能登海盐、朱鹮大米等，既培养了居民的文化认同感，也切实增加了农民收益；韩国政府和国民对农业文化遗产有一种近乎宗教般的虔诚，并采取多种措施和手段来予以保护和开发。每个到访韩国的人都会对韩国泡菜、高丽参系列产品、韩牛产品和地域特色浓郁的韩式歌舞印象深刻，从而大买其产品。与之相比较，我国在传统农耕技术、农业习俗、乡村景观和传统文化等的挖掘和开发的系统性、复合性不足，亟须包括农史专家、农业伦理学研究者和多学科领域的专家协同合作。南京农业大学的李昕升博士、丁晓蕾博士分别在发言中对江苏稻田养鱼的历史及其生物多样性问题、江南稻作农具民俗遗产的文化表现及意义进行了讨论。丁晓蕾博士说，江南稻作农具的民俗文化内容丰富，层次分明，从农具使用过程中的各种实用行为习俗表现，到对农具的爱惜、敬畏，甚至视其为沟通天地人神的象征，这些都是农耕文明长期积淀的成果，具有不可替代的非物质文化遗产价值。中国人民大学哲学院的博士生崔树芝在发言中讨论了“中国农业文明两种类型的常态、危机及变革”，认为相关研究可对工业文明向生态文明转型有启发意义。

卢风教授主持了“农业的多功能性与生态文明”专题讨论会。南京师范大学曹孟勤教授在发言中对中国生态乡村建设中的问题进行了探讨，他说，现代化进程伴随着城市的崛起和乡村的衰落，但城市化带来的严重的城市病让西方社会出现了逆城市化的潮流。生态乡村建设不仅仅是乡村自然环境的改善，更重要的是乡民道德观念的转变和精神生活的丰富。乡村发展的优势在生态，乡村生态文明建设应该以生态友好的方式推进，让金山银山和青山绿水共存。中国人民大学林坚博士在发言中指出，绿色发展是可持续的、着眼于长期的、有利于代际公平的发展，是实现生产发展、生活富裕、生态良好的文明发展道路的历史选择，也是通往人与自然和谐境界的必由之路。绿色发展需要全新的道德观念引领和生活方式转型。农业伦理学是推进农业绿色发展的重要的理论工具和行动指南。河海大学程广丽教授在发言中对福斯特的生态正义理论进行了评述，她认为，福斯特有关生态正义的理论构建对于我们当前思考全球性生态问题具有一定的理论启发作用，当然也对我们讨论农业伦理学的相关问题具有重要的参考价值。中国人民大学图书馆的孙涛博士重点表述了他对农业多功能性的理解，山东教育出版社的陈沐博士以中国传统农事诗和农书为依据讨论了农业美学对饮食观念的潜在影响，她说，农业活动的自然景观如农作物本身、农田生态系统中各种生物以及周边的自然环境，以及人文景观如农人的耕作、休闲、交往等乡村生活场景等，蕴含着农人对美的感知、劳作的充实与艰辛、乡野生活的趣味、人与动物之间相互依存的情感等，是人性的自然表达。然而快速的工业化进程将食物生产种植过程与消费过程相隔离，让这些人性之美和人伦之乐被逐渐屏蔽和遗忘。农业美学视角下的农业生产活动对于人类的饮食诉求，并非仅仅只是补充体能及满足口腹之欲，而是通过扩展审美范围来丰富人性、理解人类农业文化遗产的精神价值，探寻更有意义的农业文明之路。湖州师范学院的陆群峰博士讲述了他对转基因作物的非自然性的理解。此外，中国科学院战略咨询院的刘海波研究员、荷兰乌德勒支大学的 Franck 博士为本次研讨会分析提交了题为《农业、慢创新和创新驱动发展》《欧洲农业和食品伦理研究会及欧洲对食品和农业的观点（Eur Safe and the European perspective on food and agriculture)》的发言 PPT。北京林业大学的杨志华博士、重庆旅游职业学院的卓丽娜和史玉丁等分别提交了题为《小约翰·柯布生命解放视野下的土地观念》《云南茶文化生态旅游模式》和《武陵山区旅游产业发展研究》的会议交流论文。

天方茶业集团董事长郑孝和先生和兰州大学草地农业科技学院的雷晓云女士在研讨会闭幕式上分别致辞。郑孝和先生在致辞中说，本次研讨会让我认识到农业伦理学对食品安全治理和农业生产经营活动的重要性。首先，我们国家的食品安全治理侧重于末端治理，将更多的资源投放在市场端的监管和控制方面。我认为，食品安全治理的关键点应该前移至田间地头和食品加工环节，重点应该加强对农业生产源头的环境治理和农业生产经营者的农业伦理学教育，让农民和其他生产经营者意识到自己在生产经营活动中所肩负的社会责任和道德义务。其次，我们在农业生产经营活动中遭遇的最大问题是市场信任问题。为化解这一问题，天方集团探索了会员认领茶山等促使消费者参与生产经营环节的创新机制，取得了良好的市场效果。市场信任涉及经营者的诚信问题，也是一个伦理问题，解决这个问题，中国农业可持续发展和食品安全治理才可能真正实现。李建军教授主持了研讨会闭幕式。他说，本次研究会在郑总和各位专家学者的支持下成功举办，达到了聚集人气、活跃思想和承前启后的会议目标，将成为中国农业伦理学事业发展的重要事件。在本次研讨会上，大家交流了各种对农业伦理学、农业文化遗产和生态文明的真知灼见，提出不少促进中国农业可持续、负责任发展的建设性意见。刚才郑总的发言让我突然产生一种想法，中国农业伦理学事业的发展壮大，一方面需要多学科的理论建构活动，另一方面还需要诸多研究者向农业生产实践者学习，与农业生产实践者保持密切的互动，从农业生产实践（包括历史上的农业生产实践）的需要出发去发现问题和进行理论探索。学习和理解农业，在此基础上反思和规范农业，中国农业伦理学才可能真正接地气，发挥其对中国农业可持续发展的规范和引领作用，才可能在世界农业伦理学论坛上赢得更多的敬重和掌声。再次感谢天方集团和各位专家的支持。

（原文刊载于《中国农史》2016 年第 5 期）

基于农业系统关联整体的农业伦理学

——评《中国农业伦理学导论》

余怀龙

【摘要】任继周院士主编的《中国农业伦理学导论》是中国农业伦理学的开山之作。该著作认为农业伦理学是农业系统自身作为关联整体的内在要求，从而农业系统关联整体对于农业伦理学具有本体论意义。其次，该著作也从“时”“地”“度”“法”四个维度来构建农业伦理学的具体内容。最后，该著作基于农业系统的动态平衡思想，使自然科学与哲学、伦理学融会贯通，也使中国传统伦理在当代农业实践中得到发展，从而达到了汇中西之学、通古今之变的高度。

【关键词】伦理学；农业系统；关联整体

生态危机是当今人类社会面临的一大现实难题。面临生态危机，学者的使命之一是从思想与观念层面探究造成生态危机的根源，从而为人类社会的伦理思考提供一些新的维度，进而为人类社会的伦理生活提供一些新的并且具有指导性的建议。因此，在当今社会，我们有必要基于时代的要求为人类社会的伦理思考、伦理生活提供新的维度。在中国特有的历史境域之下，中国近百年来经历了巨大的社会变革：它经历了传统农耕社会的瓦解而进入工业社会，又正从工业社会向后工业社会过渡。随着社会的变迁，中国传统农耕社会的伦理也随之瓦解。由于传统农耕社会伦理的瓦解，所以其伦理关联中的农业伦理维度也随之趋于瓦解。因此，当农业伦理随着传统农耕社会的瓦解而瓦解之后，它就一直处于缺位的状态，也没有得到足够的重视。而农

作者简介：余怀龙，清华大学人文学院博士研究生，研究方向为生态哲学、应用伦理学。

业伦理的缺位，不仅不利于社会系统的和谐有序，也不利于生态系统的平衡稳定。为了重建人类与动植物和其他生命存在之间的新道德关系，重建人类和自然之间的共生耦合关系和道德基础，任继周院士多年来积极倡导并致力于中国农业伦理学研究。在任院士的倡导之下，来自哲学、伦理学、环境科学、生态学、农业科学等各个领域的专家学者参与编写了《中国农业伦理学导论》（以下简称《导论》）。这部著作也是我国农业伦理学的开山之作。该著作基于长期的农业系统科学理论研究、实践经验以及中国传统农耕社会中的农业伦理观，从“时”“地”“度”“法”四个维度来构建农业伦理体系，对于我们从事生态学、农业科学、伦理学研究具有启发意义，也为我们从事农业实践提供指导意义。本书有三个方面尤其值得我们关注：①本书把农业系统的关联整体作为农业伦理学的本体论根基，即从农业系统的动态关联整体中推导出农业伦理学；②本书阐释了中国农业伦理学体系中的“时”“地”“度”“法”四维结构；③本书提出的农业系统动态平衡思想可以使自然科学与哲学、伦理学融会贯通，并且赋予中国传统伦理在农业实践中以新的时代意义。

一、农业伦理学：基于农业系统关联整体的伦理学

在当今学界，伦理学（或道德哲学）的主流有以康德道德哲学为根基的道义论、以边沁—密尔学说为基础的效用论、美德伦理学。就道义论与效用论而言，它们都基于个体的某种禀赋或能力来为伦理学奠定根基，即道义论是基于个体的先天的理性能力，效用论是基于个体的苦乐感受能力。但是，该著作的一大特色就在于它是从系统之间的功能关联的视角来探究农业伦理学。正如该著作所言：“农业伦理学属应用伦理学，是研究农业行为中人与人、人与社会、人与生存环境发生的功能关联的道德认知，并进而探索农业行为对自然生态系统与社会生态系统这两大生态系统的道德关联的科学。”[1]该著作认为，农业系统的本质是自然系统和社会系统的耦合，并且自然系统与社会系统的耦合是通过人类的影响作用而形成。就一个系统作为动态关联整体而言，只要它在其自身关联整体中蕴含着人这个要素，并且它要维持其关联整体的动态平衡，它就会对人提出伦理要求，即人要与其置身于其中的系统保持动态平衡。作为一个耦合系统，农业系统在其关联整体中蕴含着人

这个要素，因而它在自身之内就蕴含着伦理关联。

农业伦理是农业系统这个关联整体中不可缺少的一种关联方式。在农业系统中，伦理关联方式与其他关联方式共同构成有机的关联整体。因此，农业伦理不是根基于主体的某种禀赋或者能力，而是根基于农业系统在自身中包括人这个要素因而其关联整体中必然蕴含着伦理关联方式。这也就意味着，农业伦理是农业系统这个有机关联整体自身的内在要求，是内在于农业系统这个有机关联整体中的，“农业伦理观是农业本体的内在必然，亦即农业活动本体所有而非外铄”[1]2。总之，农业伦理是基于农业系统作为关联整体而得以可能的，农业系统的关联整体对于农业伦理学具有本体论意义。由于农业系统作为有机关联整体，那么农业系统中的任一关联方式都相互影响、不可分离。所以，任一关联方式对于农业系统都会产生影响。又因为农业伦理是农业系统作为整体的内在要求，所以农业系统的任一关联方式都具有伦理维度、具有伦理意义，并且农业系统的任一关联方式都构成农业伦理“应该”与“不应该”的内容，正如著作所说：“农业系统……因与自然生态系统和人类的发展行为相关联，就具有‘应该’与‘不应该’，亦即‘正义’或‘不正义’或‘善’与‘恶’的伦理学意义”[1]135-136。因此，我们可以通过研究农业系统自身的关联方式来探讨农业伦理的具体内容。这便是该著作接下来要做的工作。

二、中国农业伦理学体系中的“时”“地”“度”“法”四维结构

在为农业伦理学奠定本体论根基之后，该著作接下来从“时”“地”“度”“法”四个维度来阐述中国农业伦理学体现的具体内容。

“时”“地”“度”“法”都是农业系统自身进行关联的不可缺少的维度。它们是农业系统自身的内要求，是从事农事活动所应该遵循的前提，因而构成了农业伦理的具体内容。“时”是农业系统自身的内在要求。时之维体现为重时宜。通常，我们在一种非关联的、独立的意义上来理解“时”，进而赋予了“时”以精确的、客观的度量，从而把“时”理解为“时间”。但是，该著作认为，中国古人赋予了“时”以不同的涵义；他们是在整体中的关联意义上来理解“时”的，即人在其整体的关联中做适当的事情，是人的行为与其环境的美好和谐。这种“时”的理解方式有一种际会特征。因此，中国古人认为只有理解到“时”是关联整体自身的内在维度，才能与关联整体达到和谐的统一。进

而，该著作对脱离整体的科技进行了批判，因为脱离整体的科技虽然让人类获得了强大的力量，但是脱离整体的科技不考虑农业系统的时序，不考虑农业系统的际会特征，而这些特征中蕴含着社会和自然长期演化形成的农业发展伦理关联。农业系统的内在关联方式中也具有“地”这个维度。地之维体现为明地利，即我们需要“探讨人与地之间、地与其他生物要素之间，如何协调运行、和谐发展”[1]92。该著作认为，中国农业伦理体系中的地之维教导我们大地是人类赖以生存的基础；在农业生产实践过程中，我们需要根据地理地带性、土地类型及时序特征，来指导人的农事活动。地理地带性是生物圈内生物赖以生存的环境。地理地带性的伦理意义在于水热组合与生物组合的对应关联。不同的地理地带性有不同的水热组合，并且不同的水热组合对应于不同的生物组合。土地类型也蕴含着伦理关联，是农业伦理学的基本要义。人类所从事的农业活动只有与一定的土地类型结合，才能获得相应的收获。如果人们的农业行为忽视了土地类型，那么我们将使物种和地境之间发生伦理学悖反，使农业资源配置将陷于盲目，从而农业系统将难以和谐发展而不能持久。“我们应该恪守类型相似性的原则，以适应物种和地境和合的伦理关联。”[1]112 “度之维”是农业系统自身的内涵所在。“度之维”体现为行有度。在该著作看来，度之维对于中国农业伦理学具有本体论、认识论和方法论三个层面的意义。就本体论层面意义而言，“度之维”是农业系统维持自身关联平衡的内在要求，这种农业系统的内在要求使中国农业伦理学得以可能。在某种意义上，度之维贯穿于其他三个维度，即“因法因序为度，因时因地为度，因事因势为度”[1]130。度的认识论和方法论主要体现为农业生产系统中有其界限和阈值（即临界值）。这些界限可以通过我们自身所处的生存环境中的规律得到揭示。这些规律可以通过度量的方式表现出来。系统阈值就是关于系统的平衡发展规律的度量。在系统阈值之内，系统具有自我调节作用，使自身达到平衡的状态。超过系统阈值，系统不再具有自我调节作用，因而也就难以回到原初的平衡状态。因此，对于农业系统来说，阈值对其具有伦理学意义，即人类的农业行为应该保持在农业系统的阈值之内。法也是中国农业伦理学的重要维度。在该著作中，法是老子在《道德经》中所理解的法，即“人法地，地法天，天法道，道法自然”；法是一切系统中都普遍存在的规律。著者也从词源学上考察了“法”的原初意义。就源初意义而言，“法”具有平衡的意思。因此，法之维体现了农业系统这个动态关联整体中的各个要素都追求相互之间的平衡。也正是在这个意义上，中国传统思想对中国农业伦理学的法之维具有重要的指导意义。儒、释、道三家都有“天地万物一体”的思想。与天地万物一体，也就意味着与天地万物达到一种平衡。对于这种平衡来说，它就是一种境界。在这种境界中，我们既成就自己，也成就他者。

三、农业系统的动态平衡原理

近代以来，伦理学（或道德哲学）深受休谟与康德的影响。休谟在“事实”与“价值”、“是”与“应当”之间横跨了一条鸿沟；康德对“现象”与“物自体”做出严格的二元论划分，从而在“理论理性”与“实践理性”、“自然”与“自由”之间造成了分离与割裂。“事实”与“价值”、“自然”与“自由”的分离与割裂也一度成为教条而被很多哲学研究者或伦理学研究者奉为圭臬。一旦伦理学把“事实”与“价值”、“自然”与“自由”的分离与割裂作为教条接受下来，伦理学也就与“事实”与“历史”失去了关联性。就好像一个人仅仅凭借他自身先天的同情心或实践理性就足以成为一个道德的人，而不需要任何事实认知的引导以及历史文化的传承。《导论》一书抛开了这一陈旧教条，它基于农业系统的动态平衡思想，使自然科学与哲学、伦理学融会贯通，也使中国传统伦理在传承与延续中得到新的内涵，从而达到了汇中西之学、通古今之变的高度。该著作认为，由于农业系统是一个由各个要素构成的关联整体，那么农业系统中的各个要素为了维持系统的存在而使系统处于一种动态平衡状态。农业系统自身的动态平衡状态就是该系统的内在价值。由于动态平衡状态是农业系统自身的内在价值，农业系统就对处于自身中的人提出了伦理要求，即人应该与该系统的动态平衡状态一致。对于农业系统来说，它的动态平衡状态是以规律的方式表现出来的。并且农业系统的动态平衡规律可以通过度量的方法得到确定，常用的确定方法主要有统计分析和模型模拟两种方法。因此，在农业系统的关联整体角度来看，自然科学与哲学、伦理学是相通的。另外，该著作认为，儒家的“中和协调、中道而行、中度而立”观念、道家的“道法自然”思想与现代系统论的“系统耦合”基本观念有相通之处，它们都强调农业系统的内在关联要达到一种动态平衡。系统的动态平衡原则是中国传统文化的“中道”思想、“道法自然”

思想的传承与发展，是中国传统文化的“中道”思想、“道法自然”思想的现代性表达。在我们这个时代，我们农业行为遵循着“中道”原则、“道法自然”原则，也就是遵循着农业系统自身的动态平衡原则。该书也提到，中国古代一些著作中的农业伦理思想与现代西方的土地生态思想、大地伦理有相通之处。如《管子·地员》《周礼·地官》《齐民要术》与李比希的“矿质营养学说”，鲍威尔的土地生态伦理思想，利奥波德的大地伦理是相通的，它们都体现了农业系统的动态平衡原理。

四、从农业伦理到一般伦理

在笔者看来，《导论》这部著作不仅仅只是农业伦理学的开山之作，而且也对我们研究一般意义上的伦理学具有启发性。该著作把农业系统自身的关联整体作为农业伦理的本体，也就是说农业系统的关联整体中就蕴含着其伦理维度。如果我们把农业系统进一步放大，放大到那超越农业系统、社会系统、生态系统的世界，那么我们就可以为一般意义上的伦理学奠定根基。同一些具体的系统一样，世界也是一个动态关联整体，只不过世界是一个无所不包的动态关联整体。世界把一切要素都关联在自身中，人也是世界关联整体中的一个要素。在世界这个动态关联整体中，人与世界中他者的关联方式也要达到彼此平衡状态，因而人与世界中他者的关联方式就具有了伦理意义。因此，世界赋予了人以伦理意义与伦理使命，伦理是世界对作为其自身动态关联整体中的人的一种内在要求。由于伦理是人生存在世的一种内在要求，那么人应该与世界中的一切关联者（即万物）达到一种动态平衡状态。而与世界中的一切关联者达到一种动态平衡状态，也就是与世界自身达到一种动态平衡状态。在与世界的动态平衡状态中，我们也就达到了中国传统文化所说的“天人合一”境界。这种“天人合一”境界在儒学看来就是“从心所欲不逾矩”“万物一体”境界，在佛学看来就是无所执着的“大自在境界”，在道家看来就是“天地与我并生，万物与我为一”境界。

参考文献（略）　　（原文刊载于《自然辩证法通讯》2019年第4期）

技术时代我们如何养活自己？

——《追问膳食：食品哲学与伦理学》评述

李建军　袁明敏

近年来，化肥、农药、除草剂、转基因作物以及各类食品添加剂等新的科学技术成果在增加农业产量、改善食品的功能特性、促进农业和食品产业快速发展的同时也产生了诸多值得高度关注和警觉的问题：水土污染、农业生物资源多样性的锐减、食品不安全以及农业发展的不可持续性等，尤其是"三聚氰胺"事件、"瘦肉精"事件等恶性食品不安全事件集中爆发，让几乎所有的中国人都不得不直面"舌尖上"的问题和"餐桌上"的责任。重大食品不安全事件，不仅严重危害社会公众的生命健康，造成整个食品产业的信用危机，而且对政府社会治理的公信力也提出巨大挑战。中国社会的和谐发展和城市公共秩序的"善治"，亟须探讨各类行之有效的食品安全应对策略，更需要思考这些事件背后的哲学和伦理问题，厘清利益相关者的权利、义务和责任。荷兰瓦赫宁根大学的米歇尔·科尔萨斯教授的著作《追问膳食：食品哲学与伦理学》将食品生产、消费与美好、高尚的生活相关联，对西方社会新近出现的农业和食品的哲学和伦理学思想进行了生动、有趣的讨论，对食品的科学生产和全球化过程中出现的公平、正义等伦理问题进行了精深思考，为我们思考当代农业和食品的生产与消费、消费者的权利和责任、新技术在农业和食品领域中应用的相关争论，以及食品科学家的社会责任等社会伦理问题提供了全景式的理论架构[1]。该书不仅对各种有关食品的哲学和伦理学观点进行了分析综述，而且结合日常生活实践对当代食品哲学和伦理学的主题，诸如食品技术的伦理评价和社会可接受性、技术专家和消费者的社会责任等做了精深的探讨和阐述，这不仅有助于中国读者系统理解农业和食品伦理学这一新兴学科领域的思想精髓和理论高度，而且对中国国内充满争议的食品安全治理和转基因作物的商业化决策也能提供全新的理论视域和决策参照。

在这篇评述文章中，我们想聚焦于米歇尔教授对食品科学和技术前沿进展所引发的伦理问题的讨论，尝试对“技术时代我们如何养活自己”这一充满争议但又极具现实性的主题做些思考。1995 年，莱斯特・布朗首先在其论著中提出“谁来养活中国”[2]这一警示性问题，理由是中国人口在快速增加，中国人的膳食结构随着经济的高速成长正在走向多样化，其对动物蛋白的需求将超过世界农业生产能力。然而幸运的是，借助于现代育种技术、化肥技术等高效农业技术，中国在 20 世纪 90 年代末，就以占世界 7%的耕地养活了占世界 22%的人口成功地实现了农产品从“长期短缺到总量基本平衡、丰年有余的历史性转变”[3]，用强有力的现实行动回击布朗等国际人士的质疑。2013 年，一位在生物技术领域拥有更多话语权的工程院士甚至宣称“中国已经没有拒绝转基因的资本”，理由是中国的粮食产出和需求之间存在突出矛盾，无法采用传统的方法来满足需求。[4]似乎中国除了推进转基因商业化，已没有别的办法解决自己的饭碗问题养活自己。果真如此吗？这样的选项是否具有伦理上和政治上的合法性？或许米歇尔教授的观点会对我们思考这些问题提供有益的启发。

作为一位谨慎的科学乐观主义者，米歇尔教授首先强调说，自古代开始，人们就食品生产有各种乌托邦式的期盼。科学和技术总是与食品生产领域中的动人承诺和美好期盼相关联，并推动着食品生产的科学化。食品科学和技术承担着改善和提升食品品质的重要任务。科学食品、科学烹饪、科学饮食，这些词汇代表了 20 世纪兴起的一种理想观点，即科学和技术将使人类摆脱自然的不确定性，获得对食品的彻底控制。现代食品科学向我们承诺将生产出便宜、健康而美味的食品。科学家研发出来的新颖的功能食品将使我们终生快乐并治愈百病。在保持传统的、以小农户为生产经营主体的多功能性的传统农业生产体系的同时，借助于高技术性的解决方案和支持体系，大规模生产、大规模消费的集约化的单一农作物种植的生产体系得以迅速发展。不仅如此，生命科学，特别是基因组学和营养基因组学的最新进展，还可能引发农业和食品产业根本性的变革。因为根据这些学科的理论假设，生物体的基因可依据农业和食品产业及其相关生活方式的需要而被删除或者添加、打开或者关闭，这无疑蕴含着巨大的农业和食品发展的可能性，在很大程度上可能使我们超越气候变化、资源短缺等自然限定，依据最新的科学观点来更好地进行粮食生产、食物选择和搭配。

然而，威胁、风险和不确定性与之俱生。单一种植的商业化农业可能导致农业生物多样性的锐减、无法满足消费者主权和多元化的需要，还可能破坏自然景观、危害农业和食品产业的可持续性。新农业和食品技术进展可能有负面作用，使人类的一些基本价值或饮食习惯受到影响，其面向特定目标群体开发的食品不能用于非目标群体，否则会出现伤害。特别地，转基因食品的反对者将这类食品称之为“弗兰肯食物（Franckstein food）”，且声称“科学技术对神奇植物的研究将会从冒险性的救赎追求蜕变成地狱之旅，最终将生产自然影响微乎其微的人造食品”[1]124。

我们应如何化解生命科学和技术在农业和食品产业应用中的风险和不确定性？米歇尔教授强调说，实践的观点和商谈伦理学的方法是关键。他指出，由于生命科学的近期发展，其与农业和食品领域的其他实践发生了一系列变革。生命科学改变着这些实践，并要求修改传统标准和规范体系。由于生命科学应用和研发涉及大量的投资，越来越多的私人资本开始投资相应的研发活动，这就使得适用于私人部门和商业领域的专利制度逐渐在包括大学在内的公立机构变得普遍，其他规制和态度也从公共部门转移到这些公司合作的领域。即使在缺乏必要的伦理和法律规制的情况下，健康诊断、健康检查和健康咨询，这些过去在医学部门开展的项目也在食品行业变得普遍起来。基因科学和营养基因组学的发展正在塑造全新的食品概念和食品实践，并将模糊食品和药品的界限。这些新食品实践将个体对食品的选择权赋予健康咨询顾问、营养学家和超市经理等，并使其与科学的最新进展相关联。

根据米歇尔教授的分析，基于营养基因组学的食物链，技术和规范的相互作用具体体现在如下六种实践活动中：分子生物学分析与对基因和功能关联性测试的科学实践；识别通常拥有共同基因图谱群体的科学实践或流行病学实践；基于“从田间到餐桌”、营养科学或设计科学的生产食品和药品的技术与科学实践；为消费者和患者提供这些食品的服务中介，包括家庭医生、药剂师、营养学家等的实践；超市；有关市场化后的监控实践，如安全标准、实施和控制。基于这些全新的实践，基因组学和营养基因组学正预示着食品个性化时代的到来，将以全新的方式密切专家和普通大众之间的联系，凸显专业人士和消费者/患者之间的新关系和新的互动方式[1]166。借助于基因图谱，专家可以根据每个人的遗传特性来确定其增加冠心病的概率，判别哪些饮食习惯或哪种类型的食品对其健康有益，并开发针对特定人群的功能性食品。这种定制的方式意味着必须筛选、取样和储存消费者的个人信息以便为其准备个性化的食谱。总之，将生命科学和相应技术嵌入社会实践，意味着将科学的社会实践向其被应用的社会实践开放，并寻找这些实践和负面的、有争议的冲突之间的联系。

米歇尔教授还以功能性食品为例对这种个性化的趋势做了多层面的思考。功能性食品是通过强化已认可产品的某些功能属性或在其中引入某种保健成分，或通过开发新的产品或原材料，如种植有增值功能的农作物而生产的产品。功能食品又称营养食品或保健食品，其作为一种食品或其中的一部分，具有包括预防和治疗疾病的保健功效。它可能是食品添加剂、单个食品，也可能是转基因设计的食品或加工品，如谷物、汤和饮料。国际生命科学学会（ILSI）欧洲办事处界定说，功能性食品是指已被可靠的科学研究证实，其除了提供足够的营养外还对人体的某种或多种目标有意，或者通过改善健康和幸福状态或减少患病风险的食品。它只做一般性的健康承诺，可能以某种方式有益健康或改善一些身体机能，如减少罹患疾病的风险，降低胆固醇水平和血压等。或许是因为年龄的原因，米歇尔教授对这类功能性食品大唱赞歌。他强调说，基因组学和相关的功能性食品引发了一种从适合每一个人的均衡饮食到专为个体定制的最佳营养饮食的转变。食品最优化旨在通过食品来最大化地感受每个人的生理和心理机能，从而既保证健康也保证幸福，同时使生活过程中的失调风险最小化。

功能性食品并不总是有益无害。许多研究表明，即使像维生素 A 和维生素 D 那样分解脂肪的维生素在大量服用时也会产生健康问题。功能性食品的开发和商业化自然也是公众辩论的热点话题。米歇尔对此总结说，有关功能性食品的社会辩论除了涉及对相关的健康风险等问题进行规制和监管外，还有许多文化层面的考虑。如一些人担心食品科学和技术所开发的诸多功能性食品会毁灭整个饮食文化，因为它可能引导消费者不为乐趣而只为健康而进餐，结果是科学的食品话语主导了我们的日常饮食生活。还有人担心食品和药品界限的模糊甚至消失可能导致社会生活或饮食文化的医学化，在一定意义上会使社会个体变得越来越依赖食品专家设计自己的饮食生活，这最终会使食品生产商变得越来越像药剂师和医生。我们吃东西不再出于乐趣，而是因为其包含适量的抗氧化剂或Ω-3脂肪，这将意味着一些像味道、口味和滋味等的消失和人类饮食文化的丰富多样性的丧失。米歇尔教授对此也忧心忡忡，他强调说，“如果功能食品变得非常普遍，这将会导致彻底的个性化，其彻底程度远超过人们所梦想的。这将意味着膳食最终完全消失，每个人根据健康和食品科学的流行观点只吃有益于他或她健康的东西，这些东西将因人而异。我们的基因图谱将决定我们吃什么，而不再是我们所属的文化或个体的哲学体系。”[1]158

“技术时代我们如何养活自己”的问题涉及文化价值、营养和食品的多层意义。米歇尔教授对这一问题的回答是基于个体性的自由主义立场，侧重于对生命科学和基因组学等科学和技术进步对个体人的饮食方式的影响，这是一种不同于我们东方文化中集体主义的视角。在东方文化的语境中，我们更多采用的功利主义的立场，将问题的求解域锁定在如何通过技术的或其他的手段来增加食品的总量供给，而不曾考虑个体的权利和对食品多样性的选择权。不同的文化视角，可能引出不同的伦理主张。东方文化可能将粮食安全（food security）作为首要的政府责任或义务来讨论，而米歇尔教授所表达的西方文化观点却强调消费者主权和相应的知情权和选择权，明确地将食品安全（food safety）和食品多样性作为政府规制的第一要务。

基于历史的、社会的实践观点和商谈伦理学的方法，米歇尔教授进一步强调说，科学和技术持续地要求嵌入和控制，并通过公众辩论、政府和组织得以建构。这“不是为了防止其有害影响，因为这几乎是不可能的，而是为了更好地应对这些影响，以使其明显的优势和缺陷无论在什么地方都可以得到发挥和弥补，同时也为了更好地在不同科学和技术道路之间做出选择”[1]122。在某种意义上，新技术发展可看作是对公共道德框架的有趣挑战，它们并没有把先验作为动力来描绘分界线或擦去禁止标识。技术和伦理的共同进化清楚地表明，二者在相互作用中都发生了变化。因为“技术有广泛的伦理蕴含，伦理在本质上与技术相关联，没有哪一方可以保持稳定和不变”[1]242。他因此主张通过一种协商的方式来应对技术时代农业和食品产业中的风险和不确定性，寻找“技术时代我们如何养活自己”的策略，因为借助于这种方式，公众认知在经受公开辩论进行检验的同时能得到暂时尊重，同时消费者的主权也得到适当拓展，各种社会和文化的因素，诸如食品选择的自主权、多样性以及对环境和后代的潜在影响等也得到充分考虑[1]234。

考虑到公众对新兴生命科学发展有浓厚兴趣但同时又很难理解它们，他强调生命科学家有责任通过教育来使公众合理地推测科学发展与社会变革在未来整合的多种可能性，重视新技术应用的社会影响分析和伦理评估，但我们也应该警惕那种认为伦理问题随处可见的伦理学上的殖民主义，以免科学家因全世界的伦理问题而负担过重。或许更重要的，他提议我们必须在大学、政府或产业的研究活动、公共咨询与对产业或患者、消费者的咨询行为之间构筑长城而不是柏林墙。理由是生命科学家不仅仅需要明确地告知他们基于谁的利益在从事研究、建立并管理数据库、制定食品安全标准，更重要的还必须确保社会公众对他们消费什么有充分的话语权，从而增加公众对新兴生命科学网络和相应规制的信任[1]245。

参考文献（略）

（原文刊载于《科学与社会》2014 年第 3 期）